中等职业教育课程改革国家规划新教材
全国中等职业教育教材审定委员会审定

计算机应用基础

（Windows 7+Office 2010）

JISUANJI YINGYONG JICHU

武马群　主编

人民邮电出版社
北京

图书在版编目（C I P）数据

计算机应用基础 : Windows7+Office 2010 / 武马群主编. -- 北京 : 人民邮电出版社, 2014.5（2021.6 重印）
中等职业教育课程改革国家规划新教材
ISBN 978-7-115-33932-4

Ⅰ. ①计… Ⅱ. ①武… Ⅲ. ①Windows操作系统－高等职业教育－教材②办公自动化－应用软件－高等职业教育－教材 Ⅳ. ①TP316.7②TP317.1

中国版本图书馆CIP数据核字(2014)第013887号

内 容 提 要

本书根据教育部 2009 年颁布的《中等职业学校计算机应用基础教学大纲》的要求编写而成。全书共分 7 章，包括计算机基础知识、操作系统 Windows 7、因特网（Internet）应用、文字处理软件 Word 2010 应用、电子表格处理软件 Excel 2010 应用、多媒体软件应用、演示文稿软件 PowerPoint 2010 应用等内容。为适应中等职业教育的需要，本书注重计算机应用技能的训练，在满足教学大纲要求的同时，也考虑了计算机应用技能证书和职业资格证书考试的需要；为配合教学工作，本书各章都附有习题；为巩固所学知识，提高计算机综合应用能力，本书还配备了配套教材《计算机应用基础综合技能训练（Windows 7+Office 2010）》。

本书可作为中等职业学校“计算机应用基础”课程的教材，也可作为其他学习计算机应用基础知识人员的参考书。

◆ 主　　编　武马群
责任编辑　张孟玮
责任印制　彭志环　杨林杰
◆ 人民邮电出版社出版发行　　北京市丰台区成寿寺路 11 号
邮编　100164　　电子邮件　315@ptpress.com.cn
网址　http://www.ptpress.com.cn
北京隆昌伟业印刷有限公司印刷
◆ 开本：787×1092　1/16
印张：21　　2014 年 5 月第 1 版
字数：536 千字　　2021 年 6 月北京第 26 次印刷

定价：39.80 元

读者服务热线：(010)81055256　印装质量热线：(010)81055316
反盗版热线：(010)81055315
广告经营许可证：京东市监广登字20170147号

中等职业教育课程改革国家规划新教材
出 版 说 明

为贯彻《国务院关于大力发展职业教育的决定》（国发〔2005〕35号）精神，落实《教育部关于进一步深化中等职业教育教学改革的若干意见》（教职成〔2008〕8号）关于“加强中等职业教育教材建设，保证教学资源基本质量”的要求，确保新一轮中等职业教育教学改革顺利进行，全面提高教育教学质量，保证高质量教材进课堂，教育部对中等职业学校德育课、文化基础课等必修课程和部分大类专业基础课教材进行了统一规划并组织编写，从2009年秋季学期起，国家规划新教材将陆续提供给全国中等职业学校选用。

国家规划新教材是根据教育部最新发布的德育课程、文化基础课程和部分大类专业基础课程的教学大纲编写，并经全国中等职业教育教材审定委员会审定通过的。新教材紧紧围绕中等职业教育的培养目标，遵循职业教育教学规律，从满足经济社会发展对高素质劳动者和技能型人才的需要出发，在课程结构、教学内容、教学方法等方面进行了新的探索与改革创新，对于提高新时期中等职业学校学生的思想道德水平、科学文化素养和职业能力，促进中等职业教育深化教学改革，提高教育教学质量将起到积极的推动作用。

希望各地、各中等职业学校积极推广和选用国家规划新教材，并在使用过程中，注意总结经验，及时提出修改意见和建议，使之不断完善和提高。

教育部职业教育与成人教育司

2009年5月

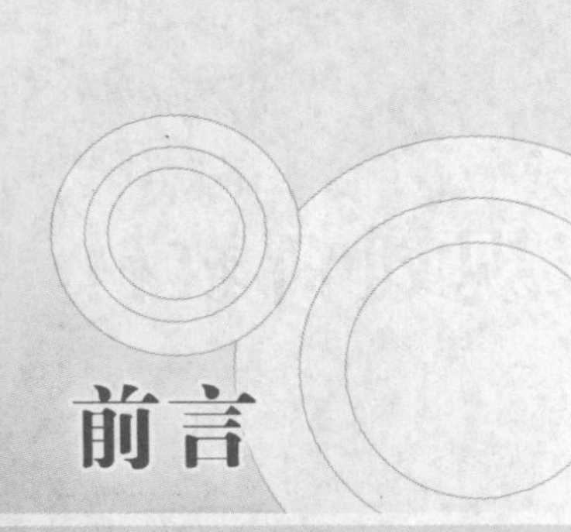

前言

“计算机应用基础”课程是中职学生必修的一门公共基础课。该课程在中等职业学校人才培养计划中与语文、数学、外语等课程具有同等重要的地位，具有文化基础课的性质。

当今社会，以计算机技术为主要标志的信息技术已经渗透到人类生活、工作的各个方面，各种生产工具的信息化、智能化水平越来越高。在这样的社会背景下，对于计算机的了解程度和对信息技术的掌握水平成为一个人基本能力和素质的反映。因此，以培养高素质劳动者为主要目标的中等职业学校，必须高质量地完成计算机应用基础课程的教学，每一个学生必须认真学好这门课程。

根据教育部 2009 年颁布的《中等职业学校计算机应用基础教学大纲》要求，计算机应用基础课程的任务是：使学生掌握必备的计算机应用基础知识和基本技能，培养学生应用计算机解决工作与生活中实际问题的能力，初步具有应用计算机学习的能力，为其职业生涯发展和终身学习奠定基础；提升学生的信息素养，使学生了解并遵守相关法律法规、信息道德及信息安全准则，培养学生成为信息社会的合格公民。

计算机应用基础课程的教学目标如下：

- 使学生了解、掌握计算机应用基础知识，提高学生计算机基本操作、办公应用、网络应用、多媒体技术应用等方面的技能，使学生初步具有利用计算机解决学习、工作、生活中常见问题的能力；
- 使学生能够根据职业需求运用计算机，体验利用计算机技术获取信息、处理信息、分析信息、发布信息的过程，逐渐养成独立思考、主动探究的学习方法，培养严谨的科学态度和团队协作意识；
- 使学生树立知识产权意识，了解并能够遵守社会公共道德规范和相关法律法规，自觉抵制不良信息，依法进行信息技术活动。

根据上述计算机应用基础课程的任务和教学目标要求，本教材编写遵循以下基本原则。

1. 打基础、重实践

计算机学科的实践性和应用性都很强，除了掌握计算机的原理和有关应用知识外，对计算机的操作能力是开展计算机应用最重要的条件。中等职业教育培养生产、技术、管理和服务第一线的高素质劳动者，其特点主要体现在实际操作能力上。为突出对学生实际操作能力和应用能力的训练与培养，本套教材由《计算机应用基础（Windows 7+ Office 2010）》和《计算机应用基础综合技能训练（Windows 7+ Office 2010）》两本书构成。在教学安排上，实际操作与应用训练应占总学时的 75%，通过课堂训练与课余强化使学生的操作能力达到：英文录入 120 字符 / 分钟、中文录入 60 字 / 分钟，能够熟练使用 Windows 操作系统，熟练使用文字处理软件、表格处理软件，熟练利用 Internet 进行网上信息搜索与信息处理等。因此，《计算机应用基础（Windows 7+ Office 2010）》一书所介绍的内容有：计算机基础知识、操作系统 Windows 7（其中包括常用汉字输入方法）、因特网（Internet）应用、文字处理软件 Word 2010 应用、电子表格处理软件 Excel 2010 应用、多媒体软件应用、演示文稿软件 PowerPoint 2010 应用等。《计算机应用基础综合技能训练（Windows 7+ Office 2010）》则围绕若干典型应用案例，形成项目教学情境，促进学生掌握计算机综合应用技能。

2. 零起点、考证书

中职教育的对象是初中毕业或相当于初中毕业的学生，在我国普及九年义务教育的情况下，中职教育也就是面向大众的职业教育。作为一门技术含量比较高的文化基础课，计算机应用基础课程要适应各种水平和素质的学生，就要从“零”开始讲授，即“零起点”。从零开始，以三年制中职教学计划为依据，兼顾四年制教学的需要，按照教育部颁布的大纲要求实施教学。在重点使学生掌握计算机应用基本知识和基本技能的基础上，为学生取得计算机应用能力技能证书和职业资格证书做好准备。本教材吸收了国际著名 IT 厂商微软公司近年来的先进技术及教育资源，学生通过学习可以掌握先进的 IT 技术，可以选择参加微软相关认证考试。

3. 任务驱动，促进以学生为中心的课程教学改革

为了适应当前中等职业教育教学改革的要求，教材编写吸收了新的职教理念，以任务牵引教材内容的安排，形成“提出任务——完成任务——掌握相关知识和技能——课堂训练——课余练习巩固”这样的教材逻辑体系，从而适应任务驱动的、“教学做一体化”的课堂教学组织要求。

2009 年教育部颁布的《中等职业学校计算机应用基础教学大纲》，将课程内容分为两个部分，即基础模块（含拓展部分）和职业模块。本套教材相应分为两册，其中《计算机应用基础（Windows 7+ Office 2010）》对应大纲的基础模块，书中部分标有“*”号的内容属于选修或拓展内容。拓展内容由教师根据实际情况决定是否在课堂上讲授，也可以给有潜力的学生自学使用。《计算机应用基础综合技能训练（Windows 7+ Office 2010）》对应大纲的职业模块，依据项目教学的指导思想，教师以提高学生实践能力和综合应用能力为目标选择教材内容组织教学。

在计算机应用基础课程教学过程中，要充分考虑中职学生的知识基础和学习特点，在教学形式上更贴近中职学生的年龄特征，避免枯燥难懂的理论描述，力求简明。教学中“以学生为中心”，提倡教师做“启发者”与“咨询者”，提倡采用过程考核模式，培养学生的自主学习能力，调动

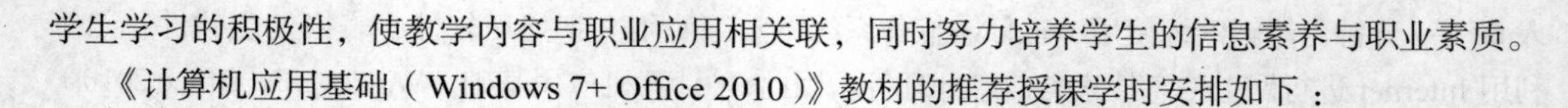

学生学习的积极性，使教学内容与职业应用相关联，同时努力培养学生的信息素养与职业素质。

《计算机应用基础（Windows 7+ Office 2010）》教材的推荐授课学时安排如下：

章序号	课程内容	教学时数	
		讲授与上机实习	说明
1	计算机基础知识	10	建议在多媒体机房组织教学，使课程内容讲授与上机实习合二为一
2	操作系统 Windows 7	12	
3	因特网（Internet）应用	12	
4	文字处理软件 Word 2010 应用	20	
5	电子表格处理软件 Excel 2010 应用	20	
6	多媒体软件应用	14	
7	演示文稿软件 PowerPoint 2010 应用	8	
	机动	12	
	合计	96 ～ 108	

《计算机应用基础综合技能训练（Windows 7+ Office 2010）》的推荐授课学时为 32 ～ 36。在实施综合训练教学时，选择教材中与学生所学专业联系最紧密的 2 ～ 3 个典型应用案例进行教学，有针对性地提高学生在本专业领域中计算机的综合应用能力。

本教材由武马群担任主编，参编人员：第 1 章由北京信息职业技术学院武马群编写，第 2 章由北京信息职业技术学院孙振业编写，第 3 章由大连计算机职业中专学校韩新洲编写，第 4 章由北京信息职业技术学院刘瑞新编写，第 5 章由北京教育科学研究院职成教研中心马开颜编写，第 6 章由大连市职业技术教育培训中心王健编写，第 7 章由北京信息职业技术学院贾清水编写。王慧玲、王英、齐银军、刘泽瑞、罗美珍、姜百涛、胡桂君、张立新、张春等参加了资料整理工作。

本教材经全国中等职业教育教材审定委员会审定通过，由江苏食品职业技术学院陶书中教授、北京交通大学徐维祥教授审稿，在此表示诚挚感谢！

由于出版时间紧迫，加之编者水平有限，本教材不足之处，敬请读者指正。

编　者

2014 年 1 月

目　录

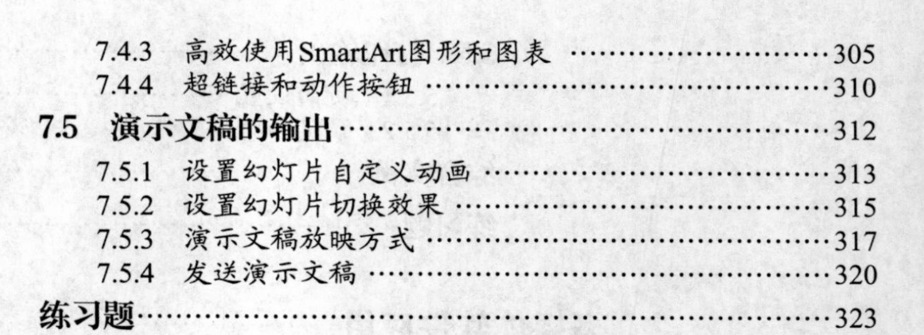

第1章 计算机基础知识

1.1 概述

◎ 计算机的概念
◎ 计算机的发展
◎ 计算机的应用领域

1.1.1 计算机的概念

电子计算机（Digital Computer）是一种能够按照指令对各种数据和信息进行自动加工和处理的电子设备，简称计算机（Computer），俗称电脑。

电子计算机诞生于20世纪中叶，是人类最伟大的技术发明之一，它的出现和广泛应用把人类从繁重的脑力劳动中解放出来，提高了社会各个领域中信息的收集、处理和传播速度与准确性，

直接促进了人类向信息化社会的迈进。

1.1.2 计算机的发展

世界上公认的第一台电子计算机 ENIAC（Electronic Numerical Integrator And Computer，电子数值积分计算机）诞生于 1946 年的美国陆军阿伯丁弹道实验室，主要用于计算弹道和氢弹的研制。ENIAC 的问世，标志着人类计算工具的历史性变革。随着电子技术的迅猛发展，电子计算机已经历了 4 个发展阶段。

第一代（1946 ～ 1958 年）是电子管计算机时代。这一代计算机（见图 1-1）的逻辑元件采用电子管（见图 1-2），使用机器语言编程，之后又产生了汇编语言。代表机型有 ENIAC、IBM650（小型机）、IBM709（大型机）等。

第二代（1959 ～ 1964 年）是晶体管计算机时代。这一代计算机（见图 1-3）逻辑元件采用晶体管（见图 1-4），并出现了管理程序和 COBOL、FORTRAN 等高级编程语言。代表机型有 IBM7090、IBM7094、CDC7600 等。

图 1-1 电子管计算机

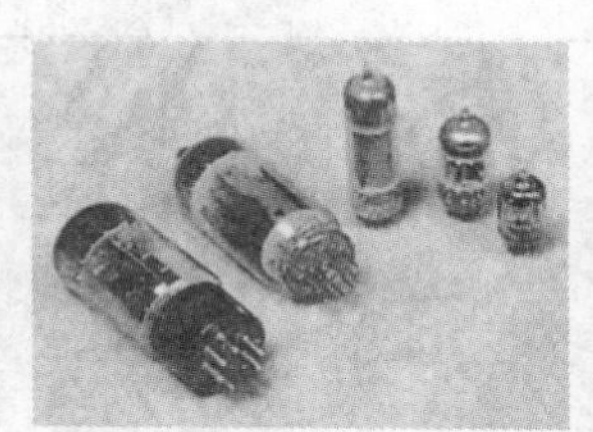
图 1-2 电子管

图 1-3 晶体管计算机

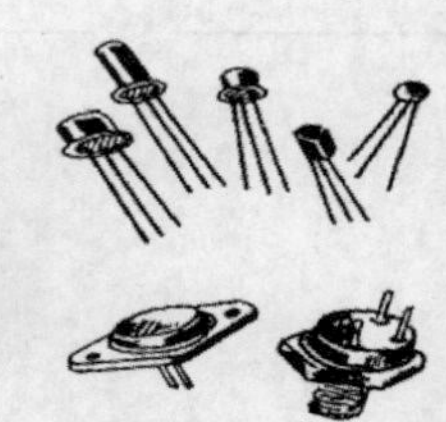
图 1-4 晶体管

第三代（1965 ～ 1970 年）是中小规模集成电路计算机时代。这一代计算机（见图 1-5）逻辑元件采用中、小规模集成电路（见图 1-6），出现了操作系统和诊断程序，高级语言更加流行，如 BASIC、Pascal、APL 等。代表机型有 IBM360 系列、富士通 F230 系列等。

第四代（1971 年至今）是大规模集成电路计算机时代。这一代计算机逻辑元件是大规模和超大规模集成电路，使用微处理器（Microprocessor）芯片（见图 1-7）。这一代计算机运行速度快，存储容量大，外部设备种类多，用户使用方便，操作系统和数据库技术进一步发展。计算机技术与网络技术、通信技术相融合，使计算机应用进入了网络时代，多媒体技术的兴起扩大了计算机的应用领域。

图 1-5 集成电路计算机

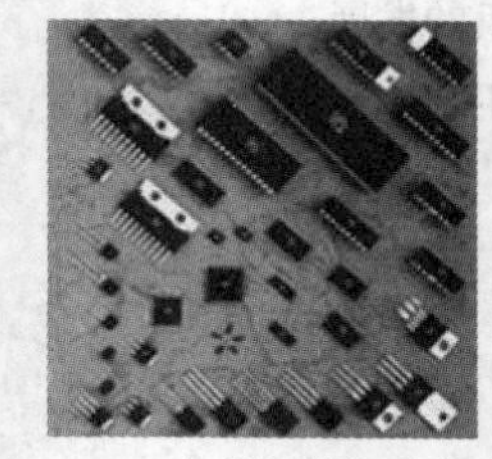
图 1-6 中小规模集成电路

图 1-7 微处理器芯片

1971 年 Intel 公司首次把中央处理器（CPU）制作在一块芯片上，研制出了第 1 个 4 位单片微处理器 Intel 4004，它标志着微型计算机（微机）的诞生。微机称为个人计算机（PC），是各类计算机中发展最快、使用最多的一种计算机，我们日常学习、生活、工作中使用的多数是微机。微机又有台式机和笔记本电脑，分别如图 1-8、图 1-9 所示。

介于普通微机和小型计算机之间有一类高级微机称为工作站（见图 1-10），具有速度快、容量大、通信功能强的特点，适合于复杂数值计算，价格便宜，常用于图像处理、辅助设计、办公自动化等方面。

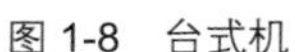
图 1-8　台式机

图 1-9　笔记本电脑

图 1-10　工作站

最小的单片机（见图 1-11）则把计算机做在了一块半导体芯片上，使它可直接嵌入到其他机器设备中进行数据处理和过程控制。

图 1-11　单片机

微机随着集成电路技术的进步已经出现了 5 个发展阶段。

第一代（1971 ～ 1973 年）是 4 位或准 8 位微机。其 CPU 的代表是 Intel 4004 和 Intel 8008。

第二代（1974 ～ 1977 年）是 8 位微机。其 CPU 的代表是 Intel 8080、M6800 和 Z80。

第三代（1978 ～ 1980 年）是 16 位微机。其 CPU 的代表为 Intel 8086、M68000 和 Z8000。

第四代（1981 ～ 1992 年）是 32 位微机。其 CPU 的代表是 Intel 80386、Intel 80486、IAPX432、MAC2、HP32、M68020 等。

第五代（1993 年至今）是 64 位微机。其 CPU 的代表包括 IBM 的 Power 和 PowerPC 系列、HP 的 PA-RISC 8000 系列、Sun 的 UltraSPARC 系列和 MIPS 的 R10K 系列等。

微处理器和微机的性能不断在提高，而价格不断在下降，因此，随着超大规模集成电路的发展，以及其他新技术在计算机上的应用，将会不断出现性能更好、价格更低的计算机产品。

1.1.3　计算机的应用领域

计算机以其速度快、精度高、能记忆、会判断、自动化等特点，经过短短几十年的发展，其应用已经渗透到人类社会的各个方面，从国民经济各部门到生产和工作领域，从家庭生活到消费娱乐，到处都可见计算机的应用成果。因此，计算机应用能力已经成为人们必备的基本能力之一。

总的来讲，计算机的应用领域可以归纳为 5 大类：科学计算、信息处理、过程控制、计算机辅助设计 / 辅助教学和人工智能。

1. 科学计算

科学计算（Scientific Calculation）又称为数值计算，是计算机应用最早的领域。在科学研究和工程设计中，经常会遇到各种各样的数值计算问题。例如，我国嫦娥一号卫星从地球到达月球要经过一个十分复杂的运行轨迹（见图 1-12），为设计运行轨迹要进行大量的计算工作。计算机具有速度快、精度高的特点，以及能够按指令自动运行、准确无误的运算能力，可以高效率地解决上述这类问题。

图 1-12　嫦娥一号卫星探月

2. 信息处理

信息处理（Information Processing）是指用计算机对信息进行收集、加工、存储、传递等工作，其目的是为有各种需求的人们提供有价值的信息，作为管理和决策的依据。例如，人口普查资料的统计、股市行情的实时管理、企业财务管理、市场信息分析、个人理财记录等。计算机信息处理已广泛应用于企业管理、办公自动化、信息检索等诸多领域，成为计算机应用最活跃、最广泛的领域之一。

3. 过程控制

计算机过程控制（Process Control）是指用计算机对工业过程或生产装置的运行状况进行检测，并实施生产过程自动控制。例如，用火箭将嫦娥一号卫星送向月球的过程，就是一个典型的计算机控制过程。将计算机信息处理与过程控制有机结合起来，能够实现生产过程自动化，甚至能够出现计算机管理下的无人工厂。

4. 计算机辅助设计 / 辅助教学

计算机辅助设计（Computer-Aided Design，CAD）是指利用计算机来帮助设计人员进行工程设计。辅助设计系统配有专业绘图软件来协助设计人员绘制设计图纸，模拟装配过程，甚至设计结果能够直接驱动机床加工制造。用计算机进行辅助设计，不但速度快，而且质量高，可以缩短产品开发周期，提高产品质量。

计算机辅助教学（Computer-Aided Instruction，CAI）是指利用计算机来辅助教学和学习。教师可以利用计算机创设仿真的情境，向学生提供丰富的学习资源，提高教学效果；可以开发网络化学习资源库，支持学生远程学习，并实现在计算机辅助下的师生交互，构成新型的人机交互学习系统，学习者可以自主确定学习计划和进度，既灵活又方便。

5. 人工智能

人工智能（Artificial Intelligence）是利用计算机对人的智能进行模拟，模仿人的感知能力、思维能力、行为能力等，如语音识别、语言翻译、逻辑推理、联想决策、行为模拟等。最具有代表性的应用是机器人,包括机械手、智能机器人(见图 1-13)。

图 1-13　智能机器人

在我们的日常生活中，计算机应用的案例比比皆是，如每一部高级汽车中都有几十个计算机控制芯片，它们可以使汽车的各个部件很好地协调运行，让汽车随时保持最佳状态。我们看到的每一部电视剧、每一部动画片、每一本书籍都是经过计算机编辑加工完成的。可以说，人类现代的生产和生活已经离不开计算机技术，计算机技术的发展和应用的深化，加快人类社会信息化的进程。

1.2 微型计算机的组成

◎ 计算机的系统组成
◎ 运算器、控制器、存储器、输入设备、输出设备
◎ CPU、内存储器、外存储器、I/O设备、I/O接口
◎ 其他I/O设备*
◎ 计算机软件系统
◎ 基本输入/输出系统（BIOS）*

一台完整的计算机应该包括硬件系统和软件系统两部分，如图 1-14 所示。计算机硬件（Hardware）是指那些由电子元器件和机械装置组成的“硬”设备，如键盘、显示器、主板等，它们是计算机能够工作的物质基础。计算机软件（Software）是指那些在硬件设备上运行的各种程序、数据和有关的技术资料，如 Windows 操作系统、数据库管理系统等。没有软件的计算机称为“裸机”，裸机无法工作。

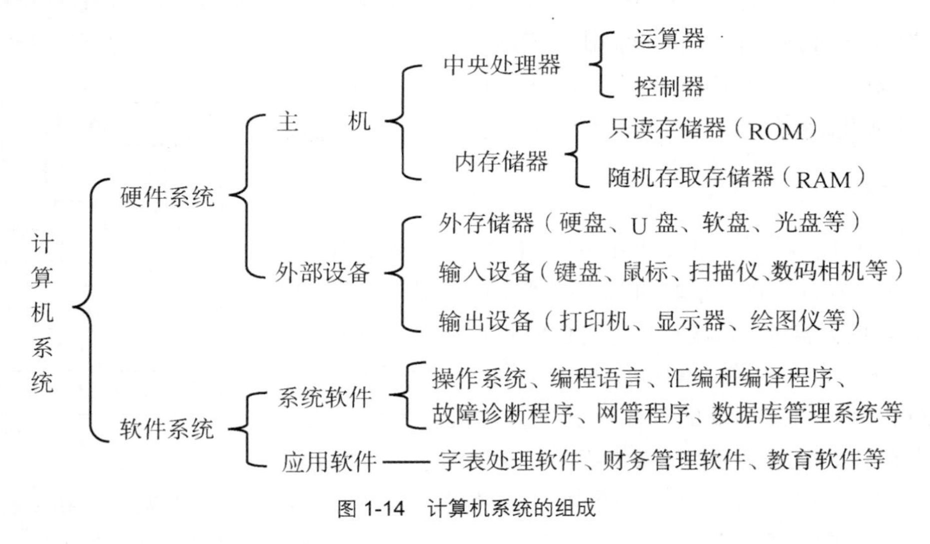

图 1-14　计算机系统的组成

1.2.1　计算机硬件系统

计算机一般采用冯·诺依曼（Von Neumann）体系结构，其硬件系统由 5 个基本部分组成，即运算器、控制器、存储器、输入设备和输出设备，如图 1-14 所示。运算器和控制器构成计算机的中央处理器（Central Processing Unit，CPU），CPU 与内存储器构成计算机的主机，其他外存储器、输入和输出设备统称为外部设备。

1. CPU

CPU是一个超大规模集成电路芯片，它包含运算器和控制器的功能，因此CPU又称为微处理器（MPU）。运算器（Arithmetic Unit）也称为算术逻辑单元（Arithmetic Logic Unit，ALU），用来进行加、减、乘、除等算术运算和“与”、“或”、“非”等逻辑运算，实现逻辑判断。控制器（Control Unit）是计算机的指挥中心，计算机的各部件在它的指挥下协调工作。控制器通过执行程序使计算机完成规定的处理任务。

目前，CPU型号很多，主流产品是Intel系列、AMD系列等，如图1-15所示。

图1-15 CPU外形与商标

CPU的主要技术指标如下。

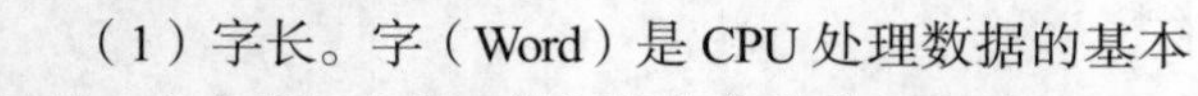

（1）字长。字（Word）是CPU处理数据的基本单位，字中所包含的二进制数的位数称为字长，它反映了计算机一次可以处理的二进制代码的位数。CPU的字长通常由其内部数据总线的宽度决定，它是CPU最重要的指标之一。字长越长，数据处理精度越高，速度越快。通常以字长来称呼CPU，如Pentium 4 CPU的字长是32位，称为32位微处理器。

（2）主频。CPU的主频是指CPU的工作时钟频率，是衡量CPU运行速度的指标，“Intel酷睿i7 3770K”CPU的主频是3.5GHz。

（3）整数和浮点数性能。整数运算由ALU实现，而浮点数运算由浮点处理器（Floating Point Unit，FPU）实现。浮点运算主要应用于图形软件、游戏程序处理等。浮点运算能力是选择CPU需要考虑的重要因素之一。

（4）高速缓冲存储器。高速缓冲存储器（Cache）设置在CPU内部，工作过程完全由硬件电路控制，数据的存取速度快，其速度高出访问内存速度的数倍，设置Cache可以提高计算机的速度。Cache容量较小，通常在1MB左右。在相同的主频下，Cache容量越大，CPU性能越好。

2. 存储器

计算机的存储器分为3种：主存储器（内存）、外存储器（外存）和Cache。在计算机中采取如图1-16所示的三级存储器策略来解决存储器的大容量、低成本与适应CPU高速度之间的矛盾。

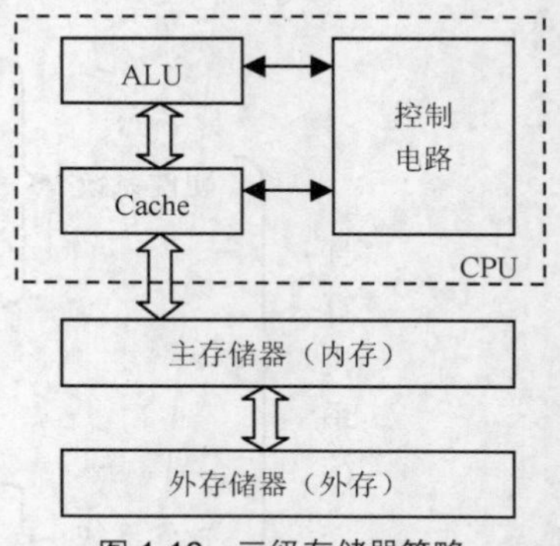

图1-16 三级存储器策略

内存分为只读存储器（ROM）和随机存取存储器（RAM）两种，ROM存放固定不变的程序和数据，关机后不会丢失；RAM用来在计算机运行时存放系统程序、应用程序、数据结果等，关机后内容消失。在计算机系统中，内存容量主要由RAM的容量来决定，习惯上将RAM直接称为内存。内存条如图1-17所示，安装在主板上CPU的附近。内存容量有几十兆字节（MB）到几个吉字节（GB）不等，如64MB，128MB，256MB，512MB，1GB等，可根据需要配置。

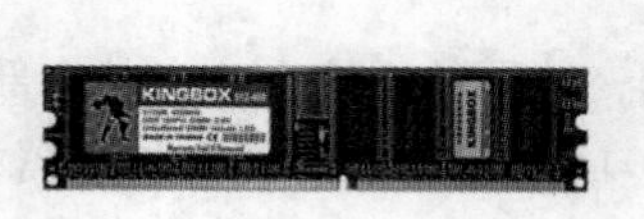

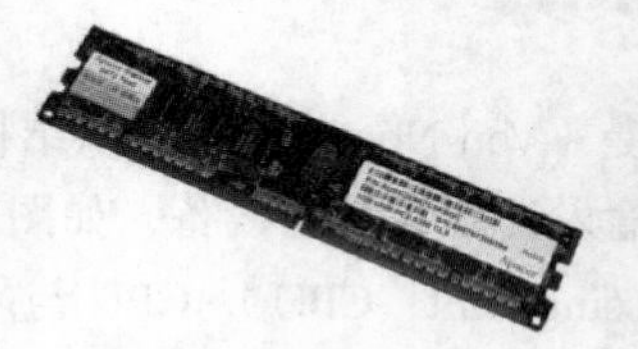

图1-17 内存条

ROM在计算机工作时只能读出（取），不能写入（存）。ROM中存储的程序或数据是在组装计算机之前就写好了的。ROM芯片有3类：MROM称为掩模ROM，存储内容在芯片生产过程中就已写好；PROM称为可编程ROM，存储内容由使用者一次写定，不能再更改；EPROM称为可擦除可编程ROM，使用者可以多次更改写入的内容。

RAM可随时读出和写入，分为动态RAM（DRAM）和静态RAM（SRAM）两大类。DRAM存储容量大、速度较慢、价格便宜，内存的大部分都是由DRAM构成的；SRAM速度快、价格较贵，常用于Cache。

外存也叫做辅助存储器。外存由磁性材料或光反射材料制成，价格低、容量大、存取速度慢，用于长期存放暂时不用的程序和数据。外存不能直接与CPU或I/O设备进行数据交换，只能和内存交换数据。常用的外存有硬盘、光盘、U盘（分别见图1-18、图1-19和图1-20）、移动存储器等。它们使用时都是由驱动器、控制器和盘片（或半导体芯片）3部分组成。盘片或芯片用来存储信息，驱动器完成对盘的读或写和其他操作，控制器完成盘与内存之间的数据交换。

图1-18 硬盘

图1-19 光盘

图1-20 U盘

存储容量的单位用B（字节Byte）、KB（千字节）、MB（兆字节）、GB（吉字节）、TB（太字节）等来表示，1TB=1 024 GB，1GB = 1 024MB，1MB = 1 024KB，1KB = 1 024B。

U盘的容量一般是几十GB，U盘数据通过USB接口连接主机器进行读写。CD-ROM光盘容量约650MB，单面DVD光盘容量约4.7GB，双面双层DVD容量可达17GB。光盘驱动器（光驱）是对光盘进行读写操作的一体化设备，目前流行的光驱有DVD-ROM和Combo（康宝）。光驱可以同时带有刻录功能，称为光盘刻录机，记作CD-RW或DVD-RW。

硬盘是计算机的基本配件，几乎所有的用户数据都要存储到硬盘中。硬盘包括硬盘盘片和硬盘驱动器，硬盘驱动器驱动盘片旋转实现数据存取。当前，主流IDE硬盘的转速一般为5 400r/min和7 200r/min，转速反映硬盘的档次。随着硬盘容量的不断增大，硬盘的转速也在不断提高。目前，硬盘容量已经可以达到2TB以上。

移动存储器主要指移动硬盘。移动硬盘和普通硬盘没有本质区别，经过防震处理，提供USB接口，实现即插即用。在当今各类信息数字化的时代，大容量移动硬盘已成为计算机使用者必备的移动存储设备。

3. 输入设备

图1-21 鼠标键盘

输入设备（Input Equipment）用于向计算机输入程序和数据。它将程序和数据从人们习惯的形式转换成计算机能够识别的二进制代码，并放在内存中。常见的输入设备有键盘、鼠标、扫描仪（分别见图1-21、图1-22）、摄像头等。

键盘是向计算机发布命令和输入数据的重要输入设备。任何键盘都有按键矩阵和键盘电路两个基本组成部分。根据接口的不同，键盘可分为 PS/2 接口键盘和 USB 接口键盘，当前的主板大多同时支持这两种接口的键盘。根据键盘与计算机连接方式的不同，键盘可分为有线键盘和无线键盘。无线键盘在使用时需在主机上加装配套的接收器，用于接收键盘发出的信号。接收器一般安装在串口上。

图 1-22　扫描仪

目前，常用鼠标分机械式和光电式两类。机械式鼠标底部有一个可以滚动的橡胶球，通过橡胶球的滚动，将位置移动变换为计算机可以处理的信号。光电式鼠标有一个光电探测器，在具有反光功能的板上使用，检测鼠标移动产生电信号，传给计算机完成光标的同步移动。

4. 输出设备

输出设备（Output Equipment）将计算机内以二进制代码形式存储的数据转换成人们习惯的文字、图形、声音等形式并输出。常见的输出设备有显示器、打印机、绘图仪等。

显示器是必备的输出设备，主要有阴极射线管（CRT）显示器和液晶（LED）显示器两类，如图 1-23 所示。CRT 显示器接收视频信号输入，分辨率为 800 × 600 像素、1 024 × 768 像素或更高，分辨率是指屏幕每行 × 每列的像素数。LED 显示器具有体积小、低功耗、无闪烁、无辐射的特点，价格比同档次的 CRT 显示器高很多。

（a）CRT显示器

（b）LED显示器

图 1-23　显示器

打印机是用来打印文字或图片的设备，是办公自动化必不可少的输出设备之一。打印机常用的有针式打印机、喷墨打印机和激光打印机 3 种，如图 1-24 所示。打印机根据打印颜色还可分为单色打印机和彩色打印机，根据打印幅面可分为窄幅打印机（A4 以下）和宽幅打印机。

（a）针式打印机

（b）喷墨打印机

（c）激光打印机

图 1-24　打印机

针式打印机的特点是耗材费用低、纸张适用面广，这种打印机靠击打色带（单色）打印输出，常用于打印专业性较强的报表、存折、发票、车票、卡片等输出介质，但噪声高。喷墨打印机与

针式打印机相比，打印质量较好，噪声小，价格较低。激光打印机打印速度快、质量高、不褪色、低噪声，能够支持网络打印，但成本较高。

5. 其他 I/O 设备*

除以上微机系统中最常用的输入 / 输出设备之外，在多媒体应用环境下还需要摄像头、投影仪等设备，以及麦克风、音箱、手写板、触摸屏等更加适合人们习惯的输入 / 输出设备。有关这些设备的介绍参见本书 6.1 节中表 6-1、表 6-2 的内容。

1.2.2 计算机软件系统

自从 1946 年第 1 台电子计算机问世以来，随着计算机速度和存储容量的不断提高，计算机软件得到了迅速发展，从最初用手工方式输入二进制形式的指令和数据进行运算，到现在只需单击鼠标就可以编制色彩丰富的多媒体应用软件，可谓天壤之别。经过数十年的发展，已经形成了庞大的计算机软件系统，它们是人类智慧的结晶。

软件是指那些在硬件设备上运行的各种程序、数据和有关的技术资料。软件系统是指各种软件的集合，软件系统可分为系统软件（System Software）和应用软件（Application Software）两大类。

1. 系统软件

系统软件是为了提高计算机的使用效率，对计算机的各种软、硬件资源进行管理的一系列软件的总称。系统软件有操作系统、语言处理软件、数据库管理系统、服务程序等几大类。

（1）操作系统。操作系统（Operating System，OS）是最基本的系统软件，它由一系列程序构成，使用户可以通过简单命令让设备完成指定的任务；这些程序还可以对 CPU 的时间、存储器的空间和软件资源进行管理。操作系统是计算机硬件与用户之间的界面。例如，当通过 Windows 操作系统来操作使用微机时，它就是使用者与硬件系统之间的界面，它将使用者（用户）发出的指令转换成复杂的对计算机硬件系统进行指挥和管理的内部操作。操作系统的任务是更加有效地管理和使用计算机系统的各种资源，发挥各个功能部件的最大功效，方便用户使用计算机系统。它通常具有进程管理、存储管理、设备管理、作业管理和文件管理 5 方面的功能。

（2）语言处理软件。语言处理软件是指各种编程语言以及汇编程序、编译系统和解释系统等语言转换程序。

编程语言包括机器语言、汇编语言和高级语言，用来编写计算机程序或开发应用软件。

（3）数据库管理系统。所谓数据库（Data Base），就是实现有组织地、动态地存储大量相关数据，方便多用户访问的由计算机软、硬件资源组成的系统。为数据库的建立、操纵和维护而配置的软件称为数据库管理系统（Data Base Management System，DBMS）。目前，微机上配备的数据库管理系统有 MS Access、FoxPro、MS SQL Server、Oracle、DB2 等。

（4）服务程序。服务程序是人们能够顺利使用计算机的帮手，一般称为“工具软件”，是系统软件的一个重要组成部分。常用的工具软件有诊断程序、调试程序、编辑程序等。

2. 应用软件

应用软件是指为解决计算机用户的特定应用而编制的软件，它运行在系统软件之上，运用系统软件提供的手段和方法，完成人们实际要做的工作。例如，财务管理软件、文字处理软件、绘图软件、信息管理软件等。

3. 基本输入/输出系统*

由于企业生产的专业分工和通用性的要求，计算机硬件生产企业出厂的计算机整机不配备软件系统，此时的计算机称为"裸机"。此时的计算机好比只有身体而没有任何知识和能力的人，既听不懂语言也不会做任何事情，因此，"裸机"不能正常运行，用户无法使用。但是，只要"裸机"具有基本的输入和输出功能，用户（或计算机销售公司）就可以将操作系统、应用软件等安装上去，使其成为一台符合用户要求的计算机。

从上面的说明可知，"裸机"必须具备基本输入/输出系统（Basic Input/Output System，BIOS），它是固化在计算机硬件系统之中的软件，也可以说是和计算机硬件系统融为一体的最基础层面的软件。由 BIOS 开始，用户应逐层安装的顺序为 BIOS、操作系统、高级语言和数据库、应用软件等软件环境，如图 1-25 所示。

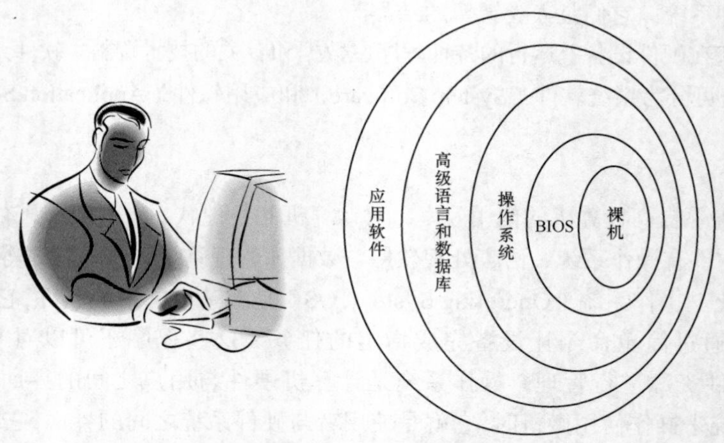

图 1-25 计算机系统软件环境

1.3 计算机中的数与信息编码*

◎ 计算机中的数制
◎ 数制间的转换
◎ 容量的表示：B，KB，MB，GB，TB
◎ 机器数与真值
◎ BCD码
◎ 字符与汉字的编码
◎ 数据在计算机中的处理过程

1.3.1 计算机中的数制

“数制”是指进位计数制，它是一种科学的计数方法，它以累计和进位的方式进行计数，实现了以很少的符号表示大范围数字的目的。计算机中常用的数制有二进制、十进制和十六进制。

1. 十进制

十进制（Decimal）数用0，1，2，…，9十个数码表示，并按“逢十进一”“借一当十”的规则计数。十进制的基数是10，不同位置具有不同的位权。例如：

$$680.45 = 6\times10^2 + 8\times10^1 + 0\times10^0 + 4\times10^{-1} + 5\times10^{-2}$$

十进制是人们最习惯使用的数制，在计算机中一般把十进制作为输入/输出的数据形式。为了把不同进制的数区分开，将十进制数表示为$(N)_{10}$。

2. 二进制

二进制（Binary）数用0，1两个数码表示，二进制的基数是2，不同位置具有不同的位权。例如：

$$(1011.101)_2 = 1\times2^3 + 0\times2^2 + 1\times2^1 + 1\times2^0 + 1\times2^{-1} + 0\times2^{-2} + 1\times2^{-3}$$
$$=(11.625)_{10}$$

二进制数的位权展开式可以得到其表征的十进制数大小。二进制数常用$(N)_2$来表示，也可以记做$(N)_B$。二进制数的运算很简单，遵循“逢二进一”、“借一当二”的规则。

1+1=0（进1）	1+0=1	0+1=1	0+0=0
1−1=0	1−0=1	0−1=1（借1）	0−0=0
1×1=1	1×0=0	0×1=0	0×0=0

3. 十六进制

十六进制（Hexadecimal）数用0，1，2，…，9，A，B，C，D，E，F十六个数码表示，A表示10，B表示11，……，F表示15。基数是16，不同位置具有不同的位权。例如：

$$(3AB.11)_{16} = 3\times16^2 + A\times16^1 + B\times16^0 + 1\times16^{-1} + 1\times16^{-2}$$
$$=(939.0664)_{10}$$

十六进制数的位权展开式可以得到其表征的十进制数大小。十六进制数常用$(N)_{16}$或$(N)_H$来表示。十六进制数的运算，遵循“逢十六进一”、“借一当十六”的规则。

表1-1所示为3种数制的对照关系。

表1-1 十进制、二进制、十六进制数值对照表

十进制	二进制	十六进制	十进制	二进制	十六进制
0	0000	0	8	1000	8
1	0001	1	9	1001	9
2	0010	2	10	1010	A
3	0011	3	11	1011	B
4	0100	4	12	1100	C
5	0101	5	13	1101	D
6	0110	6	14	1110	E
7	0111	7	15	1111	F

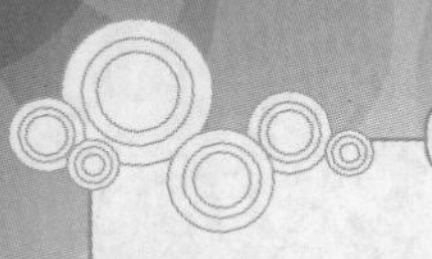

1.3.2 数制间的转换

用位权展开式可以将二进制、十六进制转换成十进制，本节主要讨论十进制转换成二进制、十进制转换成十六进制的方法以及二进制与十六进制的相互转换方法。

1. 十进制数转换成二进制数

将十进制数转换成二进制数，要将十进制数的整数部分和小数部分分开进行。将十进制的整数转换成二进制整数，遵循“除 2 取余、逆序排列”的规则；将十进制小数转换成二进制小数，遵循“乘 2 取整、顺序排列”的规则；然后再将二进制整数和小数拼接起来，形成最终转换结果。例如：

$$(45.8125)_{10} = (101101.1101)_2$$

（1）十进制数整数转换成二进制数。

除数	被除数 / 商	余数	
2	45		
2	22	1	二进制数的低位
2	11	0	逆
2	5	1	序
2	2	1	排
2	1	0	列
计算终止	0	1	二进制数的高位

转换结果：$(45)_{10} = (101101)_2$

（2）十进制小数转换成二进制小数。

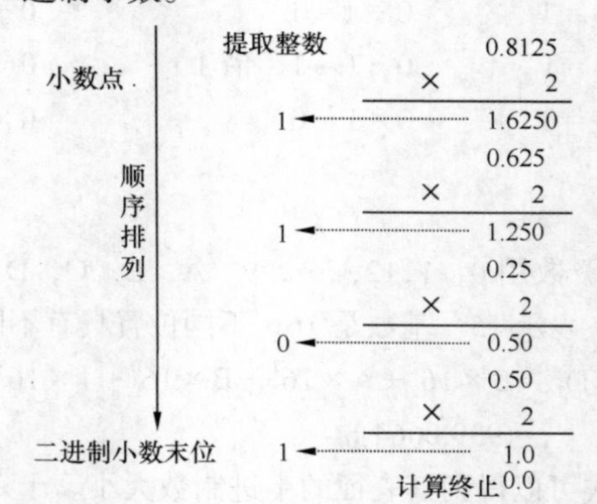

转换结果：$(0.8125)_{10} = (0.1101)_2$

因此 $(45.8125)_{10} = (101101.1101)_2$。

2. 十进制数转换成十六进制数

将十进制数转换成十六进制数与转换成二进制数的方法相同，也要将十进制数的整数部分和小数部分分开进行。将十进制的整数转换成十六进制整数，遵循“除 16 取余、逆序排列”的规则；将十进制小数转换成十六进制小数，遵循“乘 16 取整、顺序排列”的规则；然后再将十六进制整数和小数拼接起来，形成最终转换结果。

3. 二进制数与十六进制数的相互转换

（1）十六进制数转换成二进制数。由于一位十六进制数正好对应 4 位二进制数，对应关系如表 1-1 所示，因此将十六进制数转换成二进制数，每一位十六进制数分别展开转换为二进制数即可。

例如，将十六进制数 $(3ACD.A1)_{16}$ 转换成二进制数。

3	A	C	D	.	A	1
↓	↓	↓	↓		↓	↓
0011	1010	1100	1101	.	1010	0001

转换结果：$(3ACD.A1)_{16} = (11101011001101.10100001)_2$

（2）二进制数转换成十六进制数。将二进制数转换成十六进制数的方法，可以表述为：以二进制数小数点为中心，向两端每 4 位组成一组（若高位端和低位端不够 4 位一组，则用 0 补足），然后每一组对应一个十六进制数码，小数点位置对应不变。

例如，将二进制 $(10101111011.0011001011)_2$ 转换成十六进制数。

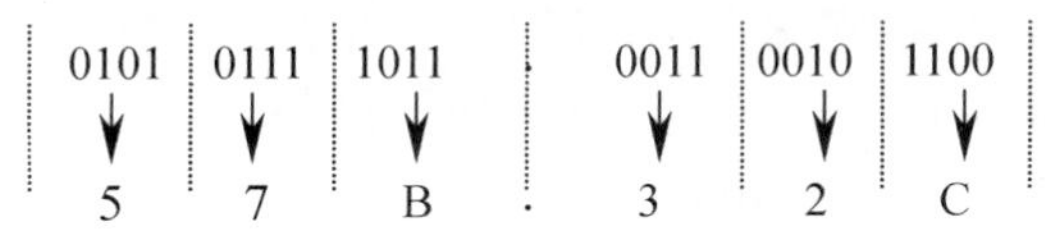

转换结果：$(10101111011.0011001011)_2 = (57B.32C)_{16}$

1.3.3 计算机中数的表示

在计算机内部，对数据加工、处理和存储都以二进制形式进行。每一个二进制数都要用一连串电子器件的“0”或“1”状态来表示，如用 8 位二进制数表示一个数据，可以用 b_0，b_1，…标注每一位。

b_7	b_6	b_5	b_4	b_3	b_2	b_1	b_0

计算机中最小的数据单位是二进制的一个“位”（bit）。在上面的图中，b_0，b_1，…，b_7 分别表示 8 个二进制位，每一位的取值“0”或“1”，就表示了一个 8 位的二进制数。

相邻 8 个二进制位称为一个“字节”（Byte），简写为“B”，字节是最基本的容量单位，可以用来表示数据的多少和存储空间的大小。现代计算机的软件和存储器容量已经相当大，容量单位常用 KB（千）、MB（兆）、GB（吉）和 TB（太）来表示，它们之间的关系是：

$1\ \text{KB} = 2^{10}\text{B} = 1\ 024\ \text{B}$　　　　$1\ \text{MB} = 2^{10}\text{KB} = 1\ 024\ \text{KB}$

$1\ \text{GB} = 2^{10}\text{MB} = 1\ 024\ \text{MB}$　　　　$1\ \text{TB} = 2^{10}\text{GB} = 1\ 024\ \text{GB}$

例如，某一个文件的大小是 76KB，某个存储设备的存储空间有 40GB 等。

1. 整数的表示

在计算机中数分为整数和浮点数。整数分有符号数和无符号数。计算机中的地址和指令通常用无符号数表示。8 位无符号数的范围为 00000000 ～ 11111111，即 0 ～ 255。计算机中的数通常用有符号数表示，有符号数的最高位为符号位，用“0”表示正，用“1”表示负。正数和零的最高位为 0，负数的最高位为 1。

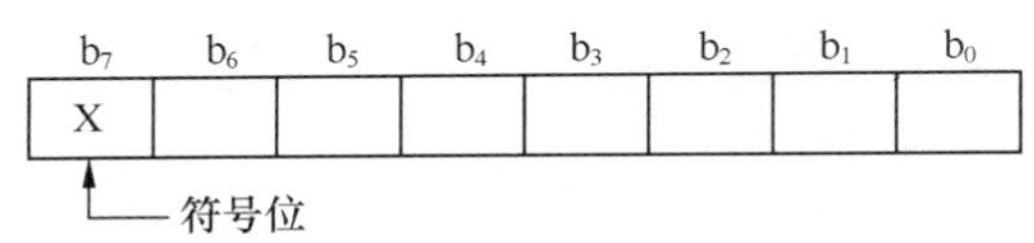

为了便于计算，计算机中的数通常使用补码的形式。最高位为符号位，其他位表示数值大小

的绝对值，这种数的表示方法称为原码；最高位为符号位，正数的其他位不变，负数的其他位按位取反，这种数的表示方法称为反码；最高位为符号位，正数的其他位不变，负数的其他位在反码的基础上再加 1（即按位取反加 1），这种数的表示方法称为补码。例如：

有符号数： +11 −11

原　码：00001011 10001011

反　码：00001011 11110100

补　码：00001011 11110101

2. 浮点数的表示

在计算机中，实数通常用浮点数来表示，浮点数采用科学计数法来表征。例如：

十进制数：$57.625 = 10^{2} \times (0.57625)$ $-0.00456 = 10^{-2} \times (-0.456)$

二进制数：$110.101 = 2^{+11} \times (0.110101)$

浮点数由阶码和尾数两部分组成，如下图所示。

阶符	阶码	数符	尾数

阶码表示指数的大小（尾数中小数点左右移动的位数），阶符表示指数的正负（小数点移动的方向）；尾数表示数值的有效数字，为纯小数（即小数点位置固定在数符与尾数之间），数符表示数的正负。阶符和数符各占一位，阶码和尾数的位数因精度不同而异。

1.3.4 常见信息编码

在计算机系统中“数据”是指具体的数或二进制代码，而“信息”则是二进制代码所表达（或承载的）具体内容。在计算机中，数都以二进制的形式存在，同样各种信息包括文字、声音、图像等也均以二进制的形式存在。

1. BCD 码

计算机中的数用二进制表示，而人们习惯使用十进制数。计算机提供了一种自动进行二进制与十进制转换的功能，它要求用 BCD 码（Binary-Coded Decimal）作为输入 / 输出的桥梁，以 BCD 码输入十进制数，或以 BCD 码输出十进制数。

BCD 码就是将十进制的每一位数用多位二进制数表示的编码方式，最常用的是 8421 码，用 4 位二进制数表示一位十进制数。表 1-2 所示为十进制数与 BCD 码之间的 8421 码对应关系。

表1-2 十进制、BCD码对照表

十进制数	BCD 码	十进制数	BCD 码
0	0000	5	0101
1	0001	6	0110
2	0010	7	0111
3	0011	8	1000
4	0100	9	1001

例如：$(29.06)_{10} = (0010\ 1001.0000\ 0110)_{BCD}$

2. 字符的ASCII

计算机中常用的基本字符包括十进制数字符号0～9，大小写英文字母A～Z，a～z，各种运算符号、标点符号以及一些控制符，总数不超过128个，在计算机中它们都被转换成能被计算机识别的二进制编码形式。目前，在计算机中普遍采用的一种字符编码方式，就是已被国际标准化组织（ISO）采纳的美国标准信息交换码（American Standard Code for Information Interchange，ASCII），如表1-3所示。

表1-3　　ASCII表

高位 低位	000	001	010	011	100	101	110	111
0000	NUL	DLE	SP	0	@	P	`	p
0001	SOH	DC1	!	1	A	Q	a	q
0010	STX	DC2	“	2	B	R	b	r
0011	ETX	DC3	#	3	C	S	c	s
0100	EOT	DC4	$	4	D	T	d	t
0101	ENQ	NAK	%	5	E	U	e	u
0110	ACK	SYN	&	6	F	V	f	v
0111	BEL	ETB	‘	7	G	W	g	w
1000	BS	CAN	(	8	H	X	h	x
1001	HT	EM	)	9	I	Y	i	y
1010	LF	SUB	*	:	J	Z	j	z
1011	VT	ESC	+	;	K	[	k	{
1100	FF	FS	,	<	L	\	l	|
1101	CR	GS	－	=	M	]	m	}
1110	SO	RS	.	>	N	ˆ	n	～
1111	SI	US	/	?	O	_	o	DEL

其中：

NUL　空；
SOH　标题开始；
STX　正文开始；
ETX　正文结束；
EOT　结束传输；
ENQ　询问；
ACK　承认；
BEL　报警；
BS　退格；
HT　横向列表；
LF　换行；
VT　纵向列表；
FF　走纸控制；
CR　回车；
SO　移位输出；
SI　移位输入；
DLE　数据链换码；
DC1　设备控制1；
DC2　设备控制2；
DC3　设备控制3；
DC4　设备控制4；
NAK　否定；
SYN　空转同步；
ETB　信息组传送结束；
CAN　作废；
EM　纸尽；
SUB　换置；
ESC　换码；
FS　文字分隔符；
GS　组分隔符；
RS　记录分隔符；
US　单元分隔符；
SP　空格；
DEL　删除

在 ASCII 中，每个字符用 7 位二进制代码表示。例如，要确定字符 A 的 ASCII，可以从表中查到高位是“100”，低位是“0001”，将高位和低位拼起来就是 A 的 ASCII，即 1000001，记做 41H。一个字节有 8 位，每个字符的 ASCII 可存入字节的低 7 位，最高位置 0。

3. 汉字的编码

对汉字进行编码是为了使计算机能够识别和处理汉字，在汉字处理的各个环节中，由于要求不同，采用的编码也不同，图 1-26 所示为汉字在不同阶段的编码。

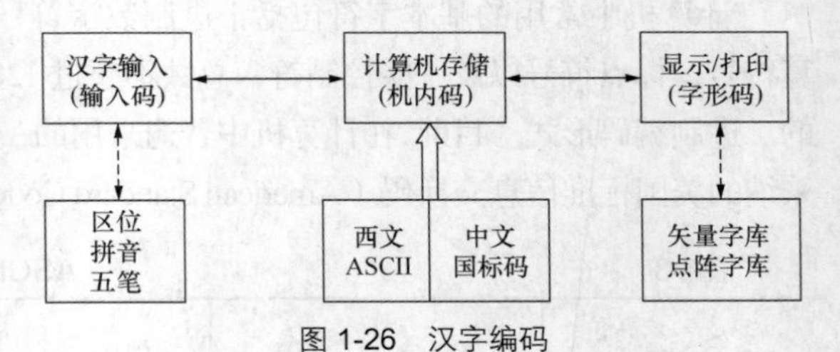

图 1-26 汉字编码

（1）汉字的输入码。汉字的输入码是为用户能够利用西文键盘输入汉字而设计的编码。由于汉字数量众多，字形、结构都很复杂，因此要找出一种简单易行的方案不那么简单。人们从不同的角度总结出了各种汉字的构字规律，设计出了多种输入码方案，主要有以下 4 种。

① 数字编码，如区位码。

② 字音编码，如各种全拼、双拼输入方案。

③ 字形编码，如五笔字型。

④ 音形编码，根据语音和字形双重因素确定的输入码。

（2）国标码。1980 年，我国颁布了《信息交换用汉字编码字符集 · 基本集》（GB2312—80），称为国标码。GB2312—80 中共收录了 6 763 个汉字，682 个非汉字字符（图形、符号）。汉字又分一级汉字 3 755 个和二级汉字 3 008 个，一级汉字按拼音字母顺序排列，二级汉字按部首顺序排列。

国标码中每个汉字或字符用双字节表示，每个字节最高位都置 0，而低 7 位中又有 34 种状态做控制用，所以每个字节只有 94（127 - 34 = 94）种状态可以用于汉字编码。前一字节表示区码（表示行，区号 0 ～ 94），后一字节表示位码（表示列，位号 0 ～ 94），形成区位码，区码和位码各用两位十六进制数字表示，例如汉字“啊”的国标码为 3021H。

有了统一的国标码，不同系统之间的汉字信息就可以互相交换了。

（3）汉字的机内码。汉字的机内码是汉字在计算机系统内部实际存储、处理统一使用的代码，又称汉字内码。机内码用两个字节表示一个汉字，每个字节的最高位都为“1”，低 7 位与国标码相同。这种规则能够使汉字与英文字符方便地区别开来（ASCII 的每个字节的最高位为 0）。例如：

“啊”的国标码为 00110000 00100001；

“啊”的机内码为 10110000 10100001。

（4）汉字的字形码。字形码提供输出汉字时所需要的汉字字形，在显示器或打印机中输出所用字形的汉字或字符。字形码与机内码对应，字形码集合在一起，形成字库。字库分点阵字库和矢量字库两种。

由于汉字是由笔画组成的方块字，所以对于汉字来讲，不论其笔画多少，都可以放在相同大小的方框里。如果我们用 *m* 行 *n* 列的小圆点组成这个方块（称为汉字的字模点阵），那么每个汉字都可以用点阵中的一些点组成。图 1-27 所示为汉字“中”的字模点阵。

如果将每一个点用一位二进制数表示，有笔形的位为 1，否则为 0，就可以得到该汉字的字形码。由此可见，汉字字形码是一种汉字字模点阵的二进制码，是汉字的输出码。

目前计算机上显示使用的汉字字形大多采用 16×16 点阵，这样每一个汉字的字形码就要占用

32 个字节（每一行占用 2 个字节，总共 16 行）。而打印使用的汉字字形大多为 24×24 点阵、32×32 点阵、48×48 点阵等，所需要的存储空间会相应地增加。显然，点阵的密度越大，输出的效果就越好。

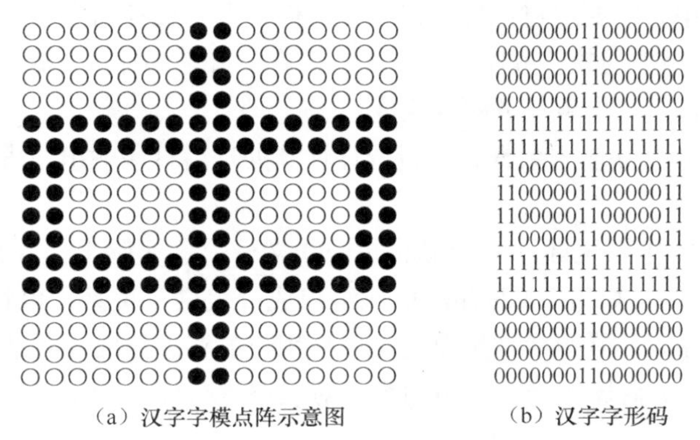

（a）汉字字模点阵示意图　　（b）汉字字形码

图 1-27　汉字点阵字模

1.3.5　数据在计算机中的处理过程

数据在计算机中的处理过程，也就是计算机对二进制代码所承载的信息的处理过程，这种处理过程常见的有：建立一个 Word 文件并打印输出；建立一个电子表格并输入数据，进行统计计算处理后打印输出报表；从网上下载一首歌曲，然后播放出来供人们欣赏等。当然，还有很多专业性的计算机应用案例，这里不再列举。下面通过对上述 3 个案例进行简单分析，来说明数据在计算机中的处理过程。

计算机系统在硬件结构上由主机和输入 / 输出设备构成，主机由 CPU 和内存组成，为加强计算机功能和方便人们使用还配备了各种外存。计算机硬件系统构成如图 1-28 所示。

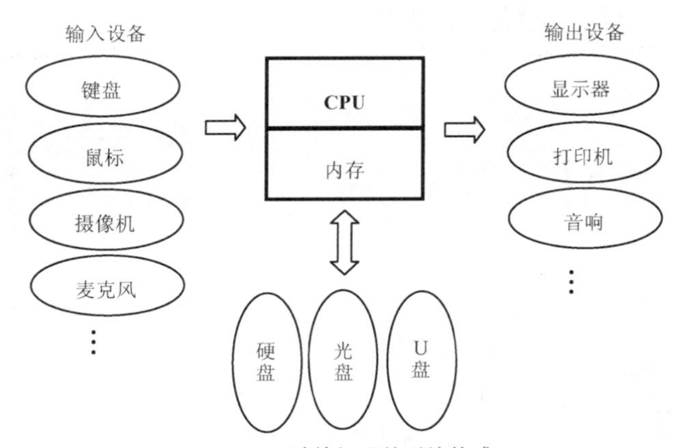

图 1-28　计算机硬件系统构成

（1）建立一个 Word 文件并打印输出。这一案例的操作和数据处理过程如下。

① 通过 Windows 操作系统建立一个新的 Word 文件，这实际上是在内存中开辟了一块存储区，用来暂时存储文件内容，以便于用户对文件进行编辑加工。

② 用户通过鼠标和键盘操作输入文件内容，对文件进行编辑加工等，这实际上是对内存区中的数据进行录入和修改操作。

③ 文件内容输入和编辑加工完成之后，进行“保存或另存为”操作以防止文件内容丢失，这实际上是将内存中的文件存储到硬盘中。此时若文件未关闭则内存、硬盘中同时存有文件内

容；若文件关闭则文件内容只存在硬盘中。

④ 当发出“打印”操作命令时，计算机将内存中的文件内容送到打印机，打印成文件形式。此时，若文件不在内存中，需要通过鼠标单击打开文件，即将文件内容从外存调入内存。在整个过程中 CPU 不停地执行相关的软件程序，协调人、内存、外存和输入 / 输出设备之间的工作，使每一项指令得到准确的执行，保证任务顺利完成。

（2）建立一个电子表格并输入数据，进行统计计算处理后打印输出报表。这一案例的操作和数据处理过程如下。

① 通过 Windows 操作系统建立一个新的 Excel 文件，这实际上是在内存中开辟了一块存储区，并通过 Excel 软件将这一区域的存储单元组织成“表格”关系，以符合用户使用的目的，与此同时将这种表格关系显示在显示器屏幕上，以便用户能够进行准确的录入和编辑加工。

② 用户通过鼠标和键盘操作录入表格内容，对表格进行编辑加工等，这也是对内存中的表格进行录入和修改操作。

③ 当使用 Excel 的统计计算功能对表格进行处理时，再调用 Excel 软件中的程序对表格进行自动化加工操作。后面的操作与数据流动情况同上面第一个案例。

（3）从网上下载一首歌曲，然后播放出来供人们欣赏。这一案例的操作和数据处理过程如下。

① 通过 Windows 操作系统和 IE 浏览器，将自己的计算机与远地的网站建立起“链路”，俗称“上网”。

② 用户通过上网操作将远地网站服务器上存储的一首歌曲文件复制到自己计算机的硬盘上，俗称“下载”。

③ 用 Windows 操作系统中的“多媒体播放器”播放这一歌曲，这实际上是运行多媒体播放程序，该程序自动将特定的歌曲文件从硬盘中调到内存，然后对文件中的数据进行解码，将二进制代码转换成声音信号送到音响设备上，播放出歌曲。

1.4 微型计算机的基本操作

◎ 微机的配置
◎ 计算机系统各部分的连接
◎ 开机与关机的操作顺序
◎ 重新启动计算机的方法
◎ 键盘的布局和使用操作
◎ 鼠标的使用操作

1.4.1 微型计算机的典型配置

由于计算机系统采用总线连接、部件可选的结构方式，使得计算机系统的配置非常灵活。同一型号的多媒体计算机，在购买或组装时，选用的部件不同，选择部件性能指标不同，最后组装的整机性能和价格差别是很大的。因此，在实际中，要根据计算机应用的目的来适当地选择计算机的配置，在保证达到应用的目标的前提下，获得最佳的性能价格比。

完成多媒体计算机配置，需要进行调研来获得最新的计算机整机或配件产品，也可以登录“中关村在线”等网站进行网络查询。表 1-4 所示为典型的办公用 PC 配置方案。

表1-4 典型的办公用PC配置方案

硬件基本配置	硬件可选配置	软 件 配 置
CPU Intel Core i5 2300（四核，主频 2.8GHz）/2G DDR3 内存 /1TB 硬盘 /DVD-RW/19 寸液晶显示器 / 键盘 / 鼠标	独立显卡、独立声卡、摄像头、扫描仪、绘画板、数码相机、打印机	Windows XP 等操作系统，Office 或 WPS 字处理软件、Photoshop 等

1.4.2 计算机系统各部分的连接

计算机系统是由几个彼此分离的部分组成的，在使用前应将它们正确地连接起来。对于采用基本配置的计算机系统，连接较为简单，只需将键盘、鼠标、显示器与主机正确连接并接好电源线即可。对于配备了较多外设的计算机，连接略为复杂一些，要安装相关的功能扩展卡并将设备与功能扩展卡正确连接。

1. 主机箱

主机箱（见图 1-29）是微机系统中最重要的部分。在机箱中安装有计算机的电源、硬盘驱动器、光盘驱动器、软盘驱动器、计算机的主板等，在主板上装有 CPU、内存、各种需要的接口卡等。主机箱是计算机系统的外包装，所有的外部设备都要连接到主机箱上，才能形成一个完整的计算机系统。一般在主机箱的背面都有许多连接设备用的插口，用户可以选择与设备连线插头相适合的插口进行连接（见图 1-30）。

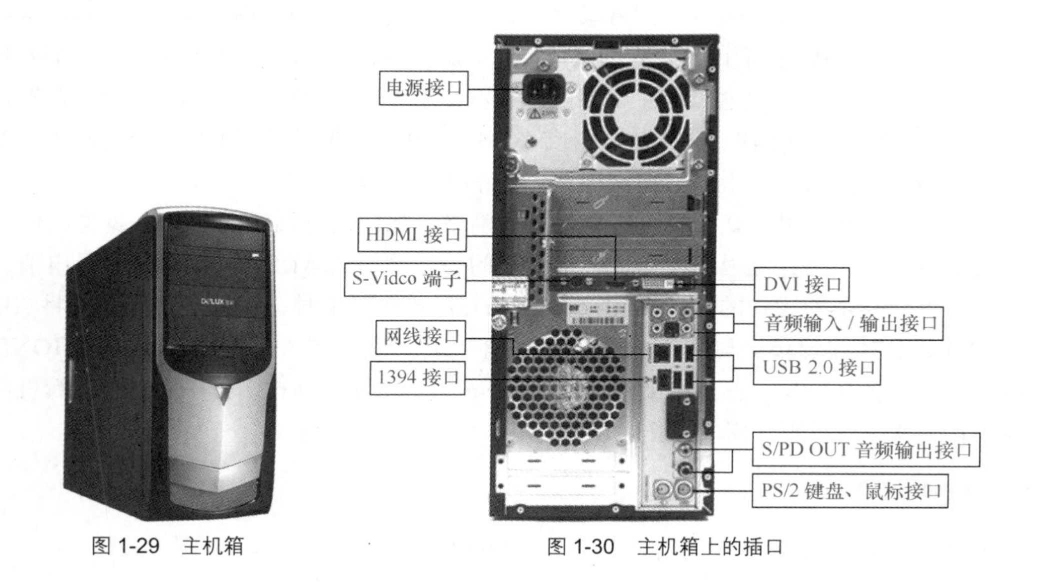

图 1-29 主机箱

图 1-30 主机箱上的插口

2. 显示器

显示器通过一根15针的D型连接线与安装在主机主板上的显示卡连接。显示卡通常是一块扩展卡，但也有的是集成在主板上的，这时只要将连接线插到主板上的显示器输出口上即可。进行连接时，应分别将连接线的两端接到显示卡和显示器的对应插槽内。D型连接头具有方向性，接反了插不进去，连接时应小心对准，无误后再稍稍用力直至将插头插紧，然后上紧两边的两颗用于固定的螺钉。显示器的电源线可以直接插入电源接线盒，也可以插入主机显示器电源的输出端。

3. 键盘和鼠标

键盘和鼠标的插头目前有COM插头和USB接头两种。键盘的COM插头是一个5针的圆插头，插头还带有一个导向片，确保插入时方向正确。主板上的键盘插孔有大、小两种规格，应确保插孔与插头的规格一致，如果不一致，需要用一个小转大或大转小的转接线进行转接。连接时应将键盘插头对准主板上的键盘插座，轻轻推入并稍稍转动一下，待导向片对准导向槽后再稍用力插紧。鼠标接口也有两种类型，一种为串行口的，连接时将它接在主板的任何一个空闲串行口上，上紧两边的螺钉即可。还有一种称为PS/2接口的，它的外观和连接方法同键盘是一样的。安装PS/2鼠标时容易将它的插座与键盘的插座弄混，安装前应仔细辨认，如果主板上没有标明，则通常靠外的是键盘插座。实在辨认不清也没有关系，可以先试插一下，如果开机后鼠标和键盘不工作，再换回来即可。

4. 打印机

打印机通常是通过并行口或USB接口连接到主机的。并行口是一个25针的扁平接口，连接电缆两端的接口并不一样，其中一端较小，并带有螺钉，用来连接主机的并行口；另一端则较大，且两边有卡口槽，用来连接打印机。连接时先将小的一端连接到主机上，上紧固定螺钉，再将另一端连至打印机上，并扣紧卡口。USB接口就是通常插接U盘的接口，通过与USB接口适配的连接线将打印机连接到主机上。最后将打印机的电源线一端插入打印机电源插座，另一端插入电源接线板。

5. 调制解调器

调制解调器分内置式和外置式。内置式调制解调器（Modem）安装时需要打开机箱，将它插到一个合适的ISA或PCI插槽内（视它的接口方式而定）。安装外置式的调制解调器时不需要打开机箱，它是通过一根串行传输线与主机相连，安装时将该串行传输线一端接至调制解调器，另一端接至主机主板上的一个串行口（COM1或COM2），再将调制解调器的电源适配器（一个小型稳压电源）接至电源插座，将其输出端接至调制解调器电源输入端。

目前，家庭和办公用计算机多通过宽带接入网络，如使用电话线的ADSL宽带，使用有线电视线路的宽带，还有使用小区宽带网络线路的。普通用的ADSL可以在电话局申请，办理手续后会得到一个外置式的ADSL Modem。ADSL硬件安装时，使用电话连接线将ADSL Modem的LINE插孔连接到墙壁上的电话接线盒上；电话机与ADSL Modem的PHONE插孔连接；再用一根双绞线，一头连接ADSL Modem的Ethernet插孔，另一头连接计算机网卡的网线插孔，就完成了硬件安装工作。

6. 音箱和耳机

音箱和耳机都是将计算机中的信息以声音形式输出的设备（见图1-31、图1-32）。

图 1-31　音箱

图 1-32　耳机

在连接音箱或耳机之前，应确保声卡正确安装在主板上。声卡有两种接口标准，一种是 ISA 接口，目前已接近被淘汰；另一种是 PCI 接口。安装时应根据接口的不同插入到正确的插槽中。通常声卡上有 In（接信号输入线）、Out（接信号输出线）、Mic（接麦克风）和 JoyStick（接游戏杆）这样几个插口。音箱和耳机是接在 Out 插口上的，声卡的输出信号功率一般都不大，要接音箱时，音箱自身应带有功率放大器。麦克风接口是当需要用麦克风录音或在网上进行实时对话时使用的，连接时直接将麦克风信号线接入即可。

1.4.3　开机与关机

计算机系统的各个部分都连接好之后，就可以准备加电开机了。但在开机前必须再仔细检查一下各部分的连线，确保无误后方可加电。特别要注意的是，有些计算机的电源提供两种输入电压：一种是 110V 的，另一种是 220V 的。一定要确保其开关是打在 220V 的位置，否则开机后极易烧毁机器。

1. 正确开关计算机系统

开机的顺序为：先开外设，再开主机。开外设的顺序是先开音箱、打印机等，再开显示器。关机的顺序正好相反，先关主机，再关外设。

如果只是短时间不使用计算机，不用马上关闭。开关电源时冲击电流会对计算机造成影响，相比而言，让计算机继续运转片刻造成的损耗要小一些。在计算机死机需要关机重新启动时，切记关机后要等待至少 5s 再加电重启，否则易对计算机造成损坏。

计算机加电开启后，首先由 BIOS 程序对计算机的硬件进行自检，如果自检没有发现错误，则 BIOS 加载操作系统，操作系统加载后用户就可以正常地使用计算机了。

2. 重新启动计算机

在使用计算机的过程中，可能经常会遇到需要重新启动系统的情况，如安装了新的应用程序或更新了硬件的驱动程序，或者系统出现死机，无法正常关闭等。前者的重启是正常重启，它通常是在系统提出了重启请求后由用户正常操作来完成的；而后者则是非正常重启，是在系统出现了严重错误而无法继续正常工作的情况下进行的。

重新启动计算机有两种方法：一种是冷启动，另一种是热启动。两者的区别在于启动的过程中是否关闭电源。

（1）冷启动。冷启动是指先直接关闭计算机电源，然后再打开电源来重新启动系统。除非计算机对热启动无反应，否则不要用这种方式来重启系统。目前，很多高档计算机不支持冷启动，直接按电源按钮没有反应，实现了对计算机的保护。

（2）复位操作。在一些计算机的机箱控制面板上有一个标有 Reset 的复位键，按下该键的功能与冷启动差不多，它采用使计算机瞬间掉电的方式，实现重启的目的。

（3）热启动。热启动是指不关闭计算机的电源，利用键盘上的 Ctrl+Alt+Del 组合键来启动系统。在 DOS 下这样做会立即重启系统；在 Windows 95/98 操作系统中，则是先跳出一个“关闭程序”的对话框，用户可以从程序列表中选择要关闭的程序，当用户再次按下 Ctrl+Alt+Del 组合键时才能重启系统；在 Windows 2000 以上版本的操作系统中，则启动任务管理器，支持用户选择锁定计算机、注销、关机等操作，注销或关机时自动执行“关闭程序”操作。

频繁地启动计算机还有可能对硬件造成损伤，所以在使用计算机时应按正确的方法操作，避免出现这种情况。

1.4.4 键盘与鼠标的使用

键盘和鼠标是计算机基本的输入设备，要熟练地操作计算机，就必须熟练掌握键盘和鼠标的使用操作方法。

1. 键盘的布局

目前，微机使用的多为标准 101/102 键盘或增强型键盘。增强型键盘只是在标准 101 键盘基础上又增加了某些特殊功能键。三者的布局大致相同，如图 1-33 所示。

图 1-33 键盘布局

（1）主键盘区。键盘上最左侧键位框中的部分称为主键盘区（不包括键盘的最上一排），主键盘区的键位包括字母键、数字键、特殊符号键和一些功能键，它们的使用频率非常高。

① 字母键：包括 26 个英文字母键，它们分布在主键盘区的第 2 排，第 3 排，第 4 排。这些键上标着大写英文字母，通过转换可以有大小写两种状态，输入大写或小写英文字符。开机时默认是小写状态。

② 数字键：包括 0 ～ 9 共 10 个键位，它们位于主键盘区的最上面一排。这些键都是双字符键（由 Shift 键切换），上挡是一些符号，下挡是数码。

③ 特殊符号键：它们分布在 21 个键上，一共有 32 个特殊符号，特殊符号键上都标有两个符号（数字不是特殊符号），由 Shift 键进行上下挡切换。

④ 主键盘功能键：是指位于主键盘区内的功能键，它们一共有 11 个，有的单独完成某种功能，有的需要与其他键配合完成某种功能（组合键）。说明如下。

Caps Lock	大小写锁定键	它是一个开关键，按一次该键可将字母锁定为大写形式，再按一次则锁定为小写形式
Shift	换挡键	按下该键不松手，再击某键，则输入上挡符号；不按该键则输入下挡符号
Enter	回车键	按回车键后，输入的命令才被接受和执行。在字处理程序中，回车键起换行的作用
Ctrl	控制键	该键常与其他键联合使用，起某种控制作用，如“Ctrl+C”表示复制选中的内容等

续表

Alt	转换键	该键常同其他键联合使用，起某种转换或控制作用，如“Alt+F3”用于选择某种汉字输入方式
Tab	制表定位键	在字表处理软件中，常定义该键的功能为：光标移动到预定的下一个位置
Backspace（←）	退格键	该键的功能是删除光标位置左边的一个字符，并使光标左移一个字符位置

（2）功能键区。功能键区位于键盘最上一排，一共有 16 个键位。其中 F1 ～ F12 称为自定义功能键。在不同的软件里，每一个自定义功能键都被赋予了不同的功能。

Esc	退出键	该键通常用于取消当前的操作，退出当前程序或退回到上一级菜单
PrtSc	屏幕打印键	单用或与 Shift 键联合使用，将屏幕上显示的内容输出到打印机上
Scroll Lock	屏幕暂停键	该键一般用于将滚动的屏幕显示暂停，也可以在应用程序中定义其他功能
Pause Break	中断键	该键与 Ctrl 键联合使用，可以中断程序的运行

（3）编辑键区。编辑键位于主键盘区与小键盘区中间的上部，共有 6 个键位，它们执行的通常都是与编辑操作有关的功能。

Insert	插入 / 改写	该键是开关键，用于在编辑状态下将当前编辑状态变为插入方式或改写方式
Del	删除键	单击该键，当前光标位置之后的一个字符被删除，右边的字符依次左移到光标位置
Home		在一些应用程序的编辑状态下按下该键可将光标定位于第 1 行第 1 列的位置
End		在一些应用程序的编辑状态下按该键可将光标定位于最后一行的最后一列
Page Up	向上翻页键	单击该键，可以使整个屏幕向上翻一页
Page Down	向下翻页键	单击该键，可以使整个屏幕向下翻一页

（4）小键盘区。键盘最右边的一组键位称为小键盘区。其中各键的功能均能从别的键位上获得，但用户在进行某些特别的操作时，利用小键盘，使用单手操作可以使操作速度更快，尤其是录入或编辑数字的时候更是这样。

Num Lock	数字锁定键	单击该键，Num Lock 指示灯亮，此时再按小键盘区的数字键则输出上符号即数字及小数点号；若再按一次该键，Num Lock 指示灯熄灭，这时再按数字键则分别起各键位下挡的功能

（5）方向键区。方向键区位于编辑键区的下方，一共有 4 个键位，分别是上、下、左、右键。单击该键，可以使光标沿某一方向移动一个坐标格。

2. 键盘操作

在熟悉了键盘布局之后，还应该掌握使用键盘时的左右手分工（见图 1-34、图 1-35）、正确的击键方法和良好的操作习惯，并且要进行大量的练习才能够熟练地使用键盘进行计算机应用操作。

图 1-34　键盘操作的手位

3. 鼠标的使用

鼠标是一种手握型指向设备。在图形用户界面下鼠标是必备的输入设备，可以通过在桌面移动鼠标来改变屏幕上光标的位置，快速地选中屏幕上的对象。鼠标使计算机用户不再需要记忆众多的操作指令，仅需移动鼠标将光标移至相关命令的位置，轻轻按键，即可执行该命令，大大提高了计算机的使用效率。

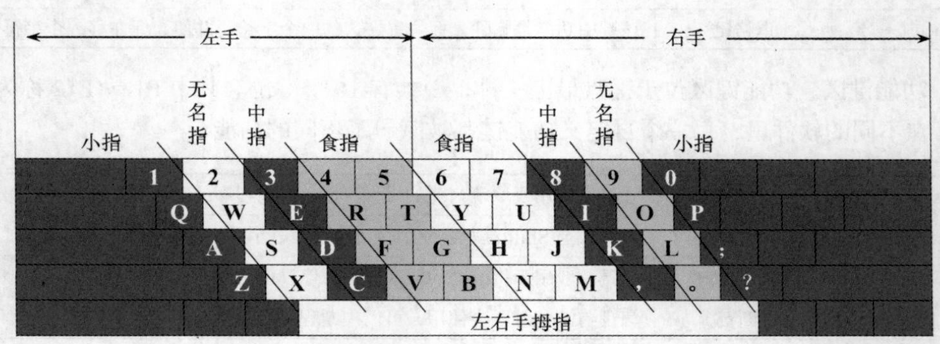

图 1-35　键盘操作左右手分区图

鼠标的操作主要有单击（左击或右击）、双击和拖曳。

（1）单击：按下并放开鼠标左键（左击）或按下并放开鼠标右键（右击）。

（2）双击：连续两次迅速地按下并放开鼠标左键。

（3）拖曳：首先使光标指向某一对象，按下鼠标左键不松手，移动鼠标将对象放置到新的位置处再松手。

每一种操作具体执行什么功能，要视当前执行的程序而定。

1.5 计算机的安全使用

◎ 使用计算机的人身安全
◎ 计算机设备安全
◎ 软件和数据的安全
◎ 信息活动规范
◎ 计算机病毒的特点、症状、分类与防治

计算机与我们的生活、工作的关系已经密不可分，人们需要很好地维护才能安全、有效地使用它。关于计算机的安全使用主要有人身安全、设备安全、数据安全、计算机病毒防治等几个方面。在人身安全方面，微机属于在弱电状态工作的电器设备，并且机械运动装置均封闭在机箱之内，对使用计算机的人不构成威胁。但要注意，在接触电源线时，不要湿手操作，以防触电。

1.5.1 设备和数据的安全

1. 设备安全

设备安全主要是指计算机硬件的安全。对计算机硬件设备安全产生影响的主要是电源、环境与操作3个方面的因素。

（1）电源。在正常的连接下，电网电压的突变会对计算机造成损坏。如果附近有大功率、经常启停的用电设备，为保证计算机安全正常地工作，要配备一台具有净化、稳压功能的UPS电源。这种电源可以过滤电网上的尖峰脉冲，保持供给计算机设备稳定的220V交流电压，并且在停电时电源内部的蓄电池可以为用户提供保存程序和数据的操作时间。

（2）环境。

① 计算机设备要放置稳定，与周边物体距离保持在10cm以上，在温室状态下，使计算机处于通风良好便于散热的环境中。

② 要使计算机处在灰尘较少的空气环境中。灰尘进入计算机机箱会使计算机运行出错，磁盘读写出错甚至损坏设备。

③ 要防止潮湿。空气湿度大或水滴进入计算机任何一个部件都会造成计算机工作错误或损坏设备。

④ 要防止阳光直射计算机屏幕。阳光照射会降低显示器的使用寿命或损坏显示性能。

⑤ 要防止震动。经常性的震动对计算机的任何一个部件都是有害的。

（3）使用操作。

① 计算机中的各种芯片，很容易被较强的电脉冲损坏。在计算机中这种破坏性的电脉冲通常是由于显示器中的高压，电源线接触不良的打火以及各部件之间接触不好，造成电流通断的冲击等。因此，在操作时要注意以下几点。

- 先开显示器后开主机，先关主机后关显示器。
- 在开机状态下，不要随意插拔各种接口卡和外设电缆。
- 特别不要在开机时随意搬动各种计算机设备，这样做对计算机设备和人身安全都很不利。

② 各种操作不能强行用力。在键盘操作、插拔磁盘、插拔各种接口卡以及连接各种外部设备的电缆线时，如果适当用力还不能完成操作，一定要停下来仔细观察，分析问题的原因，纠正错误，再继续操作。

③ 要选择质量较好的打印纸。如果打印机纸上有硬块杂质，会损坏打印机的打印头。

④ 软盘驱动器的指示灯亮时，切不可插拔盘片；光盘驱动器要通过按钮操作打开与闭合，不要用手推拉，否则有可能对驱动器造成损坏。

2. 数据安全

这里的数据包括所有用户需要的程序和数据及其他以存储形式存在的信息资料。这些数据有的是用户长期工作的成果，有的是当前处理工作的重要现场信息，一旦被破坏或丢失，可能给用户造成重大损失。因此，保证数据安全就是保证计算机应用的有效性，保证人们的生活和工作正常有序。造成数据破坏或丢失，有计算机故障、操作失误、计算机病毒等几种原因。

（1）计算机故障。

① 最常见的情况是外存储器（软盘、硬盘或移动存储设备）工作出现故障，使数据无法读

出或读出错误。因此，要注意对存储设备的保护，防止折弯、划伤或受到强磁场的影响；要防止计算机正在对磁盘（特别是硬盘）做读写时震动计算机，造成磁头和盘片的损伤。

② 软件故障也是造成数据破坏的原因之一。系统软件和应用软件或多或少都存在一些缺陷，当计算机运行程序恰好经过缺陷点时，会造成数据的混乱。

（2）操作失误。

① 在操作使用计算机的过程中，误将有用的数据删除。

② 忘记将有用的数据保存起来或找不到已经保存的数据。

③ 数据文件的读写操作不完整，使存储的数据无法读出。

（3）计算机病毒感染。计算机病毒是目前最常见的破坏数据的原因。

（4）对于计算机故障和操作失误造成数据破坏或丢失的问题可以通过以下几个措施来避免或减少损失。

① 经常进行数据备份，保留最新阶段成果。

② 加强对存储盘片的保护。

③ 养成数据管理的良好习惯（包括对硬盘目录下的数据文件和软盘、光盘的管理）。

④ 深入理解各种软件操作命令的执行过程，保证数据文件存储完整。

1.5.2 信息活动规范

1. 知识产权的概念

知识产权是一种无形财产权，是从事智力创造性活动取得成果后依法享有的权利。知识产权通常分为两部分，即“工业产权”和“版权”。工业产权又称“专利权”，是发明专利、实用新型、外观设计、商标的所有权的统称。版权（Copyright）亦称“著作权”，是指权利人对其创作的文学、科学和艺术作品所享有的独占权。这种专有权未经权利人许可或转让，他人不得行使，否则构成侵权行为（法律另有规定者除外）。

对于专利权，《中华人民共和国专利法》第五十七条规定，未经专利权人许可，实施其专利，即侵犯其专利权。对于著作权（版权），《中华人民共和国著作权法》规定，未经著作权人许可，复制、发行、表演、放映、广播、汇编、通过信息网络向公众传播其作品，即侵犯其著作权。

依据我国《计算机软件保护条例》的规定，中国公民、法人或者其他组织对其所开发的软件，不论是否发表，依照条例享有著作权。我们通常所说“软件盗版”即是未经软件著作权人许可而进行软件复制，是违法行为。

2. 信息活动行为规范

（1）分类管理。要自觉养成信息分类管理的好习惯，使自己的信息处理工作更加快捷、高效。

（2）友好共处。与他人共用计算机时，要注意保护他人的数据，珍惜别人的工作成果。

（3）拒绝病毒。提高预防计算机病毒的意识，维护良好的信息处理工作环境。

（4）遵纪守法。在信息活动中，要遵守国家法律法规，不做有害他人、有害社会的事情。

（5）爱护设备。文明实施各种操作，爱护信息化公共设施。

（6）注意安全。认真管理账号、密码和存有重要数据的存储器、笔记本电脑等，防止丢失。

1.5.3 计算机病毒的防治

计算机病毒（Virus）是一种人为编制的能在计算机系统中生存、繁殖和传播的程序。计算机病毒一旦侵入计算机系统，就会危害系统的资源，使计算机不能正常工作。

1. 计算机病毒的分类

计算机病毒按照破坏情况分类，可分为以下两类。

（1）良性病毒。这类病毒一般不会破坏计算机系统。

（2）恶性病毒。这类病毒以破坏计算机系统为目的，病毒发作时，有可能破坏计算机的软、硬件，如“熊猫烧香”病毒。

2. 计算机病毒的特点

（1）传染性。计算机病毒随着正常程序的执行而繁殖，随着数据或程序代码的传送而传播。因此，它可以迅速地在程序之间、计算机之间和计算机网络之间传播。

（2）隐蔽性。计算机病毒程序一般很短小，在发作之前人们很难发现它的存在。

（3）触发性。计算机病毒一般都有一个触发条件，具备了触发条件后病毒便发作。

（4）潜伏性。计算机病毒可以长期隐藏在文件中，而不表现出任何症状。只有在特定的触发条件下，病毒才开始发作。

（5）破坏性。计算机病毒发作时会对计算机系统的工作状态或系统资源产生不同程度的破坏。

3. 计算机病毒的危害

（1）计算机病毒激发对计算机数据信息的直接破坏。大部分计算机病毒在激发的时候直接破坏计算机的重要信息数据，所利用的手段有格式化磁盘、改写文件分配表和目录区、删除重要文件或者用无意义的“垃圾”数据改写文件、破坏 CMOS 设置等。

（2）占用磁盘空间和对信息的破坏。寄生在磁盘上的计算机病毒总要非法占用一部分磁盘空间。引导型病毒的一般侵占方式是由计算机病毒本身占据磁盘引导扇区，而把原来的引导区转移到其他扇区，也就是引导型病毒要覆盖一个磁盘扇区。被覆盖的扇区数据永久性丢失，无法恢复。

文件型病毒利用一些 DOS 功能进行传染，这些 DOS 功能能够检测出磁盘的未用空间，把计算机病毒的传染部分写到磁盘的未用部位去，所以在传染过程中一般不破坏磁盘上的原有数据，但非法侵占了磁盘空间。一些文件型病毒传染速度很快，在短时间内感染大量文件，每个文件都不同程度地加长了，就造成磁盘空间的严重浪费。

（3）抢占系统资源。大多数计算机病毒在动态下常驻内存，必然抢占一部分系统资源。计算机病毒所占用的基本内存长度大致与计算机病毒本身长度相当。除占用内存外，计算机病毒还抢占中断，干扰系统运行。

（4）影响计算机运行速度。计算机病毒进驻内存后不但干扰系统运行，还影响计算机速度，主要表现如下。

① 计算机病毒为了判断传染激发条件，总要对计算机的工作状态进行监视，影响计算机速度。

② 有些计算机病毒进行了加密，CPU 每次运行病毒程序时都要解密后再执行，影响计算机速度。

③ 计算机病毒在进行传染时同样要插入非法的额外操作，使计算机速度明显变慢。

（5）计算机病毒给用户造成严重的心理压力。计算机病毒会给人们造成巨大的心理压力，极大地影响了现代计算机的使用效率，由此带来的无形损失是难以估量的。

4. 计算机病毒的防治

计算机病毒在计算机之间传播的途径主要有两种：一种是在不同计算机之间使用移动存储介质交换信息时，隐蔽的计算机病毒伴随着有用的信息传播出去；另一种是在网络通信过程中，随着不同计算机之间的信息交换，造成计算机病毒传播。由此可见，计算机之间信息交换的方法便是计算机病毒传染的途径。

为保证计算机运行的安全有效，在使用计算机的过程中要特别注意对计算机病毒传染的预防，如发现计算机工作异常，要及时进行计算机病毒检测和杀毒处理。建议用户采取以下措施。

（1）要重点保护好系统盘，不要写入用户的文件。

（2）尽量不使用外来软盘，必须使用时要进行计算机病毒检测。

（3）计算机上安装对计算机病毒进行实时检测的软件，发现计算机病毒及时报告，以便用户做出正确的处理。

（4）尽量避免使用从网络下载的软件，防止计算机病毒侵入。

（5）对重要的软件和数据定时备份，以便在发生计算机病毒感染而遭破坏时，可以恢复系统。

（6）定期对计算机进行检测，及时清除（杀掉）隐蔽的计算机病毒。

（7）经常更新杀毒软件。常用的计算机杀毒软件可以从网上下载，或从供货商处获得。

关于计算机杀毒软件的使用方法，请参考有关资料说明。

练习题

一、填空题

1. 电子计算机是______________________________。

2. 计算机具有________、________、________、________和________的特点。

3. 计算机的应用领域有________、________、________、________和________。

4. 科学计算又称为________。

5. CAD是指________________。

6. CAI是指________________。

7. 第一台电子计算机________诞生于________年的________（国家）。

8. 电子计算机至今已经历了________个发展阶段；微型计算机从________年问世以来经历了________个发展阶段。

9. 根据摩尔定律，微处理器________性能提高一倍，价格降低________。

10. 按照计算机的分类标准，我们最常见的计算机是________。

11. 一个完整的计算机系统包括________和________两大部分。

12. 计算机硬件是指______________________________。

13. 计算机软件是指______________________________。

14. 计算机硬件系统的5个组成部分是________、________、________、________和________。

15. “裸机”是指______________________________。

16. 中央处理器（________）由________和________构成。

17. 计算机的主机包括 ________ 和 ________ 两个部分。

18. 计算机的外部设备包括 ________ 和 ________。

19. 运算器又称为 ________（________），它可以完成的运算有 ________ 和 ________。

20. 控制器的作用是 ________________________________。

21. 存储器的作用是 ________________________________。

22. 输入设备的作用是 ________________________________。

23. 输出设备的作用是 ________________________________。

24. 软件系统是指 ________________________________。

25. 系统软件包括 ________________________________。

26. 操作系统的五大功能是 ______、______、______、______ 和 ______。

27. 常用的服务程序有 ________、________ 和 ________。

*28. 遵循“逢二进一”计数规律形成的数是 ____________，它的进位基数是 ________。用来表示数字的符号有 ________。

*29. 数据和信息在计算机中都是以 ________ 的形式存储和处理。

*30. 将一个二进制数转换成十进制数表示，只要 ____________。

*31. 将十进制数转换成二进制数有 ____________、__________ 和 ________________3 个步骤。

*32. 十进制整数转换成二进制的要诀是 ________________。

*33. 十进制小数转换成二进制小数的要诀是 ____________。

*34. 计算机中数据的最小单位是 ________，数据的基本单位是 ________。

*35. 字是 ________ 单位，字长是 ________。

*36. 二—十进制编码又称 ________ 码，用 _____ 位二进制数表示 _____ 位十进制数。

*37. 汉字的编码分为 ______、______、______ 和 ______。

*38. 汉字的输入码有 ______、______、______ 和 ______。

*39. 汉字国标码的全称是：________。它共收入字符 ______ 个，其中汉字 ________ 个，非汉字图形符号 ________ 个。

*40. 在 GB2312—80 中，一级常用汉字 ______ 个，二级常用汉字 ________ 个。

*41. 汉字的机内码用 ________ 表示，且它们的最高位都是 ________。

*42. 汉字输出码的作用是 ________________________________。

43. 关于计算机的安全使用主要有 ______、______、______ 和 ______4 个方面。

44. 对计算机硬件设备安全产生影响的因素有 ______、______ 和 ______3 个方面。

45. 计算机电源最好配备 ________________。

46. 简单地说，计算机的工作环境要通风、______、______、______ 和 ______ 等。

47. 计算机中的各种芯片很容易被 ______ 损坏。

48. 电脉冲的来源有 ______、______、______ 和 ______。

49. 造成数据破坏或丢失的原因有：______、______ 和 ______。

50. 计算机病毒是 ________________________。

51. 计算机病毒的特点是：______、______、______、______ 和 ______。

52. 计算机病毒发作的症状有____。

53. 计算机病毒的分类：______和______。

54. 计算机病毒传播的途径：（1）______________；（2）______________。

55. 如果必须要使用外来软盘，事先要________________________。

56. 定期对计算机系统进行病毒检测，可以________________________。

二、选择题

1. 计算机的存储器由______两大类构成，主存储器由______构成。

（A）内存储器和软盘　　（B）内存储器和外存储器

（C）ROM 和 PROM　　（D）ROM 和 RAM

2. 外存储器由______构成。

（A）主存储器和软盘　　（B）软盘和 PROM

（C）ROM 和 RAM　　（D）软盘、硬盘和光盘

三、计算题

1. 将下列二进制数转换成十进制数。

（1）$(1010110.1011)_2$　　（2）$(101111.001)_2$

（3）$(10000000)_2$　　（4）$(01111111)_2$

（5）$(0.1)_2$　　（6）$(0.1111111)_2$

2. 将下列十进制数转换成二进制数和十六进制数。

（1）$(327.625)_{10}$　　（2）$(32.5)_{10}$

（3）$(256)_{10}$　　（4）$(1024)_{10}$

（5）$(127)_{10}$　　（6）$(0.9876)_{10}$

3. 容量换算。

3MB = ______KB = ______B

10GB = ______MB = ______KB = ______B

1572864B = ______KB = ______MB

4. 写出下列字符的 ASCII。

5：______　　6：______　　7：______

@：______　　?：______　　$：______

K：______　　W：______　　d：______

四、简答题

1. 实践证明游戏盘多数都带有计算机病毒，为什么？

2. 简述你目前掌握的一种杀毒软件的使用方法。

五、观察题

在教师指导下熟悉计算机外围设备与主机的连接关系。

六、操作题

1. 对照键盘了解各个键的位置和作用，并学会通过键盘输入英文和数字。

2. 掌握鼠标的使用方法，并学会通过鼠标单击方法打开和关闭文件。

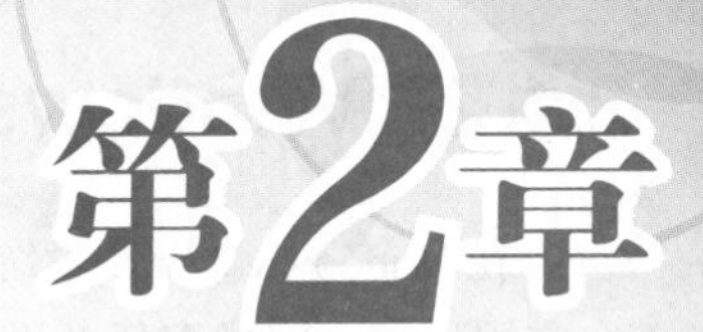

操作系统Windows 7

Windows 7 是美国 Microsoft 公司为微型计算机系统设计的新一代操作系统，其功能强大，界面华丽，使用方便，是目前广泛使用的操作系统。

2.1 认识 Windows 7

◎ 操作系统的基本概念
◎ Windows 7操作系统的启动与关闭
◎ Windows 7操作系统的鼠标与操作
◎ Windows 7操作系统的桌面与图标
◎ Windows 7操作系统的任务栏组成
◎ Windows 7操作系统的“开始”菜单
◎ Windows 7操作系统的对话框

2.1.1 操作系统简介

操作系统（Operating System，OS）是最基本的系统软件，它由管理和控制计算机软件、硬件、数据等系统资源的一系列程序构成，是用户和计算机之间的接口。

计算机系统资源一般划分为四大类：CPU、存储器、外部设备、程序与数据。

从资源管理的观点出发，操作系统划分为五大管理功能。针对CPU，设置进程管理与作业管理；

针对存储器，设置存储器管理；针对外部设备，设置设备管理；针对程序与数据，设置文件管理，如图 2-1 所示。

从用户使用的观点出发，操作系统为用户提供方便、快捷、友好的使用界面。

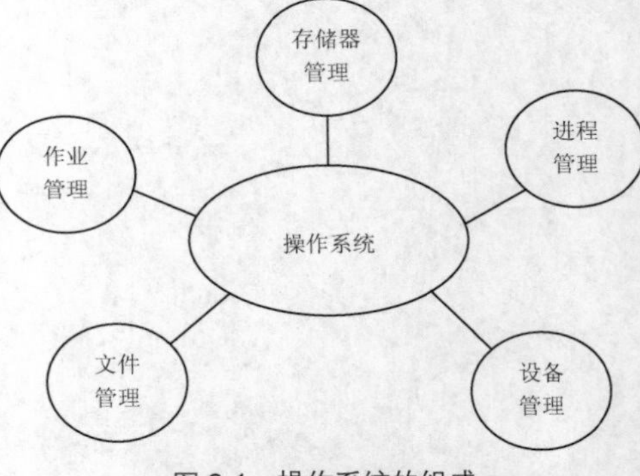

图 2-1　操作系统的组成

2.1.2　Windows 7 操作系统

在 Windows 7 操作系统中，用户可以同时运行多个应用程序、完成多任务操作，充分利用 CPU 及其他系统资源。例如，用户可以在欣赏 CD 播放的美妙音乐的同时，上网浏览或发送电子邮件给远方的朋友。

Windows 7 操作系统提高了内存管理能力和高速缓存的效率，能对 4 GB 的内存实施动态管理。这有利于充分利用计算机的内存资源，并使操作变得高效、迅速。

Windows 7 操作系统采用完全图形化的用户界面，提供了丰富的系统菜单，每个应用程序或文档都有自己的图标，用户无需记忆或输入命令，只要通过鼠标单击图标或菜单项，即能完成各种工作。

2.1.3　Windows 7 操作系统的基本操作

实例 2.1　启动 Windows 7 操作系统

任务操作

① 打开打印机、显示器等外部设备的电源。

② 启动主机，计算机进入自检过程和引导过程，然后进入 Windows 7 操作系统工作环境。如图 2-2 所示。

图 2-2　桌面及桌面的组成

实例 2.2　对桌面图标的基本操作

桌面是指占据整个屏幕的区域。它像一个实际的办公桌一样，可以把常用的应用程序以图标的形式摆放在桌面上。

图标是代表应用程序（如 Microsoft　Word、Microsoft　Excel）、文件（如文档、电子表格、图形）、打印机信息（如设备选项）、计算机信息（如硬盘、软盘、文件夹）等的图形。桌面上的图标又称为快捷方式。用户可以通过桌面上的图标，快速地启动相应的程序，打开文件、文件夹或硬件设备，进入相应的窗口。用户可以根据不同的需要，在桌面上创建自己的快捷方式图标。

桌面上出现的图标根据 Windows 7 操作系统安装方式的不同而有所不同，常见的图标一般有如下几种。

（1）：计算机。利用它可以浏览计算机所有磁盘的内容，进行文件的管理工作，更改计算机的软硬件配置，查看网络连接。

（2）：回收站。它是一个电子垃圾箱，可以临时存放被用户删除的文件等信息。被删除的文件可以通过“回收站”恢复到原来的位置，也可以被永久删除。

（3）：网络。如果计算机已经连接到网络上，利用“网络”，可以很方便地访问网络上的其他计算机，共享其他计算机的资源。

任务操作

① 通过鼠标指向查看图标的提示信息：移动鼠标指向“计算机”图标，将显示有关“计算机”的提示信息，如图 2-3 所示。

② 通过鼠标单击选中图标：单击“计算机”图标，该图标被选中，如图 2-4 所示。单击图标、文件夹，可以完成选中操作；单击菜单项、按钮可以完成打开和执行操作。

③ 通过鼠标拖动将“计算机”图标改变位置：指向“计算机”图标，按下鼠标左键并保持，将“计算机”图标拖动到桌面的其他位置，再松开鼠标按钮。拖动操作一般用于移动或复制某个项目。

④ 通过鼠标拖动选中多个图标：在桌面拖动鼠标，画出一个矩形，被矩形覆盖的图标均被选中。

⑤ 通过鼠标右击打开快捷菜单：指向“计算机”图标，按下鼠标右键，打开与“计算机”有关的快捷菜单，可以选择快捷菜单中的选项完成相应的操作，如图 2-5 所示。

右击弹出快捷菜单是 Windows 7 操作系统中一个很有用的操作，它可以在不同的应用程序窗口，针对不同的项目，弹出相关的快捷菜单。熟练使用右击操作，可大大提高操作效率。

图 2-3　通过指向查看提示信息

选中前　选中后

图 2-4　通过单击选中图标

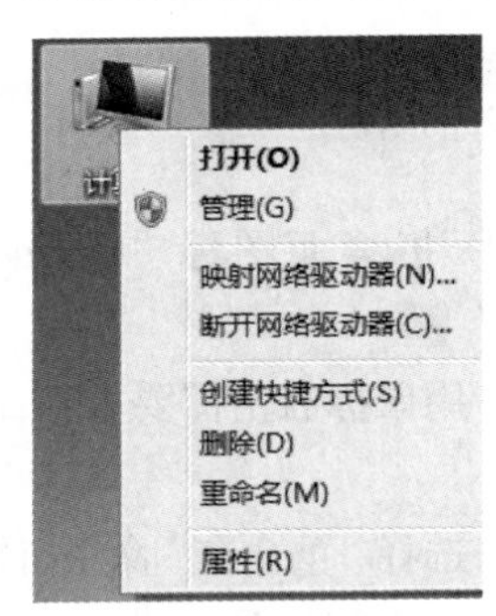

图 2-5　快捷菜单

⑥ 通过鼠标双击打开应用程序窗口：双击“计算机”图标，打开“计算机”窗口，如图 2-6 所示。

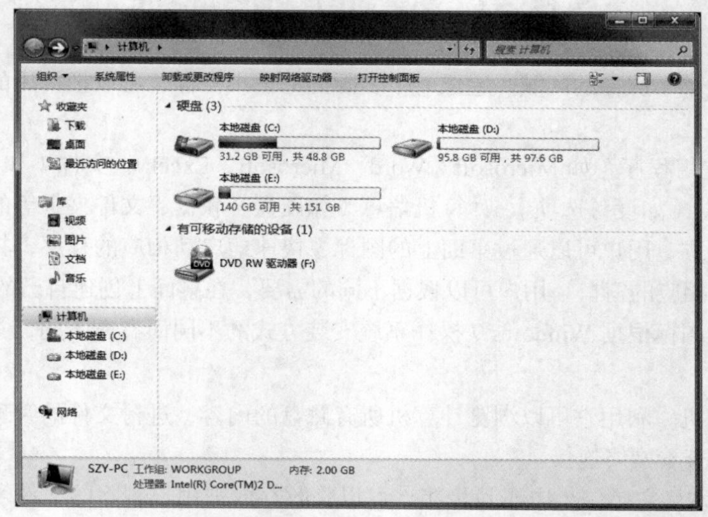

图 2-6 “计算机”窗口

双击操作一般用于打开某个文件或执行一个应用程序。

知识与技能

鼠标指针的形状变化。

鼠标指针（光标）在不同的位置或在系统执行不同的操作时，会有不同的形状。图 2-7 所示为常见的鼠标指针形状及其相应的操作说明。

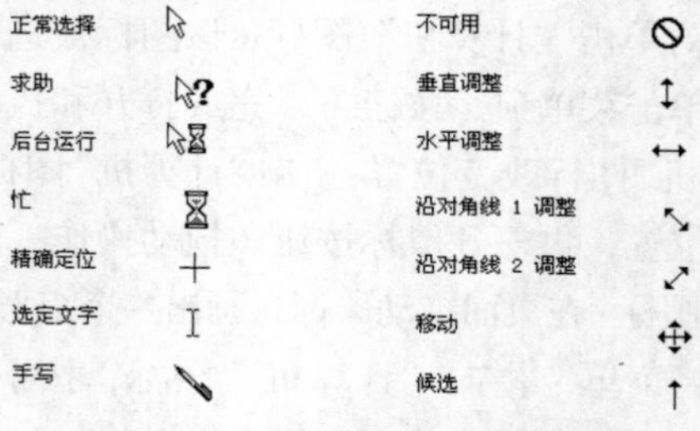

图 2-7 鼠标指针的不同形状

实例 2.3 对桌面图标的编辑与组织

任务操作

（1）将桌面图标“Internet Explorer”重命名为“Internet 浏览器”。

① 用鼠标右击需要重新命名的图标，弹出快捷菜单，如图 2-5 所示。

② 选择“重命名”命令，该图标的名称呈闪烁的高亮度显示。

③ 键入新的名字“Internet 浏览器”，并回车确认。

图 2-8 删除快捷方式

（2）删除桌面上的“QQ”图标。

① 用鼠标右击需要删除的“QQ”图标，弹出快捷菜单。

② 选择“删除”命令，此时系统显示确认对话框，如图 2-8 所示。

③ 单击“删除快捷方式”按钮，“QQ”图标放入回收站。

当桌面上的某些图标不再需要时，可以将其删除。删除方式除上述方法外，还可以采用拖动的方式，直接将选中的图标拖到回收站。

（3）查看桌面图标“QQ”的属性。

桌面图标的属性包含“常规”属性和图标所代表的应用程序的属性，如图 2-9 所示。

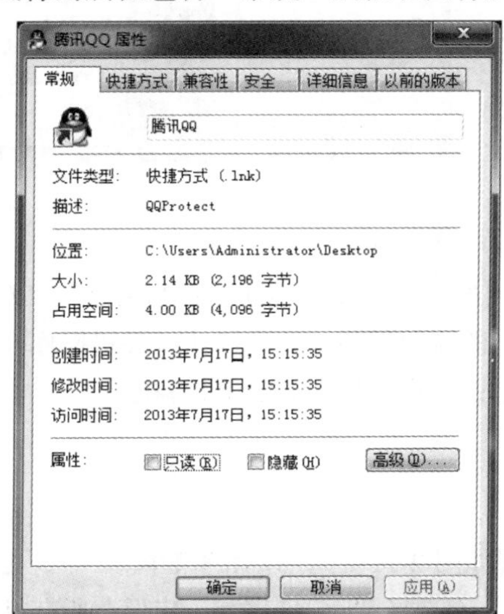

图 2-9　桌面图标的属性

① 用鼠标右击“QQ”图标，弹出快捷菜单。

② 选择“属性”选项，进入“属性”对话框。

③ 修改其属性或查看完毕后，单击“确定”按钮退出。

（4）将桌面上的图标按类型重新排列。

① 在桌面的空白处右击，弹出快捷菜单，如图 2-10 所示。

② 选择“排序方式”→“项目类型”选项，桌面图标将按类型重新排列。

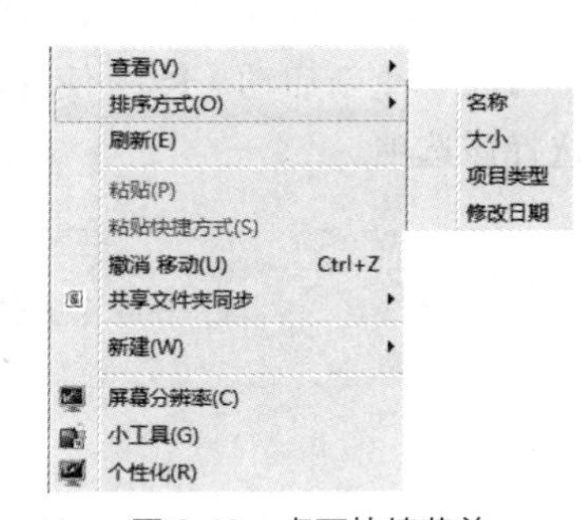

图 2-10　桌面快捷菜单

“排序方式”子菜单列出了 4 种排列图标的方式。

动手做

请按“修改日期”重新排列桌面图标。查看图标的属性。请将图标以自己的名字命名。

实例 2.4　退出 Windows 7 操作系统

情境描述

当用户停止使用 Windows 7 操作系统时，应按正确的方式关闭系统，不能直接关闭计算机电源。因为系统在内存中存有部分信息，为了使下次开机能正常进行，系统将对整个运行环境做善后处理，非正常关机将导致未保存的信息丢失。

任务操作

① 首先关闭所有正在运行的应用程序，如 Microsoft Word、Photoshop 等。

② 单击任务栏“开始”按钮。选择“关机”选项，如图 2-11（a）所示。

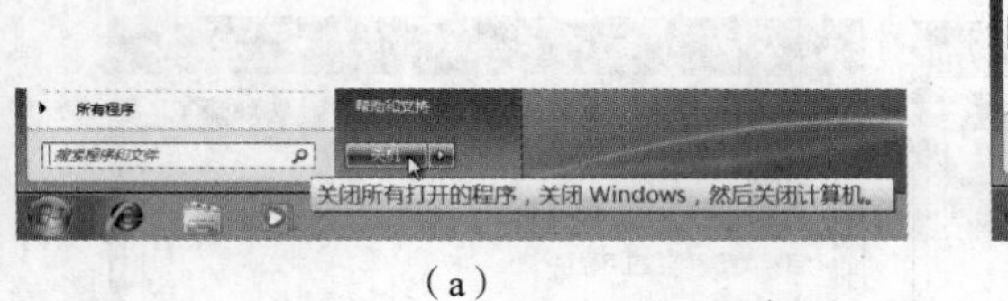

（a）

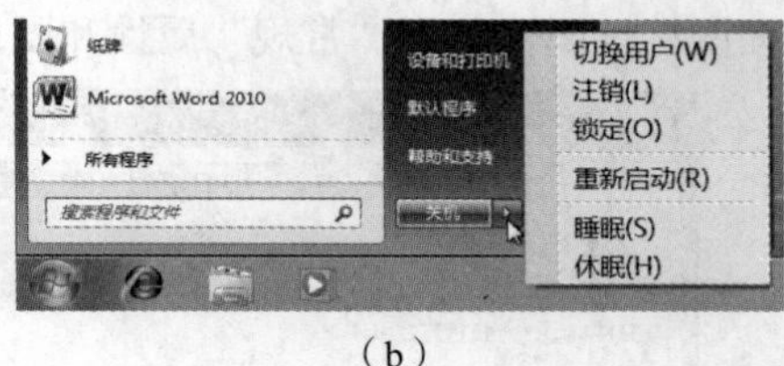

（b）

图 2-11　关闭计算机

③ 如果还有没关闭的应用程序，将出现没关闭的应用程序名称和“强制关闭”“取消”按钮。如果用户不理会该提示，系统将自动关闭正在运行的应用程序，并继续执行关机操作。

④ 如果进行了更新下载，操作系统将首先完成更新，然后再关闭计算机。

知识与技能

如果单击“关机”按钮右侧的按钮，将出现如图 2-11（b）所示的菜单。

（1）睡眠（S）:使计算机处于一种低功率状态。在选择“睡眠”之前，应保存所有打开的文档。如果在一段时间内不需要使用计算机，又不想关闭，可选择该状态。睡眠状态的唤醒时间较短。

（2）重新启动（R）: 使计算机重新启动。当计算机不能正常工作或发生“死机”现象时，可选择该选项。

动手做

试一试“注销”“锁定”“切换用户”的功能。

2.1.4　任务栏的设置

Windows 7 操作系统桌面底部的水平矩形条称为“任务栏”，如图 2-12 所示。任务栏由“开始”菜单按钮、快速启动工具栏、正在运行的任务按钮栏和通知区域组成。

图 2-12　任务栏的组成

（1）正在运行的任务。

Windows 7 操作系统可以同时运行多个应用程序，任务栏将依次列出所有已经打开的文档和

应用程序的图标。例如，图 2-12 所示的 Word 程序、画图程序等。

（2）快速启动工具栏。

快速启动工具栏用于存放频繁使用的应用程序的图标，单击快速启动工具栏图标，即可启动相应的应用程序。默认固定到快速启动工具栏的图标是 IE 浏览器、Windows 资源管理器和 Windows Media Player。

（3）通知区域。

通知区域（也称系统托盘）位于任务栏的最右侧，包括时钟和一组图标，如图 2-13 所示。这些图标表示计算机上某程序的状态，或提供访问特定设置的途径。显示的图标取决于已安装的程序、服务以及计算机制造商设置计算机的方式。

把指针指向某图标时，将显示该图标的名称或某个设备的状态。例如，指向音量图标将显示计算机的当前音量级别。单击通知区域中的图标可以打开与其相关的程序或设置。例如，单击音量图标可以打开音量控件。

当系统添加了新的硬件设备之后，通知区域将弹出信息窗口（称为通知），如图 2-13 所示。单击通知右上角的“关闭”按钮可关闭该消息。如果不做关闭操作，几秒钟之后通知会自行消失。

图 2-13　通知区域

实例 2.5　快速组织桌面上的所有窗口

情境描述

当桌面上有两个或多个应用程序窗口同时打开时，如果用户想同时浏览几个窗口的内容，或者希望几个窗口同时显示在桌面上，可以通过任务栏快捷菜单来控制实现。

任务操作

① 层叠窗口：在任务栏的空白处右击鼠标，弹出快捷菜单，如图 2-14 所示。选择“层叠窗口”命令，则桌面上的所有窗口以层叠形式出现，同时显示每个窗口的标题栏。

② 堆叠显示窗口：选择“堆叠显示窗口”命令，则所有打开的窗口上下平铺在整个桌面上。

③ 并排显示窗口：选择“并排显示窗口”命令，则所有打开的窗口左右平铺在整个桌面上。

④ 显示桌面：选择“显示桌面”命令，则所有打开的窗口全部最小化。此时，单击任务栏上某一应用程序的图标，该应用程序的窗口将恢复为原来的大小。

⑤ 使某一窗口变为活动窗口。当桌面上打开了多个窗口时，如果想在其中的某个窗口中进行操作，可以用鼠标单击该窗口中的任何

图 2-14　任务栏快捷菜单

位置，则该窗口变为活动窗口。

知识与技能

当前正在操作的应用程序称为“前台应用程序”，又称为“前台窗口”、“当前窗口”或者“活动窗口”。其他运行的应用程序则处于“后台”。单击任务栏上的任意一个图标，则该图标所代表的窗口变为“活动窗口”。单击任务栏上的图标，可以切换到不同的应用程序。

动手做

试一试通过任务栏快捷菜单能否关闭应用程序。

实例 2.6　通过“任务栏属性”对话框设置任务栏

任务操作

（1）启动“任务栏属性”对话框。用鼠标右击任务栏的空白处，在快捷菜单中选择“属性”命令，打开“任务栏和「开始」菜单属性”对话框，如图 2-15 所示。

（2）隐藏任务栏。如果需要完整的屏幕，不想让任务栏占据桌面空间，可以将它隐藏起来。

① 单击“任务栏”标签，显示“任务栏”选项卡，如图 2-15 所示。选择“自动隐藏任务栏”复选框。

② 单击“确定”按钮，完成隐藏任务栏设置。

此时，单击屏幕上的任何位置，任务栏将不再显示。需要显示任务栏时，只要将鼠标移动到屏幕底部，它将自动显示出来。

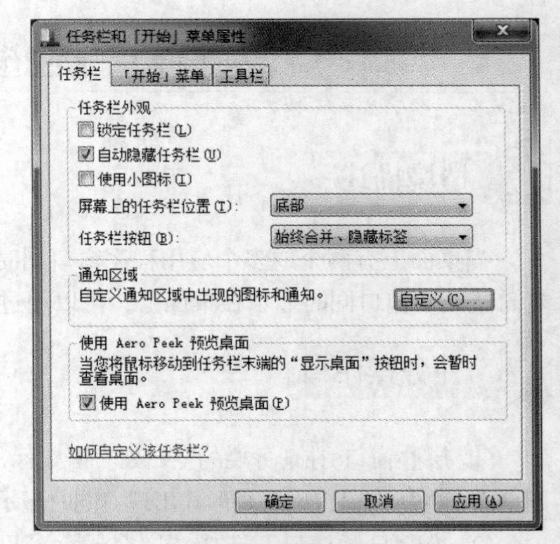

图 2-15　任务栏属性

（3）恢复显示任务栏。在“任务栏”选项卡中，取消选择“自动隐藏任务栏”复选框，任务栏将重新显示在桌面底部。

（4）设置通知区域图标。在“任务栏”选项卡单击“自定义”按钮，进入“通知区域图标”对话框。如图 2-16 所示。拖动滚动条，可以选择在通知区域显示的图标及行为。

（5）改变任务栏的位置与大小。根据个人喜好，可以将任务栏拖动到桌面的任一边缘。

将鼠标指针指向任务栏的上边界，当鼠标指针形状变为双向箭头时，向上拖动将使任务栏变宽；向下拖动将使任务栏变窄。

（6）将常用应用程序锁定到任务栏。

① 用鼠标右击应用程序或快捷方式图标。

② 在快捷菜单选择“锁定到任务栏（K）”命令。

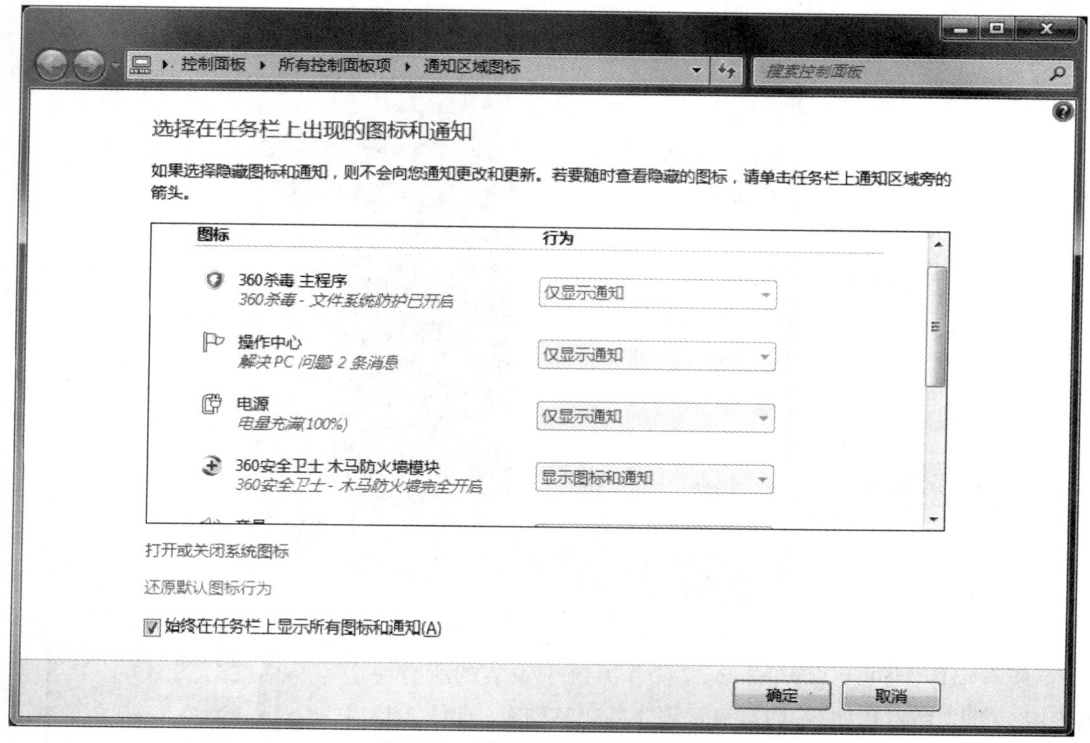

图 2-16　选择通知区域显示的图标

（7）解锁任务栏上的应用程序。

① 在任务栏上用鼠标右击应用程序或快捷方式图标。

② 在快捷菜单选择“将此程序从任务栏解锁”命令。

（8）在任务栏上添加新的工具栏。

① 在任务栏的空白处右击启动快捷菜单。

② 通过“工具栏”子菜单可以添加“地址”“链接”等工具。

在快捷菜单，单击去掉“工具栏”子菜单中相应选项前的“√”标志，则该工具将从任务栏上消失。

试一试，将你计算机的“桌面”添加到“通知区域”。

2.1.5 “开始”按钮与“开始”菜单

“开始”按钮位于屏幕的左下角。单击“开始”按钮，将出现如图 2-17 所示的“开始”菜单。“开始”菜单包含了使用户能够快速方便地开始工作的几乎所有的命令选项。例如，启动应用程序、打开文档、改变系统设置、获取帮助以及在磁盘中查找指定信息等。

“开始”菜单主要包括如下内容。

（1）最近使用的程序区：列出常用的应用程序列表和刚安装的程序，单击可快速启动。

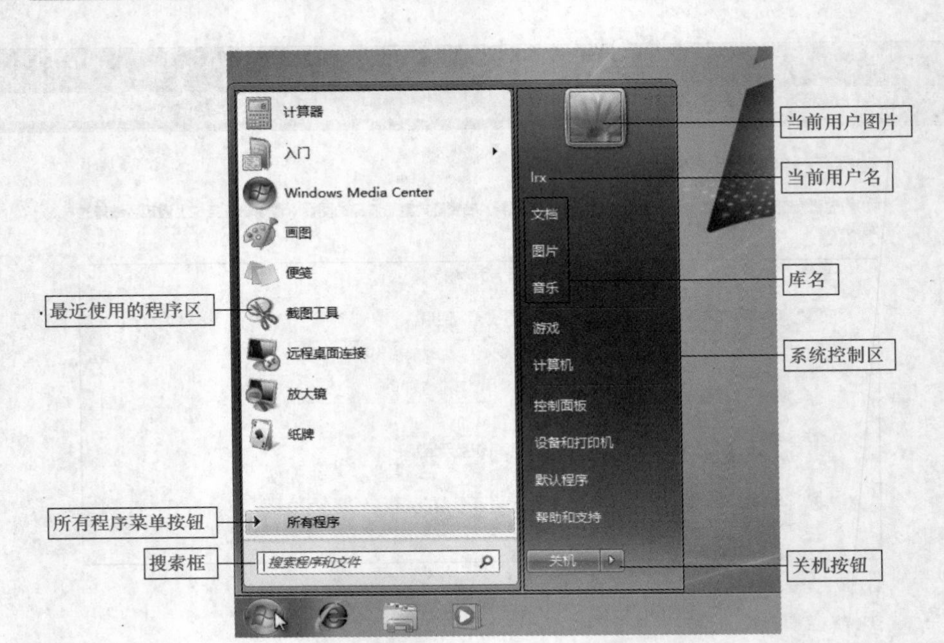

图 2-17 “开始”菜单

“所有程序”包含了 Windows 7 操作系统中安装的所有应用程序。单击“所有程序”按钮可显示程序的完整列表。如图 2-18 所示。

（2）搜索框：通过键入搜索项可在计算机中查找程序和文件。

（3）系统控制区：提供对常用文件夹、文件、系统设置的访问。其中，上部分是当前用户的账户信息，单击图片可进入设置界面；下部分包括“关机”“帮助和支持”“控制面板”等操作。

图 2-18 “开始”菜单的“所有程序”

实例 2.7 “开始”菜单的属性设置

情境描述

通过“「开始」菜单属性”选项卡，可以改变“开始”菜单所显示的项目。

任务操作

① 在“任务栏和「开始」菜单属性”对话框，单击“「开始」菜单”进入选项卡，如图 2-19（a）所示。

选择“存储并显示最近在「开始」菜单中打开的程序（P）”与“存储并显示最近在「开始」菜单和任务栏中打开的程序（M）”，可使常用程序项显示在「开始」菜单中。

② 单击“自定义”按钮可进入“自定义「开始」菜单”对话框，可以设置「开始」菜单显示的项目数、项目及外观等。如图 2-19（b）所示。

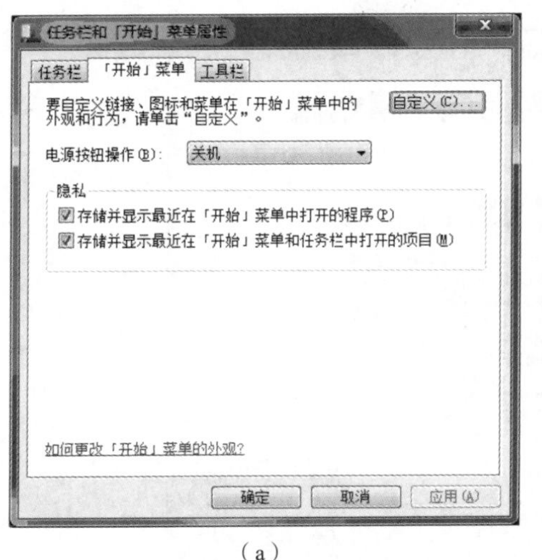

（a）

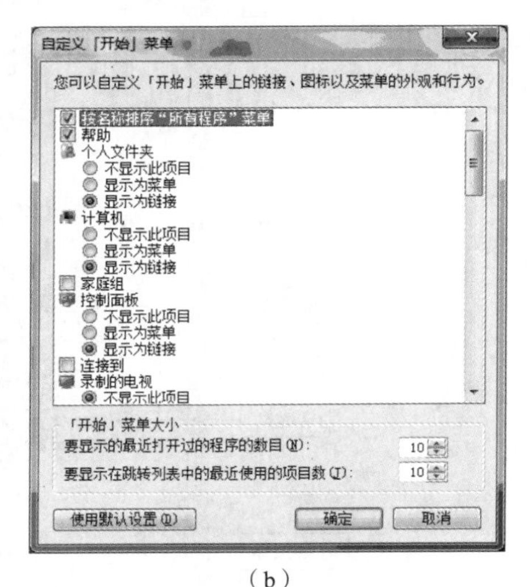

（b）

图 2-19 “自定义「开始」菜单”对话框

动手做 试一试，通过“「开始」菜单”选项卡设置“电源按钮操作”的其他功能。

2.1.6 对话框

对话框的主要功能是接收用户输入的信息和显示系统的相关信息。

对话框有多种不同的形式，但其中所包括的交互方式大致相同。一般包括单选框、复选框、列表框、文本框、下拉式列表框、命令按钮等。如图 2-20 所示。用户可以通过选择或输入信息，回答系统的提示与询问。一旦指定了要求的信息，应用程序将自动执行相应的命令。表 2-1 所示为对话框中的常用选项与操作。

表2-1 常用对话框选项及操作

常用对话框选项	操 作
复选框	一个小方块，旁边有系统提示。单击小方块使之激活或关闭，当出现“√”符号时，表示激活状态。复选框允许多选
单选框	一个圆按钮，旁边有系统提示。单击小按钮使之激活或关闭，当出现黑点符号时，表示激活状态。单选框只允许单选
列表框	含有一系列条目的选择框。单击需要的条目，即为选中。如果是下拉列表框，可单击“▼”箭头，显示选项清单后，再进行选择
文本框	一个矩形框，用于输入字符、汉字或数字。在文本框中单击鼠标以确定插入点，然后输入需要的正文信息。如果文本框的右端有一个“▼”箭头，单击它可显示一个选项清单，用户可从中进行选择
命令按钮	许多对话框都包括 3 个命令按钮，分别是“确定”“取消”和“应用”。单击命令按钮，可执行相应的操作

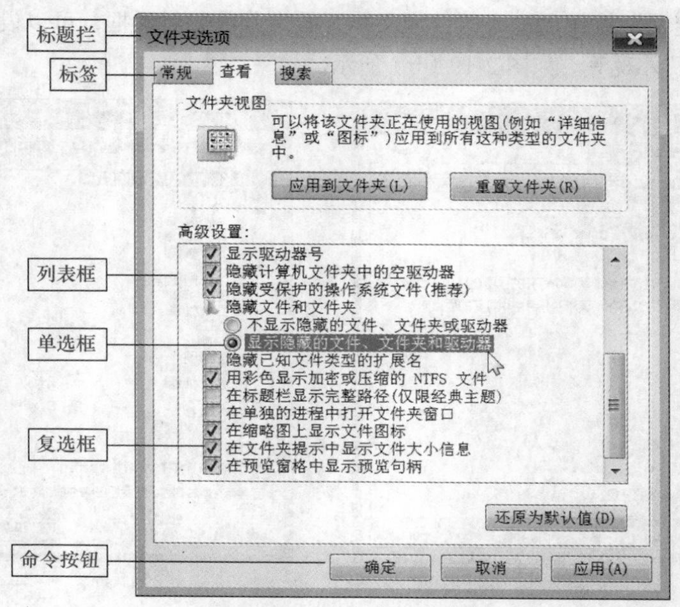

图 2-20 文件夹选项对话框

2.2 Windows 7 操作系统的文件管理

◎ 文件、文件类型与文件名
◎ 资源管理器的窗口与菜单
◎ 资源管理器的文件与文件夹操作
◎ 资源管理器的磁盘操作
◎ 回收站的使用
◎ 库的使用

文件管理是所有操作系统的基本功能之一，Windows 7 操作系统通过资源管理器对系统中的文件和文件夹进行管理。

2.2.1 认识文件与文件夹

1．文件与文件名

在 Windows 7 操作系统中，各种信息是以文件的形式存储在磁盘上。每个文件有一个文件名，系统通过文件名对文件进行组织管理。

Windows 7 系统的文件名最多可由 255 个字符组成。文件名的组成与使用规则如下。

（1）文件名允许使用空格，在查询文件时允许使用通配符“*”和“？”。

（2）文件名允许使用多间隔符，最后一个间隔符后的字符被认为是扩展名。例如，hhh.k.a，扩展名为 .a。

（3）文件名中不允许出现下列字符：? \ * " < > |。

（4）保留用户指定的大小写格式，在管理文件时不区分大小写。

2. 文件类型

在 Windows 7 操作系统中，文件根据存储信息的不同，分成不同的类型，并以扩展名区分。文件类型主要包括执行文件、文本文件、支持文件、图形文件、多媒体文件、数据文件、字体文件等。部分文件类型如表 2-2 所示。其他文件类型，可通过资源管理器查看。

表2-2 常用的文件扩展名

扩展名	含义	扩展名	含义
.exe	可执行文件	.fon	字体文件
.dll	动态链接文件	.hlp	帮助文件
.dat	数据文件	.ico	图标文件
.sys	系统文件	.txt	文本文件
.bmp	位图文件	.rar、.zip	压缩包文件
.doc、.docx	Word 文档文件	.htm、.html	网页文件

3. 文件夹

Windows 7 操作系统采用了文件夹结构。一个文件夹既可以包含文档、程序、快捷方式等文件，也可以包含下一级文件夹（称为子文件夹）。通过文件夹可以将不同的文件进行分组、归类管理。

4. 文件夹树

由于各级文件夹之间存在着相互包含的关系，因此所有文件夹构成了一个树状结构，称为文件夹树。

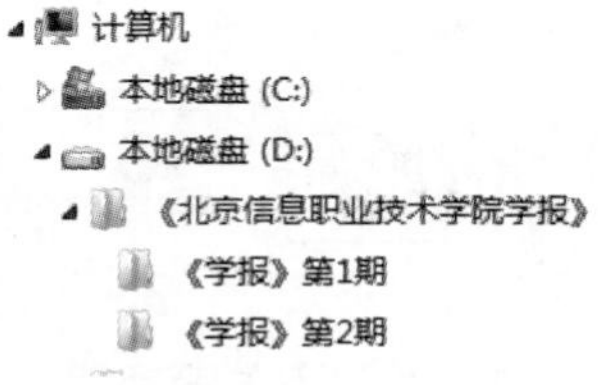

计算机
本地磁盘 (C:)
本地磁盘 (D:)
《北京信息职业技术学院学报》
《学报》第1期
《学报》第2期

图 2-21 文件夹树

例如，图 2-21 所示为一个文件夹树的示意图，其中，“计算机”是文件夹树的根，下一级是“本地磁盘（C：）”和“本地磁盘（D：）”，而“《北京信息职业技术学院学报》”是“本地磁盘（D：）”的子文件夹，“《学报》第 1 期”“《学报》第 2 期”则是“《北京信息职业技术学院学报》”的子文件夹。

2.2.2 资源管理器的启动与退出

实例 2.8 使用多种方法启动与关闭资源管理器

情境描述

资源管理器是 Windows 7 操作系统中一个非常重要的应用程序，利用它可以完成对文件或文件夹的重命名、复制、移动、删除操作，还可以完成修改文件或文件夹的属性、建立新文件夹、格式化硬盘或移动存储器，以及建立或断开与网络驱动器的连接等操作。

任务操作

1. 启动资源管理器

方法 1：右键单击“开始”按钮，在快捷菜单中选择“打开 Windows 资源管理器（P）”命令。

方法 2：单击锁定到任务栏左侧的“Windows 资源管理器”图标。

方法 3：单击“开始”按钮→“所有程序”→“附件”→“Windows 资源管理器”。

方法 4：按键盘上的“Windows 徽标键”+“E”。

资源管理器启动成功后，将进入资源管理器窗口，如图 2-22 所示。

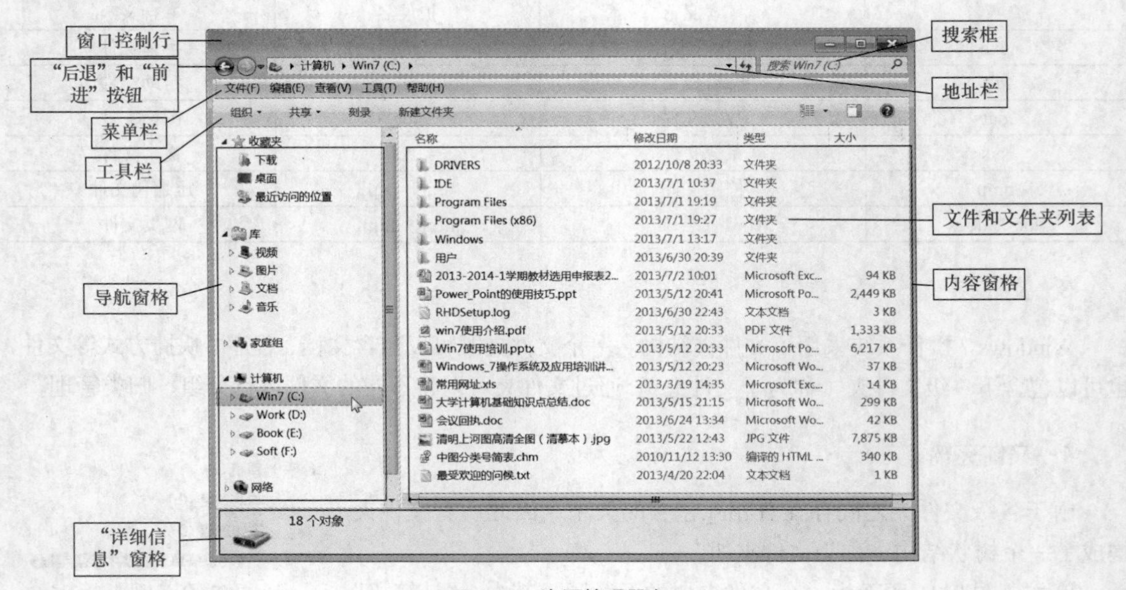

图 2-22　资源管理器窗口

2. 关闭资源管理器

方法 1：单击窗口标题栏上的“关闭”按钮。

方法 2：单击“组织”菜单，选择“关闭”命令。

方法 3：右击任务栏上锁定的资源管理器图标，在快捷菜单选择“关闭窗口”命令。

方法 4：单击资源管理器窗口左上角，在下拉菜单中选择“关闭”命令。

方法 5：双击资源管理器窗口左上角。

2.2.3　资源管理器的窗口与菜单

资源管理器窗口主要由以下几部分组成。

（1）窗口控制行。

窗口控制行位于窗口的第一行，用于资源管理器窗口显示的控制。

窗口控制行最左侧隐藏了控制菜单，单击可显示。通过控制菜单可改变窗口尺寸，移动、最大化、最小化和关闭窗口。右击窗口控制行的空白位置也可打开控制菜单。

用鼠标拖动窗口控制行，可以改变窗口在桌面的位置。

（2）控制按钮。

控制按钮位于窗口控制行的右侧。它有两种组合：最小化、最大化和关闭；最小化、还原和关闭。

“最小化”按钮：使应用程序窗口缩小为一个图标，保存在任务栏上，即将应用程序转为后台工作。

“最大化”按钮：使应用程序窗口扩大到整个屏幕。

“还原”按钮：使应用程序窗口恢复为最大化以前的大小和位置。

“关闭”按钮：关闭当前应用程序窗口，使其退出运行。

（3）地址栏。

地址栏不是所有应用程序都有的。资源管理器的地址栏位于窗口的第二行，用于显示当前打开文件夹的路径。用户可以直接在地址栏输入路径，以打开指定文件夹。地址栏中每个路径均由不同的按钮组成，单击指定按钮，可打开相应的文件夹。单击按钮右侧的箭头▶，将弹出该按钮对应文件夹内的所有子文件夹。

（4）“后退”和“前进”按钮。

使用“后退”按钮和“前进”按钮可以方便地打开刚刚访问过的文件夹。

（5）菜单栏。

菜单栏位于窗口的第三行，包含了供用户使用的各类命令。单击某菜单选项，将出现相应的子菜单，选择子菜单中的命令，即可实现相应的操作。

如果资源管理器窗口没有菜单栏，可以单击“组织”菜单→“布局”→“菜单栏”，即可显示菜单栏。

Windows 7操作系统对菜单有如下一些约定。

• 菜单分组线。命令之间的浅色线条称为分组线，它将命令分成若干组，这种分组是按命令功能组合的。例如，图2-23所示的“查看”菜单，其命令被分成了5个小组。

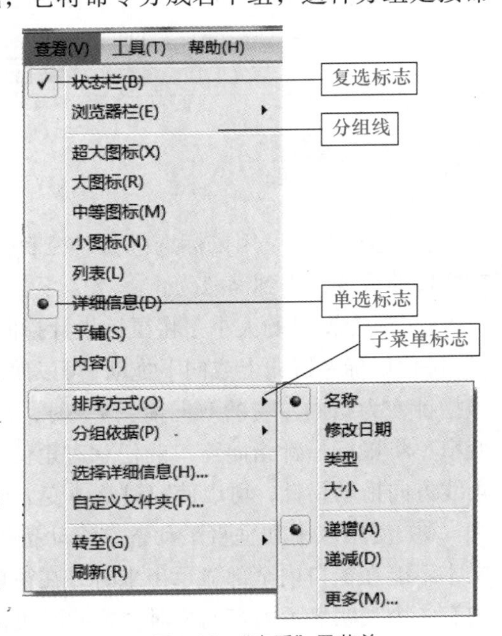

图2-23 “查看”子菜单

• 变灰的命令。正常的命令是用黑体字显示的，用户可以随时选用。变灰的命令是用灰色字体显示的，它表示当前不能使用。

• 带有省略号（…）的命令。选择该类命令时，将会弹出一个对话框，要求用户输入某些信息。例如，图2-23所示的“更多（M）”命令。

• 带有对勾“√”的命令。表示该命令已被选用。此类命令可让用户在“选中”与“放弃”两种状态之间进行切换。例如，图2-23所示的“状态栏”命令，可以在显示与不显示“状态栏”之间进行切换。此类命令允许用户多选。

• 带有“●”的命令。表示该命令已被选用。在同组命令中，只能有一个命令被选用。例如，图2-23所示的排序方式中，只能在“名称”、“修改日期”、“类型”和“大小”四个命令中选择一个，此图选用的是“名称”命令。

• 带有“▲”的命令。表示该选项还有下一级子菜单。例如，图 2-23 所示的“排序方式”命令。

• 名字后带有组合键的命令。组合键是一种快捷键，用户可以直接在键盘按下组合键以执行相应的命令。

• 命令后面的字符。也是一种快捷键。用户可以使用“Alt+ 指定字符”的组合键，直接从键盘打开菜单。例如，图 2-23 所示的“查看”菜单，只要在键盘上按下“Alt+V”组合键，即可显示出来。

（6）工具栏。

工具栏位于窗口的第 4 行。每个工具按钮代表一项操作。当鼠标指针指向这些按钮时，系统将会显示有关按钮功能的提示。

在 Windows 7 操作系统中，几乎所有应用程序窗口都设有工具栏。

（7）“详细信息”窗格与状态栏。

“详细信息”窗格与状态栏位于窗口的最下边。“详细信息”窗格用于显示当前选定文件或文件夹的详细信息，包括应用程序名字与图标、文件或文件夹的名字、修改日期、大小等信息。

状态栏主要显示当前选中了几个对象。如果窗口中没有状态栏，可以选择“查看”菜单中的“状态栏”命令，以显示状态栏的信息。

（8）主窗口区。

主窗口区分为两部分，左边的窗口区用于显示以树状结构所组织的所有文件夹，称为“导航窗口”；右边的窗口区用于显示所选中的某个文件夹、驱动器或桌面的内容，称为“内容窗口”。

窗口之间的分隔线用于隔离“导航窗口”和“内容窗口”，分隔线是可以移动的。将鼠标指向分隔线，当鼠标指针变为双向箭头时，按住鼠标左键拖动，可以调整两个窗口的大小。

（9）预览窗口。

单击工具栏中的“预览窗格”按钮，打开预览窗口。使用预览窗格可以预览大多数文件的内容。例如，选择电子邮件、文本文件或图片时，预览窗口将显示其内容。

实例 2.9 窗口操作

任务操作

① 移动窗口：用鼠标选中窗口控制行，按住鼠标左键拖动，可以上下左右地移动窗口，改变窗口的位置，直到满意为止。

② 改变窗口的大小：将鼠标指针指向窗口的上下边缘，当指针变为指向上、下的双向箭头↕时，按住鼠标左键向上或向下拖动，可以使窗口纵向变大或缩小；将鼠标指针指向窗口的左右边缘，当指针变为指向左右的双向箭头↔时，按住鼠标左键向左或向右拖动，可以使窗口横向变宽或变窄；将鼠标指针指向窗口的任意对角位置，当指针变为双头斜向指针↘时，按住鼠标左键向对角线方向拖动指针，可以使窗口整体变大或缩小。

③ 使用水平和垂直滚动条：滚动条是用来帮助显示窗口内容的。当指定选项的信息或整个文本不能在窗口内全部显示出来时，在窗口的下端或右侧将出现水平或垂直的滚动条。在滚动条内有一个表明显示内容的相对位置的滑块，利用鼠标指针移动滑块，可以浏览到所需的全部内容。

④ 使用展开按钮与折叠按钮：通过资源管理器的“导航窗口”，可以进行文件夹的展开和折

叠操作。展开文件夹是为了显示文件夹的层次结构以找到所需要的文件夹；折叠文件夹是为了压缩展开的文件夹层次结构，便于对其他文件夹的查找与选择。

带有展开按钮“▷”的驱动器或文件夹，表示还有下一级子文件夹，单击“▷”按钮，即可显示其下一级子文件夹。

带有折叠按钮“◢”的驱动器或文件夹，表示该驱动器或文件夹的下一级子文件夹已经显示，单击“◢”按钮，则关闭下级子文件夹的显示。

不带任何按钮的驱动器或文件夹表示没有子文件夹，不存在展开和折叠的问题。

⑤ 单击“查看”菜单或工具栏中的“查看”按钮，可以看到窗口的8种显示方式说明如下。

- 超大图标、大图标、中等图标：每个文件夹或文件均使用相应的图标显示，其名字显示在图标下方。这些显示方式很醒目，但只适合于文件夹和文件较少的窗口。
- 小图标、列表：每个文件夹或文件使用小图标和相应的名字一起显示，文件夹在前，文件在后。小图标方式时，显示内容是按行排列的；列表方式时，显示内容是按列排列的。这两种显示方式适合于文件夹和文件较多的窗口。
- 详细信息：列出文件夹或文件的详细信息，包括图标、名字、所占存储空间的大小、类型及修改日期。
- 平铺：每个文件夹或文件均使用相应的图标显示，其名字、应用程序名字、大小显示在图标右侧。显示内容是按行排列的。
- 内容：按行显示每个文件夹或文件的信息。

以上8种方式是“单选”的方式，即每次只能选择一种显示方式。

⑥ 单击“查看”菜单，选择“排序方式”命令，可以看到“名称”“类型”“总大小”“可用空间”4种排列文件和文件夹的方式。

动手做

看看你的计算机中使用的是什么显示方式，找出一种你喜欢的方式。
试一试，按“类型”排序后的文件、文件夹有什么排列特点？

2.2.4 文件与文件夹的基本操作

实例2.10 在C盘根文件夹下建立如图2-24所示的文件夹树

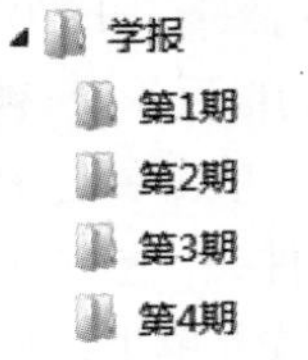

- 学报
  - 第1期
  - 第2期
  - 第3期
  - 第4期

图2-24 建立学报文件夹

通过本实例学会3种建立文件夹的方法。

任务操作

① 在资源管理器“导航窗口”选定指定文件夹，例如，选中“本地磁盘（C：)”。

② 单击工具栏的“新建文件夹”按钮，在“内容窗口”出现一个名为“新建文件夹”的小编辑框。

③ 输入新建文件夹的名字，例如，输入“学报”。

④ 在空白处单击或按回车键确认。

此时，在C盘根文件夹下，新建了一个名为“学报”的子文件夹。

⑤ 打开“学报”文件夹，在资源管理器的“内容窗口”右键单击鼠标，在快捷菜单中选择“新建”/“文件夹”命令。

⑥ 在小编辑框输入新建文件夹的名字，例如，输入“第1期”，并在空白处单击或按回车键确认。

⑦ 打开“学报”文件夹，选择“文件”/“新建”/“文件夹”命令，建立“第2期”子文件夹。

⑧ 参照上述方法，完成其他文件夹的建立。

动手做

在C盘根文件夹创建如图2-25所示的班级文件夹树。

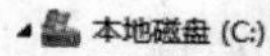

图2-25 建立班级文件夹

实例2.11 利用多种方法选中文件或文件夹

任务操作

① 选中一个文件或文件夹：用鼠标单击要选中的文件或文件夹的名字，使其为高亮度（蓝色背景）显示，即为选中。

② 选中连续的多个文件或文件夹：单击要选中的第一个文件或文件夹；按住“Shift”键并保持，再单击要选中的连续的一组文件或文件夹的最后一个。被选中的连续的文件或文件夹以高亮度显示。

③ 选中非连续的多个文件或文件夹：单击要选中的第一个文件或文件夹；然后按住“Ctrl”键并保持，再单击其他想选中的文件或文件夹。被选中的文件或文件夹以高亮度显示。

④ 取消选定：在窗口的任意空白区域上单击，将取消文件或文件夹的选中状态，高亮度显示自动消失。

⑤ 选中全部文件或文件夹：选择“编辑”/“全选”命令，则“内容窗口”中的所有文件和文件夹均被选中。

⑥ 反向选定：选择“编辑”/“反向选择”命令。所谓“反向选定”是选中当前未被选中的

所有文件和文件夹，即原来已选中的将被放弃，原来未被选中的将被选中。

⑦ 选择局部连续但总体不连续的文件或文件夹组：首先用鼠标选择第一个局部连续组，然后按住“Ctrl”键并保持，单击第二个局部连续组的第一个文件或文件夹，再按住“Ctrl+Shift”组合键，单击第二个局部连续组的最后一个文件或文件夹。用同样的步骤可选择其他局部连续组。

实例 2.12　文件与文件夹的复制

情境描述

为安全起见，将实例 2.10 创建的“学报”文件夹树，复制到 D 盘根文件夹下，进行备份。使用资源管理器可以将文件或文件夹复制到另一个文件夹或磁盘上。

任务操作

（1）利用鼠标拖动进行复制。

① 在同一磁盘中进行复制操作：首先选中被复制的文件或文件夹，然后按住“Ctrl”键并保持，再用鼠标拖动被复制的文件或文件夹，到达指定的目标文件夹时释放鼠标，复制操作开始。单击“详细信息”按钮，将显示复制过程中的提示信息。如图 2-26 所示。

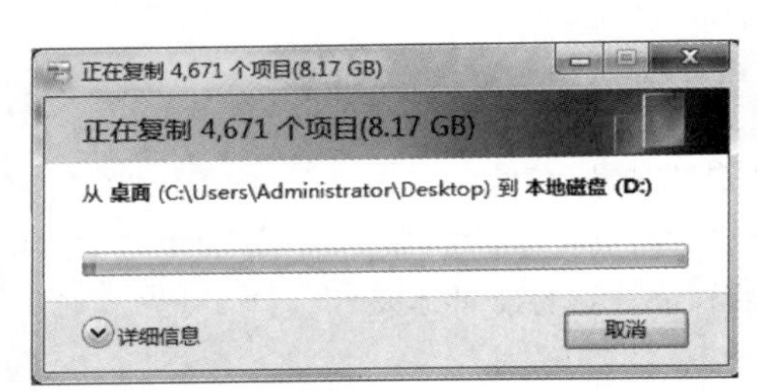

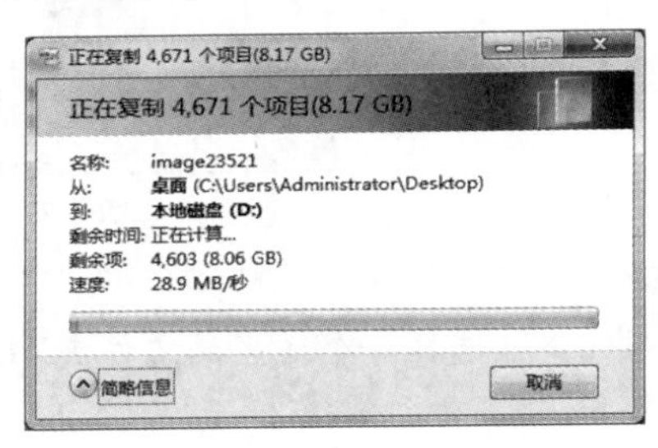

图 2-26　复制操作示意图

② 在不同磁盘之间进行复制操作：不需要按住“Ctrl”键，直接将被选中的复制文件或文件夹，拖动到目标磁盘的指定文件夹下即可。例如，拖动“学报”文件夹到“本地磁盘（D:）”。

注意，在拖动文件或文件夹的过程中，鼠标指针的下方带有一个“＋复制到…”的提示信息，它表明进行的是复制操作而不是移动。

（2）利用“编辑”菜单进行复制。

① 首先选中被复制的文件或文件夹。例如，选中“学报”文件夹。

② 选择“编辑”/“复制”命令。

③ 打开目标驱动器或指定文件夹。例如，打开“本地磁盘（D:）”。

④ 选择“编辑”/“粘贴”命令，复制操作开始。

还可以使用“右键快捷菜单”或“组织”下拉菜单中的“复制”“粘贴”命令，完成复制文件或文件夹的操作。

（3）向移动驱动器中复制文件或文件夹。

如果需要将磁盘中的文件或文件夹复制到移动硬盘或 U 盘，除了上述操作之外，还可以使用“文件”菜单或右键快捷菜单中的“发送到”命令。

知识与技能

在进行复制操作时，应注意以下两个问题。

（1）在复制过程中，如果需要取消复制操作，可以单击“正在复制”对话框中的“取消”按钮，如图2-26所示。

（2）如果复制的文件或文件夹在目标磁盘或文件夹中已经存在，系统将显示如图2-27所示的提示信息，单击“是”按钮，则新文件将替换原有文件；单击“否”按钮，则保留原有文件。

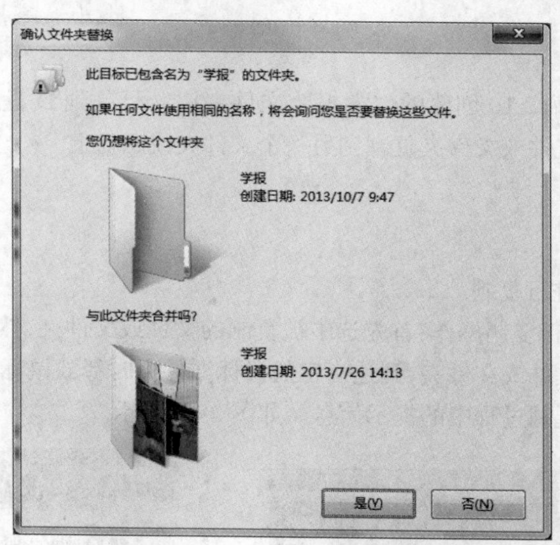

图2-27 复制操作的提示信息

动手做

选择一个适当的文件夹，复制你的“班级文件夹树”。

实例 2.13 将图 2-25 所示的文件夹树移动到“本地磁盘（D：）”中

任务操作

（1）利用鼠标拖动进行移动。

① 在同一磁盘中进行移动操作：将鼠标指针移到需要移动的文件或文件夹上，按住鼠标左键将其拖向“导航窗口”，待目标文件夹呈高亮度显示时，释放鼠标即可完成移动。

② 在不同磁盘之间进行移动操作：按住“Shift”键并保持，再将鼠标指针移到需要移动的文件或文件夹上，按住鼠标左键将其拖向“导航窗口”，待目标文件夹呈高亮度显示时，释放鼠标即可完成移动。

（2）利用“编辑”菜单进行移动。

① 首先选中需要移动的文件或文件夹。

② 选择“编辑”/“剪切”命令。

③ 打开目标驱动器或指定文件夹。

④ 选择“编辑”/“粘贴”命令，移动操作开始。

还可以使用“右键快捷菜单”或“组织”下拉菜单中的“剪切”“粘贴”命令，完成移动文件或文件夹的操作。

实例 2.14 文件或文件夹的重命名

情境描述

有时需要对一些已经存在的文件或文件夹重新命名。例如，将图 2-25 所示的“班级”文件夹中的“学生资料”文件夹改名为“学生名单”。

任务操作

① 首先选中需要改名的文件或文件夹，例如，选中“学生资料”文件夹。

② 选择“文件”/“重命名”命令，此时选中的文件或文件夹呈闪烁性的高亮度显示。

③ 输入新的文件名，例如，输入“学生名单”，并按回车键确认。

知识与技能

使用“右键快捷菜单”或“组织”下拉菜单也可以完成上述操作。此外，还可以直接单击被选中的文件或文件夹的名字，同样可以输入新的文件名。

实例 2.15 文件或文件夹的删除

情境描述

为了节省磁盘空间，对于那些不再使用的文件或文件夹，可以进行删除操作。删除操作分为送入“回收站”和真正的物理删除两种。送入“回收站”的文件或文件夹,需要时还可以恢复回来；被物理删除的文件或文件夹，则不能再恢复了。

任务操作

（1）送入“回收站”的删除。

① 选中准备删除的文件或文件夹，例如，选中“QQ 快捷方式”。

② 选择“文件”/“删除”命令（或者“组织”/“删除”命令），这时出现一个对话框，提示用户是否确认删除操作，如图 2-28 所示。

③ 单击“是”按钮，执行删除操作，单击“否”按钮，则放弃删除操作。

使用键盘上的“Del”键或“右键快捷菜单”中的“删除”命令也可完成删除操作。

图 2-28 删除操作示意图

（2）取消删除操作。

文件或文件夹被删除之后，立刻使用“编辑”菜单（或“组织”下拉菜单）中的“撤消”选项，可以取消刚刚进行的删除操作，恢复被删除的文件或文件夹。

（3）恢复被删除的文件或文件夹。

送入“回收站”的操作并非真正的物理删除，需要时可以把它们恢复到原来的位置上。

① 在桌面上打开“回收站”。

② 选中需要恢复的文件或文件夹。

③ 选择“文件”/“还原”命令，则需要恢复的文件或文件夹将回到原有的位置上。

（4）物理删除文件或文件夹。

物理删除是真正的删除，一经物理删除的文件或文件夹，不可能再恢复回来。

① 选中准备删除的文件或文件夹。

② 在键盘上直接按下“Shift + Delete”组合键，弹出“确认删除”对话框，如图 2-29 所示。

③ 单击“是”按钮，则执行物理删除，单击“否”按钮，放弃删除操作。

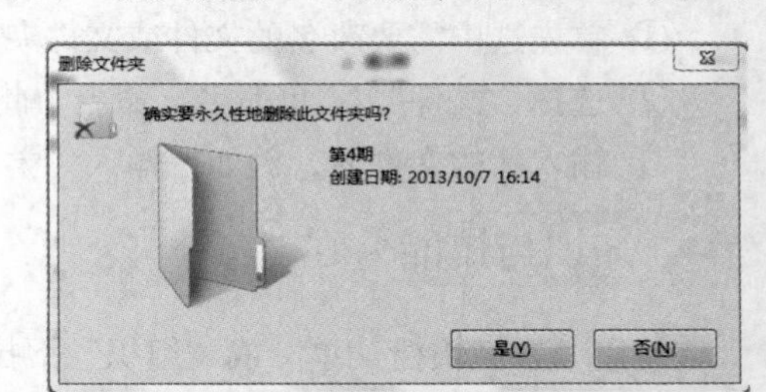

图 2-29　文件或文件夹的物理删除

（5）删除“回收站”中的文件或文件夹。

这也是一种物理删除。

① 在桌面上打开“回收站”。

② 选中准备物理删除的文件或文件夹。

③ 选择“文件”/“删除”命令（或选择“组织”/“删除”命令，或在右键快捷菜单上选择“删除”命令）。

④ 单击“是”按钮，则执行删除操作，单击“否”按钮，放弃删除操作。

如果在“文件”菜单中选择“清空回收站”命令，则回收站中的全部内容将被物理删除。

注意　因为“物理删除文件或文件夹”和“删除‘回收站’中的文件或文件夹”是一种永久性删除，无法再恢复，所以操作时一定要慎重。图 2-28 所示的系统提示与图 2-29 所示的提示是不一样的。

动手做　选择一个文件，将其送入回收站，然后再把它恢复到原位置。试一试能否把回收站中的文件恢复到其他的文件夹。

实例 2.16　设置文件或文件夹的属性

情境描述

文件和文件夹具有两种常用属性：只读和隐藏。利用资源管理器可以设置或改变一个文件或文件夹的属性。

任务操作

① 选中要设置属性的文件或文件夹。

② 选择“文件”/“属性”命令（或在右键快捷菜单选择“属性”命令），打开“属性”对话框。

③ 选择需要的文件属性，单击“确定”按钮完成，如图 2-30 所示。

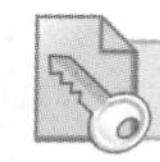

知识与技能

文件和文件夹的两种属性是一种复选方式，即允许为一个文件或文件夹同时设置两种不同的属性。“属性”对话框记录了所选文件或文件夹的有关信息。例如，图 2-30 中，显示了“2.16”文件的名称、文件类型、默认打开方式、存储位置、大小、创建时间、修改时间等信息。

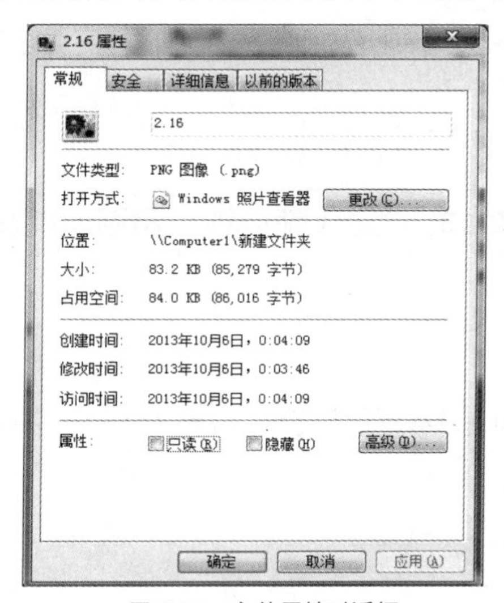

图 2-30　文件属性对话框

实例 2.17　为文件类型建立关联

情境描述

文件关联是为某一类文件指定一个相应的应用程序，作为该文件的默认打开方式。文件关联是通过文件扩展名来建立的。例如，可以将扩展名为“.DOC”的 Word 文件与 Word 2010 应用程序相关联，也可以将扩展名为“.BMP”的文件与画图应用程序相关联。建立关联后，只要双击文件名，系统将自动启动与之关联的应用程序，并打开该文件。例如，双击扩展名为“.DOC”的文件，Windows 7 操作系统将自动启动 Word 2010 并打开该文件。

任务操作

凡是已在 Windows 7 操作系统注册的文件，均自动与其相应的应用程序建立关联。

① 选中指定文件或文件夹，打开“属性”对话框。

② 单击“更改”按钮，进入“打开方式”对话框。如图 2-31 所示。可以重新选择默认的打开方式，即重新选择关联的应用程序。

如果一个文件没有关联的应用程序，双击它时，将进入“打开方式”对话框。

单击“高级”按钮，可以设置压缩、加密等高级属性。

图 2-31　选择文件关联程序

实例 2.18 “文件夹选项”对话框的操作

情境描述

通过“文件夹选项”对话框可以打开或关闭“隐藏文件”和“系统文件”的显示；可以隐藏已知文件类型的扩展名。

任务操作

① 启动文件夹选项对话框：选择“工具”/“文件夹选项”命令。文件夹选项的常规选项卡如图 2-32 所示。

② 设置“隐藏文件”的显示方式：在文件夹选项对话框中，单击“查看”标签，进入“查看”选项卡，如图 2-33 所示。有关“隐藏文件”的设置有 2 种选择。

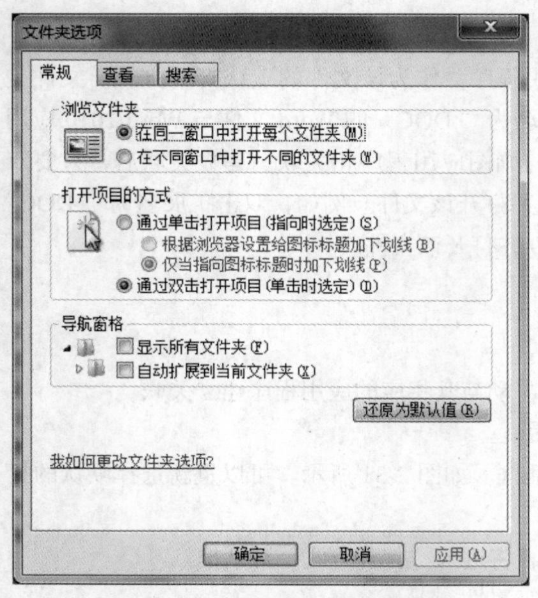

图 2-32　文件夹选项的常规选项卡

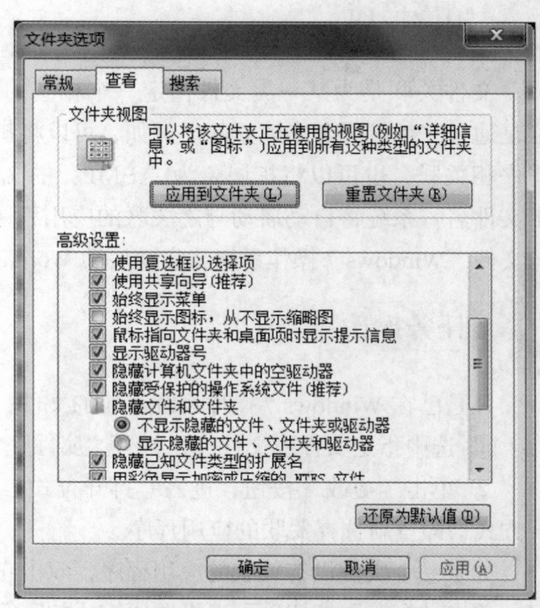

图 2-33　文件夹选项的查看选项卡

• 不显示隐藏的文件、文件夹或驱动器：选中该选项，在资源管理器中不显示具有隐藏属性的文件和文件夹。

• 显示隐藏的文件、文件夹或驱动器：选中该选项，即使具有隐藏属性的文件和文件夹，也将在资源管理器中显示出来。

③ 设置“系统文件”的显示方式：选中“隐藏受保护的操作系统文件（推荐）”选项，可隐藏系统文件。

④ 显示或隐藏已知文件类型的扩展名：在“查看”对话框中，选中“隐藏已知文件类型的扩展名”选项，则资源管理器显示文件名时，将不显示已在 Windows 7 操作系统中注册过的文件扩展名（类型名）。

动手做　在桌面选择一个文件或图标，将其属性设置为“隐藏”，刷新桌面后看看它是否还在？如果还在，请把它隐藏；如果不在，请把它显示出来。

实例 2.19　文件或文件夹的搜索

情境描述

如果忘记了一个文件或文件夹在磁盘中的具体位置，可以通过搜索操作来寻找它们。例如，查找 1234.txt 文件。Windows 7 操作系统提供了查找文件和文件夹的多种方法。可以使用“开始”菜单上的搜索框来查找存储在计算机上的，已经建立索引的文件、文件夹和程序。如果知道要查找的文件位于某个特定文件夹或库中，为了节省时间，可使用资源管理器窗口的搜索框。

任务操作

（1）使用资源管理器搜索文件。

① 单击资源管理器的“搜索”输入框，弹出“添加搜索筛选器”，如图 2-34 所示。

② 输入要搜索的文件名，例如 1234.txt。

③ 开始搜索，搜索结果将显示在资源管理器的内容窗口。

图 2-34　资源管理器的“搜索”输入框

在输入需要搜索的信息前，可以通过选择“搜索筛选器”提供的项目来缩小搜索范围。“搜索筛选器”提供的项目依据文件夹的不同而不同。

（2）使用开始菜单搜索文件。

① 单击“开始”图标，在“搜索程序和文件”输入框中输入需要搜索的信息。

② 输入时，系统根据输入的信息动态筛选匹配每个连续字符的文件和文件夹。随着输入信息越来越完整，符合条件的文件和文件夹也越来越少，找到需要的文件或文件夹后，即可停止键入。

动手做　在 C 盘搜索“??.txt”，体会一下“？”号的作用；在 C 盘搜索“*.txt”，体会一下“*”号的作用。

2.2.5 回收站的使用

实例 2.20 回收站的设置与使用

情境描述

回收站是硬盘上的一块区域，回收站的大小是可以调整的。回收站的空间越大，所能存储的删除文件就越多，在实际操作中可以随时恢复的文件也就越多。系统将回收站的大小设置为磁盘空间的 10%，用户可以根据需要自行调整。

任务操作

（1）使用回收站。

① 启动回收站。双击桌面上的“回收站”图标，进入回收站，如图 2-35 所示。

② 清空回收站内容：单击工具栏上的“清空回收站”按钮，回收站中的所有内容将被永久删除。

③ 还原所有被删除的文件和文件夹：单击工具栏上的“还原所有项目”按钮，回收站中的所有内容将被还原到删除之前的原位置。

（2）设置回收站属性。

① 启动“回收站属性”对话框：右击桌面上“回收站”图标，在快捷菜单中选择“属性”命令，打开“回收站属性”对话框，如图 2-36 所示。

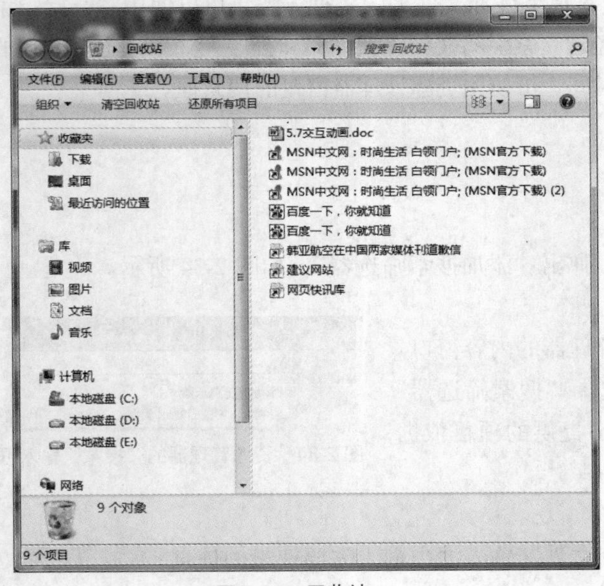

图 2-35 回收站

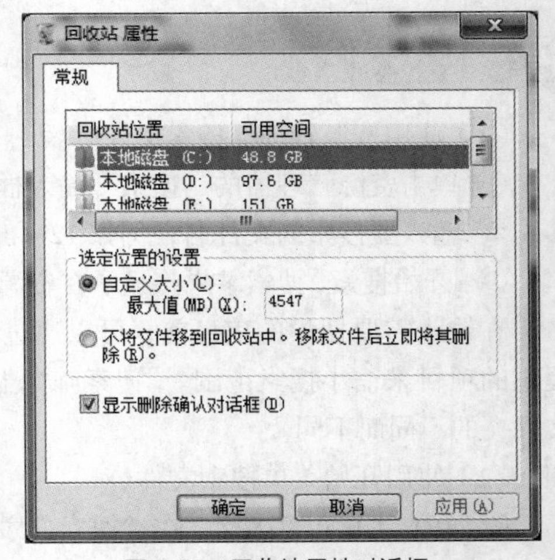

图 2-36 回收站属性对话框

② 设置“显示删除确认对话框”：所谓“显示删除确认对话框”，是指在进行删除文件或文件夹操作时，系统提示的，如图 2-28、图 2-29 所示的“确认删除”信息是否显示。选中“复选框”（“√”标志），则显示提示信息；否则，（去掉“√”标志）不显示提示信息。

③ 改变回收站的大小：首先选中指定“本地磁盘”，然后在输入框填入回收站的最大值。

动手做

看看你的回收站中是否有文件？如果有的话把它们清空。

2.2.6 磁盘的格式化

实例 2.21 使用资源管理器对磁盘进行格式化

情境描述

磁盘必须经过格式化后才能使用。格式化磁盘意味着在磁盘上建立可以存放文件的磁道和扇区，格式化磁盘将删除磁盘中原有的全部文件和文件夹。Windows 7 操作系统不允许格式化正在使用的磁盘。

任务操作

① 启动资源管理器。

② 右击需要进行格式化的磁盘驱动器，在快捷菜单中选择“格式化”命令，进入“格式化”对话框。如图 2-37 所示。

③ 在“容量”列表框中选择存储容量的大小，此项一般为默认。

④ 在“格式化选项”中选择格式化的方式。选中“快速格式化”，只删除磁盘上的原有文件，一般用于已经做过格式化的磁盘；选中“创建一个 MS-DOS 启动盘”，格式化磁盘后，为磁盘添加系统文件，即制作系统盘。

⑤ 如果需要给格式化后的磁盘起一个名字，可以在“卷标”文本框中输入自选的名字。

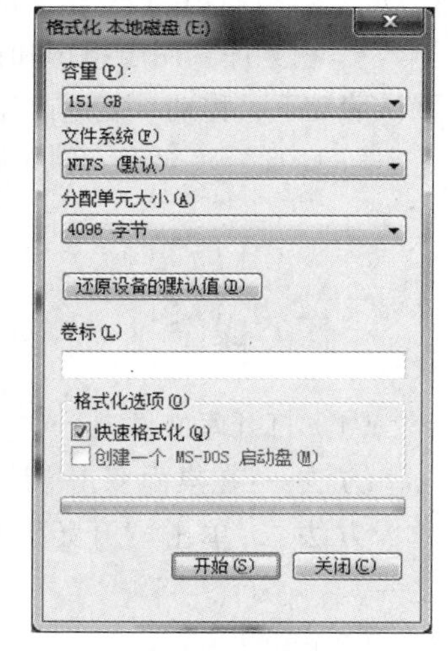

图 2-37 格式化对话框

⑥ 通过“文件系统”可以选择磁盘的存储模式，默认为 NTFS。

⑦ 单击“开始”按钮，磁盘格式化开始。格式化完成后，将通过对话框予以提示。

⑧ 单击“确定”按钮，返回“格式化”对话框；单击“关闭”按钮，退出“格式化”对话框。

动手做

如果你的移动存储器存取速度减慢，你可以对它进行格式化操作。

2.2.7 使用库访问文件和文件夹

1. 什么是库

库是一个集合或容器，用于收集具备同类型的、不同位置的文件或文件夹的索引信息。库实际上不存储收集到的项目，因此不需要从其他存储位置移动收集到的项目。库用于监视包含项目的文件夹，及时记录项目变化，库所监视的文件夹可以是本计算机、移动存储器或其他计算机中的。

例如，通过“图片库”可以收集当前计算机、网络连接计算机及移动存储器中的图片文件的信息。

用户可以通过库访问需要的项目。例如，通过“音乐库”可以直接访问位于当前计算机、网络连接计算机及移动存储器中的音乐文件，而无需考虑其具体存放在什么位置。

用户可以按自己的风格排列与整理库中记录的信息。

库类似于文件夹，但与文件夹不同。区别在于库可以收集存储在多个位置中的项目。

2. 默认的库

Windows 7 操作系统默认创建了 4 个库。

• 文档库。用于组织和排列字处理文档、电子表格、演示文稿以及其他与文本有关的文件。默认情况下，移动、复制或保存到文档库的文件均存储在“用户的文档”文件夹中。

• 图片库。用于组织和排列数字图片。图片可从照相机、扫描仪或电子邮件中获取。默认情况下，移动、复制或保存到图片库的文件均存储在“我的图片”文件夹中。

• 音乐库。用于组织和排列数字音乐。包括音频 CD、Internet 下载的歌曲。默认情况下，移动、复制或保存到音乐库的文件均存储在“我的音乐”文件夹中。

• 视频库。用于组织和排列视频。包括数字相机、摄像机的剪辑，Internet 下载的视频文件。默认情况下，移动、复制或保存到视频库的文件均存储在“我的视频”文件夹中。

实例 2.22 库操作

任务操作

（1）打开库文件夹。

方法一：在桌面双击“计算机”图标，在导航窗口单击“库”，打开库文件夹。如图 2-38 所示。

方法二：单击“开始”按钮，在开始菜单右侧栏中选择“文档”、“图片”或“音乐”之一。

（2）新建库。

① 打开库文件夹。

② 在工具栏单击“新建库”按钮，右侧库内容窗口显示新创建的“新建库”，如图 2-39 所示。

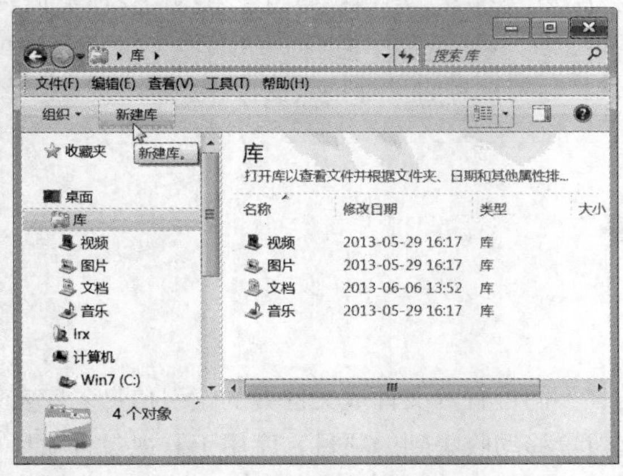

图 2-38 库文件夹

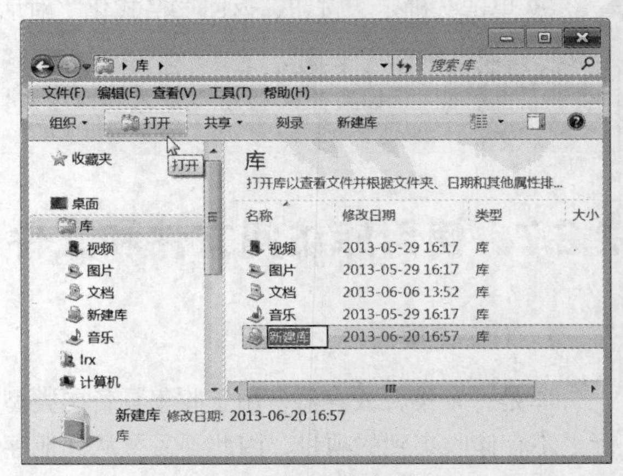

图 2-39 键入库的名称

③ 键入库的名称，按回车键确认。

（3）将文件夹包含到库中。

① 选择需要包含到库的文件夹，例如，选择桌面上的“图片”文件夹。

② 右键单击“图片”文件夹，在快捷菜单选择“包含到库中”/“图片”命令，如图 2-40 所示，“图片”文件夹被包含到“图片库”，如图 2-41 所示。

注意 如果快捷菜单中没有“包含到库中”选项，则意味着该文件夹不能包含到库中。

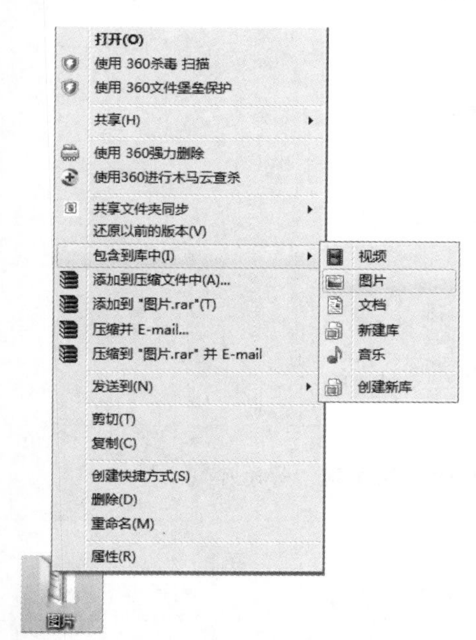

图 2-40 将文件夹包含到库中

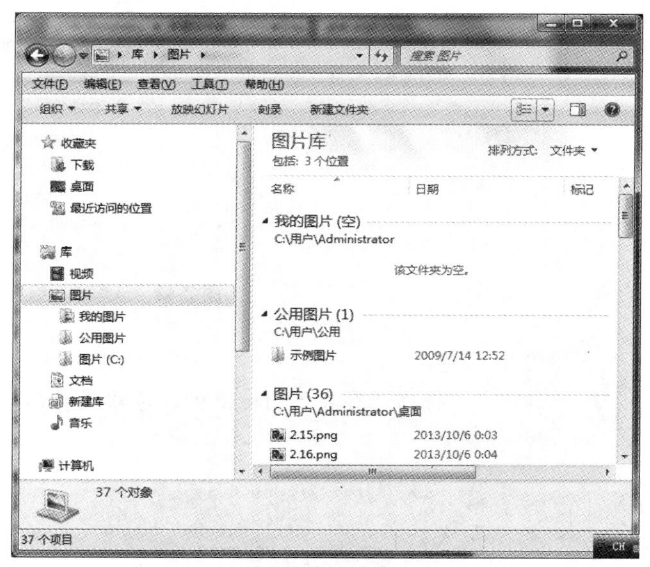

图 2-41 包含到图片库后的结果

动手做 试一试，向图片文件夹拷入两张照片，图片库将随之变化。

（4）从库中删除文件夹。

① 打开图片库文件夹，找到需要删除的文件夹，例如，找到“图片”文件夹。

② 在导航窗口右键单击“图片”文件夹，在快捷菜单选择“从库中删除位置”命令，“图片”文件夹被移出图片库，如图 2-42 所示。

注意 在“导航窗口”使用“从库中删除位置”命令删除文件夹时，不影响原始位置的文件夹及其内容；如果在“内容窗口”使用“删除”命令删除文件夹，将同时删除原始位置的文件。

（5）删除库。

在导航窗口右键单击需要删除的库，在快捷菜单选择“删除”命令，删除的库将移入“回收站”。

如果意外删除了默认库，可以在导航窗口将其还原。方法是：右键单击“库”，在快捷菜单选择“还原默认库”命令。

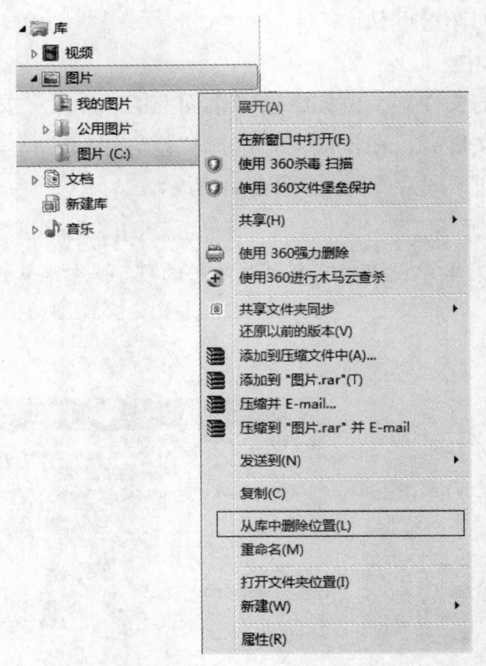

图 2-42 从库中删除文件夹

动手做 将你保存在不同地点的、喜欢的音乐与歌曲，包含到“音乐库”。

2.3 系统设置

◎ 设置用户账号
◎ 安装与设置打印机
◎ 改变显示器的设置
◎ 添加与删除应用程序
◎ 启动控制面板窗口
◎ 设置系统日期与时间

Windows 7 的系统设置主要是通过“控制面板”来完成的，控制面板是一个系统文件夹，它汇集了 Windows 7 系统的硬件和软件的设置工具，使用这些工具可以方便地安装和设置硬件、安装或卸载应用程序软件。例如，通过控制面板可以对用户账号、输入法、键盘、鼠标、显示器、打印机、日期及时间等项目进行属性设置和调整。

2.3.1 用户账户管理

在 Windows 7 操作系统中通过用户管理，可以方便地创建用户账户、更改用户权限，使每个用户拥有自己独立的存储空间。

实例 2.23 创建新用户账户

任务操作

（1）启动控制面板。

单击“开始菜单”,在开始菜单右侧选择“控制面板”选项,打开“控制面板”窗口,如图 2-43 所示。

图 2-43 “控制面板”窗口

（2）创建新用户账户 sunzy。

① 在“控制面板”，单击“用户账户和家庭安全”选项,进入“管理账户”窗口,如图 2-44 所示。

② 单击“创建一个新账户”选项，在对话框键入新账户的名字。例如，键入 sunzy。

③ 选择账户类型,例如,选择“管理员”类型。

- 管理员：具有创建、更改和删除用户账户、进行系统范围的修改、安装程序并访问所有文件的权利。
- 标准用户：可以使用计算机上安装的大多数程序，不能更改影响计算机其他用户或系统安全的设置，不能访问其他账户的资源。
- 来宾账户：主要针对需要临时使用计算机的用户。来宾账户无安装软件与硬件、更改设置、创建密码的权力。

④ 单击“创建用户”按钮，完成创建任务。

（3）创建用户密码。

① 在“管理账户”窗口，查看已有账户。

② 双击选择账户,进入更改账户窗口,如图 2-45 所示。例如:双击进入 sunzy 账户更改窗口。

③ 在显示的 7 项修改内容中，选择“创建密码”选项。

④ 连续输入两次同样的密码，然后单击“创建密码”按钮，密码创建结束。

在图 2-45 所示的“更改账户”窗口中,还可以进行“更改账户名称”“更改图片”（用户图标）“删除账户”“更改账户类型”等操作。密码创建后,还可以进行“更改密码”“删除密码”等操作。

注：图 2-43 中“帐户”的正确写法应为“账户”。

动手做 试一试，如何为“sunzy”账户换一幅图标？如何为“sunzy”账户修改密码？最后，创建你自己的账户。

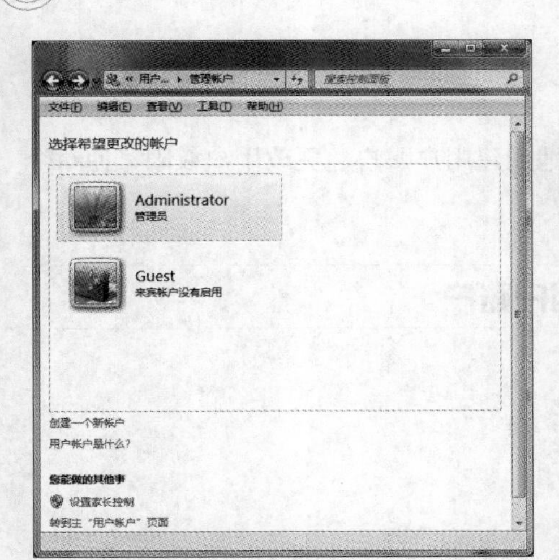

图 2-44 “管理账户”窗口

图 2-45 “更改账户”窗口

实例 2.24 管理“账户文件夹”

情境描述

用户账户创建后，系统将为每个账户创建一个只属于该账户的文件夹，存储位置默认 C 盘。对账户文件夹的操作与资源管理器基本相同。“我的文档”的英文名称是“My Documents”，是用户保存文件的默认文件夹。

单击“开始”菜单，在右侧选择“用户账户名”，打开“用户账户”窗口，如图 2-46 所示。

通过属性设置，可以改变文件夹的存储位置。下面以改变“我的文档”文件夹的存储位置为例。

任务操作

① 右击“我的文档”图标，选择“属性”选项，打开“我的文档属性”对话框。

② 选择“位置”选项卡，如图 2-47 所示。

图 2-46 “用户账户”窗口

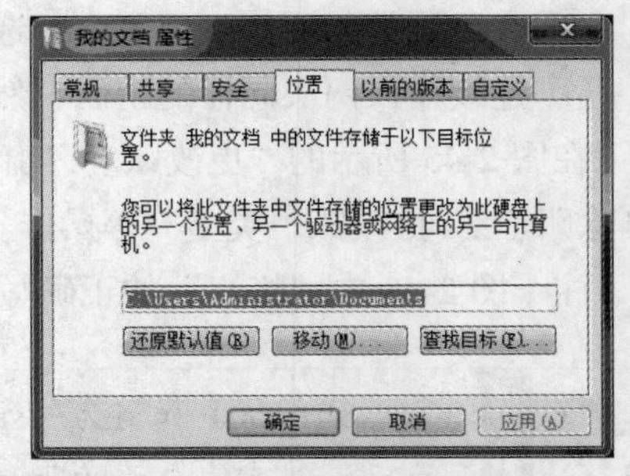

图 2-47 改变“我的文档”的存储位置

③ 单击“移动”按钮，进入“选择一个目标”对话框。为“我的文档”选择一个存放位置，例如，选择“本地磁盘（D：)”。

④ 单击“确定”按钮返回“我的文档属性”对话框。设置完毕后“我的文档”文件夹将保存在D盘。

动手做 看看在“我的文档属性”对话框的“常规”选项卡还能做什么设置？试一试，将“我的图片”文件夹的存储位置改到D盘。

2.3.2 安装与设置打印机

实例 2.25 安装打印机

情境描述

安装打印机，实际上是安装打印机的驱动程序，驱动程序是计算机控制打印机的一个专用程序。不同的打印机，其驱动程序也不一样。

任务操作

① 安装打印机前，首先应将打印机连接在计算机上，并开启电源启动打印机。

如果打印机是第一次连接，Windows 7 操作系统一般会自动检测并安装驱动程序。如果系统未检测到，用户可以自行打开“添加打印机向导”对话框。

② 在“开始”菜单的右侧选择“设备和打印机”选项，或在“控制面板”选择“查看设备和打印机”选项，打开“设备和打印机”窗口，如图 2-48 所示。

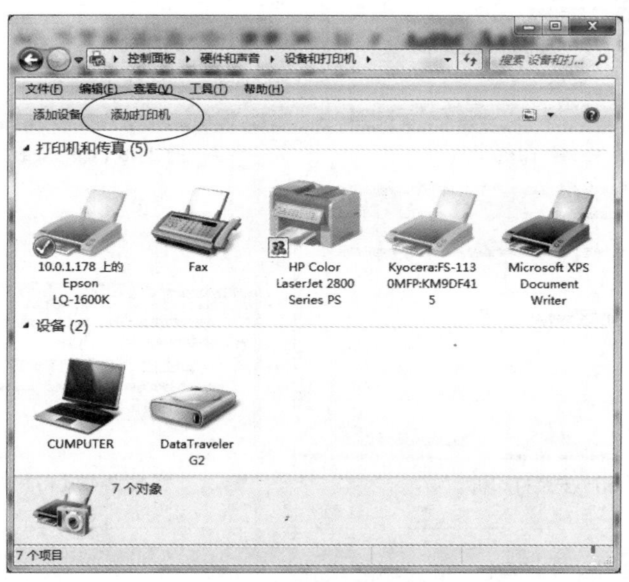

图 2-48 “设备和打印机”窗口

③ 在工具栏单击“添加打印机”按钮，启动“添加打印机向导”对话框，如图 2-49（a）所示，选择“添加本地打印机”选项。

④ 选择“使用现有接口”选项，单击“下一步”按钮，如图 2-49（b）所示。

⑤ 首先在左窗口选择打印机的生产“厂商”，然后在右窗口选择型号，例如，选择“Canon Inkjet Pro9000”，如图 2-49（c）所示。然后单击“下一步”按钮。

如果打印机带有厂商提供的安装盘，软盘插入 A：驱动器，光盘插入光盘驱动器。单击“从磁盘安装”按钮。

⑥ 在“打印机名称”文本框键入打印机的名字，然后单击“下一步”按钮，如图 2-49（d）所示。

⑦ 开始安装打印机驱动程序。安装完毕，设置是否共享，如图 2-49（e）所示。单击“下一步”按钮。

⑧ 选择“设置为默认打印机”，可以单击“打印测试页”按钮打印一张测试页。单击“完成”按钮，结束打印机安装，如图 2-49（f）所示。

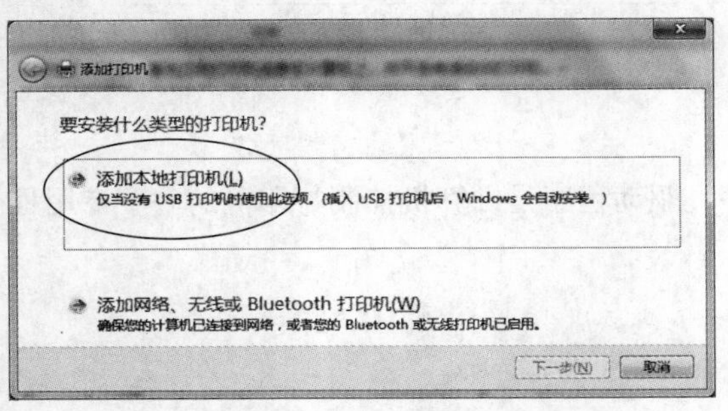

图 2-49（a） 安装打印机

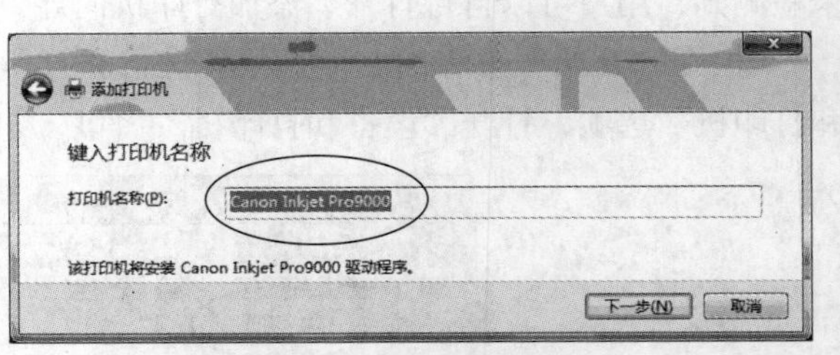

图 2-49（b） 安装打印机

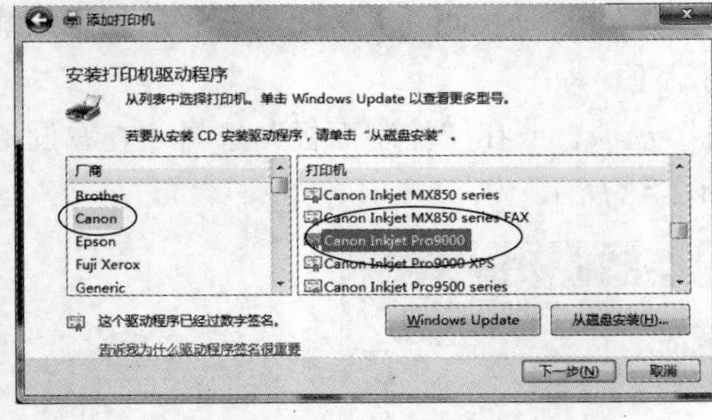

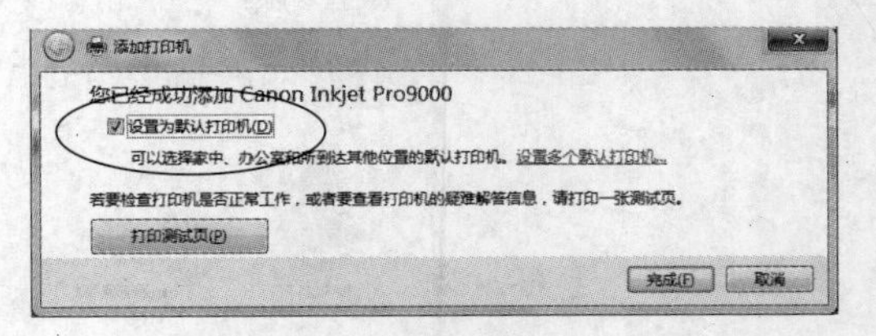

图 2-49（c） 安装打印机

图 2-49（d） 安装打印机

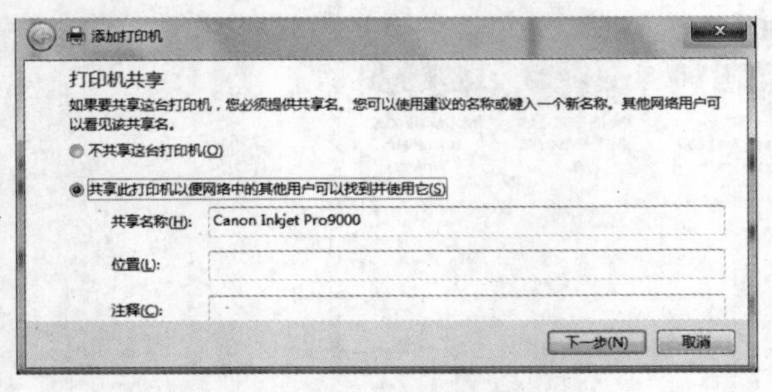

图 2-49（e） 安装打印机

图 2-49（f） 安装打印机

动手做

如果你有打印机，试试安装操作。

实例 2.26　设置打印机的属性

情境描述

打印机安装成功之后，可以打开“打印机属性”对话框，对其进行设置。需要说明的是，“打印机属性”对话框的选项卡数目和项目名称会因为打印机的不同而异。

如果系统安装了多台打印机，应将最常用的打印机设置成“默认打印机”。在打印文档时，如果不指定打印机，将以“默认打印机”完成打印任务。

任务操作

① 启动“设备和打印机”窗口，用鼠标右击打印机图标，在快捷菜单中选择“打印机属性”命令，打开“打印机属性”对话框。

② 在“常规”选项卡，可以输入“注释”说明。单击“首选项”按钮，可以对纸张、打印方向、纸张来源和介质选择进行设置；单击“打印测试页”按钮，控制打印测试页。

③ 在“共享”选项卡，可以设置打印机的网络共享。

④ 在“高级”选项卡，可以设置打印机的优先级、更新驱动程序，如图 2-50 所示。

⑤ 设置默认打印机：在“设备和打印机”窗口，用鼠标右击选中的“打印机”图标，在快捷菜单选择“设置为默认打印机”命令。

在快捷菜单中，还有与打印机设置有关的一些选项，如图 2-51 所示。

图 2-50　打印机的高级属性

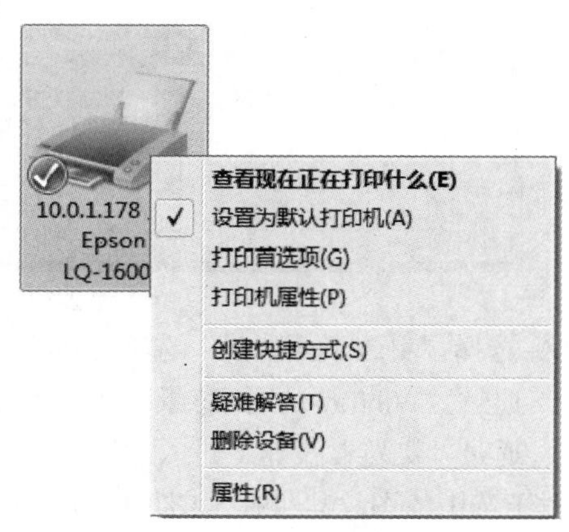

图 2-51　打印机任务

2.3.3　改变显示器的设置

无论在计算机上进行何种操作，其结果都将反映到显示器上。可以调整显示器，使视觉舒服

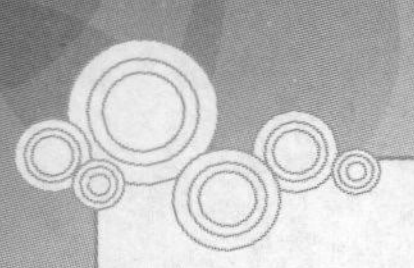

一些，也可以给屏幕设置保护程序，延长屏幕的寿命。Windows 7 操作系统将显示器的属性设置统一到控制面板的“外观和个性化”窗口，用户可以利用它方便地设计自己喜欢的颜色、墙纸、屏幕保护程序以及排列图标的方式。

实例 2.27　设置桌面

情境描述

桌面背景可以是自选的一幅图片、一个 HTML 文档或者是 Windows 7 操作系统自带的墙纸和图案。设置屏幕保护程序是为了防止显示器老化。屏幕保护程序是一种持续运动的图像，当用户在较长时间内没有任何键盘和鼠标操作时，屏幕保护程序将自行启动，在屏幕上显示一幅幅活动的图像。显示器的分辨率是指在屏幕上显示像素的多少，显示的像素越多，分辨率就越高。

任务操作

（1）设置桌面背景图案。

① 打开“控制面板”，单击“外观和个性化”选项，进入“外观和个性化”窗口，如图 2-52 所示。

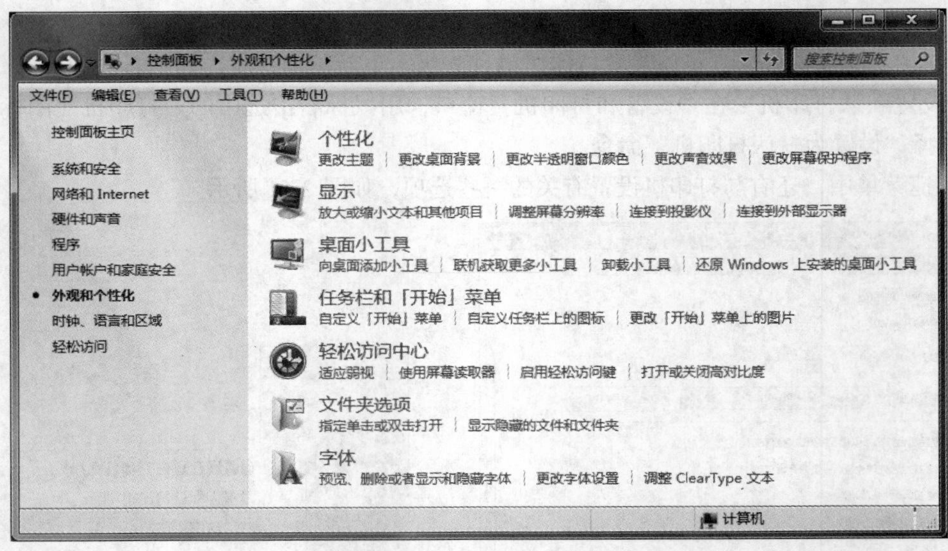

图 2-52 “外观和个性化”窗口

② 选择“更改桌面背景”选项，进入“桌面背景”窗口，如图 2-53 所示。

- 通过“Windows 桌面背景”下拉列表框，可以选择 Windows 7 操作系统提供的图片。
- 通过“浏览”按钮，进入“浏览”对话框，选择用户自己的图片。

对于选中的图片，可在“图片位置”下拉列表框中选择其显示方式。

- 居中：将图片放置在桌面的中央。
- 平铺：将图片重复排列在桌面上。
- 拉伸：将图片全屏幕显示在桌面上。
- 填充：将图片以横向适合屏幕的方式显示在桌面上。
- 适应：将图片以纵向适合屏幕的方式显示在桌面上。

图 2-53 “桌面背景”窗口

③ 如果图片和显示方式均已设置完成，单击“保存修改”按钮。

如果希望存储在计算机上的任一图片作为桌面背景，可鼠标右键单击该图片，在快捷菜单选择“设置为桌面背景”命令。

（2）设置屏幕保护程序。

① 在“外观和个性化”窗口选择“更改屏幕保护程序”选项，打开“屏幕保护程序设置”对话框，如图 2-54 所示。

② 在“屏幕保护程序”下拉列表框选择一种保护程序。

③ 在“等待”数值框输入等待时间，如果在规定的等待时间内，键盘和鼠标均没有发生动作，则屏幕保护程序自行启动。

④ 单击选中“在恢复时显示登录屏幕”，则恢复时必须使用用户登录密码。

⑤ 设置完成，单击“确定”按钮退出对话框。

动手做 将当前桌面的背景图片的“位置”改为“居中”。将“三维文字”设置为计算机的屏幕保护程序，启动等待时间为 1min，单击“设置”按钮，试一试，可以改变什么？

（3）设置显示器的分辨率。

① 右键单击桌面空白位置，在快捷菜单选择“屏幕分辨率”命令（或在“外观和个性化”窗口选择“调整屏幕分辨率”选项），进入“屏幕分辨率”对话框，如图 2-55 所示。

② 单击“分辨率”按钮，滑动箭头可以改变屏幕的分辨率。一般分辨率范围为 800 × 600 像素到 1280 × 1024 像素，有些显示适配卡可达到 1600 × 1200 像素。

③ 单击“确定”按钮完成设置。

知识与技能

显示器分辨率的设置和显示器本身、显示适配卡有密切关系，并不是所有的显示器都能设置最高的分辨率。

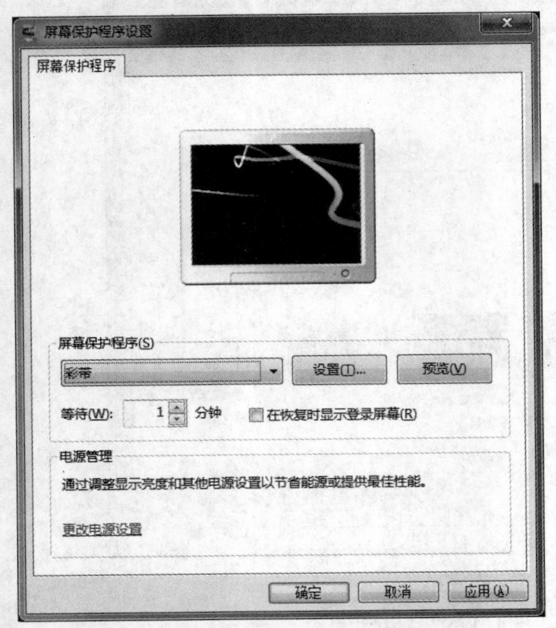

图 2-54 “屏幕保护程序设置”对话框

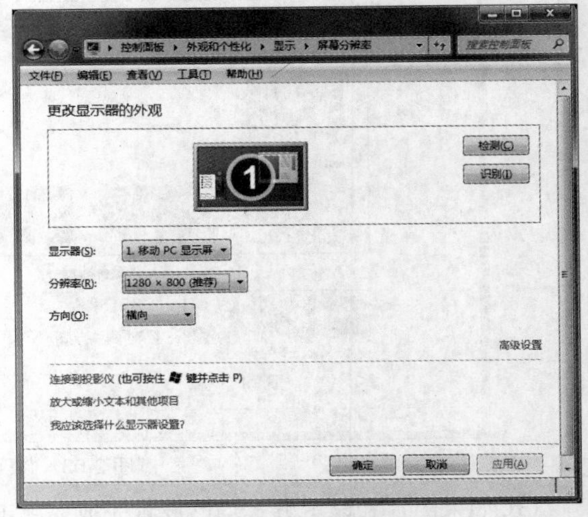

图 2-55 “屏幕分辨率”对话框

动手做

试一试，图 2-52 所示的“外观和个性化”窗口中，“更改主题”选项能设置什么？

2.3.4 安装、更改和卸载应用程序

1. 安装应用程序

（1）从硬盘、U 盘、CD、局域网安装应用程序。

利用资源管理器找到应用程序的安装文件（安装文件名通常是 Setup.exe 或 Install.exe），双击安装文件，按照安装向导的提示完成安装。

（2）从 Internet 安装应用程序。

在 Web 浏览器中，单击应用程序的链接，选择“打开”或“运行”命令，按照安装向导的提示完成安装。也可以将应用程序下载到计算机，然后安装。

2. 更改和卸载应用程序

正常安装的应用程序，通常在开始菜单的“所有程序”中留有“卸载程序”，执行卸载程序将删除安装到系统中的该程序。

没有提供“卸载程序”的应用程序，可通过 Windows 操作系统提供的“卸载程序”删除应用程序。

打开“控制面板”，选择“程序”下的“卸载程序”选项，打开“程序和功能”窗口，如图 2-56 所示。选择需要删除的应用程序，在工具栏上单击“卸载”按钮，按照提示操作即可删除应用程序。

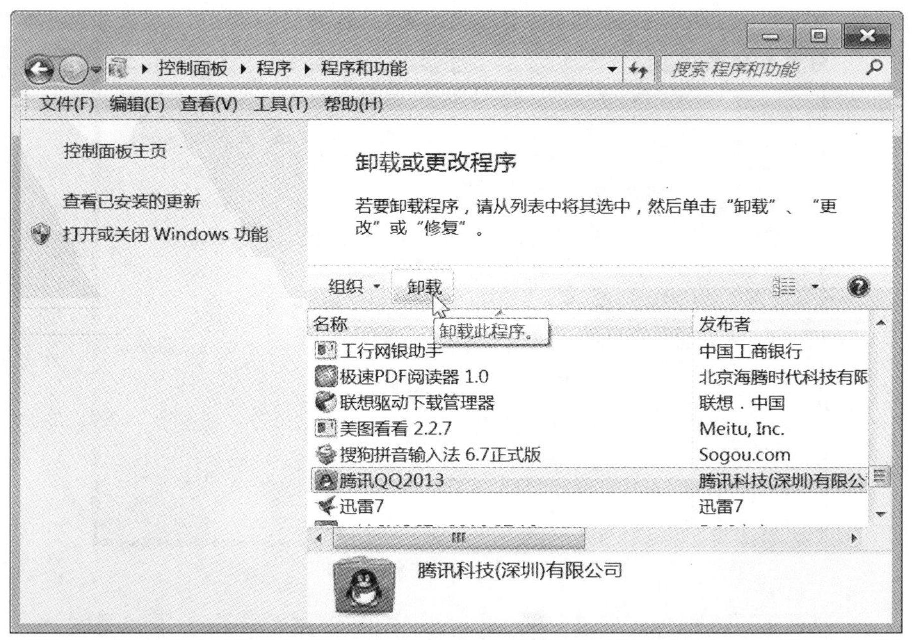

图 2-56 “程序和功能”窗口

除了“卸载”选项以外，根据选中应用程序的不同，工具栏还会出现“更改”“修复”等按钮。

动手做 看一看你的计算机中安装了多少应用程序。上网查一查，为什么不能使用“资源管理器”直接删除应用程序文件和文件夹的方法卸载程序？

知识与技能

能够在 Windows 7 操作系统运行的应用程序，一般都自带安装程序。当应用程序光盘放入驱动器时，安装程序可立即被系统识别，并自动启动安装向导。

2.3.5 安装 Windows 自动更新

Windows Update 是自动更新工具，可以修补已知的操作系统漏洞、更新硬件驱动程序和升级软件。

1. 启用或禁用自动更新

在“控制面板”，单击“系统和安全”选项，打开“系统和安全”窗口，如图 2-57 所示；单击“Windows Update”下的“启用或禁用自动更新”选项，如图 2-58 所示；在“更改设置”窗口的“重要更新”下拉列表中做以下选择。

- 自动安装更新（推荐）。
- 下载更新，但是让我选择是否安装更新。
- 检查更新，但是让我选择是否下载和安装更新。
- 从不检查更新（不推荐）。

图 2-57 “系统和安全”窗口

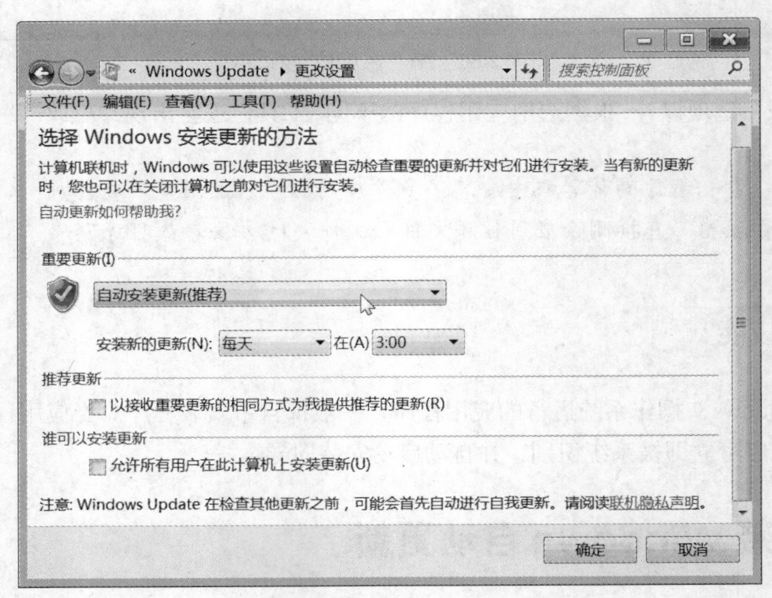

图 2-58 “更改设置”窗口

2. 检查更新

在没有启用“自动更新”时，应定期检查更新。在控制面板单击打开“Windows Update”窗口，单击“检查更新”选项，开始检查更新。检查结束后，显示检测到的更新信息，如图 2-59 所示。单击更新信息，打开“选择要安装的更新”窗口，如图 2-60 所示。在列表中，单击更新的名称，右侧将显示详细信息。选中需要安装的更新，单击“确定”按钮。回到“Windows Update”窗口，单击“安装更新”按钮。

注意 一些更新需要重新启动计算机才能完成安装。重新启动计算机前应保存和关闭所有程序以防数据丢失。

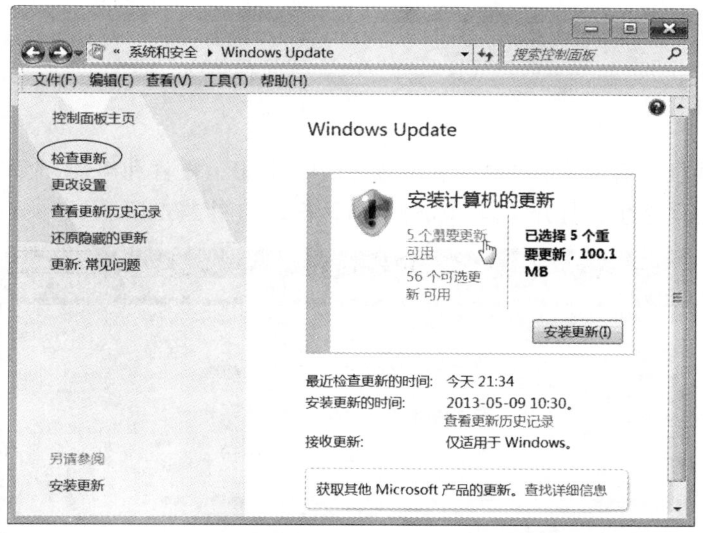

图 2-59 “Windows Update”窗口及检测到的更新信息

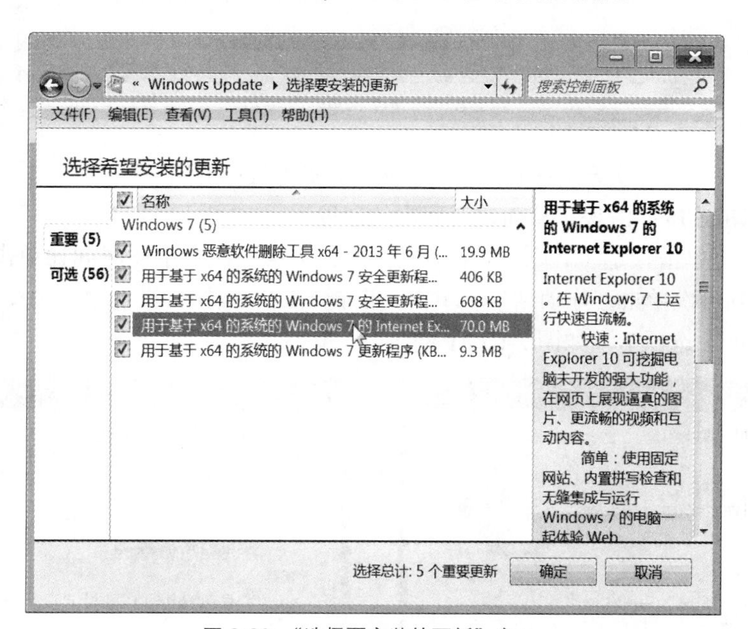

图 2-60 “选择要安装的更新”窗口

2.3.6 鼠标设置

实例 2.28 设置鼠标

利用鼠标的属性对话框，可以调整按键的响应速度、双击的时间间隔。鼠标还可设置为适合

左手习惯的用户使用。

任务操作

① 在“控制面板”窗口单击“硬件和声音”选项，打开“硬件和声音”窗口，如图 2-61 所示。

② 单击“鼠标”选项，打开“鼠标属性”对话框，如图 2-62 所示。

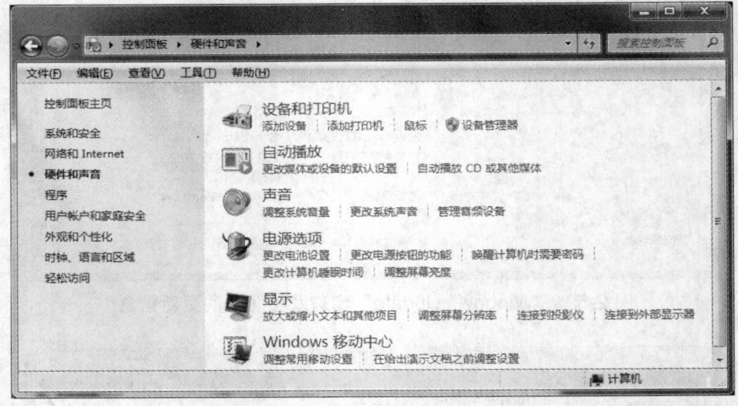

图 2-61 “硬件和声音”窗口

③“鼠标键”选项卡。

- 选中“切换主要和次要的按钮”，以适应左手使用鼠标的用户。
- 调整“双击速度”滑块，从而改变双击的速度。
- 选中“启用单击锁定（T）”，使拖动操作改为：第一次按下（时间比单击稍长），此后移动等于拖动，直到再次单击，拖动结束；单击“设置（E）”按钮，设定第一次按下的时间长度。

④“指针选项”选项卡。如图 2-63 所示。

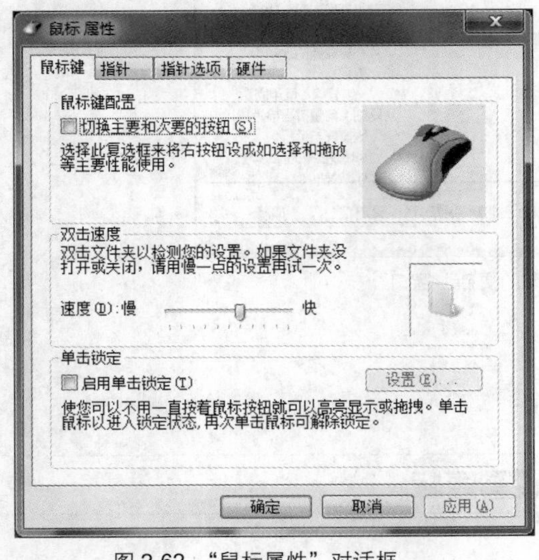

图 2-62 “鼠标属性”对话框

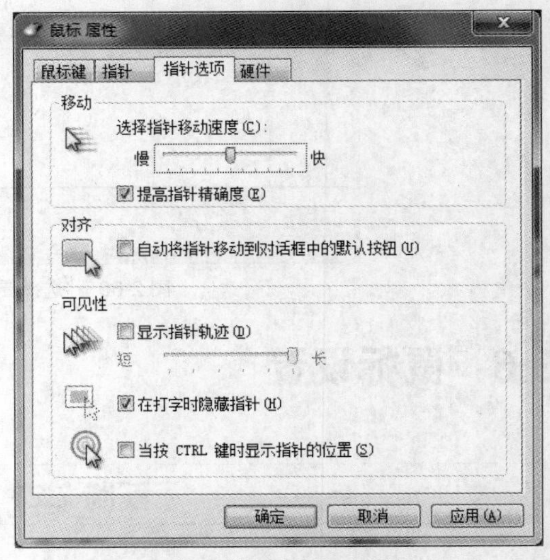

图 2-63 “指针选项”选项卡

- 调整“选择指针移动速度”滑块，可以改变鼠标在屏幕上移动的速度。
- 选中“显示指针踪迹（D）”，使指针移动时出现轨迹，拖动下面的滑块可以改变轨迹的长短。

⑤“指针”选项卡：用于确定指针显示的样式。可以直接从“方案（S）”中选择已有的方案，

也可以从“自定义(C)”列表中选定某种指针,还可以单击“浏览”按钮,在弹出的对话框中选择指针。

动手做 试一试,选中“指针选项”选项卡的“对齐”的功能。挑一种你喜欢的指针样式,并设置为当前显示。

2.3.7 设置系统日期与时间

实例 2.29 设置与调整系统日期和时间

情境描述

查看一个文件的属性时,总会看到创建时间、修改时间和访问时间,这些时间是 Windows 7 操作系统根据系统日期和时间自动添加的。系统日期和时间显示在任务栏的最右侧。可以根据需要对系统日期和时间,以及所在的时区进行调整,还可设置与 Internet 时间同步。

任务操作

① 在控制面板窗口单击“时钟、语言和区域”选项,打开“时钟、语言和区域”窗口,如图 2-64 所示。

② 单击“设置时间和日期”选项,进入“日期和时间”对话框,如图 2-65 所示。

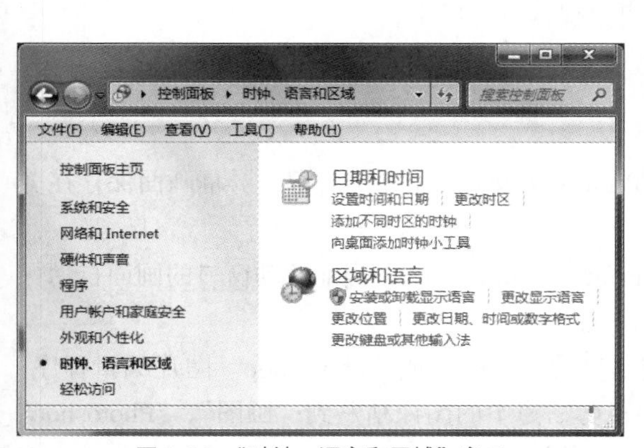

图 2-64 “时钟、语言和区域”窗口

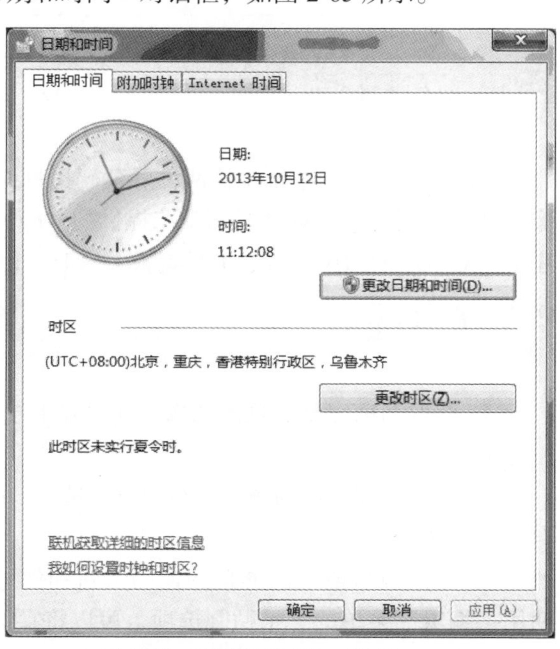

图 2-65 “日期和时间”对话框

在“任务栏”右侧单击“更改日期和时间设置”选项,也可进入“日期和时间”对话框。

③ 设置系统日期与时间:单击“更改日期和时间设置”按钮,进入“日期和时间设置”对话框;通过“日期”栏可以改变或设置当前日期;通过时间栏可以改变或设置当前时间。

④ 设置时区：单击“更改时区”按钮进入“时区设置”窗口，单击下拉列表框选择所需要的时区。

⑤ 单击“确定”按钮，设置完成。

2.4 Windows 7 附带的应用程序

◎ 获取屏幕图像

◎ 记事本的使用

◎ 画图的使用

2.4.1 获取屏幕图像

实例 2.30 获取当前窗口或当前屏幕的图像

情境描述

Windows 7 操作系统支持两种屏幕硬拷贝操作：复制整个屏幕或当前窗口，并可将复制的图像“粘贴”到 Windows 7 操作系统提供的“画图”、“照片编辑器”或 Word、Photoshop 等应用程序中。对获取的图像，可以进行编辑、修改，也可以保存以待后用。

任务操作

① 获取当前完整屏幕的图像：在键盘上按 Print Screen（打印屏幕）键，屏幕画面保存在剪贴簿中。

② 获取当前窗口的图像：在键盘上按 Alt +Print Screen 组合键，当前活动窗口的画面自动保存在剪贴簿中。

③ 当前窗口或当前屏幕图像的编辑和使用：启动“画图”或“Photoshop”图片编辑程序，使用“编辑”菜单的“粘贴”选项，可以将存储在剪贴簿中的图像粘贴到“画图”、“Photoshop”等程序的窗口，并可以对图像进行裁剪、修改和保存等操作。

试一试截取你的桌面，并保存起来。

2.4.2 画图

"画图"是 Windows 7 操作系统提供的一个绘图应用程序。使用"画图"程序可以绘制所需要的图形,也可以对已有的图形、图片进行裁剪、修改和组合操作。画图文件的扩展名类型为 .BMP。

实例 2.31 认识"画图"程序

任务操作

(1)启动"画图"程序。单击"开始"/"所有程序"/"附件"/"画图",打开"画图"程序窗口,如图 2-66 所示。

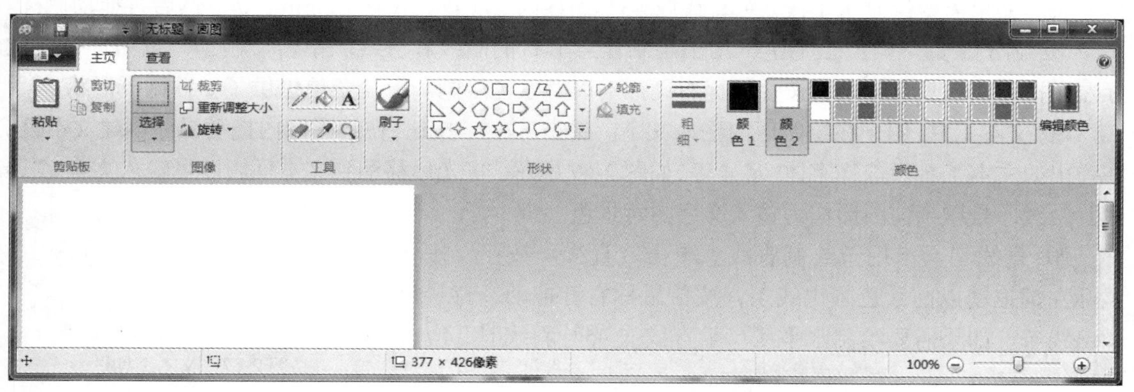

图 2-66 画图程序窗口

(2)颜色的设置。在绘制图形前,首先要选择使用的颜色。

① 设置前景色:在工具栏单击"颜色 1"按钮,然后在右侧选择某种颜色。前景色是指绘制图形线条和边框的颜色。

② 设置背景色:在工具栏单击"颜色 2"按钮,然后在右侧选择某种颜色。背景色是指绘制图形的背景颜色。

(3)画图工具。

① 自由图形选择工具:用于在画图区域中选定任意形状的剪切块。单击"自由图形选择"按钮,鼠标指针变为"+"形状,按住鼠标左键,沿着需要选定的区域拖动,将选定区域的边界勾画出来后释放鼠标。

② 矩形选择工具:单击"矩形选择"按钮,鼠标指针变为"+"形状,按住鼠标左键,沿着需要选定区域的对角线方向拖动,释放鼠标,选定区域被套在矩形框中。

如果在勾画选定区域时出错或勾画的不满意,可以在非选定区单击鼠标或按"Esc"键,放弃选定。

对选定区域,可以进行复制、剪切、删除等编辑操作。进行移动操作时,将鼠标置于选定框内,按住鼠标左键拖动即可。

③ 橡皮擦工具:以背景色擦除绘图区的图形或图像。单击"橡皮擦"按钮,鼠标指针变为"□"形状,将鼠标指针移动到画图区域,按住鼠标左键拖动,将以背景色进行擦除;按住鼠标右键拖动,将以背景色擦除当前的前景色,其余颜色的图形或图像不被擦除。

④ 用颜色填充工具：对一个封闭区域填充颜色。所谓封闭区域是用线条或曲线勾画出来的、没有断点的区域。单击“用颜色填充”按钮，鼠标指针变为，将鼠标指针移动到某个封闭区域中，单击鼠标左键，使用前景色填充；单击鼠标右键，使用背景色填充。

⑤ 颜色选取器工具：用于从当前的图形或图像中获取颜色。单击“取色”按钮，鼠标指针变为，将鼠标指针移动到绘图区域的某种颜色上，单击鼠标左键获取的颜色作为前景色；单击鼠标右键获取的颜色作为背景色。

⑥ 放大镜工具：用于放大显示当前编辑的图形或图像。单击“放大”按钮，鼠标指针变为，将鼠标指针移动到绘图区域中，单击鼠标左键图形被放大；单击鼠标右键图形被缩小。

通过状态栏右侧的 100%，也可改变当前的图形或图像。

⑦ 铅笔工具：用于绘制任意形状的曲线和直线。单击“铅笔”按钮，鼠标指针变为，将鼠标指针移动到绘图区中，按住鼠标左键拖动以前景色画出线条，按住鼠标右键拖动以背景色画出线条。如果需要绘制水平线、垂直线或45° 斜线时，应首先按住“Shift”键，然后再拖动鼠标。

⑧ 刷子工具：类似于毛笔，用于绘制任意形状的曲线和直线。单击“刷子”按钮，按住鼠标左键拖动以前景色绘画，按住鼠标右键拖动以背景色绘画。下拉菜单提供了9种刷子形状。

⑨ 文本工具：用于在绘图区内输入文字。单击“文本”按钮，在绘图区内拖动鼠标创建文本框。在弹出的文本工具栏选择字体、字号等，如图2-67所示。将光标移动到文本框内即可输入文字。“透明”处理，是以当前图形作为输入文字的背景色。

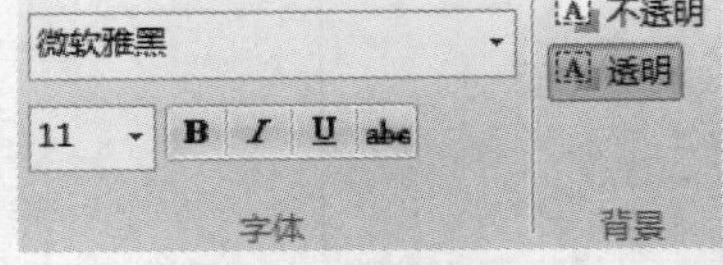

图2-67 文本工具栏

⑩ 直线工具：用于绘制直线。单击“直线”按钮，按住鼠标左键拖动以前景色画出线条，按住鼠标右键拖动以背景色画出线条。如果需要绘制水平线、垂直线或45° 斜线时，应首先按住“Shift”键，然后再拖动鼠标。

⑪ 曲线工具：用于绘制曲线。单击“曲线”按钮，按住鼠标左键拖动以前景色画出曲线，按住鼠标右键拖动以背景色画出曲线。单击线条上的某一点并拖动，可以调整曲线的形状。

⑫ 矩形与圆角矩形工具：用于绘制长方形和正方形。单击“矩形”或“圆角矩形”按钮，按住鼠标左键拖动以前景色画出矩形框，以背景色填充矩形框；按住鼠标右键拖动以背景色画出矩形框，以前景色填充矩形框。如果需要绘制正方形，应首先按住“Shift”键，然后再拖动鼠标。

⑬ 多边形工具：用于绘制由多条连续直线组成的形状。单击“多边形”按钮，拖动鼠标指针绘制第一条边，释放鼠标；然后用相同的方法绘制多边形的其它边；最后确定多边形的最后一点后，双击鼠标，多边形自动封闭边界。按住鼠标左键拖动以前景色画出多边形框，按住鼠标右键拖动以背景色画出多边形框。

⑭ 椭圆形工具：用于绘制椭圆或圆。单击“椭圆形”按钮，拖动鼠标指针，将绘制出任意大小的椭圆。如果绘制圆，应首先按住“Shift”键，然后拖动鼠标。按住鼠标左键拖动以前景色绘制，按住鼠标右键拖动以背景色绘制。

动手做

参照上述工具用法，试一试“形状”中的其他工具。

注意

选中“橡皮擦”、“铅笔”、“刷子”、“形状”等工具时，可在工具栏选择线条的“粗细”。

（4）图片的保存。

① 单击按钮，在下拉菜单选择“另存为”选项，弹出如图 2-68 所示的“另存为”对话框。

② 通过左窗口选择保存文件的磁盘和文件夹，在“保存类型”下拉列表中选择图片类型，在“文件名”文本框中键入文件名。

③ 单击“保存”按钮，完成图片的保存。

（5）打开已有的图片。

如果需要编辑已有的图片，应首先打开该图片文件。

① 单击按钮，选择“打开”选项，将弹出类似于图 2-68 所示的“打开”对话框。

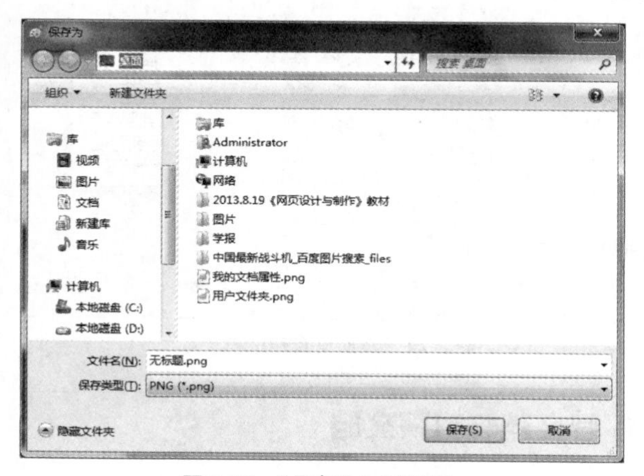

图 2-68 “另存为”对话框

图 2-69 利用“画图”程序绘制图

② 通过左窗口选择磁盘和文件夹，在“文件名”列表框显示已有的图片文件，选中需要的文件，然后单击“打开”按钮，则该图片被调入画图窗口。

绘制如图 2-69 所示的图形。复制桌面，截取“计算机”、“回收站”图标，并保存。

2.4.3 记事本

记事本是一个简单的文字处理工具，它操作方便，适用于小型文本文件的处理。

实例 2.32 建立文本文件并设置页面属性

打开“记事本”窗口，可以新建文档，通过页面设置可以改变当前文档的页面大小、正文文字的方向以及正文文字距页边的距离等。

① 单击“开始”/“所有程序”/“附件”/“记事本”。打开“记事本”程序窗口，如图 2-70 所示。

② 单击“文件”菜单，选择“新建”选项，可以新建一页空白文档。

③ 单击“文件”菜单，选择“页面设置”选项，进入“页面设置”对话框，如图2-71所示。通过“纸张大小”下拉列表设置页面的大小，例如：可以选择A4、B5或自定义大小等；通过“页边距”文本框设置页面上下左右的边距；通过“方向”单选框，设置纸张方向；通过“页眉”、“页脚”文本框键入页眉与页脚的显示内容。设置效果可在预览区显示。设置完毕，单击“确定”按钮退出。

此时，选择一种中文输入法后，即可开始输入中文信息了。

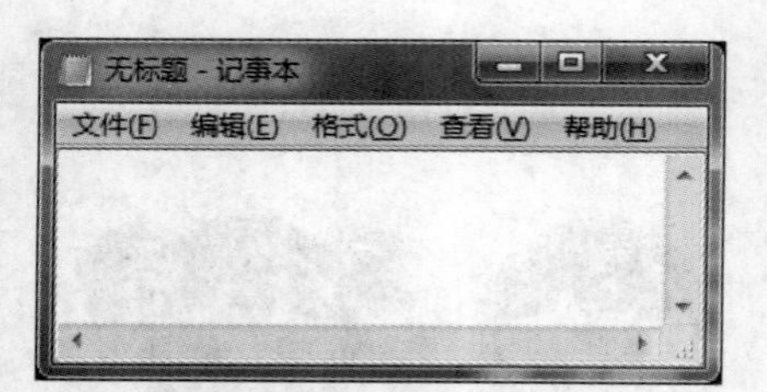

图2-70　记事本窗口

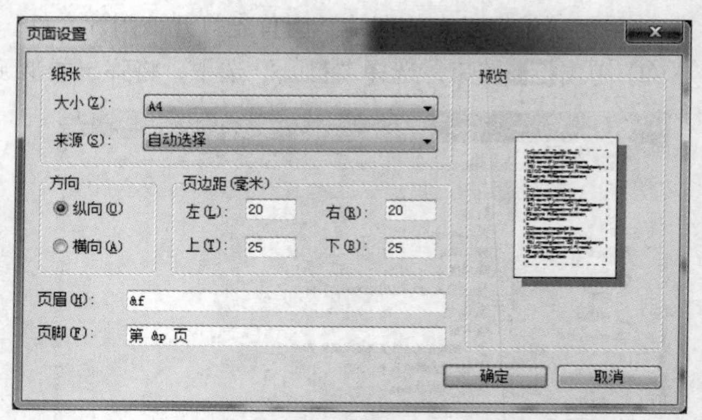

图2-71　页面设置对话框

实例2.33　保存文档与打开文档

情境描述

保存文档是将当前建立的文档存储在指定文件夹中；打开文档是将存储在指定文件夹中的文档调入内存，并显示在记事本窗口。记事本处理的文档类型为文本文件，扩展名为.TXT。

任务操作

① 打开文档：选择“文件”/“打开”命令，进入“打开”对话框，在确定文件夹与文件名后，单击“打开”按钮，文件将显示在记事本窗口中。

② 保存文档：选择“文件”/“保存”命令，进入“保存”对话框，在确定文件夹与文件名后，单击“保存”按钮。

“保存”与“打开”对话框的使用与画图程序基本相同，不再赘述。

③ 关闭文档并退出记事本：选择“文件”/“退出”命令，首先关闭窗口中的文档显示，文档退出内存并存储在磁盘上，然后关闭记事本窗口。

实例2.34　编辑菜单的使用

任务操作

①“剪切”、“复制”和“粘贴”命令：完成对选中文字的移动和复制操作。

②“删除”命令：完成对选中文字的删除操作。

③“时间 / 日期”命令：在光标所在位置插入当前时间和日期。

④“全选”命令：选中页面的全部文字。

⑤“撤消”命令：撤销刚刚进行的操作。

⑥ 查找命令：通过“查找”对话框，在文档中查找某个词汇。如图 2-72 所示。例如，在“查找内容”文本框键入“中国”，单击“查找下一个”按钮，开始查找操作；找到“中国”时，光标停留在文档的“中国”位置；再次单击“查找下一个”按钮，将继续查找；单击“取消”按钮，将停止查找操作。

图 2-72 “查找”对话框

⑦ 替换命令：通过“替换”对话框，可以快速地将文档中的某个词汇或某些相同的词汇换成其他词汇。如图 2-73 所示。例如，在“查找内容”文本框中键入“中国”，在“替换为”文本框中键入“北京”，单击“全部替换”按钮，文档中所有的“中国”将被“北京”所替换。

联合使用“查找下一个”与“替换”按钮，可以逐一地完成替换操作。

⑧ 格式菜单的操作：选择“字体”命令，打开“字体”对话框，可以设置文字字型、字体和字号。如图 2-74 所示。选择“自动换行”命令，输入的文本将会自动换行。

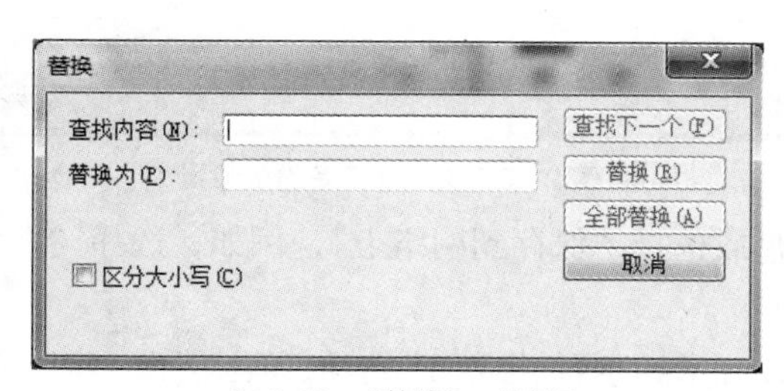

图 2-73 “替换”对话框

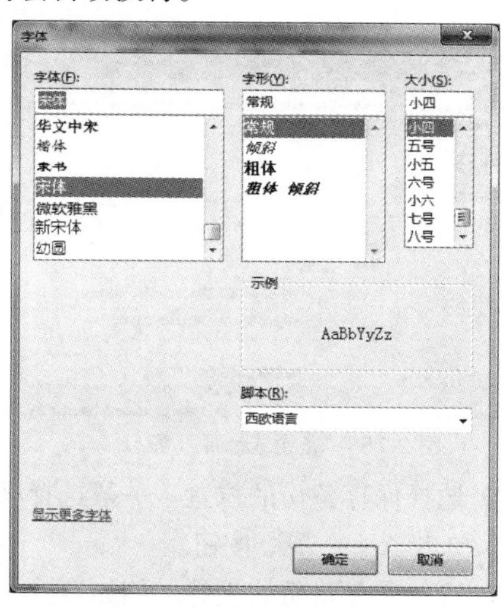

图 2-74 字体对话框

2.5 数据安全与帮助

◎ 数据备份与恢复

◎ 数据压缩存储

◎ 清除计算机病毒

◎ 使用帮助和支持中心

◎ 安装Windows 7操作系统

2.5.1 数据备份与恢复

实例 2.35 重要数据的备份

情境描述

在计算机处理中，经常存在一些非常重要的文档数据，例如，公司的财务数据和业务数据等。数据的备份是指将一些重要数据或整个计算机系统的数据进行拷贝，以便在出现故障或不慎删除时能够及时恢复。

任务操作

① 在控制面板，单击“系统与安全”选项，打开图 2-57 所示的“系统和安全”窗口。

② 选择“备份和还原”选项，打开“备份或还原”窗口，如图 2-75 所示。

③ 单击“设置备份”选项，计算机开始扫描，扫描结束后，进入“设置备份”对话框，如图 2-76 所示。

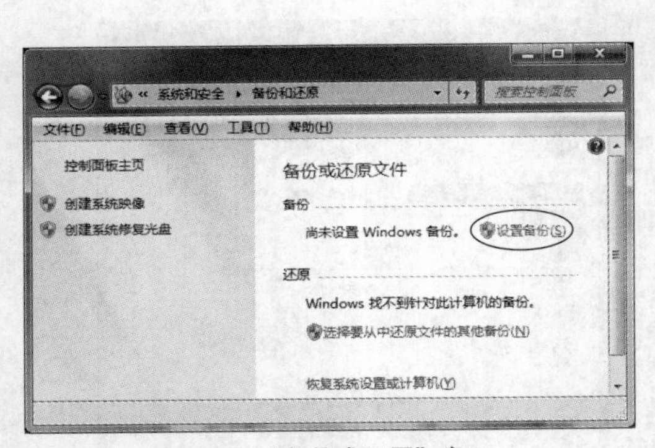

图 2-75 “备份或还原”窗口

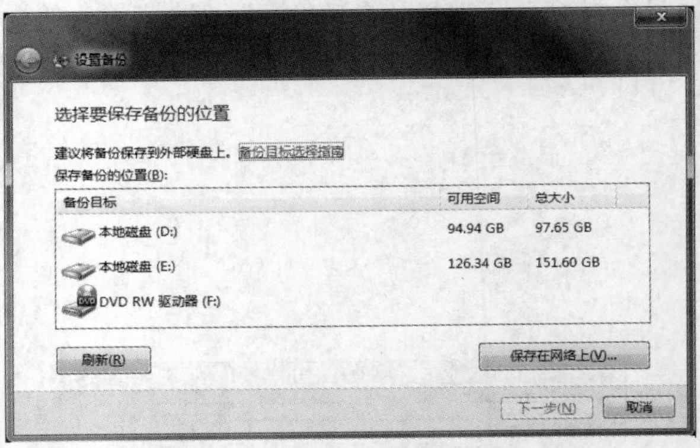

图 2-76 选择保存备份的位置

④ 选择保存备份的位置。一般选择移动硬盘或选择“保存到网络上”，例如，选择“本地磁盘 E”。单击“下一步”按钮。

⑤ 选择需要备份的文件。例如，选择“让 Windows 选择（推荐）”选项，单击“下一步”按钮，如图 2-77 所示。

⑥ 单击“保存设置并运行备份”按钮，开始备份，如图 2-78 所示。

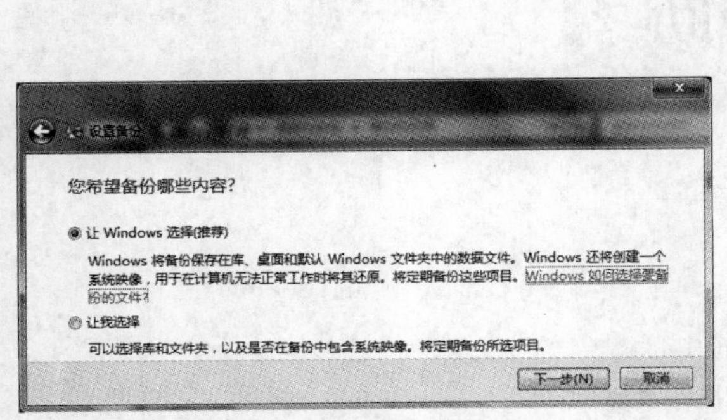

图 2-77 选择需要备份的文件

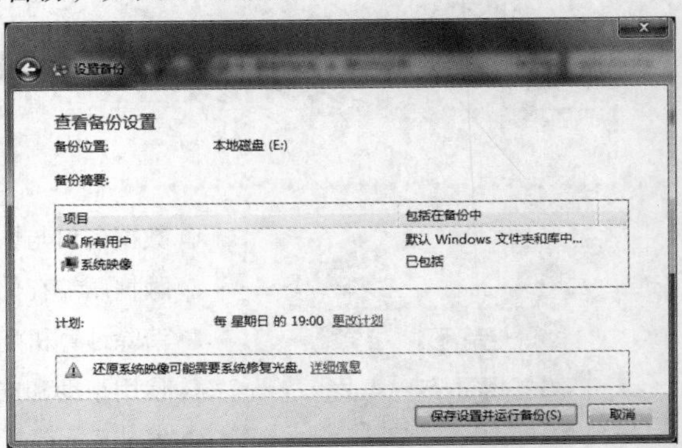

图 2-78 查看备份设置

⑦ 备份完毕将显示备份结果报告。

知识与技能

还原备份数据：当计算机系统发生数据破坏时，打开“备份或还原”窗口，单击“还原我的文件”按钮，按照向导的提示操作即可完成数据恢复。

动手做

恢复已备份的“学报”文件夹。尝试将“我的文档”文件夹整个备份。

2.5.2 数据压缩

数据压缩是通过压缩工具，将数据所占有的磁盘存储空间缩小。使用压缩工具可以在不损坏文件的前提下将数据的“体积”缩小，并且能方便地将压缩数据原样恢复，从而节约磁盘空间、便于转移和传输。常见的通用压缩格式有ZIP、ARJ和RAR等。

WinRAR是目前流行的压缩工具之一，界面友好，使用方便，在压缩率和速度方面均有很好的表现。其压缩率比高，同时兼容RAR和ZIP格式。

实例2.36 WinRAR软件的安装

任务操作

① 首先下载“wrar500sc.exe”，直接双击安装文件图标wrar500sc.exe，弹出如图2-79所示的安装界面。

② 单击“浏览”按钮，选择安装路径，然后单击“确定”按钮。

③ 单击“安装”按钮，在图2-80所示的安装界面中进行设置，初学者可全部选择默认设置，单击“确定”按钮，继续安装。

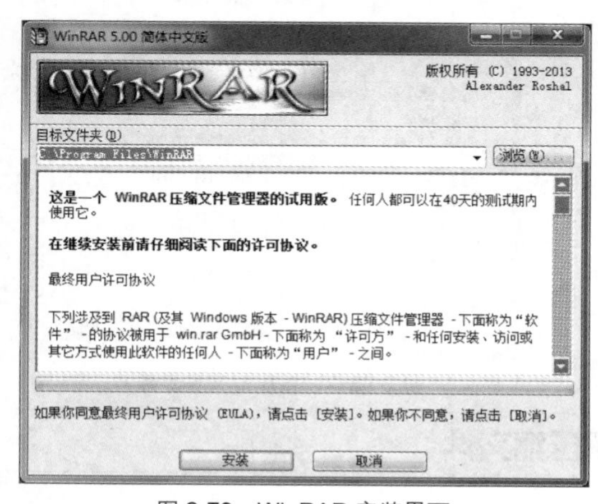

图2-79 WinRAR安装界面

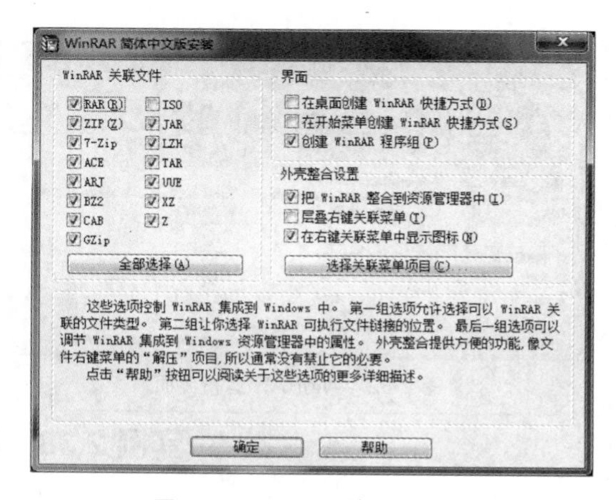

图2-80 WinRAR安装设置

④ 安装完毕将显示图2-81所示对话框。单击“完成”按钮结束安装。

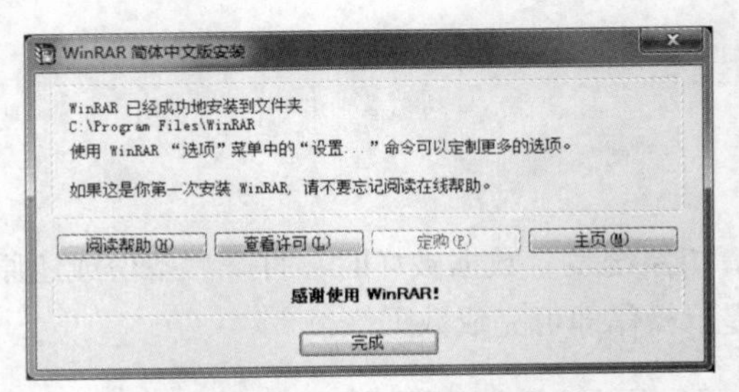

图 2-81　WinRAR 安装结束对话框

实例 2.37　创建压缩文件

任务操作

① 在开始菜单启动 WinRAR 程序，界面如图 2-82 所示。

② 在 WinRAR 地址栏单击黑色下拉三角，选择要压缩的文件。

③ 单击工具栏的“添加到”按钮，打开“压缩文件名和参数”对话框，在“压缩文件名”处修改压缩文件名，默认名为原文件名称；在“压缩文件格式”中，选择“RAR”格式；在“压缩方式”的“存储、最快、较快、标准、较好、最好”中选择其中一种，以确定压缩速度和压缩质量；可通过“浏览”按钮确定压缩文件存储的文件夹。如图 2-83 所示。

④ 单击“设置密码”按钮，在“输入密码”对话框，可以设置解压缩时的文件密码。

⑤ 单击“确定”按钮，开始压缩。压缩完成后，将在指定文件夹生成一个 RAR 的压缩文件。

创建一个压缩文件还有其他方法。例如，在资源管理器选择好要压缩的文件或文件夹，然后在文件名上右击鼠标，在快捷菜单选择“添加到……rar”命令，直接进行压缩操作。

动手做　试试压缩存储一个 Word 文件，比较一下压缩前后的文件大小。试试压缩存一个图形文件，比较一下压缩前后的文件大小。

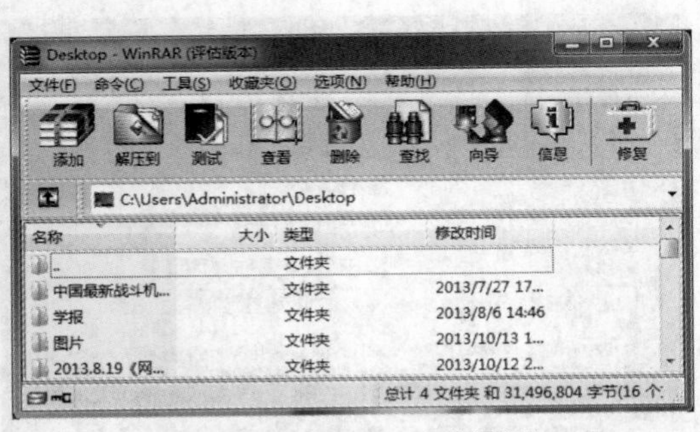

图 2-82　WinRAR 运行界面

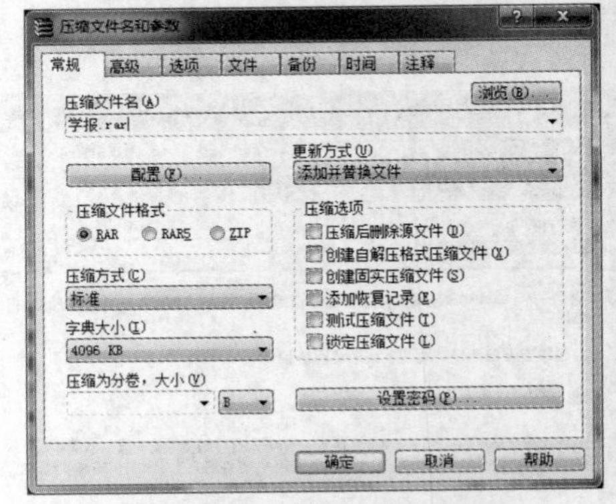

图 2-83　设置压缩文件参数

实例 2.38　解压缩文件

任务操作

① 用鼠标右击需要解压缩的文件，在快捷菜单选择“解压文件”命令，将打开“解压路径

和选项”对话框，如图 2-84 所示。

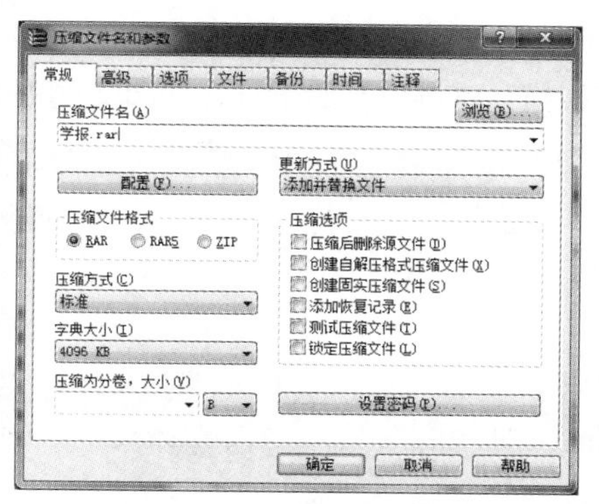

图 2-84 解压缩文件对话框

② 在对话框选择解压的文件夹，并可做其他相应设置。单击“确定”按钮，开始解压缩操作。

动手做

将已经压缩好的文件解压到“桌面”。了解一下什么是“自解压文件”，试试创建一个自解压文件。试一试右键快捷菜单中的“解压到……”和“解压到当前文件夹”两个命令的功能。

2.5.3 清除计算机病毒

实例 2.39 清除计算机病毒

情境描述

通过网络、移动存储装置，计算机不可避免地要与外界交流，那么感染计算机病毒的机也会相对增加。因此，在计算机系统中安装杀毒软件是必须的。目前杀毒软件有很多种，例如奇虎360、金山毒霸等。本节以奇虎 360 杀毒程序为例进行介绍。

任务操作

① 下载及安装。在奇虎 360 公司网站 http://www.360.cn/ 下载软件，双击安装文件进行安装，安装完毕后重启计算机才能进入工作状态，如图 2-85 所示。

② 病毒查杀。360 杀毒具有实时病毒防护和手动扫描功能，为用户的系统提供全面的安全防护。实时防护功能在文件被访问时对文件进行扫描，及时拦截活动的病毒，在发现病毒时会通过提示窗口警告用户。360 杀毒提供了 4 种手动病毒扫描方式：快速扫描、全盘扫描、指定位置扫描及右键扫描。

图 2-85 360 杀毒程序主界面

- 快速扫描：扫描 Windows 系统目录及 Program Files 目录。
- 全盘扫描：扫描所有磁盘。
- 指定位置扫描：扫描用户指定的目录。

- 右键扫描：集成到右键菜单中，当用户在文件或文件夹上单击鼠标右键时，可以选择“使用360杀毒扫描”对选中文件或文件夹进行查杀病毒。

在杀毒菜单中选择“快速扫描”就可以开始杀毒，如图2-86所示。

图2-86　360杀毒程序的快速扫描界面

2.5.4　获取帮助

实例2.40　浏览帮助系统，查询“安装扫描仪”的帮助内容

情境描述

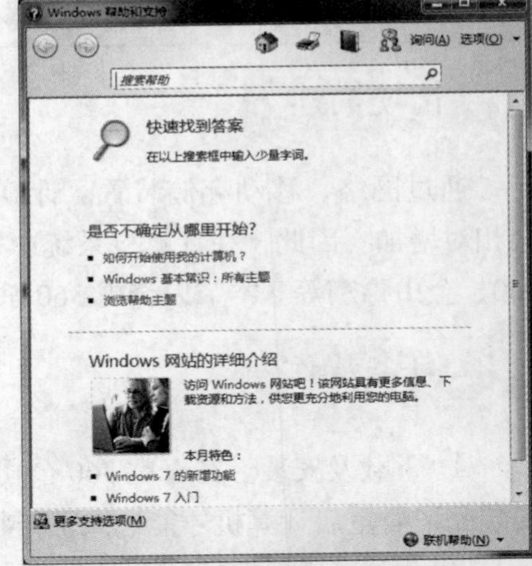

图2-87　“帮助和支持中心”对话框

Windows 7操作系统的功能很多，很难全部记住，因此，Windows 7操作系统提供了联机帮助功能，用户在操作上有什么问题，可以及时查询。完整的帮助系统可以从“开始”菜单中获得。

任务操作

① 启动帮助系统：在“开始”菜单右侧，选择“帮助和支持”选项，进入“帮助和支持中心”对话框。如图2-87所示。

② 在“帮助和支持中心”对话框单击“浏览帮助”按钮，显示帮助主题界面。

③ 单击“硬件、设备和驱动程序”帮助主题，进入下一级帮助主题。

④ 单击“扫描仪和扫描”帮助主题，进入下一级帮助主题。

⑤ 单击“安装扫描仪”帮助主题，显示相关的帮助信息。

实例2.41　使用“搜索”查找“打印机”的帮助信息

任务操作

在“帮助和支持中心”对话框的“搜索帮助”文本框输入“打印机”，然后单击按钮，将

显示搜索结果，如图 2-88 所示。

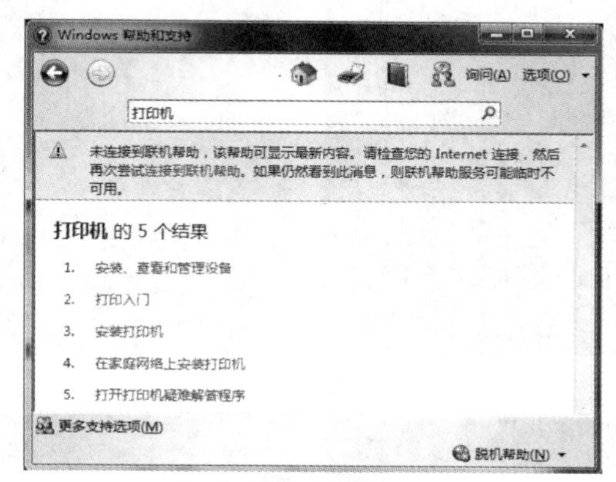

图 2-88 “搜索帮助”的使用

动手做

搜一搜：如何安装麦克风和扬声器？

2.5.5 安装 Windows 7 操作系统

实例 2.42 安装 Windows 7 系统

情境描述

Windows 7 有两种安装模式：自定义安装和升级安装。自定义安装是指在某个硬盘分区安装 Windows 7 的整个版本。升级安装是在原有 Windows 所在的硬盘分区上安装 Windows 7，并保留有关的 Windows 设置。

任务操作

① 准备工作：准备好 Windows 7 操作系统安装光盘，并检查光驱是否支持自启动。可能的情况下，在运行安装程序前用磁盘扫描程序检查所有硬盘错误并修复。重新启动系统并把光驱设为第一启动盘，保存设置并重启。

② 将 Windows 7 操作系统安装光盘放入光驱，重新启动电脑，按任意键后进入安装界面，如图 2-89 所示。按回车键后开始安装。

③ 选择语言与键盘，单击“下一步”按钮（如果系统盘出现选择版本的选项，选择旗舰版即可）。

④ 在“许可条款”界面，勾选“我接受许可条款”，单击“下一步”按钮，如图 2-90 所示。

⑤ 选择安装类型：双击选择“自定义（高级）”，如图 2-91 所示。

⑥ 选择“安装分区”为C盘，并单击“驱动器选项（高级）”；单击“新建”按钮，在“大小”文本框输入容量（一般需要 30 ~ 40G 空间），单击“应用”按钮。如果提示保留 100M 的空间，则单击“确定”按钮即可。其他分区创建方法相同，只需分配你想要的容量大小即可。单击“下一步”按钮，如图 2-92 所示。

⑦ 开始运行安装程序，如图 2-93 所示。

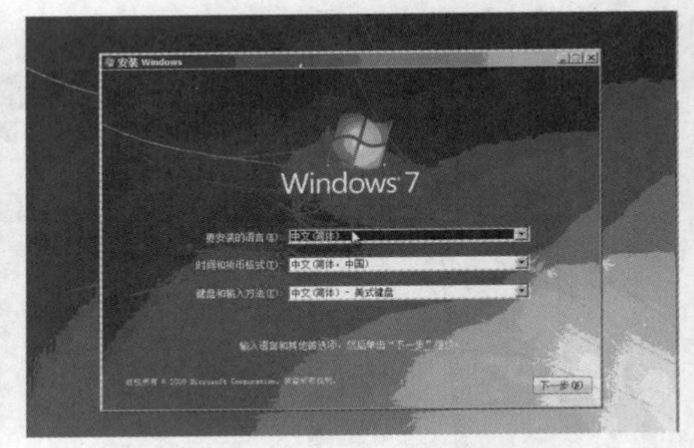

图 2-89　安装界面

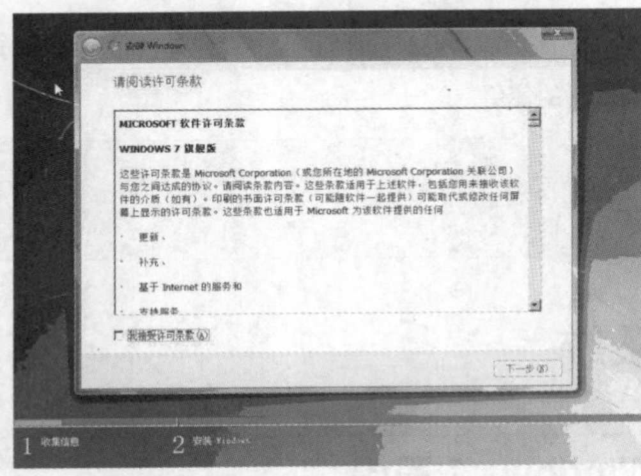

图 2-90　“许可条款”界面

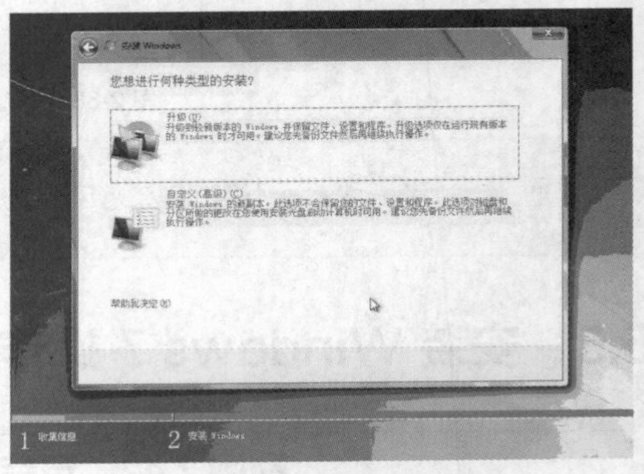

图 2-91　安装类型选择

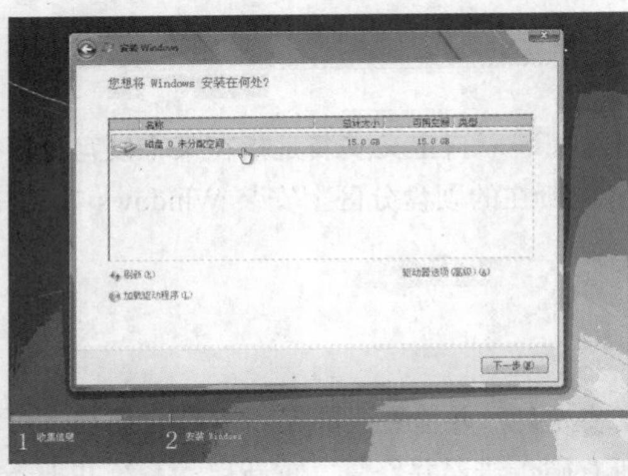

图 2-92　选择“安装分区”界面

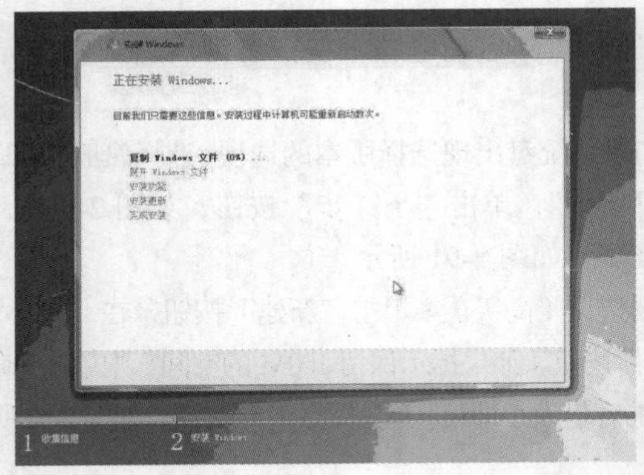

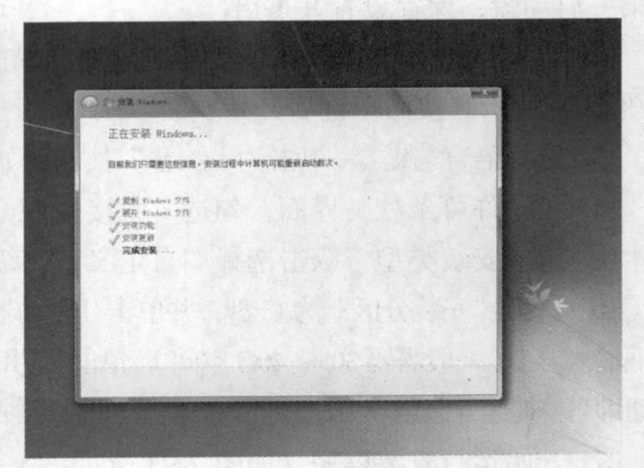

图 2-93　运行安装程序界面

操作系统重启之后，输入姓名和计算机名称（姓名是用于以后注册的用户名），单击“下一步”按钮；在“为账户设置密码”窗口，直接单击“下一步”按钮（密码暂不设置）；输入产品密钥（安装序列号），单击“下一步”按钮；开始安装，系统提示选择网络安装所用的方式，例如，选择“典型设置”，单击“下一步”按钮，如图 2-94 所示。

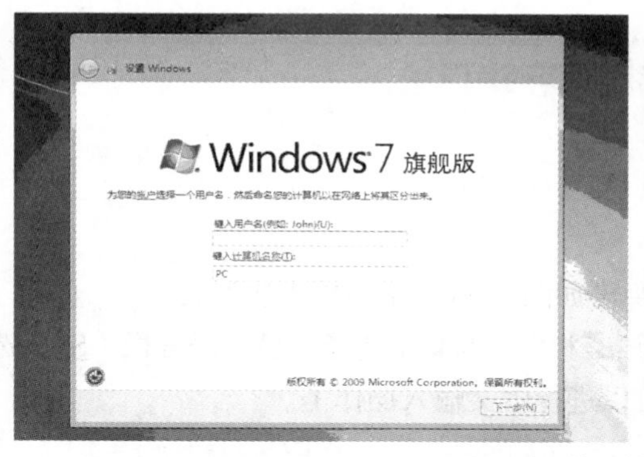

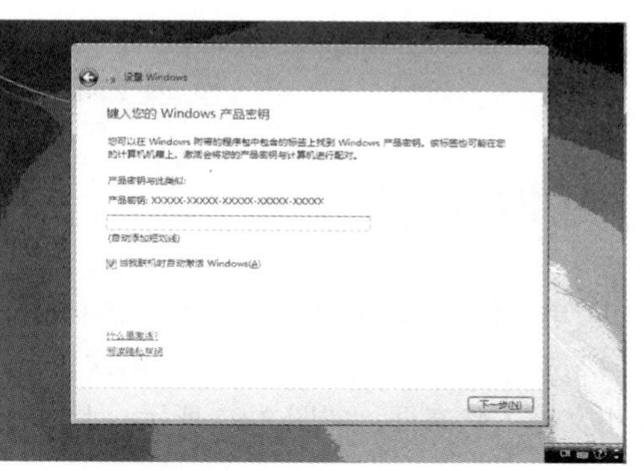

图 2-94　输入姓名与产品序列号

选择“仅安装重要更新”选项或“以后询问我”选项，单击“下一步”按钮；继续设置日期与时间、计算机当前位置等信息后，单击“下一步”按钮，系统开始设置用户信息。如图 2-95 所示。设置完毕，启动欢迎界面。

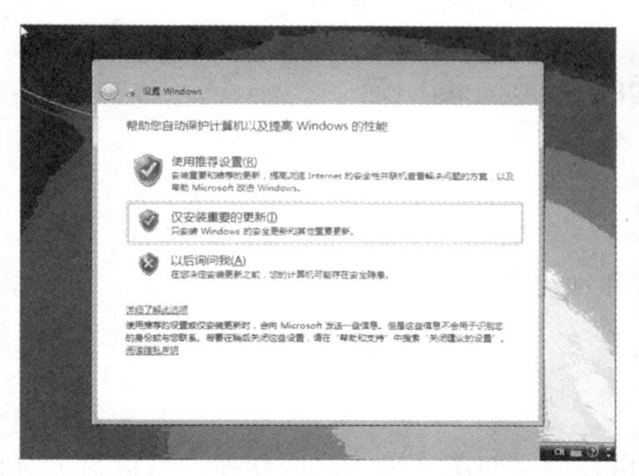

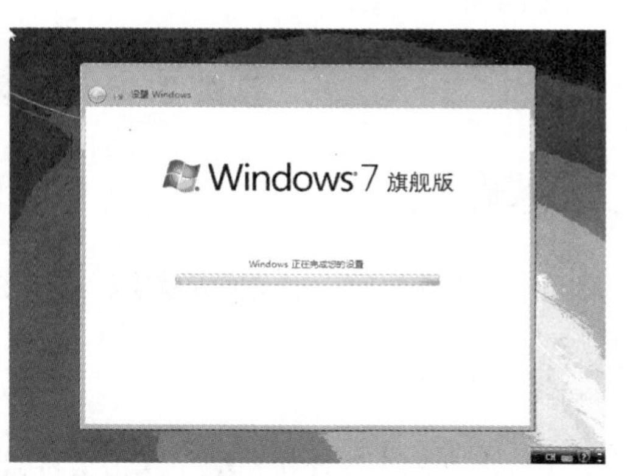

图 2-95　选择系统自动更新方式

2.6 中文输入法的使用

◎ 输入法的切换与设置
◎ 添加与设置输入法
◎ 微软拼音输入法的使用

Windows 7 中文版在系统安装时已为用户预装了微软中文输入法。用户还可以根据需要，自行安装或卸载其他输入法。

2.6.1 输入法的启动与切换

实例 2.43 启动汉字输入法

任务操作

① 单击任务栏右侧的“语言栏”图标EN，弹出如图 2-96 所示的输入法列表。

② 选择“中文（简体，中国）”，再次单击“语言栏”图标EN，选择“显示语言栏（S）”选项，弹出中文输入状态框，如图 2-97 所示。此时，可以进行中文输入操作了。

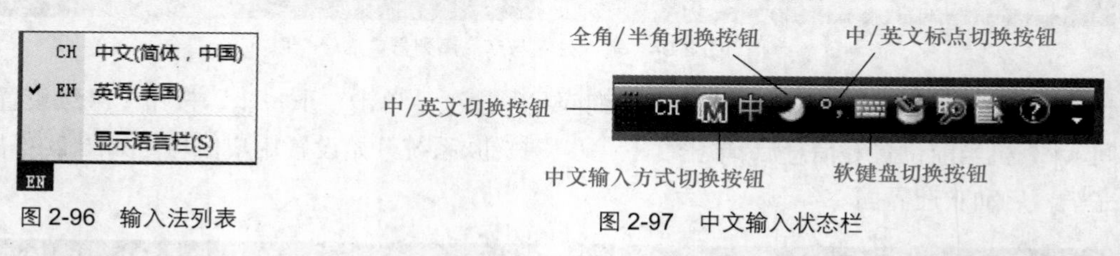

图 2-96 输入法列表　　图 2-97 中文输入状态栏

实例 2.44 切换中、英文输入法

情境描述

启动中文输入法后，中文输入状态栏提供了几种切换操作。

任务操作

① 中 / 英文输入切换按钮CH：单击该按钮可在中文与英文输入之间切换。在键盘上直接按“Ctrl + Space”组合键，同样可以切换中 / 英文输入。

② 中文输入法切换按钮M中：显示当前选用的输入法图标，单击该按钮可在中文输入法之间切换。在键盘上直接按“Ctrl + Shift”组合键，同样可以切换中文输入法。

③ 全角 / 半角字符切换按钮：所谓半角字符，是指输入的英文字符占一个字节（即半个汉字位置），半角状态呈月牙形；全角字符是指输入的英文字符占两个字节（即一个汉字位置），全角状态呈满月形。两种状态下输入的数字、英文字母、标点符号是不同的。单击该按钮可在全角 / 半角之间切换。在键盘上直接按“Shift + Space”组合键，同样可以切换全角 / 半角方式。

④ 中 / 英文标点符号切换按钮：中 / 英文标点符号的显示形式不同，例如，中文句号用“。”表示，而英文的句号用“.”表示。单击该按钮可在中 / 英文标点符号之间切换。

动手做

试试各种状态的切换。

实例 2.45　设置软键盘状态

情境描述

Windows 7 操作系统提供了 13 种软键盘布局，“软键盘”按钮是显示或隐藏当前键盘输入方式和键位表示的开关按钮。

任务操作

① 单击“软键盘”按钮，即可弹出“软键盘菜单”，如图 2-98 所示。

② 单击选择一种软键盘后，相应的软键盘将显示在屏幕上。例如，“数字序号”软键盘如图 2-99 所示。

③ 使用鼠标单击“软键盘”即可输入需要的序号；在键盘按下对应位置的按键也可完成输入。

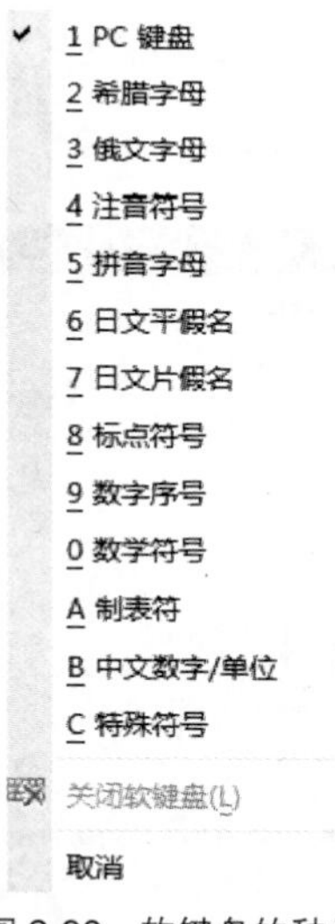

图 2-98　软键盘的种类

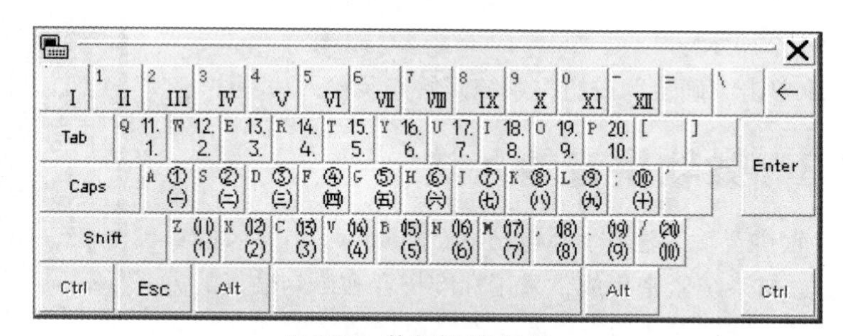

图 2-99　数字序号软键盘

2.6.2　添加输入法

实例 2.46　输入法的安装

任务操作

① 在“控制面板”，打开“时间、语言和区域”窗口，选择“更改键盘或其他输入法”选项，进入“区域和语言”对话框，如图 2-100 所示。

② 在“键盘和语言”选项卡，单击“安装 / 卸载语言”按钮，如图 2-100 所示。

③ 在“键盘和语言”选项卡，单击“更改键盘”按钮，进入“文本服务和输入语言”对话框，如图 2-101 所示。

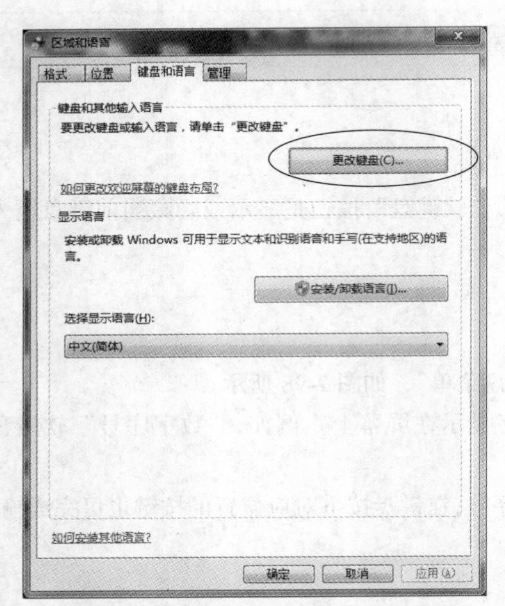

图 2-100 “区域和语言”对话框

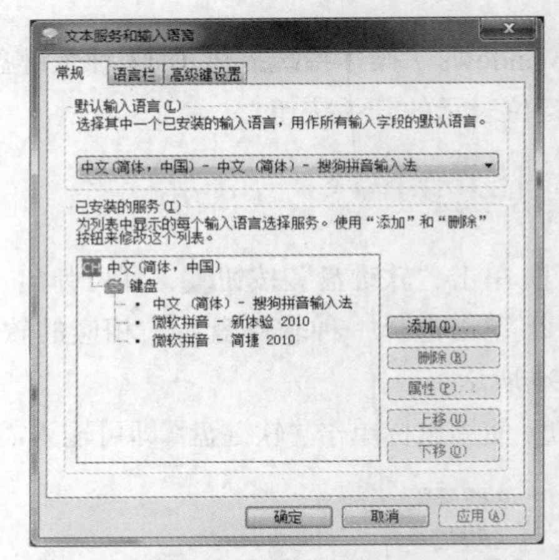

图 2-101 “文本服务和输入语言”对话框

④ 在“常规”选项卡的“已安装的服务”下，单击“添加”按钮，显示“添加输入语言”对话框，选择需要添加的语言，例如，选择“简体中文全拼”，并单击“确定”按钮返回，如图 2-102 所示。

⑤ 单击“确定”按钮，系统开始安装输入法程序。

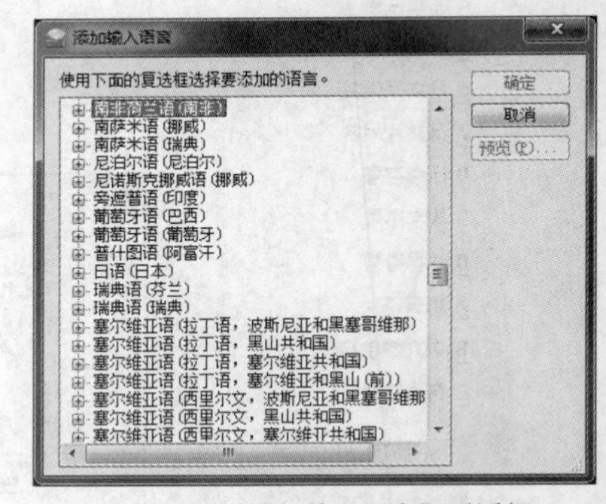

图 2-102 “添加输入语言”对话框

2.6.3 微软拼音输入法

微软拼音输入法作为 Microsoft Windows 中文版的最新成员，与系统紧密集成，采用标准拼音和语句输入的方式，提高了准确率和运行效率，性能更稳定。

实例 2.47 拼音编码与词语选择框的使用

情境描述

通过输入汉字“计算机”，了解词语选择框的使用。词语选择框用于显示输入拼音编码后可能出现的所有字或词语。

任务操作

① 输入拼音编码。输入汉字“计算机”对应的拼音编码“jsj”，如图 2-103 所示。

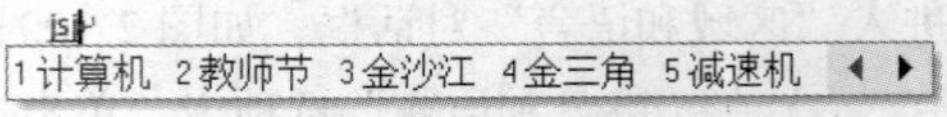

jsj
1计算机 2教师节 3金沙江 4金三角 5减速机

图 2-103 词语选择框

② 词语选择。拼音编码“jsj”可能表示的词语显示在“词语选择框”中。按下对应的数字键可选中相应的汉字或词语，按空格键（或回车键）确认。例如，按下“1”键（或按下默认键——空格键），再按空格键，“计算机”输入完毕。

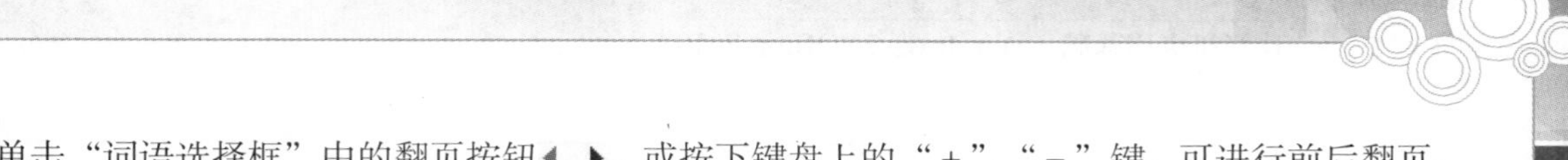

单击“词语选择框”中的翻页按钮◀ ▶，或按下键盘上的“+”、“-”键，可进行前后翻页。

③ 在微软拼音输入法中，拼音“ü”对应的按键是“V”键。例如，“女”字的拼音编码是“nv”。

④ 当某些声母的音节可能出现“二义”性时，可用隔音符号“'”进行隔音。例如，“西安”的拼音编码“xian”，可输入为“xi'an”。

实例 2.48　一般汉字的输入方法

任务操作

① 单个汉字的输入。

单个汉字一般使用全拼输入，依照全拼输入法则，输入一个汉字的拼音编码后，词语选择框将显示 9 个带序号的汉字，键入所需汉字的序号或用鼠标单击词语选择框中的所需汉字，再按空格键，该汉字即被输入。

例如，输入“北”字：键入拼音编码“bei”，选择数字“2”，再按空格键，“北”字输入完毕。如图 2-104 所示。

bei
1 被 2 北 3 杯 4 倍 5 贝 6 背 7 备 8 碑 9 悲 ◀ ▶

图 2-104　输入汉字“北”

② 词组的输入。

微软拼音输入法带有大量的词组，使用词组输入将大大提高输入速度。使用全拼、简拼和混拼都可以输入词组。

例如，使用全拼、简拼和混拼输入词组“北京”：键入拼音编码“beijing”或“bj”、“beij”、“bjing”，弹出词语选择框，键入对应数字键，再按空格键，“北京”输入完毕。

一、填空题

1. 当选定文件或文件夹后，欲改变其属性设置，可以用鼠标 ________ 该文件或文件夹，然后在弹出的快捷菜单中选择“属性”选项。

2. 在 Windows 7 操作系统中，被删除的文件或文件夹将存放在 ________。

3. 在 Windows 7 操作系统的“资源管理器”窗口，若想改变文件或文件夹的显示方式，应选择 ________。

4. 在 Windows 7 操作系统中，管理文件或文件夹可使用 ________。

5. 格式化磁盘时，可以在 ________ 中通过右击快捷菜单，选择“格式化”选项进行。

6. 启动资源管理器的方法是用鼠标右击 ________ 菜单，选择“资源管理器”选项。

7. 在资源管理器左窗口显示的文件夹中，文件夹图标前有 ________ 标记时，表示该文件夹有子文件夹，单击该标记可进一步展开。文件夹图标前有 ________ 标记时，表示该文件夹已经展开，如果单击该图标，则系统将折叠该层的文件夹分支。文件夹图标前不含 ________ 时，表示该文件夹没有子文件夹。

8. 选择连续多个文件时，先单击要选择的第一个文件名，然后在键盘上按住 ________ 键，移动鼠标单击要选择的最后一个文件名，则一组连续文件被选定。

9. 间隔选择多个文件时，应按住 ________ 键不放，然后单击每个要选择的文件名。

10. 在 Windows 7 操作系统中，“还原”应用程序窗口的含义是 ________。

11. 在 Windows 7 操作系统中，应用程序窗口最小化时，将窗口缩小为一个 ________。

12. 通过 ________，可恢复被误删除的文件或文件夹。

13. 在 Windows 7 操作系统中，可以用“回收站”的 ________ 将不用的文件或文件夹物理删除。

14. 在 Windows 7 操作系统的桌面上，用鼠标右击某图标，在快捷菜单中选择 ________ 选项即可删除该图标。

15. 要安装某个中文输入法，应首先启动控制面板，选择其中的 ________ 选项，然后选择 ________ 选项。

16. Windows 7 操作系统提供的系统设置工具，都可以在 ________ 中找到。

17. 在 Windows 7 操作系统中，输入中文文档时，为了输入一些特殊符号，可以使用系统提供的 ________。

18. 用户可以在 Windows 7 操作系统环境下，使用 ________ 键来启动或关闭中文输入法，还可以使用 ________ 键在英文及各种中文输入法之间进行切换。

19. 在卸载不使用的应用程序时，直接删除该应用程序所在的文件夹是不正确的操作，应该使用 ________ 完整卸载。

20. 要将整个桌面的内容存入剪贴板，可在键盘上按 ________ 键。

21. 要将当前窗口的内容存入剪贴板，可在键盘上按 ________ 键。

22. 对于剪贴板中的内容，可以利用工具栏的 ________ 按钮，将其粘贴到某个文件中。

23. 删除记事本中的选中内容，可以利用右键快捷菜单中 ________ 选项。

24. 启动“画图”程序，应从 ________ 菜单、________ 选项、________ 中进行。

25. 在“画图”程序的窗口中，画出一个正方形，应选择 ________ 按钮，并按住 ________ 键。

二、选择题

1. 当已选定文件后，下列操作中不能删除该文件的是 ________。

（A）在键盘上按 <Del> 键

（B）用鼠标右击该文件，打开快捷菜单，然后选择“删除”命令

（C）在文件菜单中选择“删除”命令

（D）用鼠标双击该文件

2. 在 Windows 7 操作系统中，能更改文件名的操作是 ________。

（A）用鼠标右击文件名，然后选择“重命名”选项，键入新的文件名后按回车键

（B）用鼠标单击文件名，然后选择“重命名”选项，键入新的文件名后按回车键

（C）用鼠标右键双击文件名，然后选择“重命名”选项，键入新的文件名后按回车键

（D）用鼠标左键双击文件名，然后选择“重命名”选项，键入新的文件名后按回车键

3. Windows 7 操作系统中，不能打开“网络”的操作是 ________。

（A）在“资源管理器”中选取“网络”

（B）用鼠标左键双击桌面上的“网络”图标

（C）先用鼠标右击“网络”图标，然后在弹出的快捷菜单中选择“打开”

（D）先用鼠标左键单击“开始”图标，然后在系统菜单中选择“网络”

4. 下列操作中，不能搜索文件或文件夹的操作是 ________。

（A）用“开始”菜单中的“搜索”命令

（B）用鼠标右击"计算机"图标，在弹出的菜单中，选择"搜索"

（C）用鼠标右击"开始"按钮，在弹出的菜单中，选择"搜索"命令

（D）在"资源管理器"窗口中，选择"查看"菜单

5. "计算机"图标始终出现在桌面上，属于"计算机"的内容有 ________。

（A）驱动器　（B）我的文档　（C）控制面板　（D）打印机

6. 资源管理器窗口分为两个小窗口，左边的小窗口称为 ________。

（A）导航窗口　（B）资源窗口　（C）文件窗口　（D）计算机窗口

7. 资源管理器窗口分为两个小窗口，右边的小窗口称为 ________。

（A）导航窗口　（B）内容窗口　（C）详细窗口　（D）资源窗口

8. 为了在资源管理器快速浏览 .EXE 类文件，最快速的显示方式是 ________。

（A）按名称　（B）按类型　（C）按大小　（D）按日期

9. 在 Windows 7 操作系统中，按住鼠标左键，在同一驱动器的不同文件夹之间拖动某一对象，完成的操作是 ________。

（A）移动该对象　（B）复制该对象　（C）无任何结果　（D）删除该对象

10. 在 Windows 7 操作系统中，同时按下"Ctrl"键和鼠标左键，在同一驱动器的不同文件夹之间拖动某一对象，完成的操作是 ________。

（A）移动该对象　（B）无任何结果　（C）复制该对象　（D）删除该对象

11. 在 Windows 7 操作系统中，按下鼠标左键，在不同驱动器的不同文件夹之间拖动某一对象，完成的操作是 ________。

（A）移动该对象　（B）复制该对象　（C）无任何结果　（D）删除该对象

12. 在 Windows 7 操作系统中，一个文件的属性包括 ________。

（A）只读、存档　（B）只读、隐藏

（C）只读、隐藏、系统　（D）只读、隐藏、系统、存档

13. 在 Windows 7 操作系统中，为了防止他人无意的修改某一文件，应将该文件设置为 ________ 属性。

（A）只读　（B）隐藏　（C）存档　（D）系统

14. 当一个应用程序窗口最小化后，该应用程序将 ________。

（A）被终止执行　（B）继续在前台执行

（C）被暂停执行　（D）转入后台执行

15. 在 Windows 7 操作系统中，"回收站"是 ________。

（A）硬盘上的一块区域　（B）软盘上的一块区域

（C）内存的一块区域　（D）高速缓存中的一块区域

16. 在 Windows 7 操作系统中，如果要改变显示器的分辨率，应使用 ________。

（A）资源管理器　（B）控制面板　（C）附件　（D）库

17. 关于回收站，叙述正确的是 ________。

（A）暂存所有被删除的对象

（B）回收站的内容不可以恢复

（C）清空回收站后，仍可用命令方式恢复被删除的对象

（D）回收站的内容不占用硬盘存储空间

18. 关于快捷方式，叙述不正确的为 ________。

（A）快捷方式是指向一个程序或文档的指针　（B）快捷方式是该对象的本身

（C）快捷方式包含了指向对象的信息　（D）快捷方式可以删除、复制和移动

19. 要想在任务栏上激活某一窗口，应 ________。

（A）双击该窗口对应的任务按钮

（B）右键单击任务按钮，从弹出菜单选择还原命令

（C）单击该窗口对应的任务按钮

（D）右键单击任务按钮，从弹出菜单中选择最大化命令

20. 在“任务栏属性”对话框的“任务栏选项”中，选择“自动隐藏”复选框，任务栏将 ________。

（A）消失　（B）变成一根细线留在屏幕边缘

（C）不能用　（D）显示在屏幕的顶部

21. 在桌面上创建一个文件夹，有如下步骤：ⓐ在桌面空白处右击；ⓑ输入新名字；ⓒ选择新建文件夹选项；ⓓ按 Enter 键。正确操作的步骤为 ________。

（A）abc　（B）dcd　（C）abcd　（D）acbd

22. 修改桌面上某个文件夹的名字，有如下步骤：ⓐ选中该文件夹；ⓑ单击名字框；ⓒ输入新名字；ⓓ按 Enter 键；ⓔ双击名字框。正确操作的步骤为 ________。

（A）ecd　（B）abcd　（C）bcd　（D）ebcd

23. 下列操作中，能在各种中文输入法之间切换的组合键是 ________。

（A）<Ctrl>+<Shift>　（B）<Ctrl>+ 空格键

（C）用 <Alt>+F 功能键　（D）<Shift>+ 空格键

24. 控制面板是用来改变 ________ 的应用程序，通过它可以调整各种硬件和软件的选项设置。

（A）分组窗口　（B）文件　（C）程序　（D）系统配置

25. 在输入中文时，下列操作中不能进行中英文切换的操作是 ________。

（A）用鼠标左键单击中英文切换按钮　（B）用 <Ctrl>+ 空格键

（C）用语言指示器菜单　（D）用 <Shift>+ 空格键

26. 下列操作中，不能在各种中文输入法之间切换的是 ________。

（A）用 <Ctrl>+<Shift> 键　（B）用鼠标左键单击输入方式切换按钮

（C）用 <Shift>+ 空格键　（D）<Ctrl>+ 空格键

27. 选用中文输入法后，可以实现全角和半角切换的组合键是 ________。

（A）按 <CapsLock> 键　（B）按 <Ctrl>+ 圆点键

（C）按 <Shift>+ 空格键　（D）按 <Ctrl>+ 空格键

28. 当一个文档窗口被关闭后，该文档将 ________。

（A）保存在外存中

（B）保存在内存中

（C）保存在剪贴簿中

(D)既保存在外存中也保存在内存中

29. 在某个文档窗口中已进行了多次剪切操作，关闭该文档窗口后，剪贴簿中的内容为 ________。

(A)第一次剪切的内容　　(B)最后一次剪切的内容

(C)所有剪切的内容　　(D)空白

30. 在 Windows 7 操作系统中，剪贴簿是 ________。

(A)硬盘上的一块区域　　(B)软盘上的一块区域

(C)内存的一块区域　　(D)高速缓存中的一块区域

三、上机题

1. 文件夹与文件操作。

(1)启动资源管理器。

(2)在 C 盘根目录下建立 WORDEN 文件夹。

(3)在 WORDEN 文件夹下建立 WIN 文件夹。

(4)复制一些文件到 WIN 文件夹。

(5)将 WIN 文件夹移动到 C 盘根目录下。

(6)设置 WORDEN 文件夹为隐藏属性。

(7)在 WIN 文件夹下建立 SIN 文件夹。

(8)查找 WINWORD.EXE 文件。

(9)将 WINWORD.EXE 文件复制到 SIN 文件夹。

(10)将 WORDEN 文件夹删除。

(11)将 SIN 文件夹改名为 COS。

2. 将一个移动装置插入计算机，对其进行格式化。

3. 查看 C 磁盘的属性，确定其还剩多少存储空间。

4. 隐藏任务栏。

5. 将回收站的大小改为约占硬盘存储空间的 15%。

6. 添加“双拼”输入法。

7. 关闭“任务栏”上的“语言指示器”。

8. 安装一种打印机，型号自选。

9. 查看 2004 年 1 月 1 日是星期几。

10. 查看本系统共安装了多少应用程序。

11. 通过“帮助和支持”，找到“安装打印机”的帮助信息。

12. 通过“帮助和支持”，“搜索”“安装扫描仪”的帮助信息。

13. 进入“资源管理器”，找到有关“移动文件或文件夹”的帮助信息。

14. 将当前“画图”窗口中的内容以 ABC 为名保存在 C 盘的根目录下。

15. 启动“记事本”程序，练习输入中文。

第3章

因特网（Internet）应用

当今社会，因特网已经融入到了人们日常工作和学习的各个方面，网络正在改变着人们的生活理念和生活方式。因特网已迅速成为人类最普通的通信媒介，掌握网络应用已经成为现代人必备技能之一。

3.1 因特网的基本概念和功能

◎ 了解因特网的基本概念及提供的服务

◎ 了解TCP/IP在网络中的作用*

◎ 配置TCP/IP的参数*

3.1.1 因特网概念及服务

因特网（Internet）是世界上最大的互 连网络，为人们的生活、工作提供了众多服务。

1. Internet 概念

Internet 是一个全球性的计算机网络，它是由世界上数以万计的局域网、城域网及广域网互连而组成的一个巨型网络。它是一个跨越国界、覆盖全球的庞大网络。

Internet发展简介

1969 年，在美国诞生第一个 Internet 的雏形 ARPAnet。

1983 年，研制成功“异构网络通信协议——TCP/IP”，美国加利福尼亚伯克莱分校把该协议作为其 BSD UNIX 的一部分，使该协议得以在社会上流行。

1986 年，美国国家科学基金会（NSF）以 5 个为科研教育服务的超级计算机中心为基础，建立了 NSFnet，这就是最早的 Internet。现在，NSFnet 已成为 Internet 的骨干网之一。

1990 年，由日内瓦欧洲粒子物理研究室（CERN）成功开发 WWW，为 Internet 实现广域超媒体信息索取和检索奠定了基础。

2. Internet 的常用术语

（1）网站与网页。通常，人们将提供信息服务的 WWW 服务器称为 WWW（或 Web）网站。WWW 上的各个超文本文件就称为网页（Page），一个 WWW 服务器上诸多网页中作为网站起始页的一个网页称为主页（Home Page）。主页是服务器上的默认网页，是浏览该服务器时默认打开的网页。

（2）URL。统一资源定位符（Uniform Resource Locators，URL），用于在 Internet 中按统一方式指明和定位一个 WWW 信息资源的地址，即 WWW 是按每个资源文件的 URL 来检索和定位的，URL 即通常所说的“网址”。

（3）HTML。网页是采用超文本标识语言（Hyper Text Mark-up Language，HTML）来创建的。HTML 对网页的内容、格式及链接进行描述，HTML 文档本身是文本格式的，用任何一种文本编辑器都可以对它进行编辑。

（4）超链接和超文本。在一个网页中，作为“连接点”的词或短语通常被特殊显示为其他颜色并加下画线，称为超链接（Hyper Link）。当鼠标指向超链接时，形状会变成小手状，这就是超链接的典型特征。超文本是一种描述信息的方法，文本中的某些字、符号或短语可以起着“链接”的作用，即用鼠标点击后，立即跳转到与当前正在阅读的文档相关的新地方或另一个文档上。用户在阅读超文本时，不是按照从头到尾顺章逐节的传统方式去获取信息，而是可以在文档中随机地阅读。

（5）HTTP。超文本传输协议（Hyper Text Transfer Protocol，HTTP）是浏览器与 WWW 服务器之间进行通信的协议。

（6）Internet 协议。网络通信离不开协议，即通信各方必须共同遵守的规则和约定。目前，TCP/IP 是 Internet 的基础和核心。Internet 依靠 TCP/IP 实现各种网络的互连。该协议主要包括两部分：传输控制协议（TCP）和网际协议（IP）。利用 TCP/IP 可以保证数据安全、可靠地传送到目的地。

（7）域名。用抽象数字表示的 IP 地址不便于记忆。为了提供直观明了的主机标识符，TCP/IP 专门设计了一种字符型的主机命名机制，也就是给每个主机一个有规律的名字，这种主机名相对于 IP 地址来说是一种更为高级的地址形式，这就是域名系统（Doman Name System，DNS）。

3. Internet 提供的服务

Internet 目前提供的服务主要包括信息浏览、电子邮件、文件传输、远程登录、电子公告牌等。

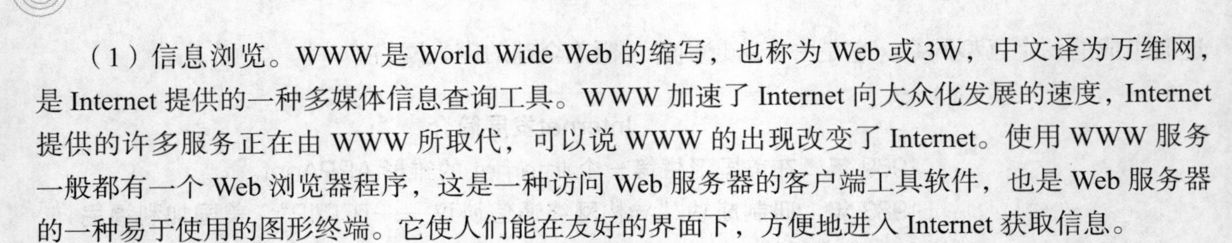

（1）信息浏览。WWW 是 World Wide Web 的缩写，也称为 Web 或 3W，中文译为万维网，是 Internet 提供的一种多媒体信息查询工具。WWW 加速了 Internet 向大众化发展的速度，Internet 提供的许多服务正在由 WWW 所取代，可以说 WWW 的出现改变了 Internet。使用 WWW 服务一般都有一个 Web 浏览器程序，这是一种访问 Web 服务器的客户端工具软件，也是 Web 服务器的一种易于使用的图形终端。它使人们能在友好的界面下，方便地进入 Internet 获取信息。

（2）电子邮件。作为网络所提供的最基本的功能，电子邮件（E-mail）一直是 Internet 上用户最多、应用最广泛的服务。电子邮件快捷方便，具有很高的可靠性和安全性。

（3）文件传输。文件传输是信息共享的内容。Internet 是一个非常复杂的环境，有 PC、工作站、小型机、大型机等各种类型的计算机，这些计算机可能运行不同的操作系统，各种系统的文件结构各不相同。要解决异型机之间和异类操作系统之间的文件交流问题，需要建立一个统一的文件传输协议（File Transfer Protocol，FTP），用于管理计算机之间的文件传输。FTP 通常指文件传输服务。

（4）远程登录。Internet 用户进行远程登录是一个在网络通信协议 Telnet 的支持下使自己的计算机暂时成为远程计算机终端的过程。一旦登录成功，用户使用的计算机就像一台与对方计算机直接连接的本地计算机终端那样进行工作，用户可以实时地使用远程计算机对外开放的相应资源。

（5）电子公告牌。电子公告牌（BBS）是较早用于 Internet 的一种方式。它以终端形式与大型主机相连，然后进行信息的发布和讨论。

另外，还可以在 Internet 上召开网络会议，拨打网络电话，从事电子商务活动通信联络等。

3.1.2 TCP/IP*

1. TCP/IP 的作用

TCP/IP 是 Internet 的基本协议，它是“传输控制协议 / 网际协议”的简称。作为 Internet 的核心协议，TCP/IP 定义了网络通信的过程。更为重要的是，它定义了数据单元所采用的格式及它所包含的信息。TCP/IP 及相关协议形成了一套完整的系统，详细地定义了如何在支持 TCP/IP 的网络上处理、发送和接收数据。至于网络通信的具体实现，由 TCP/IP 软件完成。

2. TCP/IP 模型简介

TCP/IP 参考模型如图 3-1 所示。

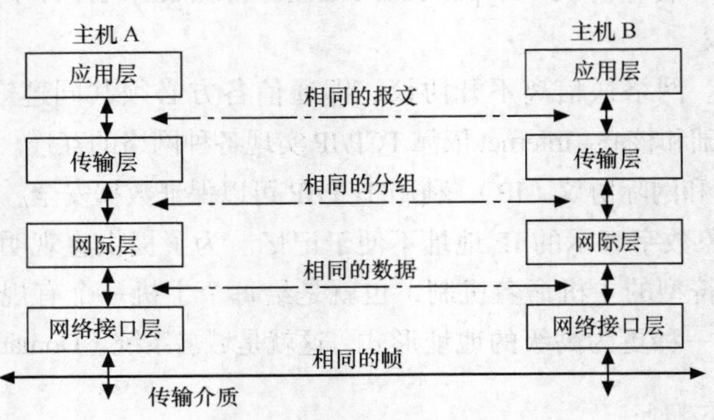

图 3-1　TCP/IP 参考模型

TCP/IP 规定在 Internet 上互相通信联络的计算机之间或用户之间应该遵循的信息表示规则，

大家共同遵守以便相互之间能够获得与理解对方的信息。

阅读资料

计算机网络信息安全简介

计算机网络广泛应用于政治、军事、经济和科学技术各个领域，但信息在存储和传输过程中可能被窃听、暴露或篡改，系统和应用软件也可能遭受黑客恶意攻击而使网络瘫痪。因此，保证计算机网络信息安全很重要。

计算机网络信息安全主要包括如下内容：

（1）为了保护网络信息和程序等资源，使其不被非法用户使用，或被合法用户越权修改与占用，采用访问控制技术。

（2）为维护用户的自身利益对某些资源或信息进行加密的密码技术。

（3）为了保护网络数据和程序等资源不受到有意或无意地破坏，防止数据意外丢失，所采取的数据保护（包括备份、容错技术）和数据恢复技术。

培养良好的上网习惯：

（1）安装杀毒软件，并定期进行病毒库升级和系统病毒查杀；

（2）及时安装系统漏洞补丁；

（3）最好下网关机，尽量少使用 BT 下载，同时下载项目不要太多；

（4）不要频繁下载安装免费的新软件；

（5）玩游戏时，不要使用外挂；

（6）不要使用黑客软件；

（7）一旦出现了网络故障，首先从自身查起，扫描本机；

（8）一定要经常对重要数据进行备份；

（9）浏览网页时，来历不明的连接不要随意点击；来历不明的邮件不要轻易接收。

3.1.3 配置 TCP/IP 参数 *

了解了 TCP/IP 的作用，大家应该清楚，计算机访问 Internet 必须正确配置 TCP/IP 的相关参数。

实例 3.1 配置 TCP/IP 参数

情境描述

单位新买一台计算机，操作系统已经安装，技术人员要对计算机进行相关的配置，使之能访问 Internet（假设单位的路由器和交换机都已经配置好，所有线缆已经连接好）。配置内容如下。

IP 地址为 192.168.1.68，子网掩码为 255.255.255.0，默认网关为 192.168.1.1，首选 DNS 服务器为 202.96.64.68，备用 DNS 服务器为 202.96.69.38。

任务操作

① 用鼠标右击桌面上的“网上邻居”图标，在快捷菜单中选择“属性”命令，弹出“网络连接”窗口，如图 3-2 所示。然后用鼠标右键单击“本地连接”图标，在快捷菜单中选择“属性”命令，弹出“本地连接 属性”对话框，如图 3-3 所示。

② 选择“Internet 协议（TCP/IP）”复选框，然后单击“属性”按钮，在弹出的“Internet 协议（TCP/IP）属性”对话框中填写相应信息，单击“确定”按钮，如图 3-4 所示。

图 3-2 “网络连接”窗口

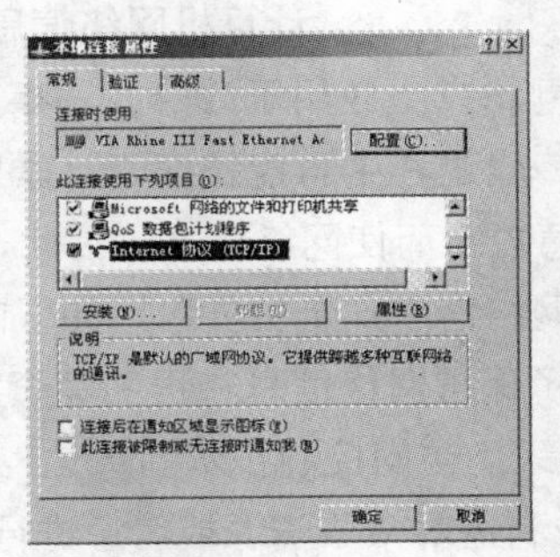

图 3-3 “本地连接 属性”对话框

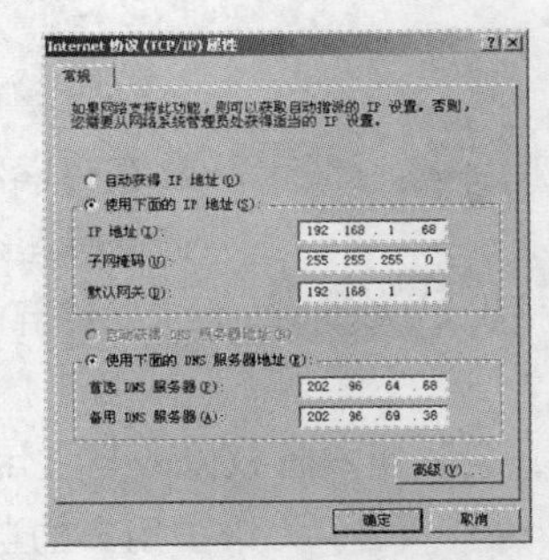

图 3-4 “Internet 协议（TCP/IP）属性”对话框

知识与技能

1. IP 地址

（1）IP 地址的概念。IP 地址是 IP 为标识网络中的主机所使用的地址，连接到采用 TCP/IP 的网络的每个设备（计算机或其他网络设备）都必须有唯一的 IP 地址，它是 32 位的无符号二进制数，IP 地址通常分为 4 段，每段用圆点隔开的十进制数字组成，每个十进制数的取值范围是 0～255。例如，网易站点的 IP 地址是 61.135.253.10。

（2）IP 地址的分类。IP 地址的 32 位二进制结构由两部分组成：网络地址和主机地址。网络地址标识计算机所在的网络区段，主机地址是计算机在网络中的标识。IP 地址分为 A ~ E 类，A 类地址最高位是 0，适用于大型网络；B 类地址最高位是 10，适用于中等网络；C 类地址最高位是 110，适用于小型网络；D 类地址最高位是 1110，E 类地址最高位是 11110。常用的 IP 地址是 A、B、C 类 IP 地址。IP 地址的分类如表 3-1 所示。

表3-1 IP地址的分类

类 别	第一字节范围	网络地址位数	主机地址位数	最大的主机数目	地址总数
A	0～127	8bit	24bit	2^{24}-2=16 777 214	16 777 216
B	128～191	16bit	16bit	2^{16}-2=65 534	65 536
C	192～223	24bit	8bit	2^{8}-2=254	256
D	224～239	多播地址			
E	240～255	目前尚未使用			

（3）IP 地址分配方式。静态地址是指计算机的 IP 地址由网络管理员事先指定好，如没有特殊情况，一直使用这个分配好的地址（参照实例 3.1）。

动态获取地址是指计算机的 IP 地址由 DHCP 服务器在地址池中随机分配一个当前空闲的地址。

提示　DHCP 是（Dynamic Host Configuration Protocol）的缩写，中文译为动态主机配置协议，它是 TCP/IP 协议簇中的一个，主要是用来给网络客户机分配动态的 IP 地址。

2. 子网掩码

子网掩码的主要作用是用来说明子网如何划分。掩码是一个 32 位二进制数字，用点分十进制数来描述。掩码包含两个域：网络域和主机域。在默认情况下，网络域地址全部为“1”，主机域地址全部为“0”，表3-2所示为各类网络与子网掩码的对应关系。

表3-2 网络和子网掩码的对应关系

网络类别	默认子网掩码
A	255.0.0.0
B	255.255.0.0
C	255.255.255.0

3. 默认网关

在网络通信过程中，当收发的数据无法找到指定的网关时，就会尝试从“默认网关”中收发数据，所以默认网关是需要设置的。默认网关的IP地址通常是具有路由功能的设备的IP地址，如路由器、代理服务器等。

4. DNS服务器

DNS服务器的主要工作就是将域名与IP进行翻译。为什么要对域名和IP进行翻译呢？原因在于具有典型特征的域名比由数字组成的IP地址便于记忆。在TCP/IP中有两个DNS服务器的IP地址，分别是“首选DNS服务器”和“备用DNS服务器”，当TCP/IP需要对一个域名进行IP地址的翻译时，会首先使用首选DNS服务器进行翻译，当首选DNS服务器失效时，为了保证用户能正常对该网站进行访问，就会立即启用备用DNS服务器进行翻译，所以如果要想正常访问网页，就必须把DNS服务器设置好。

课堂实训

将实例3.1中的IP地址的获取方式由静态获取地址改为动态获取地址，并使用命令“ipconfig/all”查看获取的IP地址是什么。

3.2 Internet的接入

◎ 了解Internet的常用接入方式及相关设备

◎ 会根据需要将计算机通过相关设备接入Internet

◎ 了解无线网络的使用方法*

3.2.1　接入 Internet

Internet 常用接入方式是 ADSL 方式和专线接入，下面具体介绍如何接入 Internet。

实例 3.2　接入 Internet

情境描述

你是一名计算机售后服务工程师，客户从你的公司新买了一台笔记本电脑，现在要接入 Internet，以便使用网络上的资源，请设计具体的接入方案。

任务分析：客户接入 Internet，可以使用拨号接入、ADSL 接入、DDN 专线接入、ISDN 专线接入、Cable Modem 接入方式、光纤接入方式、以太网接入方式等。此客户是个人用户且计算机用途是个人家庭使用，所以应选择现在流行的 ADSL 方式接入 Internet。

任务操作

① 单击任务栏“开始”按钮，选择“设置”/“控制面板”命令，在“控制面板”窗口中双击“网络连接”图标，弹出“网络连接”窗口，如图 3-5 所示。然后，双击“新建连接向导”图标，弹出“新建连接向导”对话框，如图 3-6 所示。

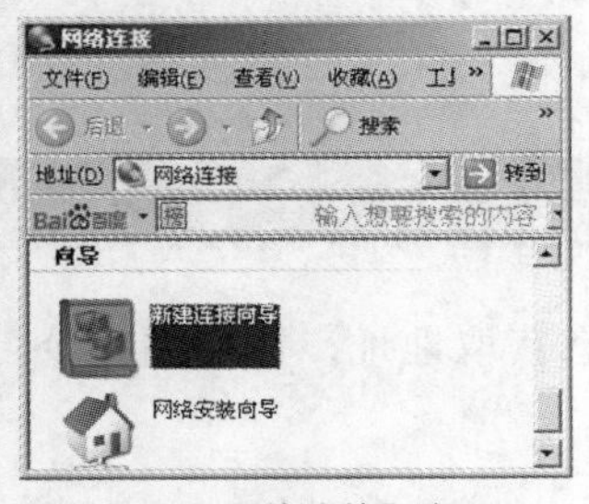

图 3-5　“网络连接”窗口

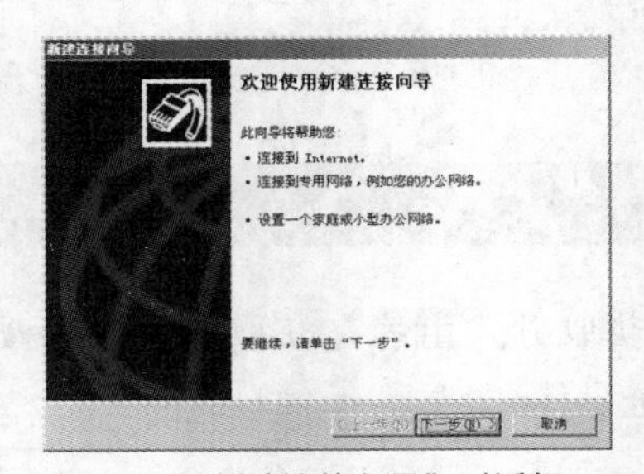

图 3-6　“新建连接向导”对话框

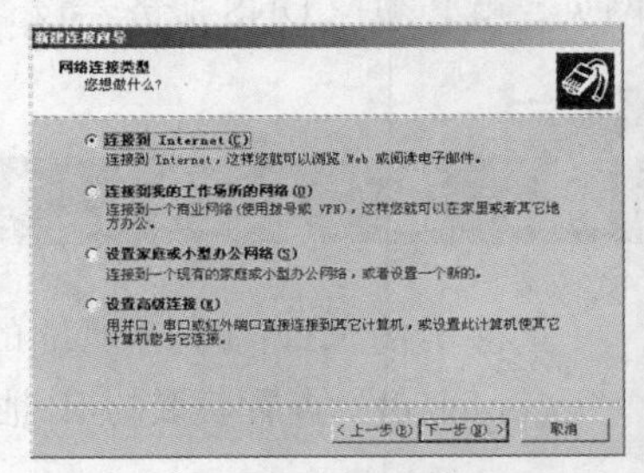

图 3-7　“网络连接类型”界面

② 单击“下一步”按钮，在“网络连接类型”界面中选择“连接到 Internet（C）”单选钮，如图 3-7 所示。然后，单击“下一步”按钮，选择“手动设置我的连接（M）”单选钮，如图 3-8 所示。

③ 单击“下一步”按钮，选择“用要求用户名和密码的宽带连接来连接（U）”单选钮，如图 3-9 所示。然后，单击“下一步”按钮，输入 ISP 名称，如输入“我的连接”，如图 3-10 所示。

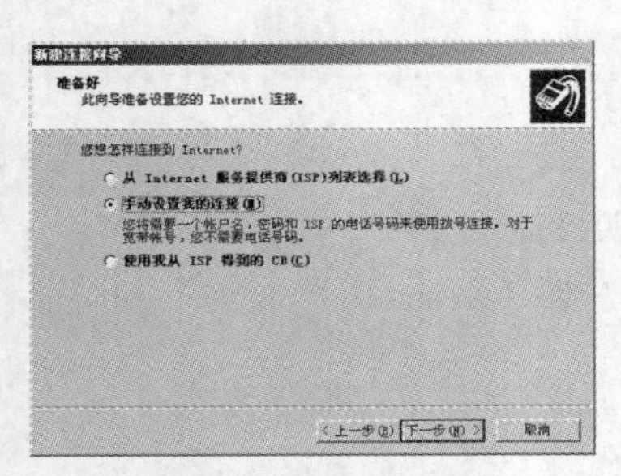

图 3-8　选择“手动设置我的连接（M）”

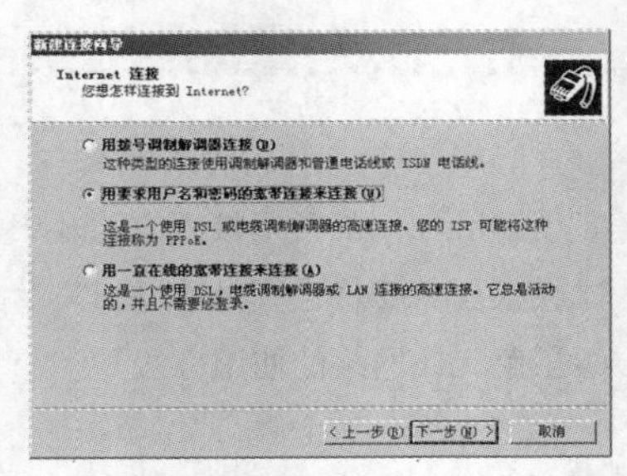

图 3-9　选择 Internet 连接方式

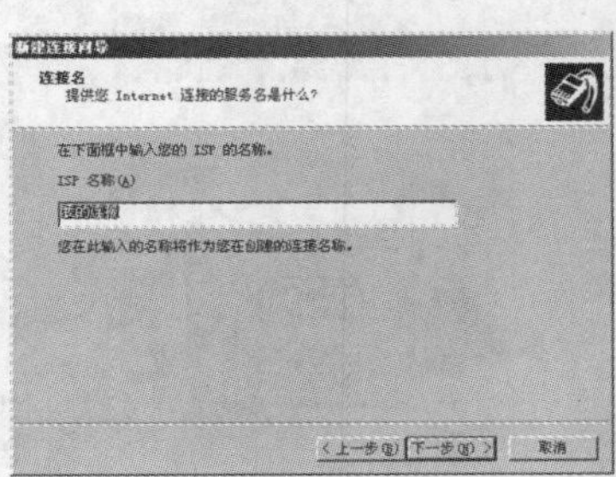

图 3-10　输入 ISP 名称

④ 单击“下一步”按钮，在“Internet 账户信息”界面中输入申请的“用户名”和“密码”，

如图 3-11 所示。最后，单击“完成”按钮。选择“在我的桌面上添加一个到此连接的快捷方式”复选框，如图 3-12 所示。

⑤ 单击桌面上的“我的连接”快捷方式，打开“连接 ADSL”对话框，输入用户名和密码，单击“连接”按钮即可上网，如图 3-13 所示。

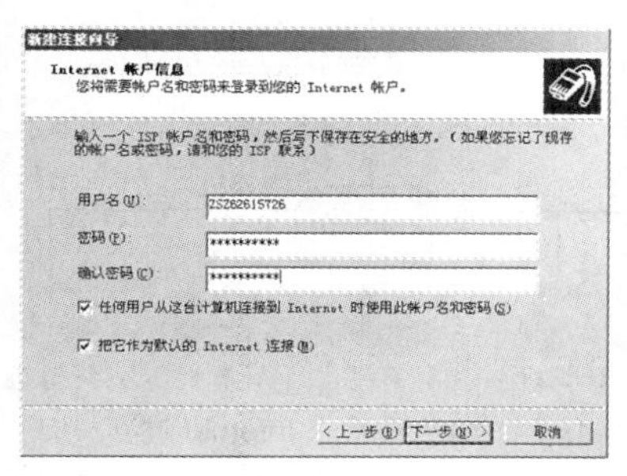

图 3-11 输入 Internet 账户信息

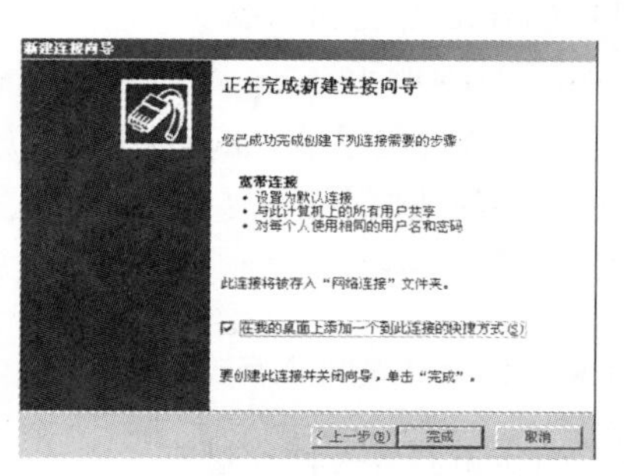

图 3-12 完成新建连接

图 3-13 “连接 ADSL”对话框

知识与技能

通过上述操作，可以完成用户接入 Internet 的需求，下面简单介绍不同接入方式。

1. ADSL 接入方式

ADSL 是英文 Asymmetric Digital Subscriber Line（非对称数字用户环路）的英文缩写，ADSL 技术是运行在原有普通电话线上的一种新的高速宽带技术，它利用现有的一对电话铜线，为用户提供上、下行非对称的传输速率（宽带）。非对称主要体现在上行速率（最高 640kbps）和下行速率（最高 8Mbps）的非对称上。上行（从用户到网络）为低速的传输，下行（从网络到用户）为高速传输。它最初主要针对视频点播业务开发的，随着技术大发展，逐步成为一种较方便的宽带接入技术，可以实现许多以前低速率下无法实现的网络应用。图 3-14 所示为 ADSL 接入 Internet 过程。

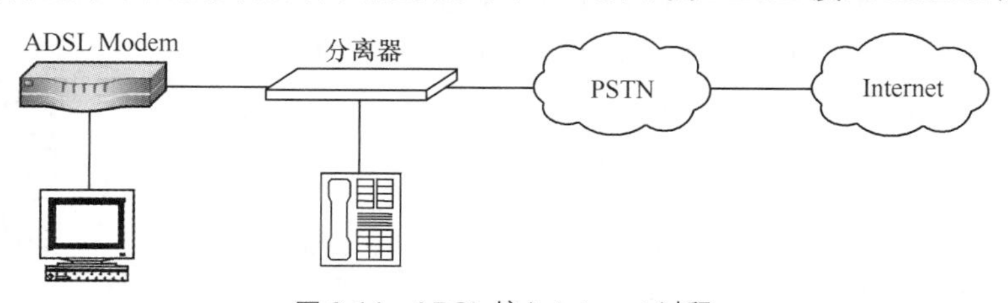

图 3-14 ADSL 接入 Internet 过程

ADSL 技术的特点：

（1）可以直接利用现有用户电话线，安装简单，节省投资；

（2）可以享受超高速的网络服务，为用户提供上、下行不对称的传输速率；

（3）节省费用，上网同时可以打电话，互不影响，而且上网时不需要另交电话费；

（4）不需另外增加线路，只需在普通电话线上加装 ADSL Modem，在电脑上安装网卡即可。

2. DDN 专线接入方式和 ISDN 专线接入方式

数字数据网（Digital Data Network，DDN）和综合业务数字网（Integrated Services Digital

Network，ISDN）都是属于专线接入当中的数字专线接入方式。

DDN 是利用数字信道传输数据信号的数据传输网，它是随着数据通信业务的发展而迅速发展起来的一种新型网络。它的传输媒介有光纤、数字微波、卫星信道以及用户端可用的普通电缆和双绞线。DDN 专线接入 Internet 过程如图 3-15 所示。

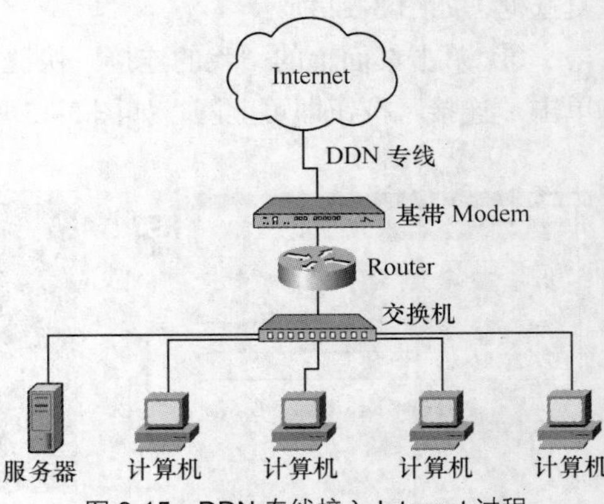

图 3-15　DDN 专线接入 Internet 过程

ISDN 基于公用电话网，利用普通电话线，实现端到端全程数字化通信，能承载多项通信业务，包括语音、数据、图像等，被形象地称为“一线通”。

3. 基于有线电视网（Cable Modem）的接入方式

电缆调制解调器（Cable Modem）是一种通过有线电视网络进行高速数据接入的装置。它一般有两个接口，一个用来接室内墙上的有线电视端口，另一个与计算机或交换机相连。图 3-16 所示为 PC 和 LAN 通过 Cable Modem 接入 Internet 过程。

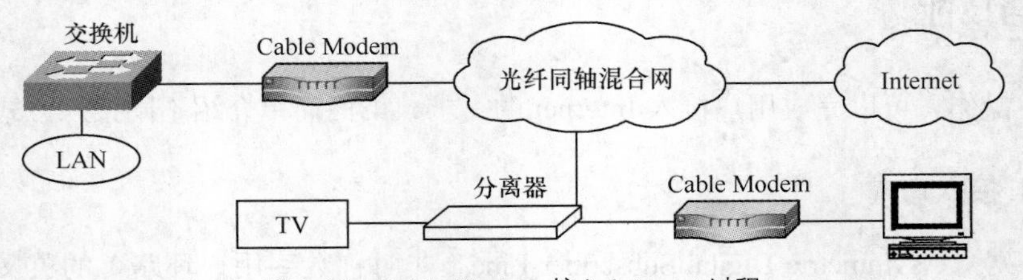

图 3-16　Cable Modem 接入 Internet 过程

4. 以太网接入技术

基于以太网技术的宽带接入网由局端网络设备和用户端网络设备组成。局端网络设备一般位于小区内，用户端网络设备一般位于居民楼内。局端网络设备提供与 IP 骨干网的接口，用户端网络设备提供与用户终端计算机相接的 10/100 BASE-T 接口。局端网络设备具有汇聚用户端网络设备网管信息的功能。以太网接入 Internet 过程如图 3-17 所示。

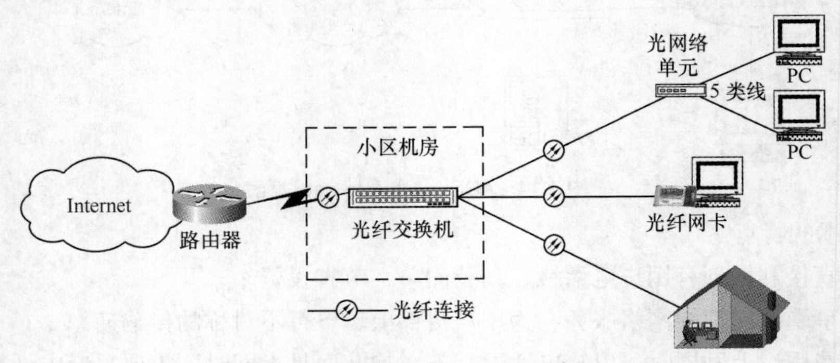

图 3-17　以太网接入 Internet 过程

5. 光纤接入技术

光纤接入技术实际就是在接入网中全部或部分采用光纤传输介质，构成光纤用户环路（或称光纤接入网，OAN），实现用户高性能宽带接入的一种方案。根据光网络单元（Optical Network

Unit，ONU）所设置的位置，光纤接入网分为光纤到户（FTTH）、光纤到路边（FTTC）、光纤到大楼（FTTB）、光纤到办公室（FHHO）、光纤到楼层（FTTF）、光纤到小区（FTTZ）等几种类型，其中 FTTH 将是未来宽带接入网的发展趋势。光纤接入方式如图 3-17 所示。

3.2.2 无线网络 *

随着笔记本电脑、智能手机、iPad、个人数字助理（PDA）等移动通信工具的普及和校园无线网络的应用，学生的无线接入应用也在不断增长。下面介绍有关无线网络和 Wi-Fi 的知识。

1. 无线网络概述

无线网络技术涵盖的范围很广，既包括允许用户建立远距离无线连接的数据网络，也包括为近距离无线连接进行优化的红外线技术及射频技术。无线技术有多种实际用途，例如：手机用户可以使用移动电话查看电子邮件；使用便携式计算机的旅客可以通过安装在机场、火车站和其他公共场所的基站（AP）连接到 Internet；在家中，用户可以连接桌面设备来同步数据和发送文件。图 3-18 所示为无线接入 Internet 过程。

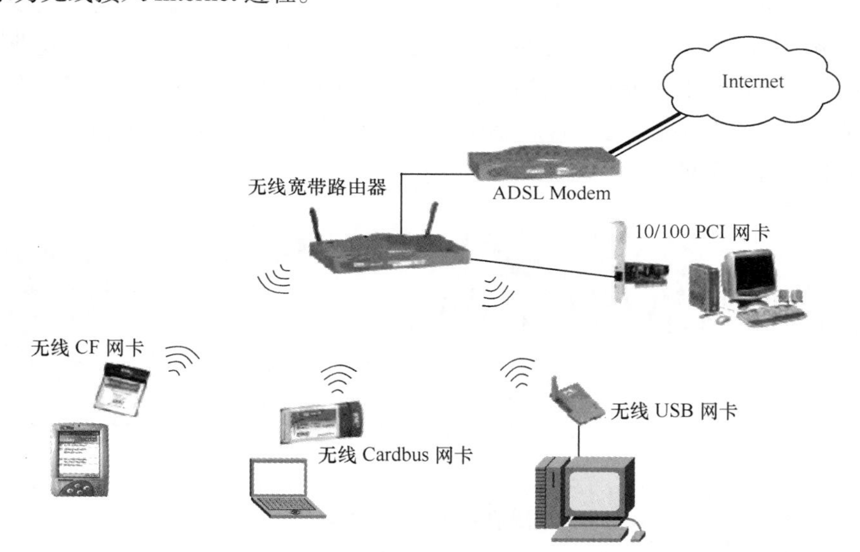

图 3-18　无线接入 Internet 过程

2. 无线网络组件

（1）工作站。工作站（Station，STA）是一个配备了无线网络设备的网络节点。具有无线网络适配器的个人计算机称为无线客户端。无线客户端是可移动的，能够直接相互通信或通过无线访问点（Access Point，AP）进行通信。

（2）无线 AP（无线访问点）。无线 AP 是在 STA 和有线网络之间充当桥梁的无线网络节点，类似于移动电话网络的基站。无线客户端通过无线 AP 同时与有线网络和其他无线客户端通信。

（3）端口。端口是一个用于建立单个无线连接的连接点，属于一个逻辑实体。典型的无线 AP 具有多个端口，能够同时支持多个无线连接。无线客户端上的端口和无线 AP 上的端口之间的逻辑连接是一个点对点桥接的局域网网段，类似于基于以太网的网络客户端连接到一个以太网交换机。

（4）无线控制器 AC。一种能够把来自不同无线 AP 的数据进行汇聚并接入 Internet，同时完成无线 AP 设备的集中配置管理，无线用户的认证、管理及宽带访问，安全控制等功能的无线网络设备。

（5）无线宽带路由器。一种集无线 AP、路由器、交换机和防火墙功能于一体的典型办公室（家庭）组建无线网络的设备。通过该设备可以方便地实现在办公室（家庭）组建有线＋无线的混合组网模式，从而实现网络资源共享和访问 Internet 的功能。

3. 无线接入技术

（1）无线接入技术概述。无线接入技术（也称空中接口）是无线通信的关键问题。它是指通过无线介质将用户终端与网络节点连接起来，以实现用户与网络间的信息传递。

无线信道传输的信号应遵循一定的协议，这些协议即构成无线接入技术的主要内容。无线接入技术与有线接入技术的一个重要区别在于可以向用户提供移动接入业务。

（2）无线接入技术分类。无线技术主要分为蜂窝技术、数字无绳技术、点对点微波技术、卫星技术、蓝牙技术等。

4. Wi-Fi 技术

Wi-Fi 全称 Wireless Fidelity，俗称无线宽带，是广泛使用的一种无线网络传输技术。实际上就是把有线网络信号转换成无线信号，供支持其技术的相关设备接收，从而达到免费访问互联网的目的。例如，校园网络中提供的无线热点，ADSL 上网方式中用到的无线宽带路由器，就可以把有线网络信号转换成 Wi-Fi 信号，带有 Wi-Fi 功能的智能手机、笔记本电脑等移动终端就可以免费、免流量的访问互联网了。

3.3 网络信息浏览

◎ 使用浏览器浏览和下载相关信息
◎ 使用搜索引擎检索信息
◎ 配置浏览器中的常用参数*

全世界有数百万台各种类型的计算机连接在 Internet 上，其中具有丰富的信息资源。本节主要说明当计算机接入 Internet 之后，如何快速有效地访问到自己所需要的信息，如何将有用的信息保存起来，如何优化上网操作等。

3.3.1 浏览网络信息和下载

访问网络上的各种资源，需要使用一些工具软件来实现，浏览器是帮助人们浏览网上信息资

源的软件，如Microsoft公司的Internet Explorer（IE）浏览器就是其中之一。

实例3.3 保存网页和网页上的图片

情境描述

你正在学习网页设计，想参照搜狐网站主页的框架设计结构来开发网站，并且要用到搜狐主页上“网络110报警服务”的图片。

任务分析：这是一个典型的浏览网页并且将网页的内容下载保存的案例。

任务操作

① 双击桌面上的Internet Explorer图标或单击“开始”按钮，选择“程序”/“Internet Explorer”命令，启动IE浏览器。

② 在IE浏览器的“地址栏”中输入http://www.sohu.com并按Enter键。显示搜狐网主页，然后选择菜单栏中的“文件”/“另存为”命令，如图3-19所示。在弹出的“保存网页”对话框中指定网页的保存位置和名称。单击“保存”按钮即可将网页保存，如图3-20所示。

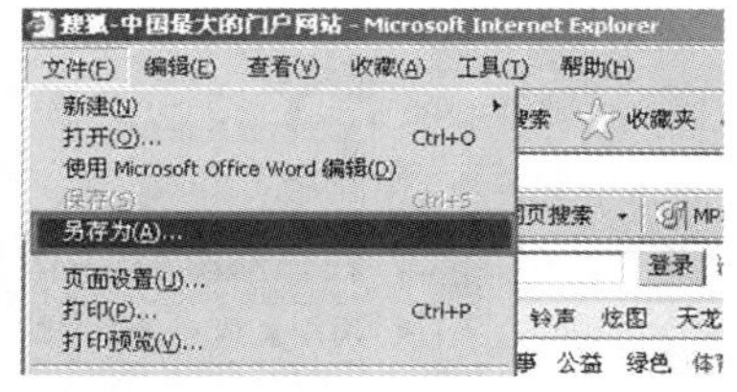

图3-19 选择“另存为”命令

提示 如果只是保存主页的HTML文档，则在保存类型中选择“网页，仅HTML（*.htm;*.html）”选项；如果保存主页的HTML文档同时还保存图片、动画等信息，则在保存类型中选择“网页，全部（*.htm;*.html）”选项。

③ 在主页下方找到“网络110报警服务”的图片，在图片上右击鼠标，在快捷菜单中选择“图片另存为”命令即可完成图片的保存，如图3-21所示。

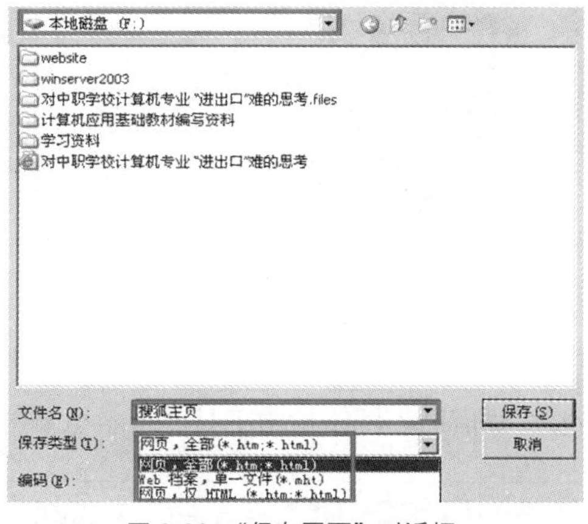

图3-20 “保存网页”对话框

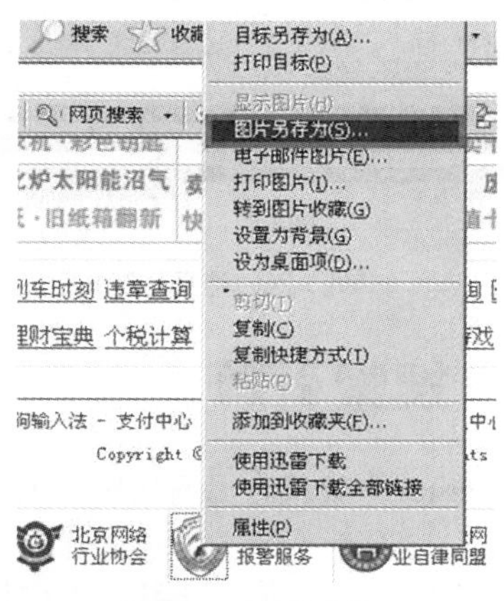

图3-21 保存图片

知识与技能

（1）利用IE浏览器下载文件。

例如，到“驱动之家”网站上下载 NVIDIA 笔记本显卡驱动 306.23 版。

① 首先在 IE 浏览器地址栏中输入 http://www.mydrivers.com 打开主页，然后单击“驱动下载”链接，如图 3-22 所示。然后在打开的页面中单击“NVIDIA 笔记本显卡驱动 306.23 版”链接，如图 3-23 所示。

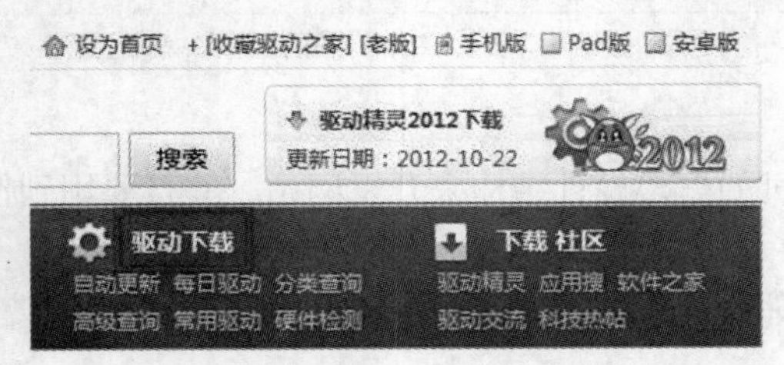

图 3-22　单击“驱动下载”链接

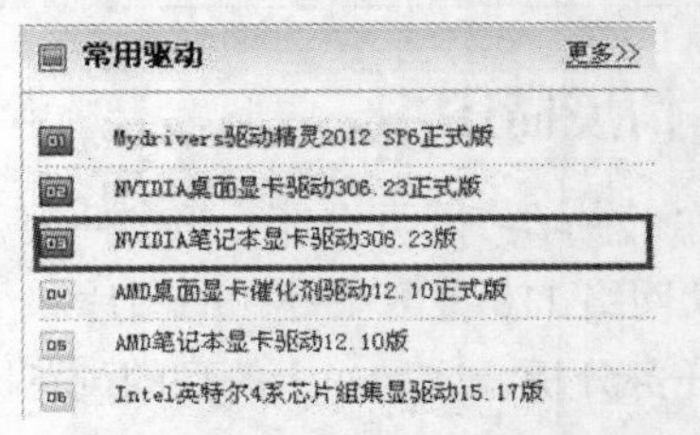

图 3-23　单击“NVIDIA 笔记本显卡驱动”链接

② 在打开的页面中单击“点此进入下载页面”链接，如图 3-24 所示。然后在下载页面中选择手动下载链接即可下载，如图 3-25 所示。

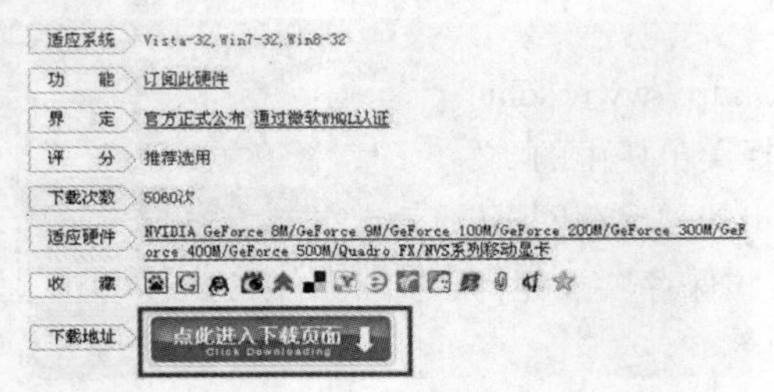

图 3-24　单击“点此下载”链接

图 3-25　选择下载地址

（2）将 Web 页面中的信息复制到文档。例如，将网页中一段文字复制到 Word 中保存。

首先选定要复制的文字，选择菜单栏中的“编辑”/“复制”命令，如图 3-26 所示。然后在 Word 文档中，单击放置位置，选择菜单栏中的“编辑”/“粘贴”命令，如图 3-27 所示。

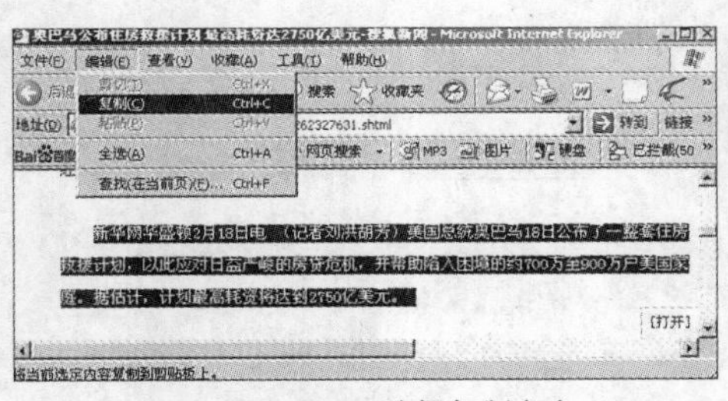

图 3-26　选择复制文字

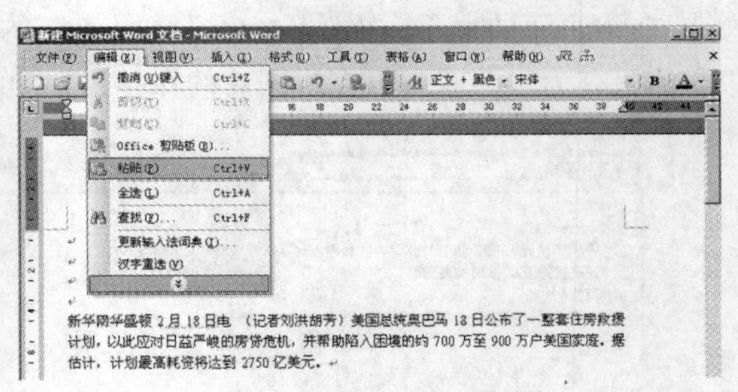

图 3-27　粘贴文字

3.3.2　搜索引擎

在 Internet 中查找自己需要浏览的信息，一般都要借助于网络检索工具“搜索引擎”的帮助。

实例 3.4　搜索有关“中国共产党第十八次全国代表大会”的内容

情境描述

上完课后，老师布置作业，要求上网搜索关于“中国共产党第十八次全国代表大会”的内容，了解会议的最新进展情况。

任务分析：网上有很多关于中共十八大的文章，如何快速地找到关于中共十八大的文章呢？可以利用网络搜索引擎很方便地查询到相关内容，下面以百度网站为例讲解。

任务操作

在 IE 浏览器中打开百度网站并输入关键字“中国共产党第十八次全国代表大会”，然后单击“百度一下”按钮，如图 3-28 所示。在弹出的界面中单击一个关于中共十八大的链接就可以查看相关内容，如图 3-29 所示。

新闻 网页 贴吧 知道 音乐 图片 视频 地图 百科 文库 更多>>

中国共产党第十八次全国代表大会 百度一下

图 3-28　输入关键字

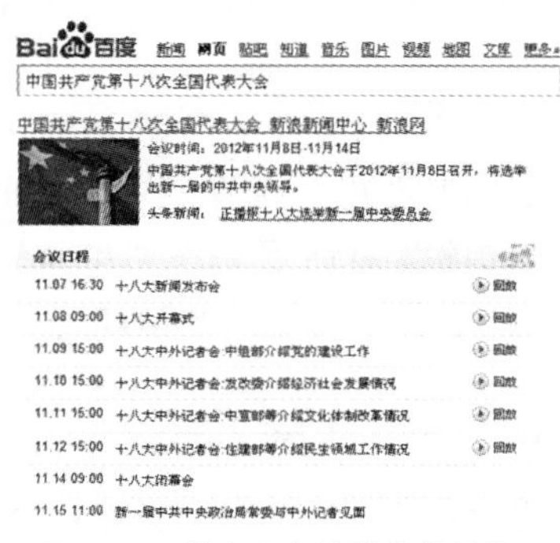

图 3-29　单击含有关键字的链接

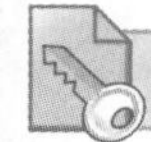

知识与技能

1. 搜索引擎概念

“搜索引擎”是这样一些 Internet 上的站点，它们有自己的数据库，保存了 Web 上的很多网页的检索信息，而且数据库内容还是不断更新的。用户可以访问它们的主页，通过输入和提交一些有关想查找信息的关键字，让它们在自己的数据库中检索，并返回结果页面。结果页面中罗列了指向一些网页地址的超链接的网页，这些页面可能包含用户所感兴趣的内容。

2. 常用搜索引擎

Google：http://www.google.com

Yahoo：http://search.yahoo.com

百度：http://www.baidu.com

3. 搜索引擎基本使用方法

（1）使用加号（+）。使用加号“+”或者空格把几个条件相连，可以搜索到同时拥有这几个字段的信息。

（2）使用减号（-）。使用减号“-”可以避免在查询某个信息中包含另一个信息。例如，查找“周杰伦”的歌曲《双节棍》，但又不希望得到的结果中有 MP3 格式的，可以输入“周杰伦 歌曲 双节棍 -MP3”。

（3）使用引号（“”）。如果希望查询的关键字在查询结果中不被拆分，可以使用引号将其括起。

课堂训练3.2

上网搜索“《计算机应用基础》教材”。

3.3.3 配置浏览器参数 *

为快速而便利地畅游网络，需要对IE浏览器做一些正确的设置，如设置主页、删除历史记录、输入重复资料等。下面具体介绍这些操作设置。

1. 设置主页

在IE浏览器中，选择菜单栏中的“工具”/“Internet选项”命令，弹出如图3-30所示的“Internet选项”对话框。在“主页”文本框中输入欲设置的主页地址，单击“确定”按钮即可。

2. 设置和清除历史记录

① 设置网页保存天数，单击图3-30中“设置”按钮，然后单击“历史记录”标签，在“历史记录中保存网页的天数”数据框中输入想要网页保存的天数，如输入20天，单击“确定”按钮。

② 删除临时文件、清除历史记录、删除保存的密码和网页表单等信息，单击图3-30中的“删除”按钮。

图3-30 “Internet选项”对话框

3. 将网页添加到收藏夹

选择菜单栏中的“收藏夹”/“添加到收藏夹”命令，弹出“添加收藏”对话框，单击“确定”按钮完成。图3-31所示为将新浪首页添加到收藏夹。

选择菜单栏中的“收藏夹”/“整理收藏夹”命令，弹出如图3-32所示的“整理收藏夹”对话框，可以进行“移动”、“重命名”“删除”等操作。

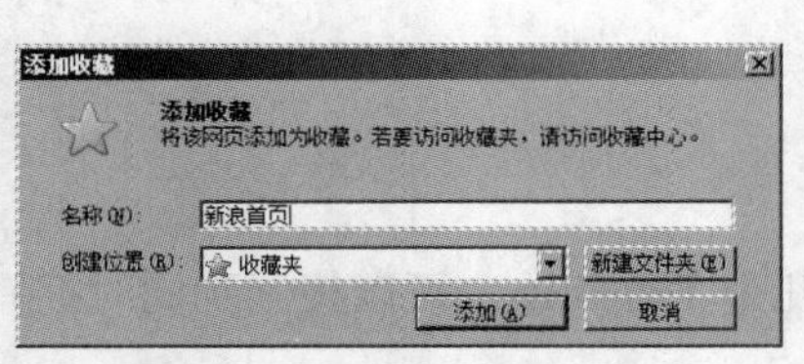

图3-31 添加新浪首页到收藏夹

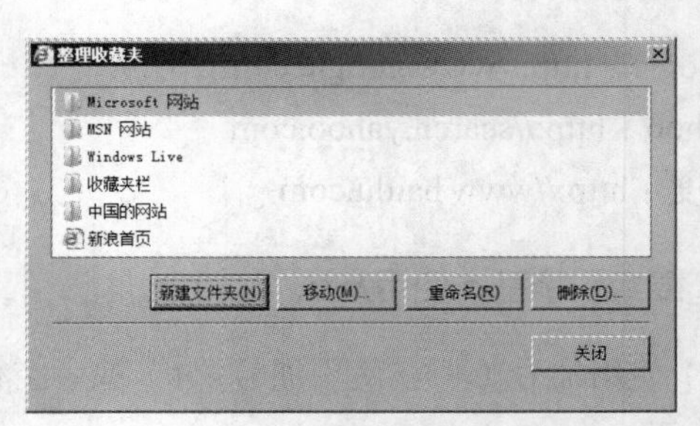

图3-32 “整理收藏夹”对话框

4. 设置自动完成功能

① 打开IE浏览器，选择菜单栏中的“工具”/“Internet选项”命令，如图3-33所示。在弹出的“Internet选项”对话框中单击“内容”标签，在“内容”选项卡中单击“设置”按钮，如图3-34所示。

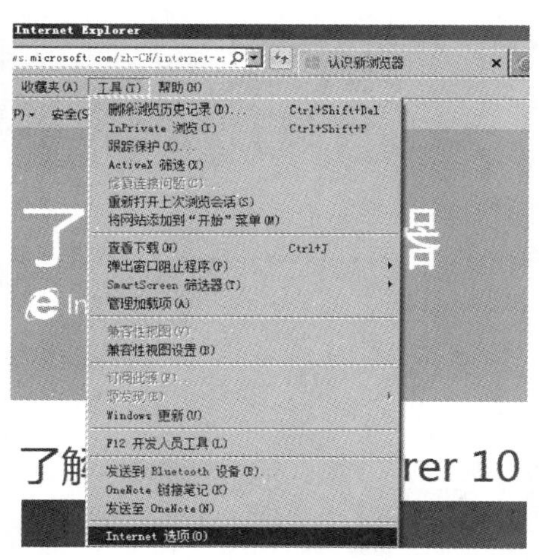

图 3-33 选择“Internet 选项”命令

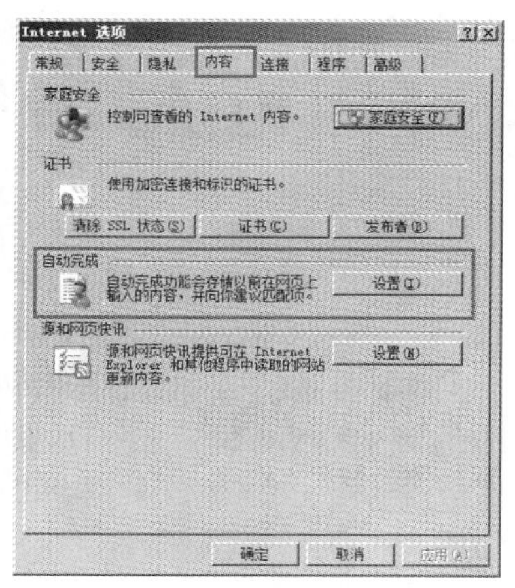

图 3-34 单击“设置”按钮

② 在出现的“自动完成设置”对话框中，选中相应选项，单击“确定”按钮完成设置，如图 3-35 所示。如果想取消“自动完成”功能，则取消相应选项的选中状态，单击“确定”按钮即可。

5. 设置和清理 Cookie

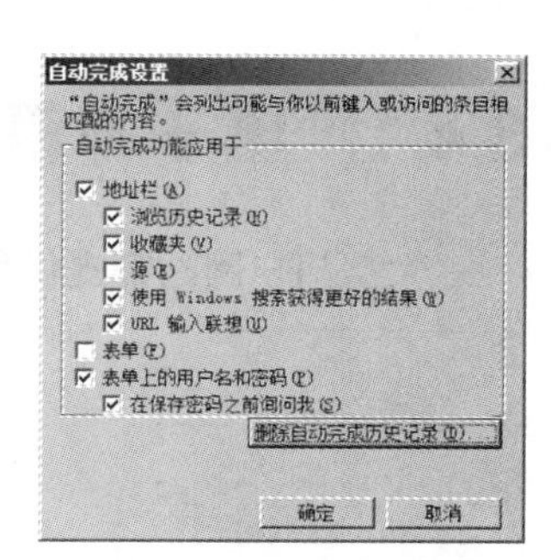

图 3-35 设置自动完成功能

Cookie 是某些网络站点在硬盘上用很小的文本文件存储的一些信息，包含与用户访问的网站相关的信息。下面介绍如何设置。

① 打开 IE 浏览器，选择菜单栏中的“工具”/“Internet 选项”命令，单击“隐私”标签，如图 3-36 所示。在“隐私”选项卡中单击“高级”按钮，弹出如图 3-37 所示的“高级隐私设置”对话框。如果想让 IE 浏览器创建 Cookie 时提示用户，则将第一方 Cookie 和第三方 Cookie 都设置为“提示”；如果允许 IE 浏览器创建 Cookie，则将第一方 Cookie 和第三方 Cookie 都设置为“接受”；否则设置为“拒绝”。

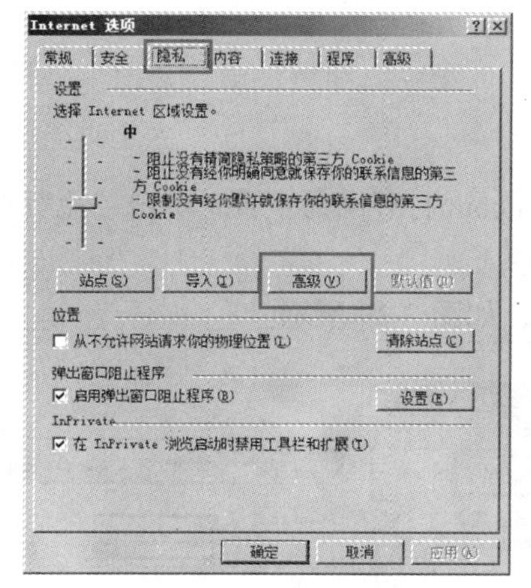

图 3-36 单击“隐私”标签

图 3-37 “高级隐私策略设置”对话框

② 要删除 Cookie，单击图 3-30 中的“删除”按钮，然后在弹出的界面中取消“Cookie 和网站数据”选项的选中状态即可。

3.4 电子邮件管理

◎ 申请电子邮箱
◎ 收发电子邮件
◎ 使用常用电子邮件管理工具*

电子邮件系统是 Internet 最广泛的应用之一，通过电子邮件，人们可以方便、快速、低成本地交换多种形式的信息。

3.4.1 电子邮箱

大型门户网站都提供免费邮箱的注册登录功能，下面介绍如何申请免费电子邮箱。

实例 3.5 申请免费电子邮箱

情境描述

在已经接入 Internet 的计算机上进行操作，以自己姓名的汉语拼音（后面也可以加几位数字）为用户名在“网易”上申请免费电子邮箱。

任务操作

① 在 IE 浏览器的地址栏中输入 http://www.163.com 打开网易主页，单击“免费邮箱”链接，如图 3-38 所示。

② 在弹出的界面中单击“马上注册 >>”链接，如图 3-39 所示。

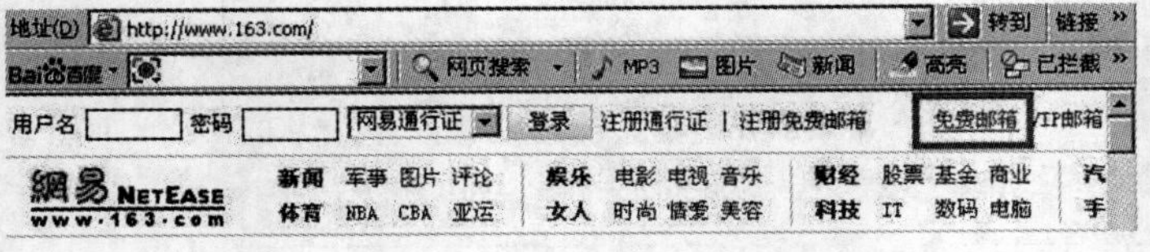

图 3-38 单击“免费邮箱”链接

图 3-39 单击“马上注册”链接

③ 在弹出的界面中填写好注册信息，如图 3-40 所示，单击“注册账号”按钮。

④ 出现成功注册页面，如图 3-41 所示。

图 3-40　填写注册信息

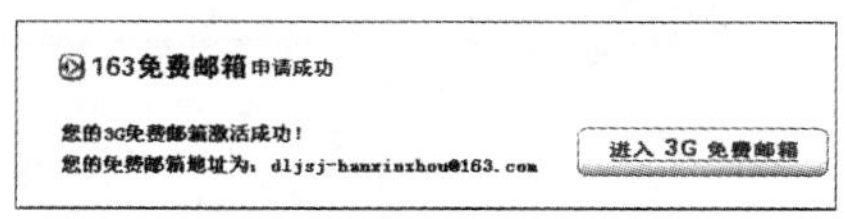

图 3-41　注册成功页面

注意

（1）在填写注册信息的过程中，带有红色“*”号的项目必须填写。

（2）注册用户名时，如果用户名已经被别人注册过，需要重新指定一个新用户名。

（3）密码提示问题要记清楚，以便在密码丢失时进行密码恢复。

课堂训练3.3

到搜狐网站（http://www.sohu.com）上申请一个免费电子邮箱。

3.4.2　收发电子邮件

免费电子邮箱申请完之后，就可以使用该邮箱收发电子邮件。

实例 3.6　使用免费电子邮箱收发电子邮件

情境描述

利用申请的免费电子邮箱向老师或同学的邮箱中发一封邮件，内容是:“我的电子邮箱申请成功了”。

任务分析：这是个典型的收发电子邮件的过程，需要登录邮箱进行相关的操作。

任务操作

（1）发送邮件。

① 在网易主页上输入用户名和密码，单击“登录”按钮，如图 3-42 所示。

② 在弹出的界面中单击“进入我的邮箱”按钮，进入邮箱，如图 3-43 所示。

图 3-42　填写登录用户名和密码

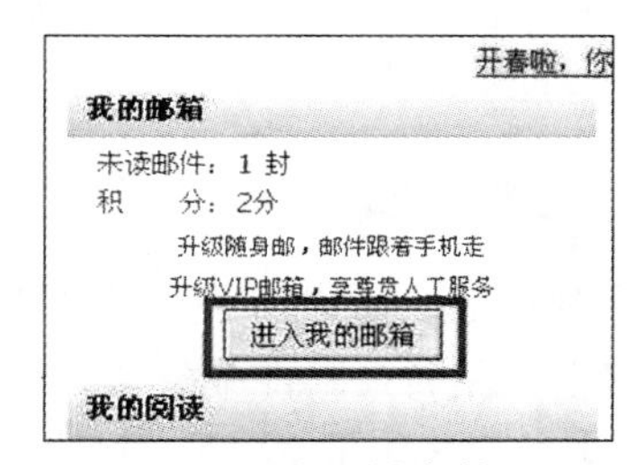

图 3-43　登录邮箱

③ 在邮箱界面中，单击“写信”标签，在“发件人”、“收件人”、“主题”、“信件内容”等处填写相应内容，单击“发送”按钮，如图3-44所示。

④ 出现邮件发送成功界面，如图3-45所示。

图3-44　写信界面

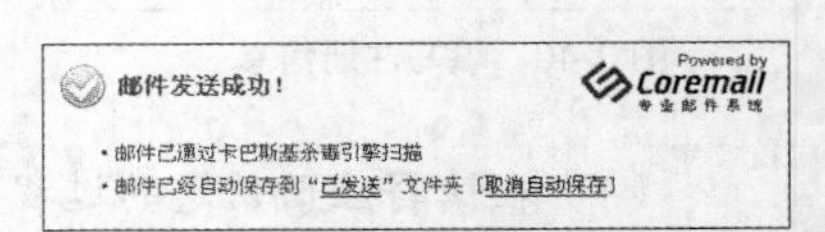

图3-45　邮件发送成功界面

（2）接收邮件。

① 登录邮箱后，单击“收件箱”标签，能够看到老师的回复信件，如图3-46所示。

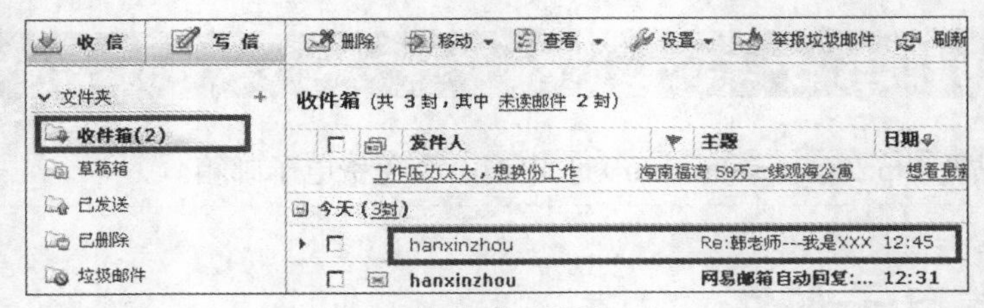

图3-46　收件箱界面

② 单击老师的回复信件，可以看到信件的内容，如图3-47所示。

图3-47　查看信件内容

知识与技能

1. 电子邮件简介

电子邮件是Internet提供的主要服务之一，通过电子邮件，用户可以进行信息传递。电子邮件既可以传递文字信息，也可以传递图像、声音、视频等信息。现在电子邮件已经成为用户之间在网络上传递信息的主要途径。

2. 电子邮件地址

电子邮件地址结构如下：用户名@主机域名。用户名是登录邮件服务器上的登录名，“@”读作at，主机域名是邮件服务器的域名。例如，dljsj-hanxinzhou@163.com是一个合法的电子邮件地址，其中dljsj-hanxinzhou是用户名，而163.com是网易邮件服务器的域名。

3. 添加附件

如果用户在发送邮件的同时，需要将一些其他的文件随电子邮件一起发送给收件人，可以使用“附件”功能来实现。例如，在实例 3.6 中，在向老师发送邮件的同时一起发送一个名称为“作业 .doc”的文件，方法如下。

① 进入到邮箱页面之后，单击“添加附件”链接，如图 3-48 所示。在弹出的“选择文件”对话框中，选择传送的附件内容，单击“打开”按钮，如图 3-49 所示。

图 3-48　添加附件

② 收件人信息部分的“附件”栏中出现添加的附件内容，如图 3-50 所示。

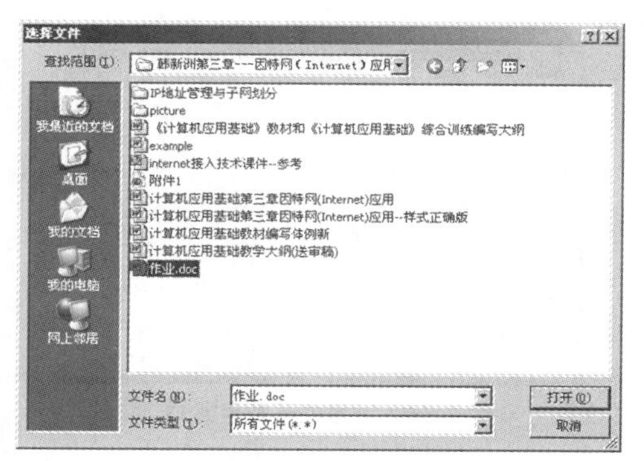

图 3-49　选择附件内容

图 3-50　附件内容添加成功

③ 单击“发送”按钮，发送附件。

课堂训练3.4

用在搜狐网站上申请的免费邮箱收发电子邮件。

3.4.3　常用电子邮件管理工具 *

除了以登录邮件服务器的形式收发电子邮件外，还可以使用专用的电子邮件管理工具来收发电子邮件。Outlook Express 和 Foxmail 是目前常用的两种收发电子邮件的软件，Outlook Express 集成在操作系统内部，应用起来比较方便，已经成为使用最为广泛的电子邮件管理软件。

1. 配置 Outlook Express 邮箱账号

① 在桌面上单击任务栏中的“开始”按钮，选择“程序”/“Microsoft Outlook 2010”命令，启动 Outlook Express，主界面如图 3-51 所示。

② 选择菜单栏中的“文件”/“信息”标签，单击“添加账户”按钮，如图 3-52 所示。

③ 在打开的“选择服务”界面中，选择第一项“电子邮件账户”，单击“下一步”按钮，如图 3-53 所示。在自动账户设置界面中，填入姓名、电子邮件地址、密码等信息，单击“下一步”按钮，如图 3-54 所示。

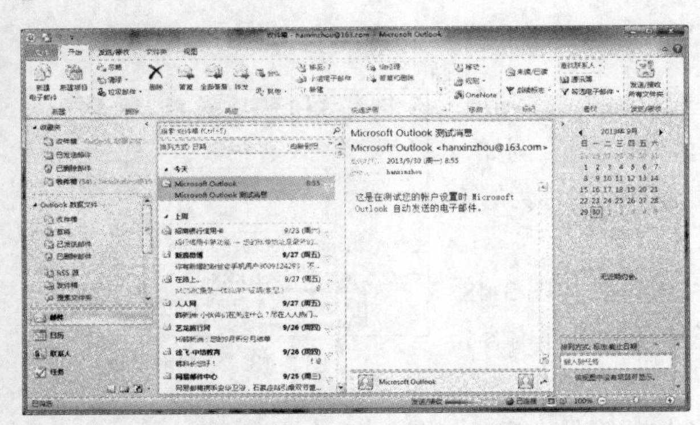

图 3-51　Outlook Express 主界面

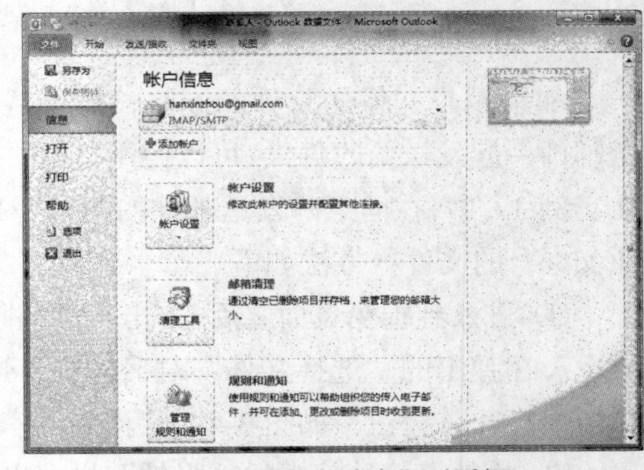

图 3-52　“添加账户”对话框

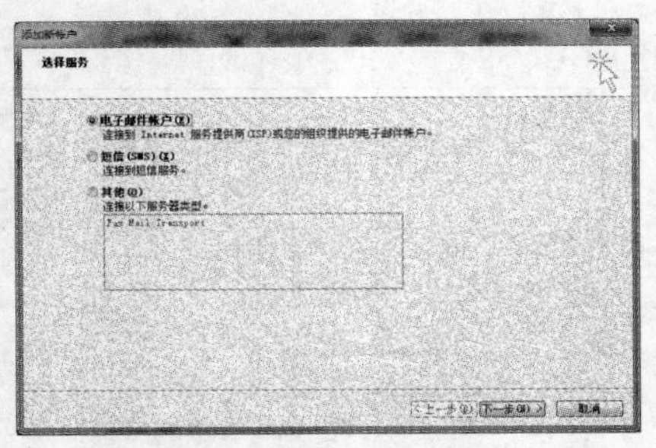

图 3-53　选择服务类型

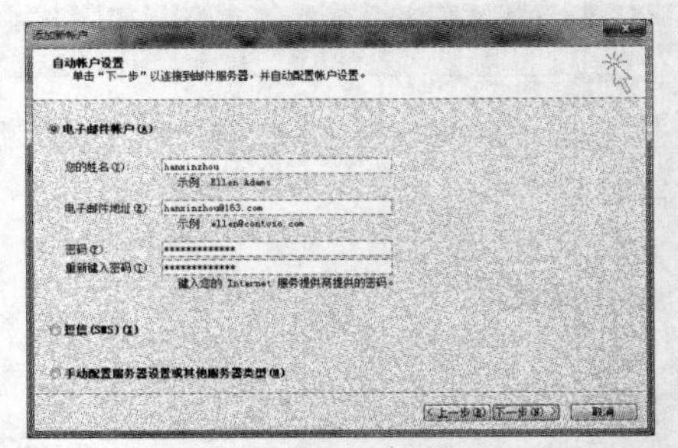

图 3-54　设置电子邮件账户

④ 在出现的“联机搜索您的服务器设置”界面中，单击“允许”按钮，如图 3-55 所示。最后，单击“完成”按钮，如图 3-56 所示。

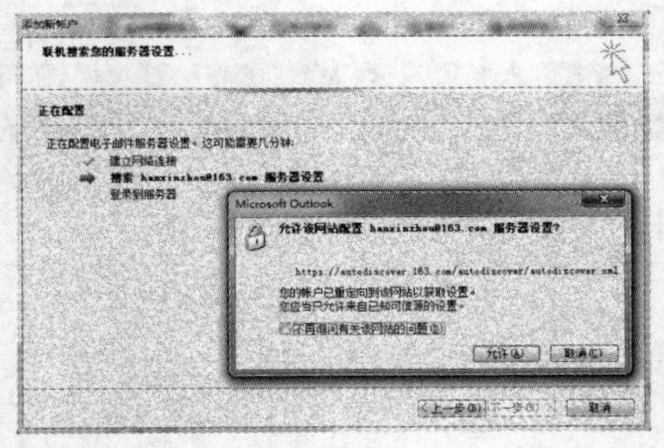

图 3-55　联机搜索邮件服务器

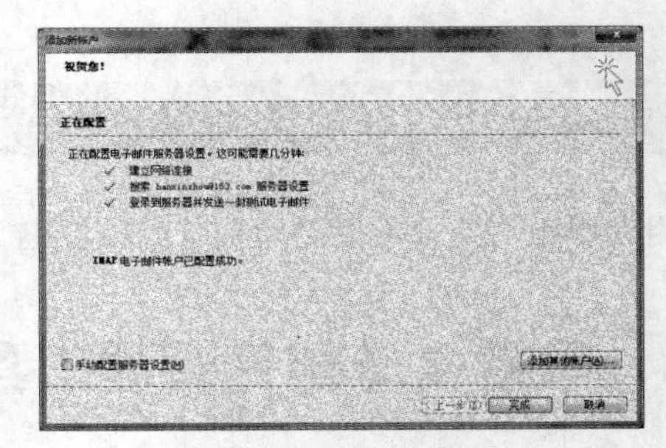

图 3-56　完成设置

2. 添加联系人

单击工具栏上的“开始”/“联系人”/“新建联系人”命令，如图 3-57 所示。填入相应信息后，完成创建联系人过程，如图 3-58 所示。

3. 发送邮件和接收邮件

单击工具栏上的“开始”/“联系人”/“电子邮件”命令，填写好收件人、主题及信件内容后，如若想发送附件，可单击“附加文件”按钮，选择好附件内容，最后单击“发送（S）”按钮即可发送邮件，如图 3-59 所示。单击工具栏上的“发送/接收”/“邮件”/“发送/接收所有文件夹”即可接收邮件，如图 3-60 所示。

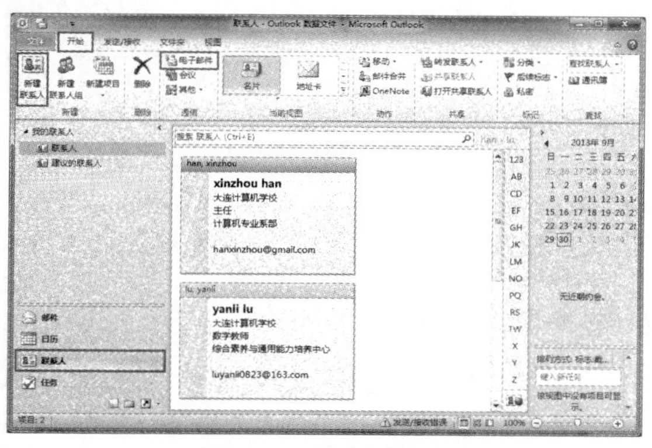

图 3-57　联系人界面

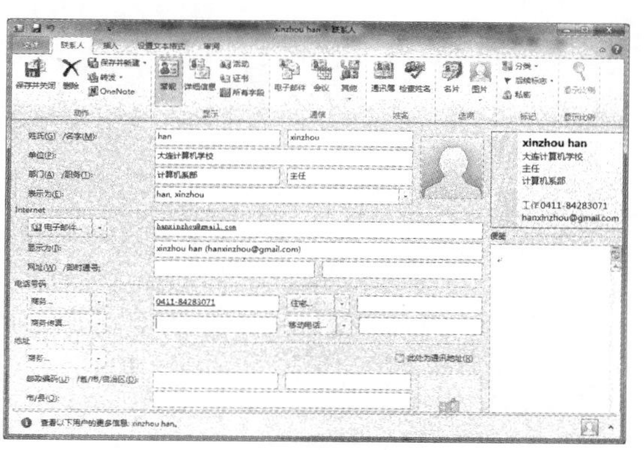

图 3-58　填写联系人信息

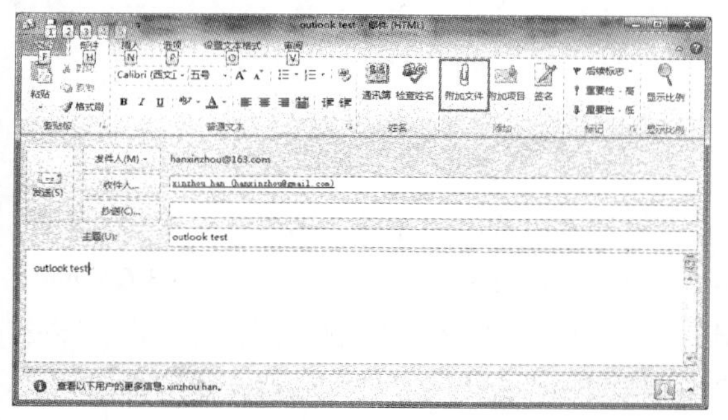

图 3-59　发送电子邮件

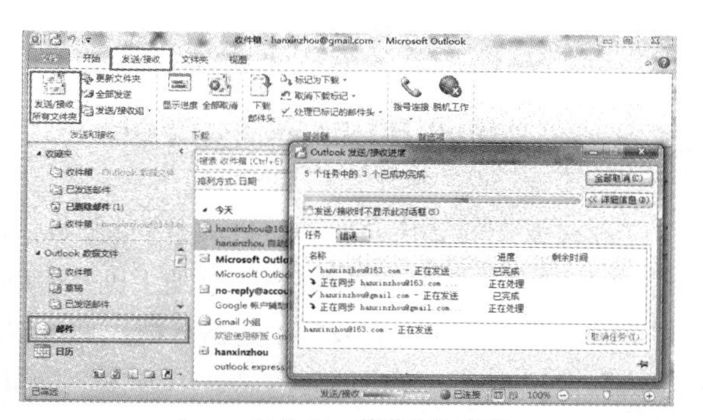

图 3-60　接收电子邮件

3. 回复和转发邮件

单击工具栏上的“开始”/“邮件”命令，选择好要回复或转发的邮件，单击工具栏中的“答复”按钮或“转发”按钮，即可完成邮件的回复或转发，如图 3-61 所示。

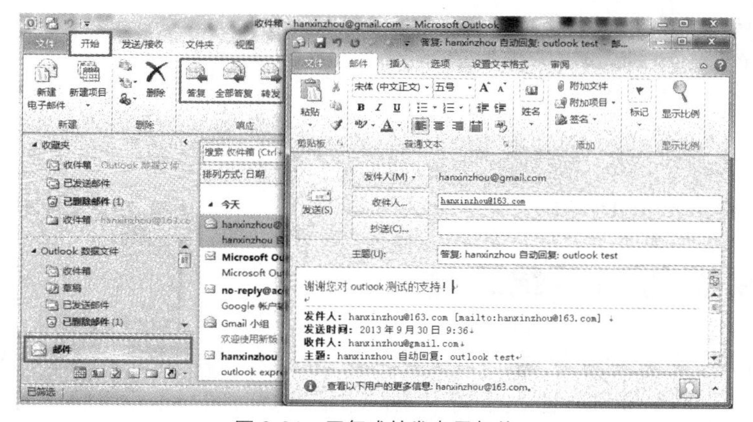

图 3-61　回复或转发电子邮件

Foxmail 的使用方法和 Outlook Express 的使用方法几乎完全一样，在这里就不再具体讲解，请同学们课下自己练习。

3.5 常用网络工具软件的使用

◎ 常用即时通信软件的使用
◎ 使用工具软件上传与下载信息
◎ 远程桌面及其设置方法*

3.5.1 常用即时通信软件

比较常用的就是 QQ、飞信、微信、米聊、YY 等软件。下面以飞信为例介绍。

（1）登录。在登录界面中输入注册手机号和密码，单击“登录”按钮即可登录成功，如图 3-62 所示。

（2）传送信息。在发送消息的人的图标上双击鼠标，在弹出的界面中输入信息，单击“发送短信”按钮向对方发送即时消息，单击、和 3 个图标可分别与对方进行视频对话、语音对话和文件传输的操作，如图 3-63 所示。

除以上介绍的内容之外，即时通信软件还有许多种，这里不再一一说明。

图 3-62 登录主界面

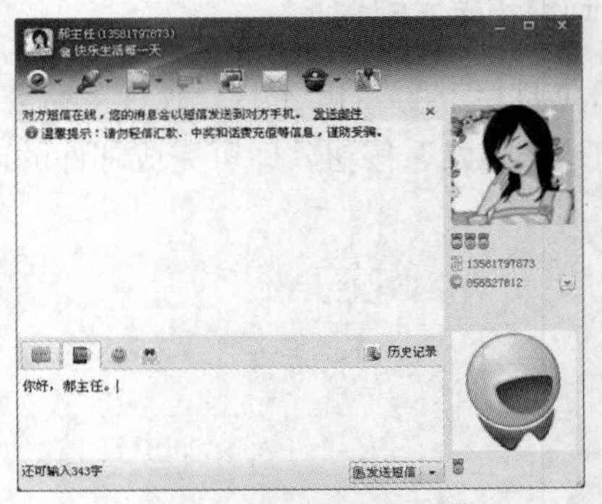

图 3-63 发送信息窗口

3.5.2 使用上传与下载工具

3.3.1 小节介绍了使用 IE 浏览器进行文件下载的方法，其缺点是在下载比较大的文件时速度比较慢，而且一旦网络断线，必须重新下载，非常浪费时间。本小节将学习如何使用专用软件实现文件的下载。

1. 使用迅雷进行文件下载

迅雷（Thunder）是现在比较流行的专用下载工具，支持多点连接、断点续传等功能，可以极大提高文件下载的速度。例如，下载网页上图片的步骤如下。

在图片上右击鼠标，在快捷菜单中选择“使用迅雷下载”命令，如图 3-64 所示。在弹出的“建立新的下载任务”对话框中，可以更改“存储目录”和“名称”，单击“确定”按钮即可下载，如图 3-65 所示。

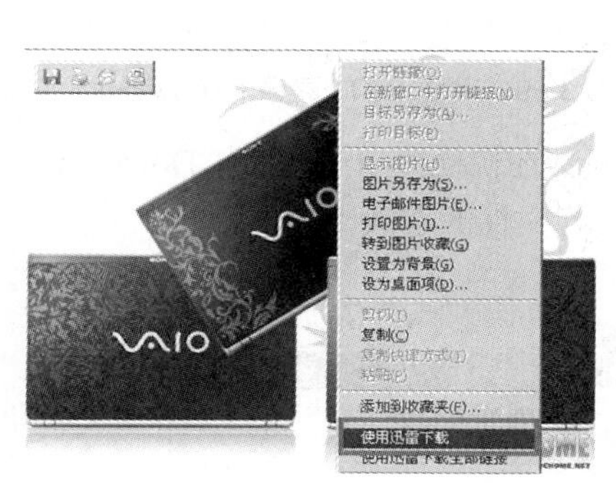

图 3-64 选择使用迅雷下载

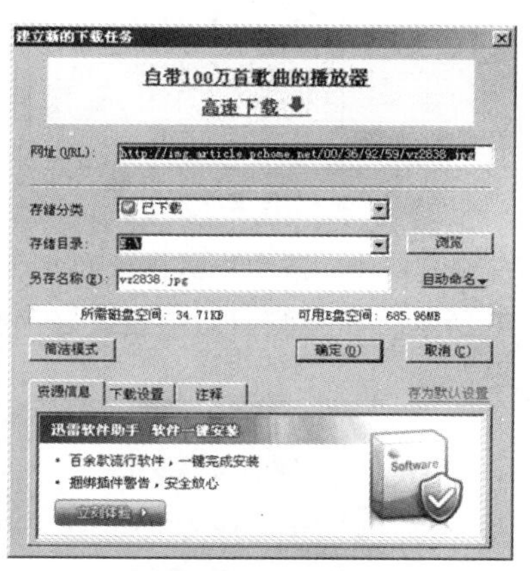

图 3-65 “建立新的下载任务”对话框

2. 登录 FTP 服务器实现文件上传与下载

（1）FTP 概述。FTP 是 Internet 提供的重要服务之一，工作在 C/S（客户机 / 服务器）模式下。从客户机向服务器复制文件称为“上传”，从服务器向客户机复制文件称为“下载”。上传时通常需要用户认证，具有权限才可以完成上传操作。

（2）用 IE 浏览器登录 FTP 服务器实现文件的上传与下载。在 IE 浏览器地址栏中输入 FTP 服务器地址，选择菜单栏中的“文件”/“登录”命令，在“登录身份”对话框中输入用户名和密码，单击“登录”按钮，如图 3-66 所示。在 FTP 服务器登录界面中的文件或文件夹上右击鼠标，在快捷菜单中选择“复制”命令，可以实现文件的下载，如图 3-67 所示。

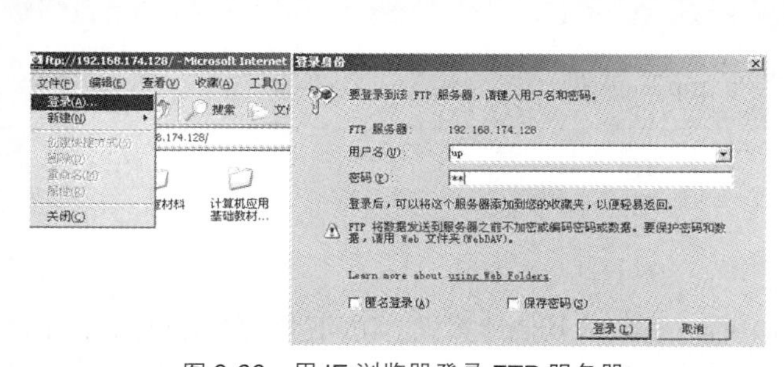

图 3-66 用 IE 浏览器登录 FTP 服务器

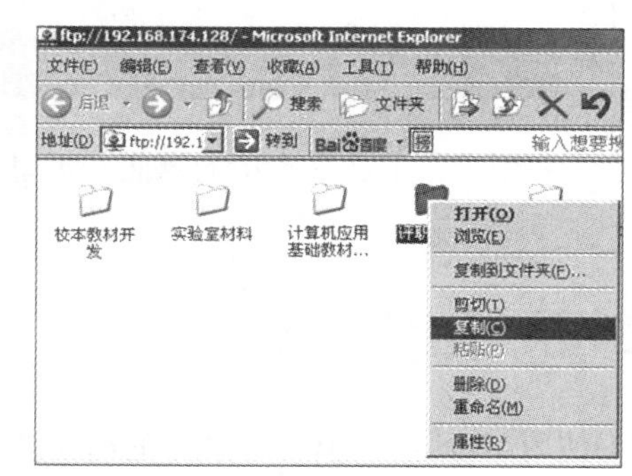

图 3-67 下载文件

在需要上传的文件或文件夹上右击鼠标，在快捷菜单中选择“复制”命令，然后在 FTP 服务器登录界面选择菜单栏中的“编辑”/“粘贴”命令，如果有权限，即可实现文件的上传，如图 3-68 所示。

（3）用 CuteFTP 软件登录 FTP 服务器实现文件的上传与下载。启动 CuteFTP 软件，输入 FTP 服务器地址、用户名和密码，即可登录服务器。如果是匿名登录，只需输入 FTP 服务器地址即可。窗口左侧部分显示本地内容，右侧部分显示服务器上的内容，如图 3-69 所示。

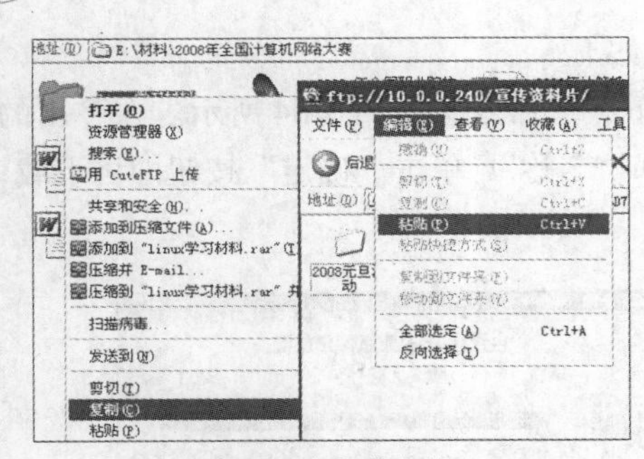

图 3-68　上传文件

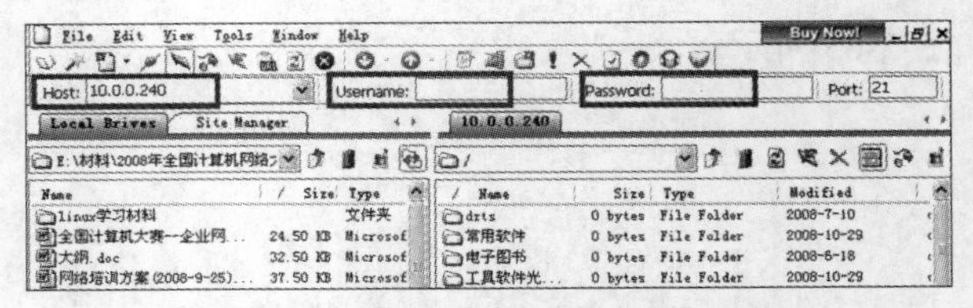

图 3-69　用 CuteFTP 登录 FTP 服务器

在右侧窗口中，选中下载的文件或文件夹，右击鼠标，在快捷菜单中选择“Download”命令，如图 3-70 所示，在左侧窗口中设置好存放路径，可以实现文件的下载。

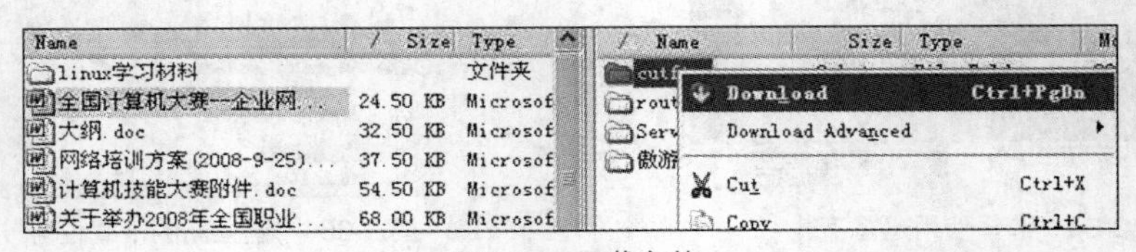

图 3-70　下载文件

在左侧窗口中，选择需要上传的文件或文件夹，右击鼠标，在快捷菜单中选择“Upload”命令，在右侧窗口中设置好存放路径，如果有权限，即可实现文件的上传，如图 3-71 所示。

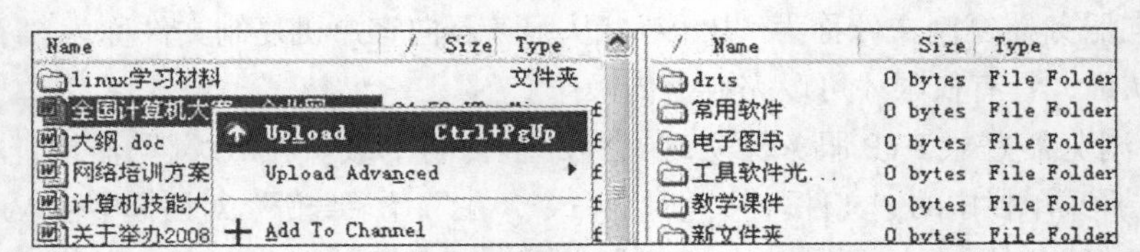

图 3-71　上传文件

课堂训练3.5

利用迅雷下载周杰伦的歌曲“千里之外 .mp3”。

3.5.3　远程桌面 *

使用 Windows 7 操作系统中的远程桌面功能，可以从其他计算机上访问运行在自己计算机上的 Windows 会话。这就意味着用户可以从家里连接到工作计算机，也可以从办公室连接到家里的计算机，并访问应用程序、文件和网络资源，就好像使用被访问的计算机一样，极大地提高了办公效率。

下面讲解具体的设置过程。

1．设置被访问端

① 在桌面“计算机”图标上右击鼠标，选择“属性”命令，打开“系统”对话框，单击“远

程设置”连接，打开“系统属性”对话框，选择“允许运行任意版本远程桌面的计算机连接（较不安全）(L)”复选框，弹出“远程桌面”对话框，单击“电源选项”连接，打开“电源选项”对话框，单击“更改计算机睡眠时间”连接，将“使计算机进入睡眠状态”选项更改为“从不”，然后单击“保存修改”按钮，如图 3-72 所示。

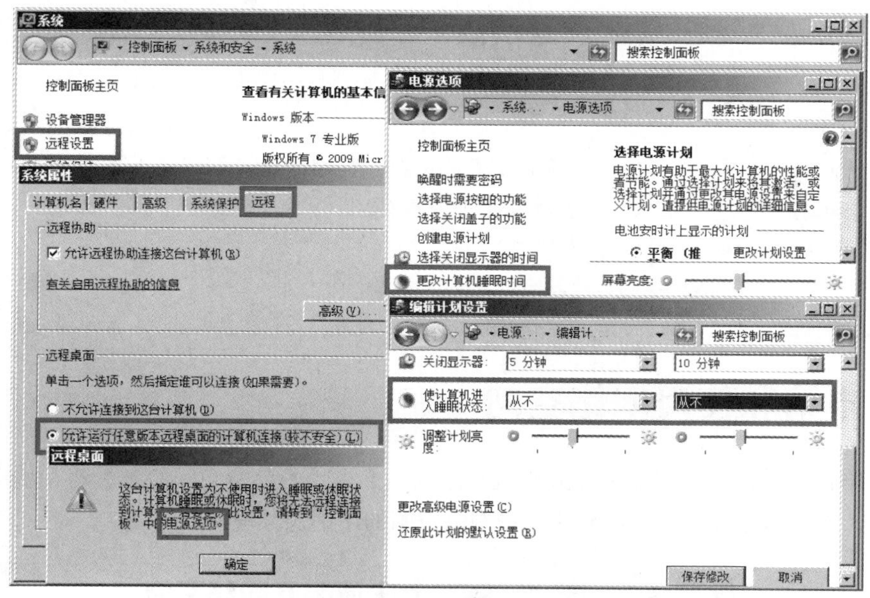

图 3-72　设置远程桌面连接

② 在“系统属性”对话框中，单击“选择用户（S）”按钮，选择用于远程访问计算机的账号。

2. 设置访问端

单击桌面任务栏上的“开始”按钮，选择“所有程序”/“附件”/“远程桌面连接”命令，打开“远程桌面连接”窗口，如图 3-73 所示。单击“选项”按钮，在弹出的界面中输入计算机名或 IP 地址、用户名，单击“连接”按钮，就实现了远程桌面的登录，如图 3-74 所示。

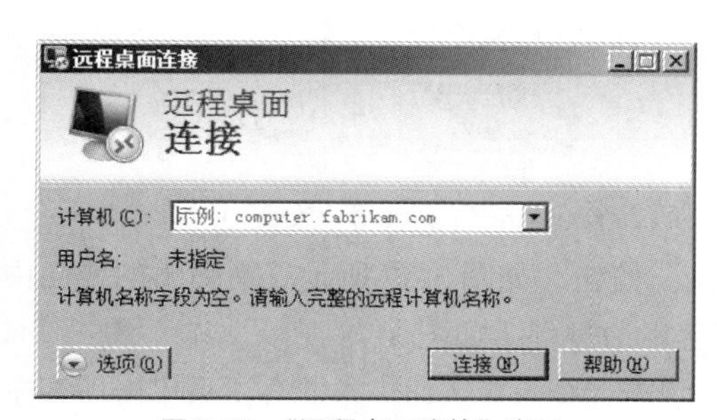

图 3-73　“远程桌面连接”窗口

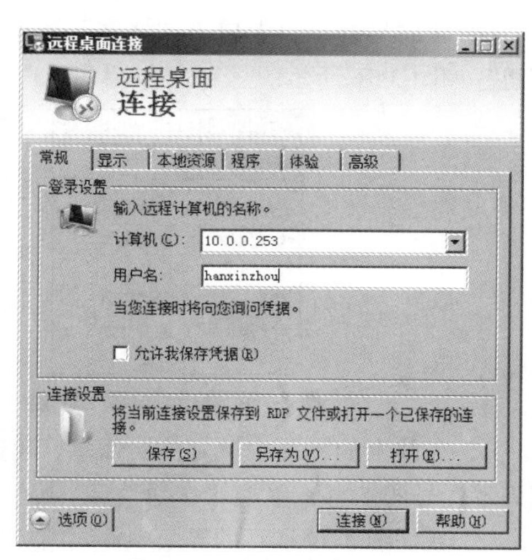

图 3-74　登录远程桌面

3.6 常见网络服务与应用

◎ 申请和使用网站提供的网络空间

◎ 常见的网络服务与使用

3.6.1 申请和使用网络空间

随着网络技术的发展，现在可以方便地利用网站上提供的免费空间服务，将一些个人资料上传到网络上，方便信息交流，下面介绍免费网络空间的申请及其应用。

实例 3.7 在“网易”上申请免费网络空间

情境描述

以自己姓名的汉语拼音（后面也可以加几位数字）为用户名在“网易”上申请免费网络空间。要求：写一篇网络日志，标题为“我会使用博客了”，并且上传一张图片到名称为“××影集”的相册里。

任务操作

① 在网易的主页上单击“博客”链接，如图 3-75 所示。在弹出的界面中单击“立即注册”按钮，如图 3-76 所示。

图 3-75 单击“博客”链接

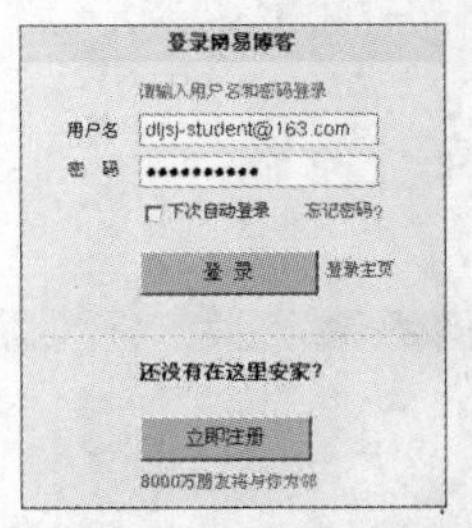

图 3-76 单击“立即注册”按钮

② 在弹出的界面中填好注册信息，单击“下一步”按钮，如图 3-77 所示。在弹出的界面中填好带 * 号的信息，单击“立刻激活”按钮，完成博客申请过程，如图 3-78 所示。

③ 在如图 3-79 所示的界面中输入用户名和密码，单击“登录”按钮进入博客主页单击博客主页上“日志”链接，在弹出的界面中单击“写日志”按钮，如图 3-80 所示。

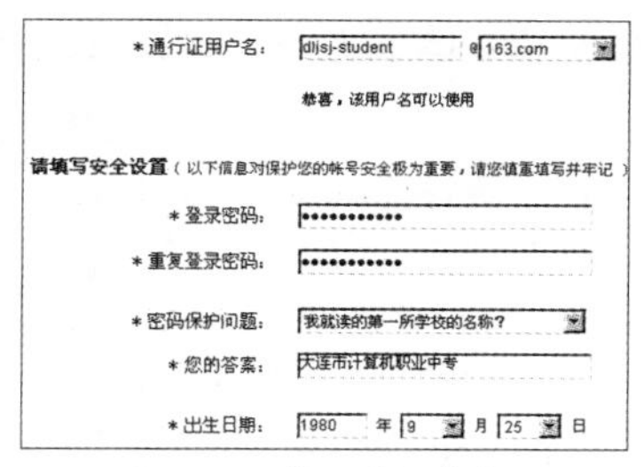
图 3-77　输入注册信息

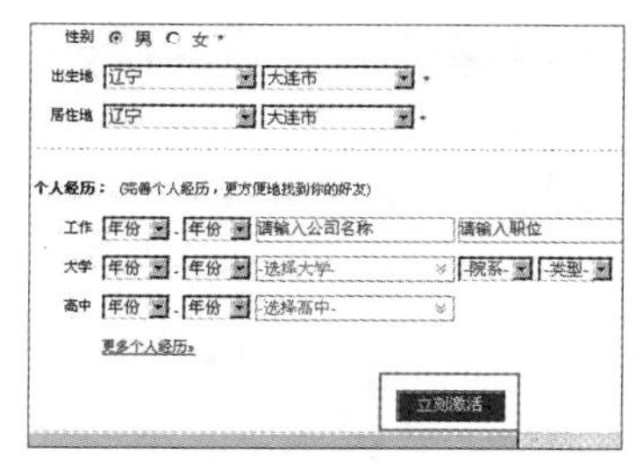
图 3-78　完成申请

④ 在弹出的界面中就可以书写网络日志了，单击“发表日志”按钮可以将写好的网络日志发表，如图 3-81 所示。

⑤ 在如图 3-81 所示的页面上单击“相册”链接，进入相册界面，单击“创建相册”按钮，创建名为“XX 影集”的相册，然后单击“上传相片”按钮，如图 3-82 所示。在弹出的界面中单击“浏览”按钮选择相片或者单击“使用上传工具批量上传”链接将照片上传到相册中，如图 3-83 所示。

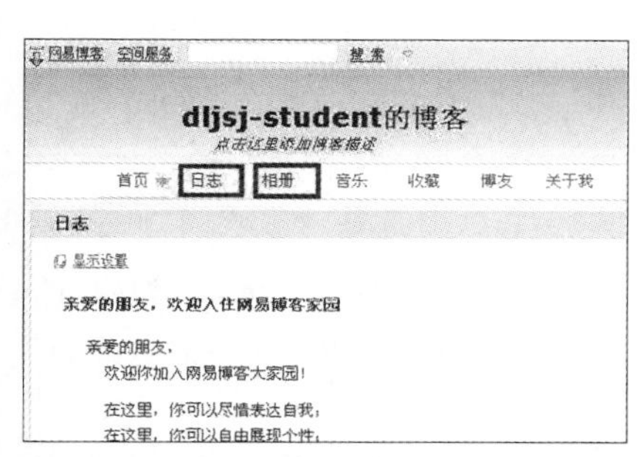
图 3-79　博客主页

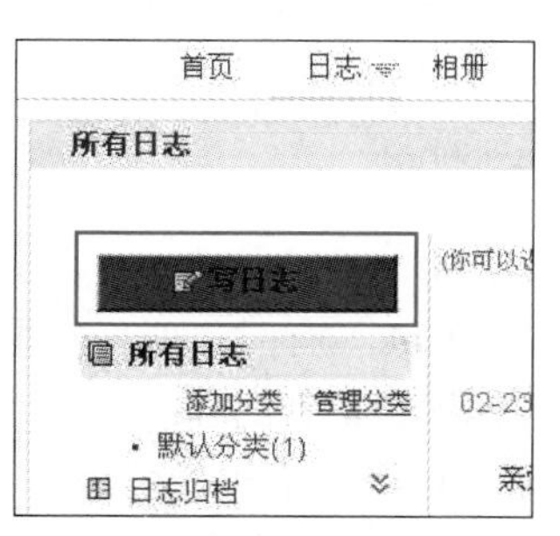
图 3-80　单击“写日志”按钮

图 3-81　发表日志

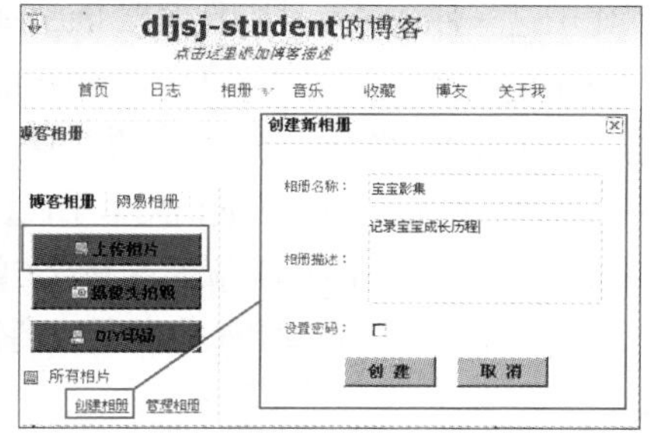
图 3-82　相册界面

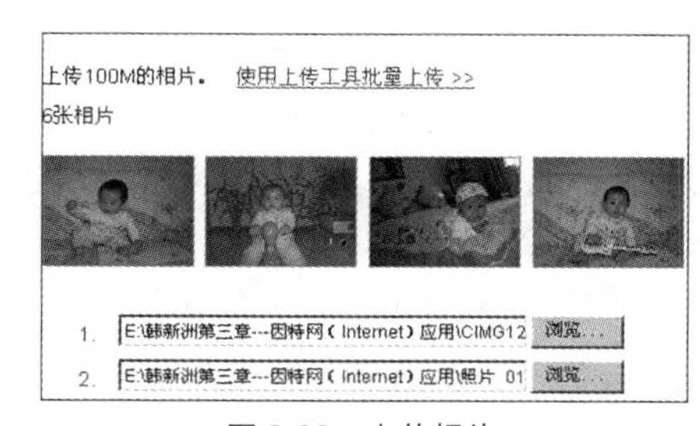
图 3-83　上传相片

⑥ 在 IE 浏览器地址栏中输入 http://dljsj-student.blog.163.com，即可让别人访问自己的网络空间。

如果你是一个“网易”的注册用户，并且有足够的积分，就可以使用“网易”提供的网络硬盘功能。用户可以将自己的资料上传到网络硬盘中，只要能上网，随时随地都可以使用里面的资料。具体操作步骤如下。

① 登录邮箱后，单击“网易网盘”标签，如图 3-84 所示。

② 单击“新建文件夹”按钮可以创建存放文件的文件夹。

③ 单击“上传”按钮可以上传文件，如上传一张图片到“我的图片”中存放，图片命名为“风景”，只需单击“添加文件”按钮选择图片，并将“上传位置”更改为“/ 我的图片 /”，然后在“重新命名为”文本框将名称改为“风景”，单击“开始上传”按钮即可，如图 3-85 所示。

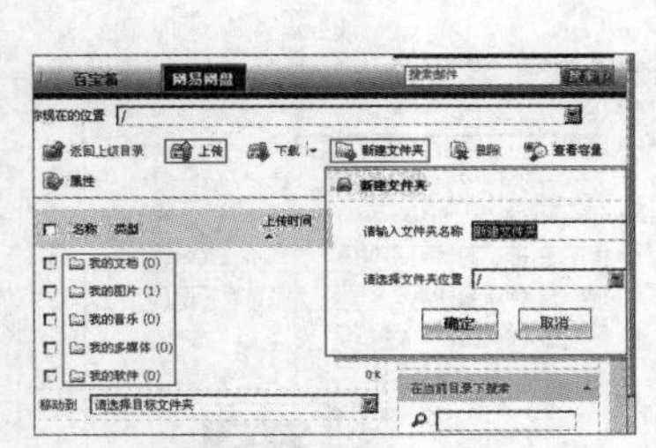

图 3-84　网易网盘界面

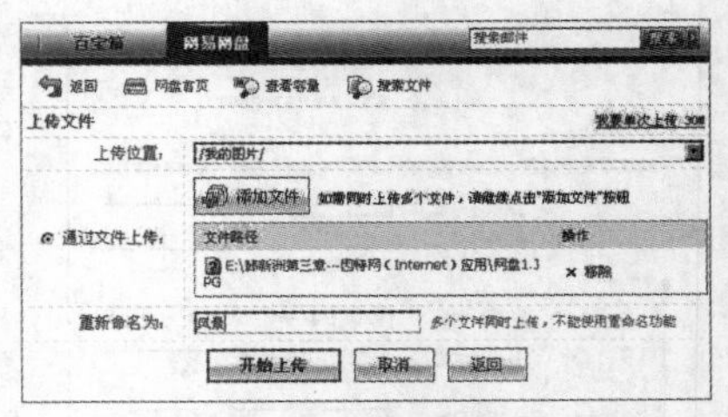

图 3-85　利用网盘上传资料

3.6.2　网络服务与应用

1. 网上学习

网上学习区别于传统的课堂教学，它是利用互联网进行教学，学生可在校外教学点集中点播网络课程或在家里上网点播网络课程进行练习、答疑、辅导、讨论、提交和批改作业的学习方式，它是通过计算机网络以交互方式进行的。常用的网上学习网站如下。

中国现代远程与继续教育网：http://www.cdce.cn

21 互联远程教育网：http://www.21hulian.com

网易学院：http://tech.163.com/school

2. 网上银行

网上银行（Electronic Bank，E-Bank）有时也叫做“电子银行”。它是指以 Internet 为媒介，以客户发出的信息为依据的一个虚拟银行柜台。客户只要拥有能够上网的一台 PC 和一根电话线，就可以不受时间、空间的限制享受网上金融服务。

E-Bank 发展到目前基本上有两种形式：一种是传统银行开展的 E-Bank，它实际上是把银行服务业务运用到 Internet 中，目前我国开办的网上银行业务都属于这一种；另一种则是根据 Internet 的发展而发展起来的全新的电子银行，这类银行业务都要依靠 Internet 来进行，而不涉及传统银行的业务。

客户要在网上交易，需要从网上下载一个“电子钱包（客户的加密银行账号）”安装程序，也可以直接到 E-Bank 领取安装光盘，然后安装在自己的计算机中。有些 E-Bank 还用普通信用卡来代替电子钱包的功能。接着要到 CA（Certificate Authority）认证中心办理电子安全证书（确认交易双方的身份）。

目前，国内提供网上银行业务的银行有：中国银行、中国建设银行、招商银行、中国工商银行等。

3. 网上购物

网上购物，就是通过互联网检索商品信息，并通过电子订购单发出购物请求，然后输入私人支票账号或信用卡的号码，厂商通过邮购或是通过快递公司送货上门。

常用的网上购物网站如下。

淘宝网：http://www.taobao.com

当当网：http://www.dangdang.com

4. 网上求职

近年来，随着互联网在中国的迅速发展，“网上求职”这一利用网络信息进行的择业方式得到了迅速发展，人才供求双方可以利用信息网发布需求信息和自荐材料，受到了广大求职者和用人单位的欢迎。常用的网上求职网站如下。

前程无忧：http://www.51job.com
百大英才网：http://www.baidajob.com

练习题

一、填空题

1. 计算机网络最核心的功能是 ______________。
2. HTTP 是指 ________。
3. IP 地址由 ________ 和 ________ 组成，共 ________ 位二进制数。
4. C 类网络默认的子网掩码是 ________。
5. E-mail 的地址通用格式是 ________。
6. Internet 中专门用于搜索的软件称为 ______________。
7. ADSL 的中文名称是 ______________。
8. 常见网络互连设备有 ________、________、________ 和中继器。

二、选择题

1. 最早出现的计算机网络是 ________。
（A）Arpanet （B）Bitnet
（C）Internet （D）Ethernet
2. www.163.com 是 Internet 上的一个网站的 ________。
（A）IP 地址 （B）域名
（C）网站代号 （D）网络协议
3. 以下各项中 ________ 不是 Internet 的功能。
（A）全球信息（万维网） （B）电子邮件
（C）网上邻居 （D）电子公告牌
4. Internet 是一个 ________。
（A）国际标准 （B）网络协议
（C）网络集合 （D）国际组织
5. 拥有计算机并以拨号方式接入网络的用户需要使用的网络设备是 ________。
（A）CD-ROM （B）鼠标
（B）电话机 （D）Modem
6. 目前 Internet 提供信息查询的最主要的服务方式 ________。
（A）Telenet 服务 （B）FTP 服务
（C）WWW 服务 （D）E-mail 服务

三、简答题

1. 什么是计算机网络？计算机网络的主要功能有哪些？
2. 简述接入 Internet 的方式有哪些，分别画出示意图。
3. 常见的搜索引擎有哪些？

四、操作题

1. 用 IE 浏览器把网易（http://www.163.com）设置成主页。
2. 使用 Google 搜索周杰伦的歌曲《双节棍》，要求是非 mp3 格式的。
3. 使用 Foxmail 写一封电子邮件，发送到 dljsj-student@163.com。

第4章

文字处理软件 Word 2010应用

文字处理软件是一种集文字录入、存储、编辑、浏览、排版、打印等功能于一体的应用软件，使用文字处理软件可以编排书稿、文章、信函、简历、网页等文档。微软公司的Word 2010是目前最常用的文字处理软件之一，是一种集文字处理、表格处理、图文排版于一身的办公软件。本章介绍Word 2010文字处理的使用方法。

4.1 文档的基本操作

在日常工作和学习中，经常需要撰写通知、编排文章、打印申请书等，这时就需要使用文字处理软件。本节将介绍使用 Word 2010 进行文字录入和简单编排的方法。

◎ 会建立、编辑、存储文档。

◎ 会使用不同的视图方式浏览文档。

4.1.1 Word 的启动、退出和窗口操作

Word 2010 的启动、退出及窗口的组成和操作，与一般程序相同。

实例 4.1　Word 2010 窗口的基本操作

情境描述

在使用 Word 编辑文档时，经常要对 Word 窗口做相应调整，包括调整窗口的大小，设置显示比例，改变显示视图，自定义工具栏等。下面介绍 Word 2010 的窗口操作。

任务实施

① 启动 Word 2010。单击 Window 菜单“开始→所有程序→ Microsoft Office → Microsoft Office Word 2010”。启动 Word 后，显示 Word 窗口，并自动建立一个名为“文档 1”的空文档，如图 4-1 所示。Word 的窗口由 Office 菜单按钮、快速访问工具栏、功能区选项卡、标题栏、文档编辑区、状态栏等部分组成。

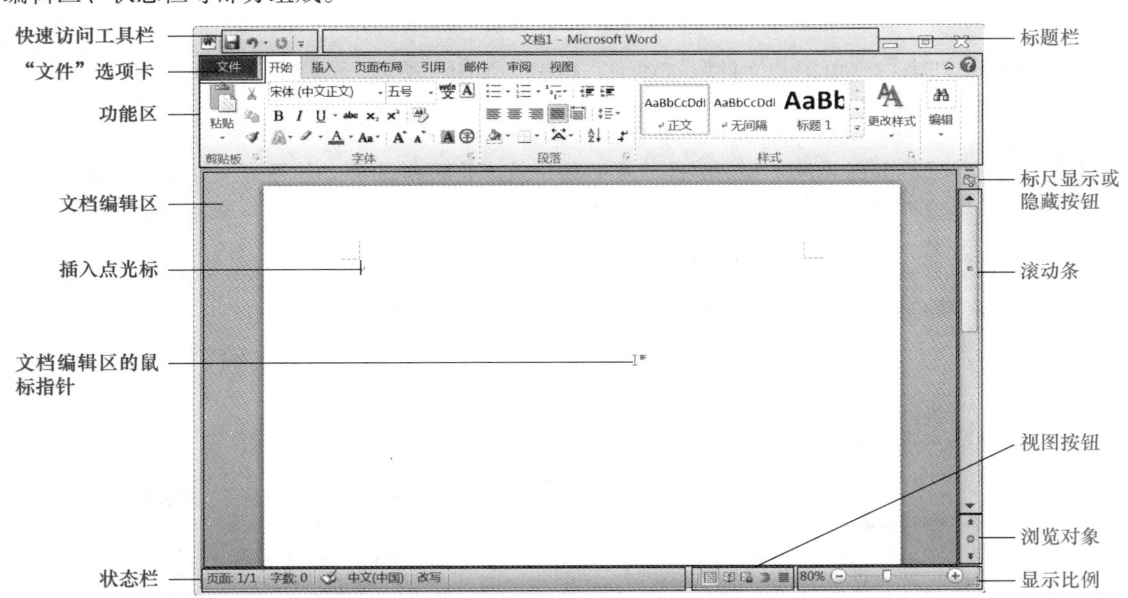

图 4-1　Word 2010 窗口的组成

② 输入文字。在文档窗口中单击，设置输入法，输入汉字、英文、数字、符号等文字。

③ 再新建一个空白文档。单击“文件”选项卡，单击“新建”。在“可用模板”下双击“空白文档”，如图 4-2 所示。将创建一个“文档 2”空白文档。

④ 切换文档。单击 Windows 任务栏中的“文档 1”，切换到“文档 1”。

⑤ 切换视图模式。单击功能区中的“视图”选项卡，单击其中的“草稿”（如图 4-3 所示），或者单击窗口右下角左侧状态栏上文档视图按钮区中的“草稿”按钮，切换到“草稿”视图。然后再切换回“页面视图”。

⑥ 改变显示比例。在状态栏右侧显示比例按钮和滑杆上，拖动滑块或者单击、，可改变编辑区域的显示比例。单击“100%”打开“显示比例”对话框，如图 4-4 所示，单击需要的显示比例，最后关闭“显示比例”对话框。

图 4-2　新建空白文档

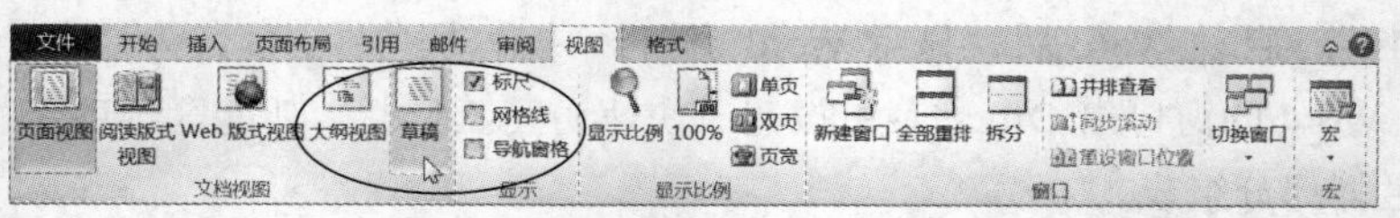

图 4-3　功能区中的“视图”选项卡

⑦ 关闭文档窗口。单击“文件”选项卡，单击“关闭”按钮。

提示

如果当前文档没有命名和保存，将显示“是否将更改保存到 ××× 中？”提示框，如图 4-5 所示。单击“是”按钮后，将按钮显示“另存为”对话框，选择文档保存的位置，输入文档名称，最后单击“保存”按钮（不保存单击“否”按钮）。若不关闭文档，仍继续编辑，则单击“取消”按钮。

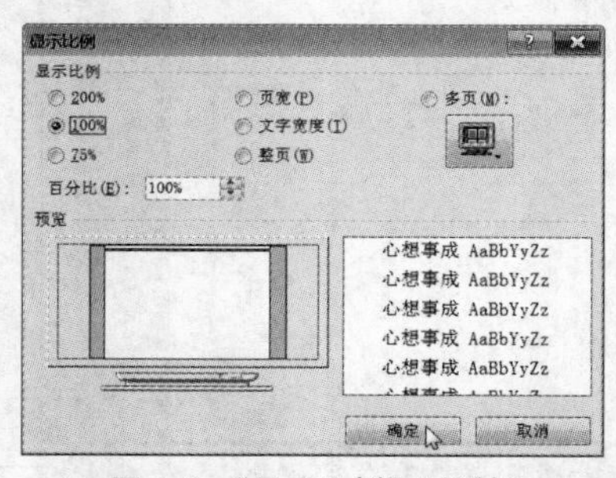

图 4-4　“显示比例”对话框

图 4-5　保存 Word 文档对话框

⑧ 关闭Word程序窗口。如果不需要在Word的编辑环境中继续编辑文档，或者要关闭计算机，则要结束 Word。若要结束 Word，单击“文件”选项卡，单击底部的“退出”。

注意

上面两种关闭文档的结果是不同的，如果用户只打开一个文档，则单击“文件”选项卡中的“关闭”后，Word 仍然在运行；如果打开了多个文档，则显示下一个文档窗口。如果打开多个文档，单击关闭Word窗口按钮，则显示下一个文档窗口；如果只打开一个文档，则结束 Word 程序。

知识与技能

从图 4-1 看出，Word 2010 使用功能区选项卡来代替菜单结构，功能区是按应用来分类的，

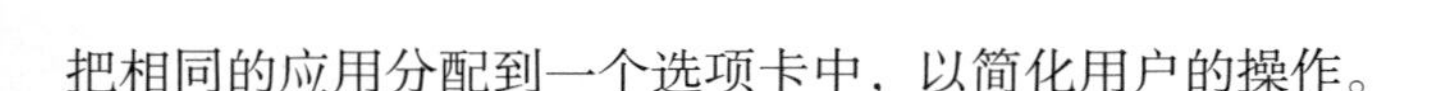

把相同的应用分配到一个选项卡中，以简化用户的操作。

1. 快速访问工具栏

快速访问工具栏是一个可自定义的工具栏，它包含一组独立于当前显示的功能区上选项卡的命令。常用命令位于此处，例如，“保存”、“撤消”、“恢复”。

2. “文件”选项卡

“文件”选项卡中包含的命令，与 Word 2007 中“Office”按钮或 Word 2003 及早期版本中的“文件”菜单中的命令相同，如“保存”、“另存为”、“打开”、“关闭”、“新建”、“打印”和“选项”等其他一些命令，如图 4-6 所示。某些命令被突出显示，单击突出显示的命令，其右侧将以选项卡的形式显示相应内容，图 4-6 所示中显示的是“信息”选项卡。

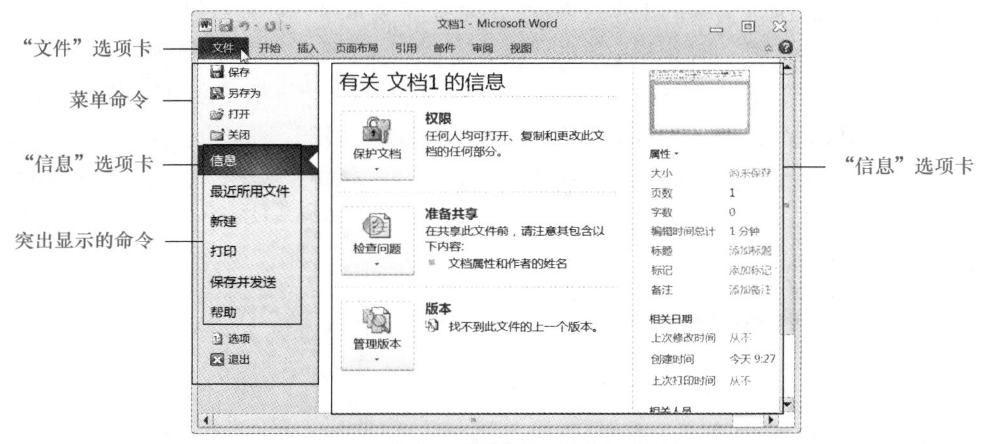

图 4-6 “文件”选项卡的“信息”选项卡

提示，若要从“文件”选项卡视图快速返回到文档，请单击“开始”选项卡，或者按键盘上的 Esc 键。

3. 功能区

Word 2010 用功能区代替以前版本的菜单和工具栏。工作时需要用到的功能命令位于功能区，功能区上的选项卡按照命令的功能分别组织到不同的选项卡上，每个选项卡都与一种类型的活动相关。每个功能区根据功能的不同又分为若干个组。单击选项卡名称可切换到其他选项卡。如图 4-7 所示是“开始”选项卡，包含了常用的命令按钮和选项，根据功能又分为多个组：剪贴板、字体、段落、样式、编辑。在某些组的右下角有一个对话框启动按钮，单击它将显示相应的对话框或列表，可做更详细的设置。例如，单击“开始”选项卡“字体”组右下角的按钮，将显示“字体”对话框。

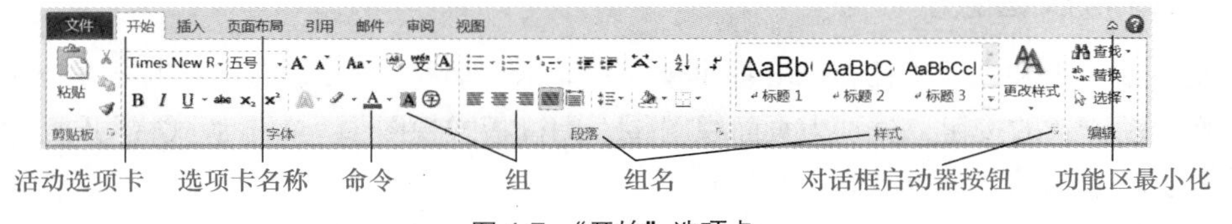

图 4-7 “开始”选项卡

每个选项卡都与一种类型的活动相关，某些选项卡只在需要时才显示。例如，仅当选择图片后，才显示“图片工具”选项卡。

知识拓展

1. 设置工作环境

由于需要编辑的文档类型不同(例如书、公文、海报),用户的操作习惯不同,在安装完成Word后，正式使用Word前，通常应该先设置Word的工作环境。Word 2010对环境的设置，都安排在“文件”选项卡中。单击“文件”选项卡，单击菜单底部的“选项”，在显示的“Word选项”对话框中设置。

（1）取消自动更正。

在输入和编辑过程中，Word默认一些自动更正功能，例如，输入直引号“" "”将自动变为弯引号““ ””；输入“1.”按Enter键后，将在下行出现“2.”，并且排列方式也变了。严重情况下，自动更正会让用户无法完成需要的工作。因此，应根据需要取消一些缺省设置。

在“Word选项”对话框左侧窗格中单击“校对”，如图4-8所示。在右侧窗格中单击“自动更正选项”按钮，显示“自动更正”对话框，在“键入时自动套用格式”选项卡和“自动套用格式”选项卡中，取消一些复选框，建议取消“键入时自动替换”和“键入时自动应用”下的所有选项，如图4-9所示。

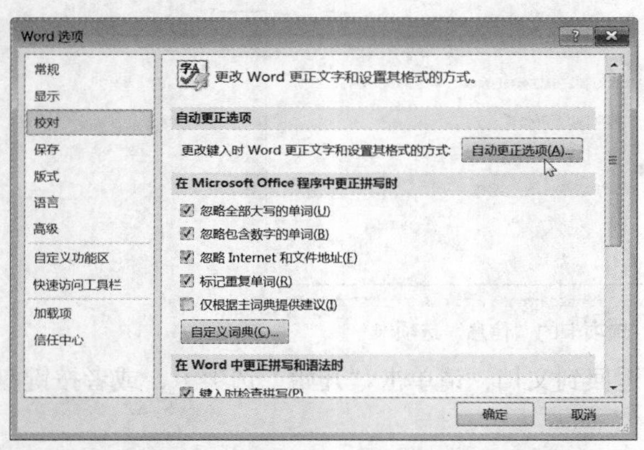

图4-8 “Word选项”对话框中的“校对”选项

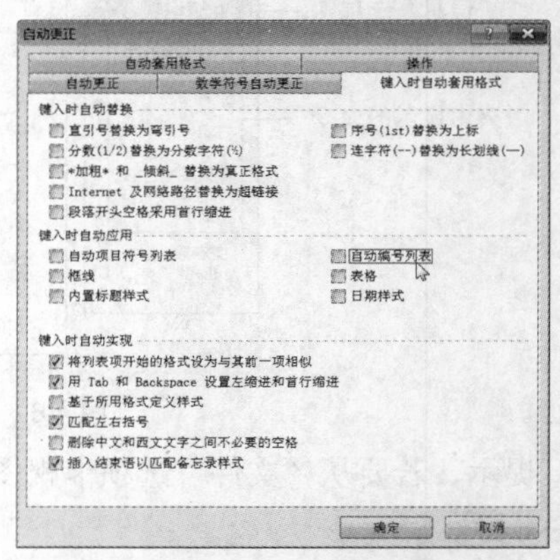

图4-9 “自动更正”对话框中的选项卡

（2）自定义快速访问工具栏。

对于一些经常使用的命令，可将其放置到快速访问工具栏中，例如打开文档命令。在“Word选项”对话框左侧窗格中单击“快速访问工具栏”，如图4-10所示。在右侧窗格中，首先从左侧框中选择要添加的命令，例如单击选中“打开”，然后单击框中间的“添加”按钮，选中的命令出现在右侧的框中。单击“确定”按钮后，在快速访问工具栏中可以看到刚才添加的命令。建议添加常用的命令，如打开、新建、打印等。

2. Word中的文档视图

为了更好地编辑和查看文档,Word提供了5种显示文档的方式,状态栏右侧有5个视图按钮，它们是改变视图方式的按钮，分别为页面视图、阅读板式视图、Web版式视图、大纲视图和草稿。一般情况下，默认显示页面视图。

- 页面视图。在页面视图下，文档将按照与实际打印效果一样的方式显示。
- 阅读版式。这种阅读方式比较方便，但是在该方式下，所有的排版格式都被打乱了。
- Web版式视图。Web版式视图显示文档在Web浏览器中的外观。

图 4-10 “Word 选项”对话框中的“快速访问工具栏”选项

- 大纲视图。用缩进文档标题的方式显示文档结构的级别，可以方便地查看文档的结构。
- 草稿视图。草稿视图显示文字的格式，简化了页面布局，不显示页边距、页眉、页脚、背景、图形对象以及没有设置为“嵌入型”环绕方式的图片，这样可快速输入和编辑文字。

课堂实训

练习 4.1 启动 Word，新建 3 个文档，分别命名文档名称为“练习 1”、“练习 2”、“练习 3”。在每个文档中任意输入一些文字，完成任务：要求“练习 1”按普通视图显示，并且显示比例为 150%；“练习 2”按页面视图显示，并且显示比例为 85%；“练习 3”按 Web 视图显示，显示比例为“双页”。

练习 4.2 设置工作环境，要求：显示所有格式标记，默认保存的文档格式为 .docx，自动保存文档的时间间隔 1 分钟，默认保存文档到 D:\，键入时不自动编号，不自动把直引号换为弯引号。

4.1.2 文字的输入

创建文档后，就可在文档窗口中输入文字、插入字符，对文档中的文字可以删除、修改。在 Word 中，通过输入法输入的文字、字符，统称为文本。

实例 4.2 文字的输入

情境描述

学校办公室要发布《关于中秋节、国庆节放假安排的通知》，李萍同学作为学校办公室的兼任打字员，受办公室主任要求录入通知。通知内容如下。

> 关于中秋节、国庆节放假安排的通知
>
> 全校教职工：
>
> 根据国务院办公厅发布的 2013 年中秋节、国庆节放假安排，结合学校的实际情况，现将学校中秋节、国庆节放假安排通知如下：

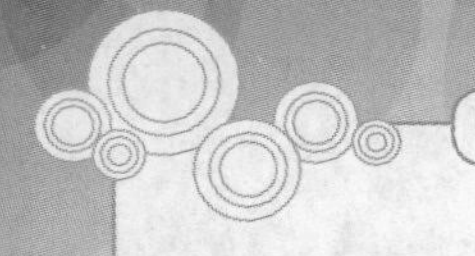

1. 中秋节:2013 年 9 月 19 日至 9 月 21 日放假,共 3 天。其中 9 月 19 日（星期四,农历中秋节）法定节假日,9 月 21 日（星期六）为公休,9 月 20 日（星期五）调休,9 月 22 日（星期日）照常上班。

2. 十一国庆节：2013 年 10 月 1 日至 10 月 7 日放假，共 7 天。其中 10 月 1 日（星期二）、10 月 2 日（星期三）、10 月 3 日（星期四）为国庆节法定节假日，10 月 5 日（星期六）、10 月 6 日（星期日）公休,9 月 29 日（星期日）、10 月 12 日（星期六）公休分别调至 10 月 4 日（星期五）、10 月 7 日（星期一），9 月 28 日（星期六）、10 月 11 日（星期五）、10 月 8 日（星期二）照常。

3. 各部门要提前做好工作安排，保证各项工作有序规范进行。

4. 保卫部门要做好两节前安全隐患的排查及治理工作，相关部门做好学生的安全教育工作，保证过节期间师生及校园的安全。

学校办公室

2013 年 9 月 15 日

任务实施

在编辑窗口中输入文字的操作方法如下。

① 在 Windows 桌面上，从输入法工具栏中选取一种中文输入法，如“搜狗拼音输入法”、“微软拼音输入法”等。

② 启动 Word，切换到页面视图，将光标插入点定位于第 1 行开始处，输入标题“关于中秋节、国庆节放假安排的通知”，然后按 Enter 键另起一段，使插入点移到下一行。

③ 继续输入通知的其他内容。输入过程中，当文字到达右页边距时，插入点会自动折回到下一行行首。输入完一段后按一次 Enter 键，段尾有一个“↵”符号，代表一个段落的结束。输入完成后显示如图 4-11 所示。

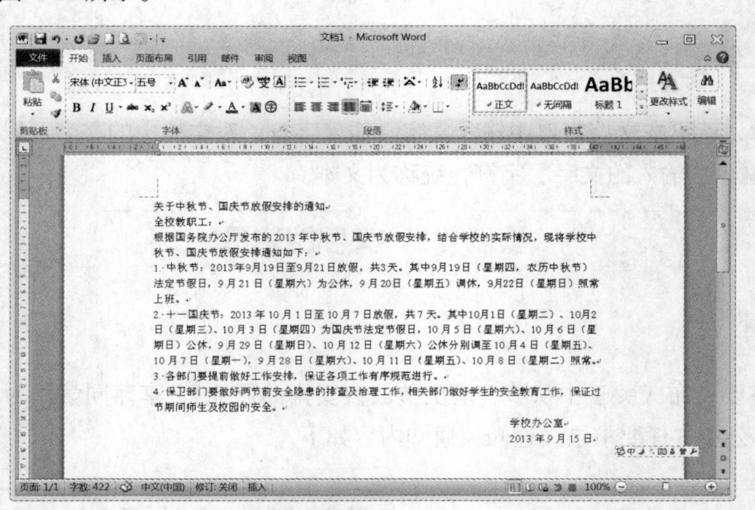

图 4-11 输入文本

提示 在输入、添加或修改文档内容前，首先应移动鼠标使光标移到要插入文字的位置，单击鼠标左键。插入点会随着文字的输入向后移动。在输入内容时可以按空格键。如果输错了字符，可按 Backspace 键删除刚输入的错字，然后输入正确的文本。

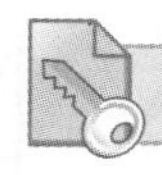

知识与技能

1. 插入符号

在文档输入过程中，可以通过键盘直接输入常用的符号，也可使用汉字输入法输入符号。单击要插入符号的位置，单击功能区中的“插入”选项卡。在“符号”组中单击“符号”。显示符号列表，如图 4-12 所示，单击需要的符号。

如果列表中没有要插入的符号，单击“其他符号”，显示“符号”对话框，如图 4-13 所示。双击要插入的符号，则插入的符号出现在插入点上。

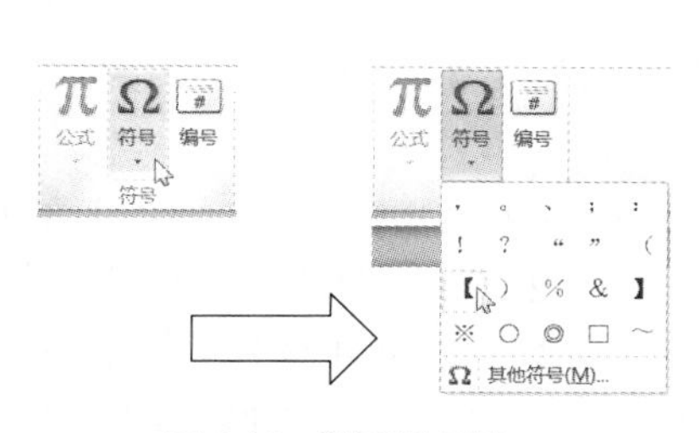

图 4-12 “符号”列表

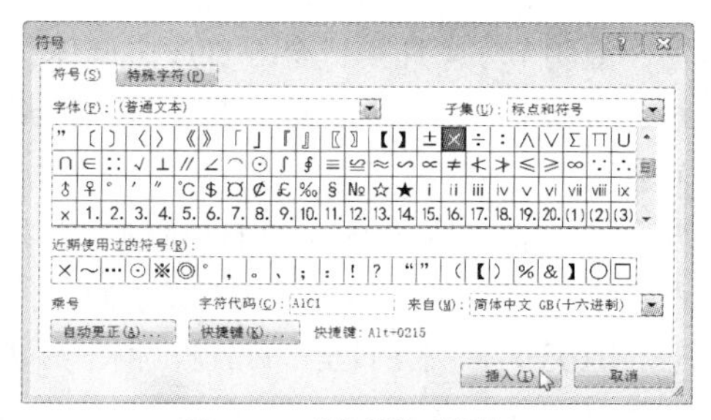

图 4-13 “符号”对话框

2. 插入当前日期和时间

可以插入计算机当前时钟的日期和时间，插入日期和时间的操作为：

① 单击要插入日期或时间的位置，或者用键盘上的箭头键移动。

② 在“插入”选项卡中，单击“文本”组中的“日期和时间”，如图 4-14 所示。显示“日期和时间”对话框，如图 4-15 所示。

③ 在“语言（国家 / 地区）”栏中选定“中文（中国）”或“英语（美国）”，在“可用格式”中单击选定需要的格式。如果选定了“自动更新”复选框，插入的日期会在下次打开时自动更新。单击“确定”按钮，在插入点插入当前系统的日期和时间。

图 4-14 “文本”组中的“日期和时间”

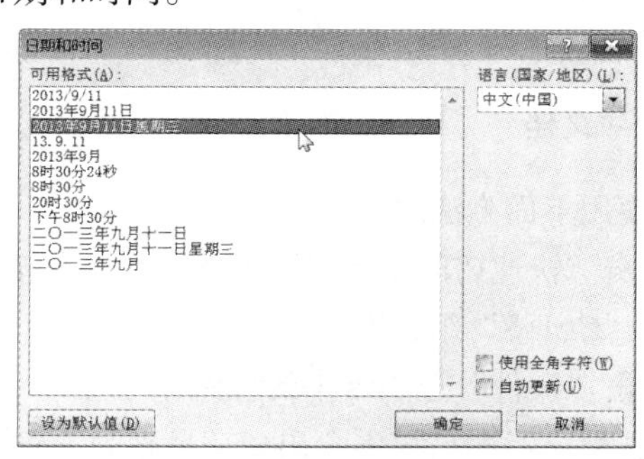

图 4-15 “日期和时间”对话框

课堂实训

练习 4.3 为了使放假通知的标题更加醒目，要求在标题前后插入几个“★”。

练习 4.4 录入下面的假日安排通知。

国务院办公厅关于2013年部分节假日安排的通知

国办发明电〔2012〕33号

各省、自治区、直辖市人民政府，国务院各部委、各直属机构：

根据国务院《关于修改〈全国年节及纪念日放假办法〉的决定》，为便于各地区、各部门及早合理安排节假日旅游、交通运输、生产经营等有关工作，经国务院批准，现将2013年元旦、春节、清明节、劳动节、端午节、中秋节和国庆节放假调休日期的具体安排通知如下。

一、元旦:1月1日至3日放假调休，共3天。1月5日（星期六）、1月6日（星期日）上班。

二、春节:2月9日至15日放假调休，共7天。2月16日（星期六）、2月17日（星期日）上班。

三、清明节:4月4日至6日放假调休，共3天。4月7日（星期日）上班。

四、劳动节:4月29日至5月1日放假调休，共3天。4月27日（星期六）、4月28日（星期日）上班。

五、端午节:6月10日至12日放假调休，共3天。6月8日（星期六）、6月9日（星期日）上班。

六、中秋节:9月19日至21日放假调休，共3天。9月22日（星期日）上班。

七、国庆节:10月1日至7日放假调休，共7天。9月29日（星期日），10月12日（星期六）上班。

节假日期间，各地区，各部门要妥善安排好值班和安全、保卫等工作，遇有重大突发事件发生，要按规定及时报告并妥善处置，确保人民群众祥和平安度过节日假期。

国务院办公厅

2012年12月8日

4.1.3 保存文档

保存文档常用下面几种方法。

知识与技能

1. 保存文档

可以使用下面方法之一。

- 单击“快速访问工具栏”上的“保存”按钮。
- 按“Ctrl+S”组合键。
- 单击“文件”选项卡中的“保存”。

如果文档已经命名，不会出现“另存为”对话框，而直接保存到原来的文档中以当前内容代替原来内容，当前编辑状态保持不变，可继续编辑文档。

如果正在保存的文档没有命名，将显示“另存为”对话框，如图4-16所示。

① 如果要保存到其他位置，单击左侧窗格中的“计算机”，然后双击驱动器图标，选择保存文档的驱动器和文件夹。

② 在“文件名”文字框中输入一个合适的文件名。如果要兼容以前版本，选取保存类型为“Word 97-2003”。单击“保存”按钮。保存后，该文档标题栏中的名称已改为命名后的名字。

图 4-16 “另存为”对话框

2. 另存文档

如果把当前编辑的文档换名保存为另外一个文档，操作步骤为：

① 单击“文件”选项卡中的“另存为”，显示“另存为”对话框，如图 4-16 所示；

② 选择保存位置，或更改不同的文件名，或保存类型；

③ 单击“保存”按钮。这时，文档窗口标题栏中显示为改名后的文档名。

3. 设置默认保存文档

包括保存文档的默认格式、自动保存时间、文件默认保存位置，在“Word 选项”对话框左侧窗格中单击“保存”按钮，然后在右侧窗格中设置，如图 4-17 所示。

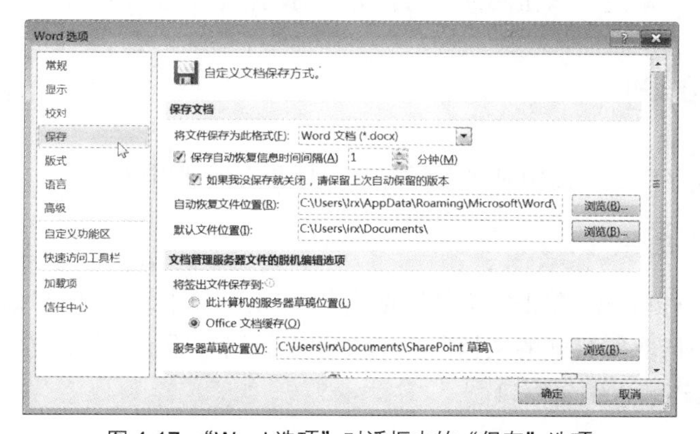

图 4-17 “Word 选项”对话框中的“保存”选项

*4. 为文档设置权限

（1）设置权限。

在打开的文档中，单击“文件”选项卡。单击菜单中的“信息”。在“信息”选项卡中，在“权限”中，单击“保护文档”，如图 4-18 所示。

此时将显示以下选项：

- 标记为最终状态：文档将变为只读。
- 用密码进行加密：为文档设置密码。将显示“加密文档”对话框，在“密码”框中键入密码，然后单击“确定”按钮；在“确认密码”框中，重新键入该密码，然后单击“确定”按钮。

图 4-18 “保护文档”选项

- 限制编辑：控制可对文档进行哪些类型的更改。如果选择“限制编辑”，将显示 3 个选项：“格式设置限制”、“编辑限制”、“启动强制保护”。
- 按人员限制权限：使用 Windows Live ID 限制权限。
- 添加数字签名：添加可见或不可见的数字签名。

（2）修改打开权限和修改权限密码。

用正确的打开权限和修改权限密码来打开该文档后，才能修改密码，其操作方法与设置密码相同。

（3）取消权限密码。

取消权限密码的操作方法与修改密码基本相同，只是在“加密文档”对话框中，删除密码框中的“l”号，再单击“确定”按钮回到“另存为”对话框，再次“保存”后就删除了密码。

4.1.4 打开文档

文档以文件形式存放后，使用时要重新打开。打开文档常用以下几种方法。

1. 通过“打开”命令

如果当前在 Word 窗口中，单击“文件”选项卡，单击菜单中的“打开”，显示“打开”对话框。在“打开”对话框中选取要打开的文档所在的文件夹、驱动器或其他位置。双击要打开的 Word 文档文件名，则该文档装入编辑窗口。

2. 在 Word 中打开最近使用过的文档

启动 Word 后，在“文件”菜单“最近所用文件”选项卡会列出“最近使用的文档”和“最近的位置”。单击文档名，可直接打开该文档；单击位置名，将打开该位置。列出的文档个数（默认 25 个）可在“Word 选项”对话框中的“高级”中的“显示”项中更改。

3. 在未进入 Word 之前打开文档

还可以通过下列方法之一打开 Word 文档：

- 在“开始”菜单或者任务栏上的 Word 程序文档锁定列表中列出了最近使用过的文档，单

击该文档名，将在启动Word程序的同时，打开该文档。

- 在“Windows资源管理器”窗口中，双击要打开的Word文档。

课堂实训

练习4.5 把当前文档改名另存为“中秋国庆节放假通知”，并保存到D盘的根文件夹下，同时设置打开文档的权限，并设置密码。

练习4.6 把假日安排通知文档命名为“假日安排通知-姓名”，文件名中的“姓名”是你自己的名字。

练习4.7 设置工作环境，要求：显示所有格式标记，默认保存的文档格式为.docx，自动保存文档的时间间隔1分钟，默认保存文档到D:\，输入时不自动编号，不自动把直引号换为弯引号。在快速访问工具栏上添加新建空白文档等按钮。

4.1.5 文档的编辑

对文档中的文字、字符、图形、图片等内容，可以进行移动插入点、选定文档、复制、删除、查找等操作，这种操作统称为编辑。

实例4.3 文档的编辑

情境描述

李萍同学把放假通知录入后，主任觉得有些段落需要调整，例如，更换第3条与第4条的前后位置；把落款和日期改为右端等。通过查阅相关资料，她了解到了对文档的这种操作，就是文档的编辑，下面完成这项操作。

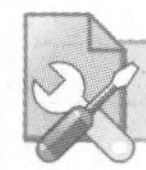

任务实施

编辑文档的操作方法如下。

① 更换第3条与第4条的前后位置。在第3条段落中的任意位置连击3次，选定第3条的段落。把选定内容拖动到第4条后的位置。

② 把插入点放置到落款文字前，按空格键；同样的方法右移日期（注意，要在编辑的“插入”状态下操作）。

③ 修改序号。把4改为3，把3改为4。

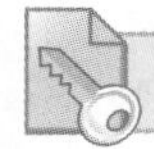

知识与技能

1. 移动插入点

文档中闪烁的插入点光标“|”和鼠标指针“I”具有不同的外观和作用。插入点光标用于指

示在文档中输入文字和图形的当前位置，它只能在文档区域移动；鼠标指针则可以在桌面上任意移动，移动鼠标指针或者拖动滚动块，并不改变插入点的位置，只有用鼠标在文档中单击才改变插入点。在文档中移动插入点的方法有以下两种。

（1）用鼠标移动插入点。

如果要设置插入点的文档区域没有在窗口中显示，可以先使用滚动条使之显示在当前文档窗口，将“I”形鼠标指针移动到要插入的位置，单击鼠标左键，则闪烁的插入点“|”出现在此位置。也可以在空白区域中双击，使用“即点即输”功能，在空白区域中快速设置插入点。

（2）用键盘移动插入点。

可以用键盘上的光标移动键移动插入点。表4-1列出了常用的按钮和功能。

表4-1　插入点移动键及功能

键盘按键	功　能	键盘按键	功　能
←	左移一个字符或汉字	Home	放置到当前行的开始
←	右移一个字符或汉字	End	放置到当前行的末尾
↑	上移一行	Ctrl+PageUp	放置到上页的第一行
↓	下移一行	Ctrl+PageDown	放置到下页的第一行
PageUp	上移一屏幕	Ctrl+Home	放置到文档的第一行
PageDown	下移一屏幕	Ctrl+End	放置到文档的最后一行

通过“编辑”菜单中的“查找”和“定位”，也可以把插入点定位到特定位置。

2. 选定文本

Windows环境下的程序，其操作都有一个共同规律，即“先选定，后操作”。在Word中，体现在对选定文本、图形等处理对象上。选定文本内容后，被选中的部分变为突出显示，一旦选定了文本就可以对它进行多种操作，如删除、移动、复制、更改格式操作。

使用鼠标选择文档正文中的文本的操作如表4-2所示。

表4-2　使用鼠标选择文档正文中的文本

选　择	操　作
任意数量的文本	在要开始选择的位置单击，按下鼠标左键，然后在要选择的文本上拖动指针
一个词	在单词中的任何位置双击
一行文本	将指针移到行的左侧，在指针变为右向箭头后单击
一个句子	按下Ctrl键不放，然后在句中的任意位置单击
一个段落	在段落中的任意位置连击3次
多个段落	将指针移动到第一段的左侧，在指针变为右向箭头后，按下鼠标左键，同时向上或向下拖动指针
较大的文本块	单击要选择的内容的起始处，滚动到要选择的内容的结尾处，然后按下Shift键不放，同时在要结束选择的位置单击
整篇文档	将指针移动到任意文本的左侧，在指针变为右向箭头后连击3次
垂直文本块	按下Alt键，同时在文本上拖动指针

知识拓展

1. 插入文本

在插入文本前，首先要确认当前处于插入状态，此时Word状态栏中显示为“插入”。把插入点放置到插入字符的位置，输入文字，其右侧的字符逐一向右移动。

如果要在某文字处另起一段落，按Enter键，则后面的内容为下一段落。如果要把两个连续的段落合为一个段落，把插入点放置到第一个段落的最后一个字符后，按 Delete 键，则后面的段落连接到前一个段落后，成为一个段落。

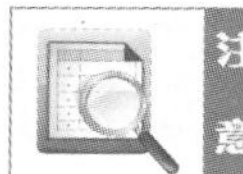

注意　如果状态栏中显示为“改写”，表示处于改写状态。在改写状态输入文字，新输入的文字将覆盖掉已有文字。所以，一般都在插入状态下工作。

2. 删除文本

删除文本内容，常用下面两种方法。

（1）删除单个文字或字符。

把插入点设在要删除文本之前或之后，按 Delete 键将删除当前光标之后的一个字，按 Backspace 键将删除光标之前的一个字。

（2）删除文本块。

选定要删除的文本，然后按 Delete 或 Backspace 键。也可以单击“开始”选项卡中“剪贴板”组上的“剪切”按钮。

3. 撤消与恢复

在编辑文档的过程中，如果删除错误，可以使用撤消与恢复操作。Word 支持多级撤消和多级恢复。

（1）撤消。

操作过程中，如果对先前所做的工作不满意，可用下面方法之一撤消操作，恢复到原来的状态。

- 单击快速工具栏上的“撤消”按钮（或按“Ctrl+Z”组合键），可取消对文档的最后一次操作。
- 多次单击“撤消”按钮（或按“Ctrl+Z”组合键），依次从后向前取消多次操作。
- 单击“撤消”按钮右边的下箭头，打开可撤消操作的列表，可选定其中某次操作，一次性恢复此操作后的所有操作。撤消某操作的同时，也撤消了列表中所有位于它上面的操作。

（2）恢复。

在撤消某操作后，如果认为不该撤消该操作，又想恢复被撤消的操作，可单击常用工具栏上的“恢复”按钮。如果不能重复上一项操作，该按钮将变为灰色的“无法恢复”。

4. 移动文本

移动文本内容最常用的是拖动法和粘贴法。

（1）拖动法。

如果移动文本的距离较近，可采用鼠标拖动的方法：选定要移动的文本，将选定内容拖至新位置。

（2）粘贴法。

利用剪贴板移动文本：

① 选定要移动的文本；

② 单击“开始”选项卡中“剪贴板”组上的“剪切”按钮（或按“Ctrl+X”组合键）（这时选定文本已被剪切掉，保存到剪贴板中）；

③ 切换到目标位置（可以是当前文档，也可以是另外一个文档），单击插入点位置；

④ 单击“开始”选项卡中“剪贴板”组上的“粘贴”（或按“Ctrl+V”组合键），这时刚才剪切掉的文本连同原有的格式一起显示在目标位置。

5. 复制文本

复制文本内容常用下面 3 种方法。

（1）拖动法。

选定要复制的文本，按下 Ctrl 键不放，将选定文本拖至新位置。

（2）粘贴法。

用粘贴法复制文本的操作步骤为：选定要复制的文本，单击“开始”选项卡中“剪贴板”组上的“复制”按钮（或按“Ctrl+C”组合键）。

切换到目标位置，单击插入点位置。单击“开始”选项卡中“剪贴板”组上的“粘贴”（或按“Ctrl+V”组合键），这时文本内容被复制在目标位置。

在粘贴文本的右下方出现“粘贴选项”图标(Ctrl)，单击(Ctrl)或按 Ctrl 键，打开其列表，如图 4-19 所示。执行下列操作之一。

- 如果要保留粘贴文本的格式，单击“保留源格式”。
- 如果要与插入粘贴文本附近文本的格式合并，单击“合并格式”。
- 如果要删除粘贴文本的所有原始格式，单击“只保留文本”。如果所选内容包括非文本的内容，“只保留文本”选项将放弃此内容或将其转换为文本。例如，如果在粘贴包含图片和表格的内容时，使用“仅保留文本”选项，将忽略粘贴内容中的图片，并将表格转换为一系列段落。如果所选内容包括项目符号列表或编号列表，“仅保留文本”选项可能会放弃项目符号或编号，这取决于 Word 中粘贴文本的默认设置。

6. 查找和替换

不仅可以查找文字，还可以查找格式文本和特殊字符。

（1）查找文本。

在“开始”选项卡上，在“编辑”组中，单击“查找”，如图 4-20 所示。显示“导航”任务窗格，如图 4-21 所示。在“搜索文档”框内键入要查找的文本（如键入“天地”）。

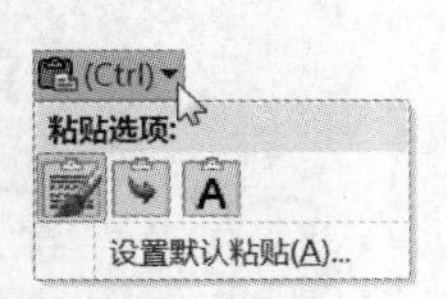

图 4-19 “粘贴选项”列表

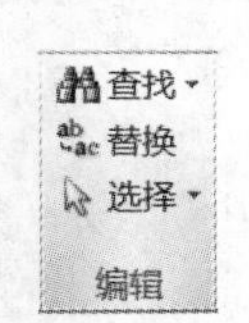

图 4-20 “编辑”组

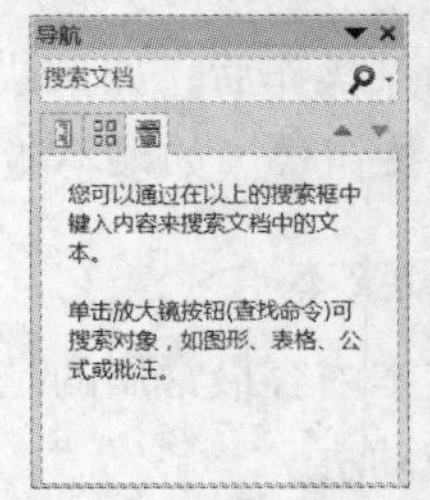

图 4-21 “导航”任务窗格

在 Word 2010 中，使用渐进式搜索功能查找内容，因此无需确切地知道要搜索的内容即可找到它。每输入一个字、词，“导航”窗格中的内容区中都会渐进显示搜索到的段落并加重显示搜索内容。在“导航”任务窗格中单击搜索到的段落，在文档编辑区中将同步跳转到该段落，搜索的字、词也加重显示。如图 4-22 所示。

如果暂时不使用“导航”任务窗格，可单击任务窗格的“关闭”按钮将其关闭。

（2）查找和替换文本。

可以自动将某个词语替换为其他词语，替换文本将使用与所替换文本相同的格式。如果对替换结果不满意，可以按“撤消”按钮恢复原来的内容。替换文本的操作为：在“开始”选项卡上的“编辑”

组中，单击“替换”。显示“查找和替换”对话框的“替换”选项卡，如图 4-23 所示。在“查找内容”框中，键入要搜索的文本，例如“学校”。在“替换为”框中，键入替换文本，例如“学院”。

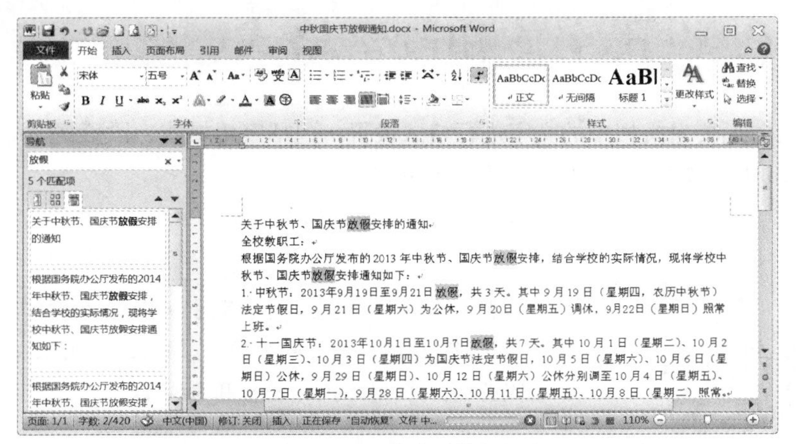

图 4-22　导航找到的内容

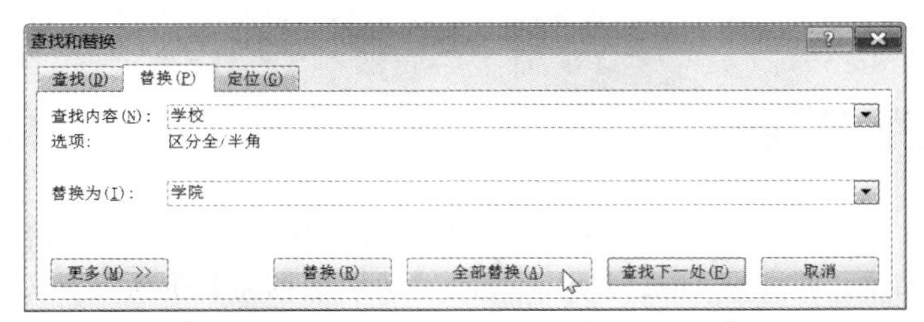

图 4-23　“查找和替换”对话框的“替换”选项卡

执行下列操作之一：

- 要查找文本的下一次出现位置，单击“查找下一处”；
- 要替换文本的某一个出现位置，单击“替换”（单击“替换”后，插入点将移至该文本的下一个出现位置）；
- 要替换文本的所有出现位置，单击“全部替换”。

要取消正在进行的替换，按 Esc 键。

技巧：利用替换功能还可以删除找到的文本，方法是：在“替换为”一栏中不输入任何内容，替换时会以空字符代替找到的文本，等于做了删除操作。

课堂实训

练习 4.8　复制放假通知的所有内容，新建一个文档，把所有内容粘贴到新文档中，并命名为“国庆放假通知 1”，保存到“我的文档”中，然后关闭这个文档。

练习 4.9　把当前文档另存为“国庆放假通知 2”，保存到 D 盘的“通知”文件夹下，关闭文档。

练习 4.10　回到最初的文档中，把所有“学院”替换为“学校”，把放假通知内容重新改为“实例 4.2”中的内容。

4.2 设置字体和段落格式

输入文字后，还要对文档中的文字进行格式设置，包括字体格式、段落格式等，以使其美观和便于阅读，Word 提供了“所见即所得”的显示效果。

◎ 会设置字体格式，包括字体、字号、字形、效果等。

◎ 会设置段落格式，包括对齐方式、缩进、行间距、段落间距等。

◎ 会设置项目符号和编号、边框和底纹等。

4.2.1 设置字体格式

字体格式包括字体的字形、字号、颜色、字形（如粗体、斜体、下划线）等。默认字号是五号字，中文字体是宋体，西文是 Times New Roman。可以根据需要重新设置文本的字体。

设置字体格式的方法有两种：一是在未输入字符前设置，其后输入的字符将按设置的格式一直显示下去；二是先选定文本块，然后再设置，它只对该文本块起作用。

实例 4.4 设置字体格式

情境描述

近日，办公室王主任又让李萍同学打了一份公文，对公文的排版提出一些更加详尽的要求例如通知的标题是宋体二号字红色，正文是宋体三号字。

任务实施

① 选定放假通知标题行的全部文字，松开鼠标按键后，将出现浮动的字体格式工具栏，单击“字体”列表框右端的▾，从字体列表中单击“黑体”。仍然保持标题行被选中，单击“字号”列表框右端的▾，从字号列表中单击“二号”。再单击格式工具栏中的“字体颜色（红色）”按钮 A。如图 4-24 所示。

② 可以使用“开始”选项卡上的“字体”组设置。选中除通知标题之外的其他所有行，在“开始”选项卡上的“字体”组设置。

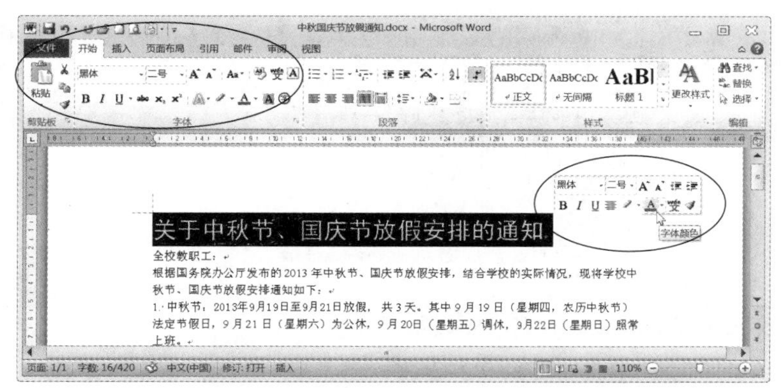

图 4-24　使用浮动工具栏或“开始”选项卡上的“字体”组设置字体格式

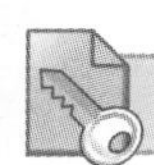

知识与技能

1. 设置字体格式

设置字体格式时，最简便的方法是使用浮动工具栏或“开始”选项卡上的“字体”组，通过单击工具栏上的按钮来设置。如果字体格式工具栏中没有需要的字体格式，可通过“字体”对话框来设置，在“字体”对话框中包括了更多的对字体进行设置的选项。

选定要更改的文本，单击“开始”选项卡上的“字体”组右下角的“字体”对话框启动器按钮，显示“字体”对话框，如图 4-25 所示。设置中文字体为“宋体”，西文字体为“Times New Roman”，字形为“常规”，字号为“三号”，然后单击“确定”按钮。在“字体”对话框中可以对字符详细设置，包括字体、字型、字号、效果等。

图 4-25　“字体”对话框

2. 清除格式

选定要清除格式的文本，单击“开始”选项卡上的“字体”组中的“清除格式”，将清除所选内容的所有格式，只留下纯文本。

*3. 设置超链接

Word 中的超链接，可以链接到文件、网页、电子邮件地址。选中要链接的文字内容，例如“新浪网”，如图 4-26 所示。单击“插入”选项卡上的“链接”组中的“超链接”，显示“插入超链接”对话框。在“地址”中输入或者粘贴地址到该框中，单击“确定”按钮。此时，超链接文字被自动加上下划线并以默认蓝色显示。将鼠标指向超链接文字时，将出现提示文字。按下 Ctrl 键并单击鼠标将自动链接到该地址。

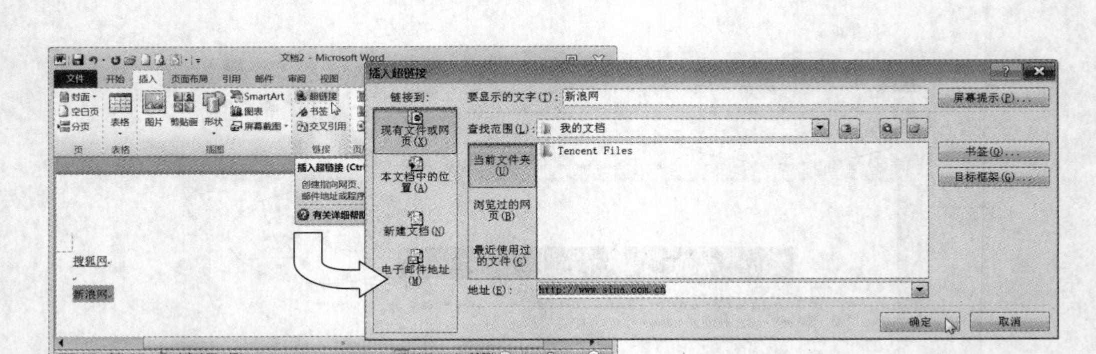

图 4-26　链接到地址

*1. 统计文档中的字数

打开文档后，会自动统计文档中的总页数和总字数，并将其显示在工作区底部的状态栏上 字数: 420 。

可以统计一个或多个选定区域中的字数，而不是文档中的总字数。进行字数统计的各选择区域无需彼此相邻。选择要统计字数的文本，状态栏将显示选择区域中的字数，例如，字数: 61/420 表示选择区域中的字数为 61，文档中的总字数为 420。

如果要得到更详细的字数统计，在“审阅”选项卡的“校对”组中，单击“字数统计”，显示“字数统计”对话框，如图 4-27 所示。

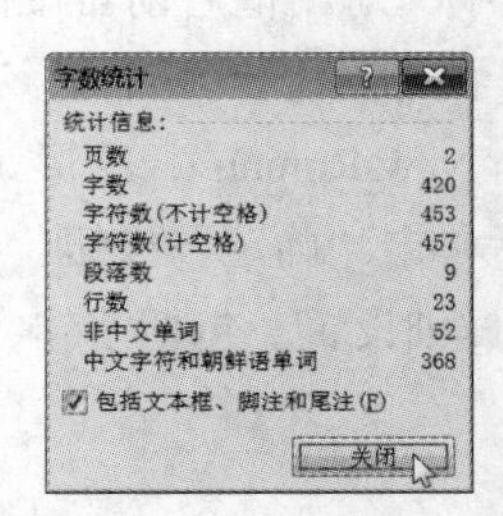

图 4-27　“字数统计”对话框

提示　要选择不相邻的各个文本选择区域，请先选择第一个选择区域，然后按住 Ctrl 键并选择其他选择区域。

*2. 修订

有时，在审阅别人的文档时需要对该文档进行修改，通过下面的方法可以将修改过程记录下来，以方便对方知道你做了哪些修改。操作方法为：单击“审阅”选项卡中“修订”组中的“修订”，该按钮突出显示，表示处于“修订”状态。此时，可以在文档中对文件进行添加、删除等修改操作，所有修改的内容均被特别标注出来，如图 4-28 所示。

对方可以单击你修改的位置，在“审阅”选项卡中的“更改”组中，单击“接受”或者“拒绝”。

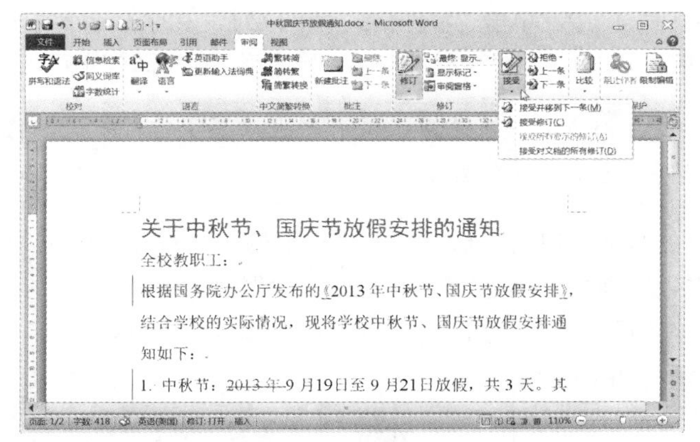

图 4-28　修订

课堂实训

练习 4.11　为自己设计一张名片，包括学校名称、专业、班、姓名、职务、地址、电话等信息，使用不同字体和颜色，更改字符间距。

练习 4.12　设置数学公式的字体格式：$a_1X^2+a_2X+a_3=0$。

4.2.2　设置段落格式

段落是文本、图片及其他对象的集合，每个段落结尾跟一个段落标记↵，每个段落都有自己的格式。设置段落格式是对某个段落设置格式。段落格式包括段落的对齐方式、段落的行距、段落之间的间距等。

实例 4.5　设置段落格式

情境描述

最近，主任对李萍同学编辑的公文段落格式也有了特定的要求，例如：通知的标题段前空 1.5 行，段后空 1 行，居中；正文段首文字缩进 2 个汉字，单倍行距；发文名称和日期右对齐，空两个汉字。这些段落格式的设置方法与上面所学的字体格式的设置方法一样吗？

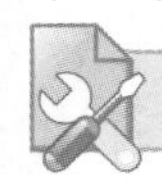

任务实施

① 单击通知的标题行。因是设置段落格式，只需把插入点设置到该段中的任意位置。

② 把标题设置为居中。在“开始”选项卡中，单击“段落”组中的“居中”按钮。

③ 设置标题段前、段后的间距。单击“段落”组中的对话框启动按钮，显示“段落”对话框，在“缩进和间距”选项卡的“间距”区中，单击“段前”后的数字调节按钮，使之显示“1.5 行”；单击“段后”后的数字调节按钮，使之显示“1 行”。如图 4-29 所示，最后单击“确定”按钮。

④ 选中通知的所有正文，单击“段落”组中的对话框启动按钮，在“段落”对话框的“缩进

和间距”选项卡的“缩进”区中，单击“特殊格式”下拉列表中的“首行缩进”，在“度量值”框中输入“2字符”；在“间距”区中，单击“行距”下拉列表框中的“单倍行距”；最后单击“确定”按钮。

注意　不要选中标题这一行，如果这一行也设置了首行缩进，将在居中后向右多缩进2个汉字，看起来就偏右了。

⑤ 选中最后一行的日期，单击“格式”工具栏上的“右对齐”按钮。把插入点设置到日期的行尾，按两次空格键，输入两个空格。按此方法设置落款单位。

设置字体、段落格式后，放假通知在文档中显示如图4-30所示。

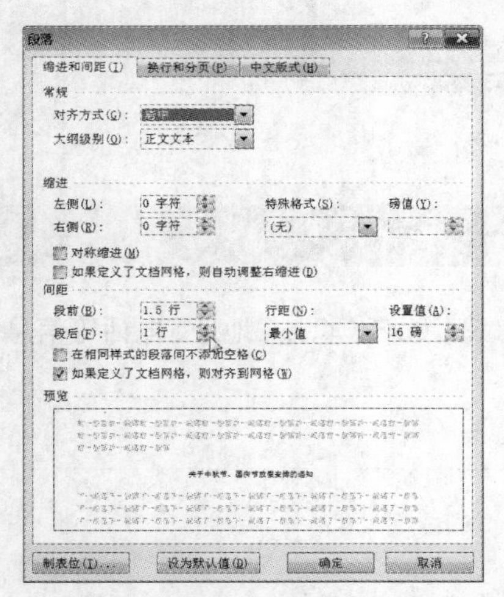

图4-29 “缩进和间距”选项卡

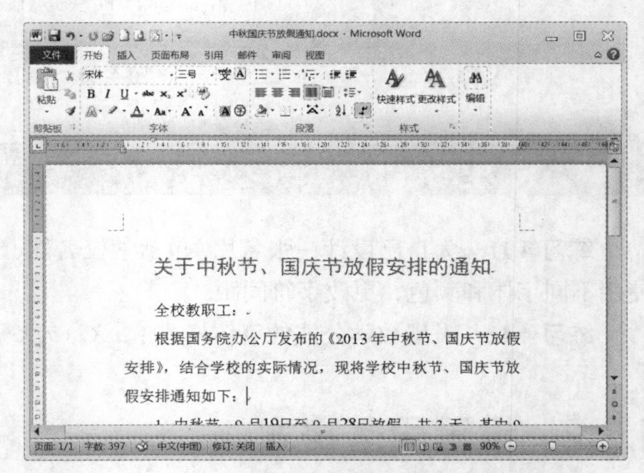

图4-30 设置格式后的放假通知

知识与技能

1. 设置已有段落的水平对齐方式

水平对齐方式确定段落边缘的外观和方向，包括两端对齐（是默认的对齐方式，表示文本沿左边距和右边距均匀地对齐）、左对齐文本、右对齐文本、居中文本等。可以对不同的段落设置不同的对齐方式，如标题使用居中对齐，正文使用两端对齐或右对齐等。操作方法为：选定需要对齐的段落，或将插入点置于该段落中；在“开始”选项卡上的“段落”组中（如图4-31所示），单击“左对齐”、“居中”、“右对齐”、“两端对齐”或“分散对齐”按钮。

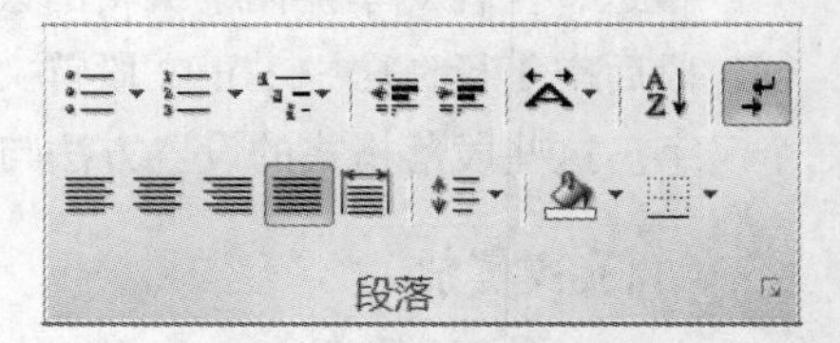

图4-31 “开始”选项卡上的“段落”组

2. 设置段落缩进

就像在稿纸上写文稿一样，文本的输入范围是整个稿纸除去页边距以后的版心部分。但有时为了美观，文本还要再向内缩进一段距离，这就是段落缩进，如图4-32所示。缩进决定了段落到左右页边距的距离。

段落缩进类型有首行缩进、悬挂缩进和反向缩进3种，如图4-33所示。

（1）只缩进段落的首行（首行缩进）。

在要缩进的行中单击，把插入点设置到要设置的段落中。在“页面布局”选项卡上的“段落”组中，单击右下角的“段落”对话框启动器。显示“段落”对话框的“缩进和间距”选项卡，如图 4-34 所示。对于中文段落，最常用的段落缩进是首行缩进 2 个字符。在“缩进”下的“特殊格式”列表中，单击“首行缩进”，然后在“设置值”框中设置首行的缩进间距量，如输入“2 字符”。

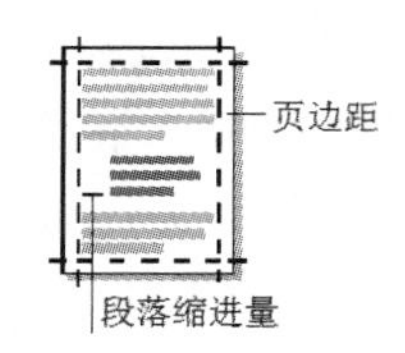

图 4-32　页边距与段落缩进示意

图 4-33　段落缩进的 3 种类型

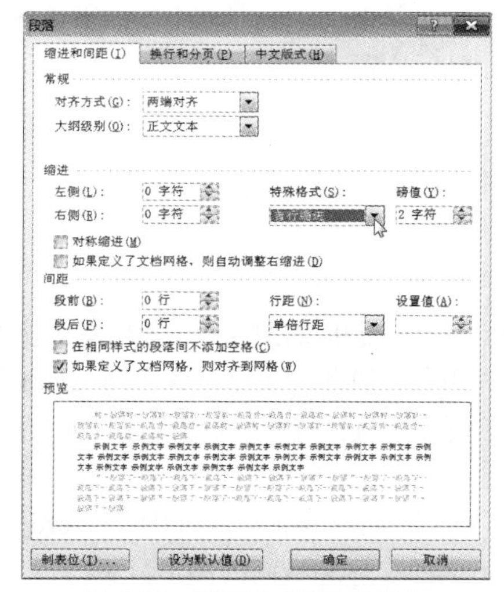

图 4-34　“缩进和间距”选项卡

注意　该段落以及后续键入的所有段落的首行都将缩进，该段落之前的段落必须使用相同的步骤手动设置缩进。

（2）缩进段落首行以外的所有行（悬挂缩进）。

- 使用水平标尺设置悬挂缩进。

① 若要缩进某段落中首行以外的所有其他行（也称为悬挂缩进），选择该段落。

② 在水平标尺上，将“悬挂缩进”标记拖动到希望缩进开始的位置。水平标尺上各部分的含义如图 4-35 所示。

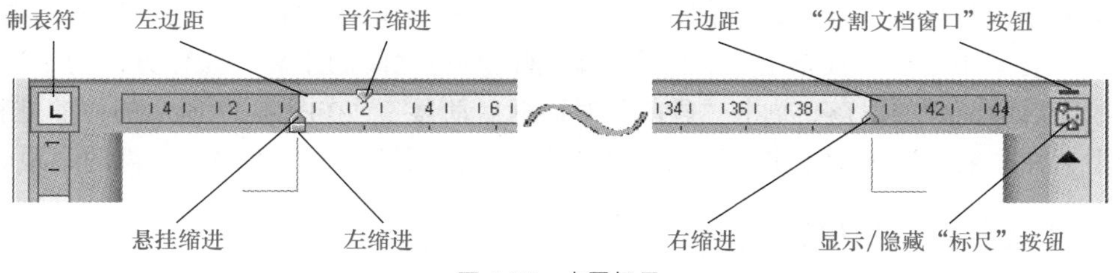

图 4-35　水平标尺

提示　如果看不到文档顶部的水平标尺，单击垂直滚动条顶部的“标尺”按钮。

• 使用精确度量设置悬挂缩进。

若要在设置悬挂缩进时更加精确，选择“缩进和间距”选项卡上的选项。

① 在要缩进的行中单击，把插入点设置到要设置的段落中。

② 在“页面版式”选项卡上的“段落”组中，单击“段落”对话框启动器。

③ 显示“段落”对话框的“缩进和间距”选项卡，在“缩进”下的“特殊格式”列表中，单击“悬挂缩进”，然后在“设置值”框中设置悬挂缩进所需的间距量。

（3）创建反向缩进。

选定要延伸到左边距中的文本或段落。单击“段落”对话框启动器，在图4-34所示的“缩进和间距”选项卡的“缩进”组中，单击“左侧”框中的向下箭头。继续单击向下箭头，直到选定的文本达到其在左页边距中的目标位置。

知识拓展

1. 调整行距或段落间距

Word中的间距包括字间距、行间距和段落间距3种格式。字间距是指文本之间的距离，行间距是指同一段落中各行之间的距离，段落间距是指各段落之间的距离。默认情况下，文档中段落间距和行距都是统一的“单倍行距”，也可以更改行距、段前或段后的间距。

（1）更改行距。

行距是从一行文字的底部到下一行文字底部的间距。Word会自动调整行距以容纳该行中最大的字体和最高的图形。更改行距的方法为：选择要更改行距的段落，在“开始”选项卡上的“段落”组中，单击“行距”按钮，打开列表，如图4-36所示，执行下列操作之一：

• 要应用新的设置，单击所需行距对应的数字，例如，如果单击“2.0”，所选段落将采用双倍间距；

• 要设置更精确的间距度量单位，单击“行距选项”，显示“段落”对话框的“缩进和间距”选项卡，如图4-34所示，然后在“行距”下选择所需的选项。

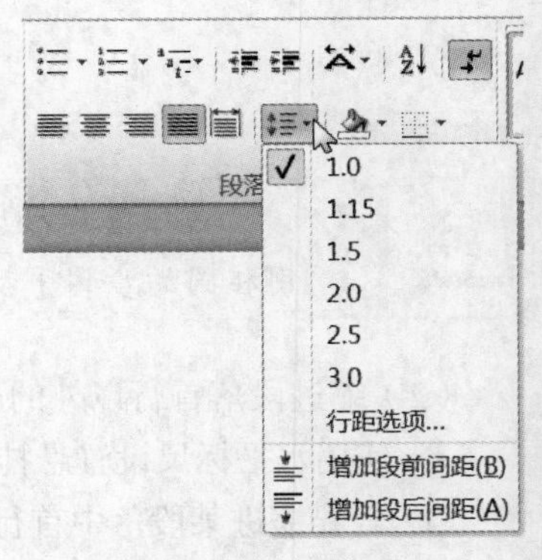

图4-36 水平标尺

（2）更改段前或段后的间距。

段落间距包括段前间距和段后间距。段前间距是一个段落的首行与上一段落的末行之间的距离，段后间距是一个段落的末行与下一段落的首行之间的距离。操作方法为：选定要更改段前或段后的间距的段落，单击“段落”对话框启动器，在图4-34所示的“缩进和间距”选项卡中，在“缩进”组中单击“段前”、“段后”后面的箭头，或者输入所需的间距。

2. 插入文件（合并文档）

可以把已有的文档内容插入到当前文档中，也就是常说的合并文档。操作方法为：单击要插入文本的位置，在“插入”选项卡上的“文本”组中，单击“对象”旁边的箭头，如图4-37所示；然后单击“文件中的文字”，显示“插入文件”对话框，找到所需的文件，然后双击该文件。

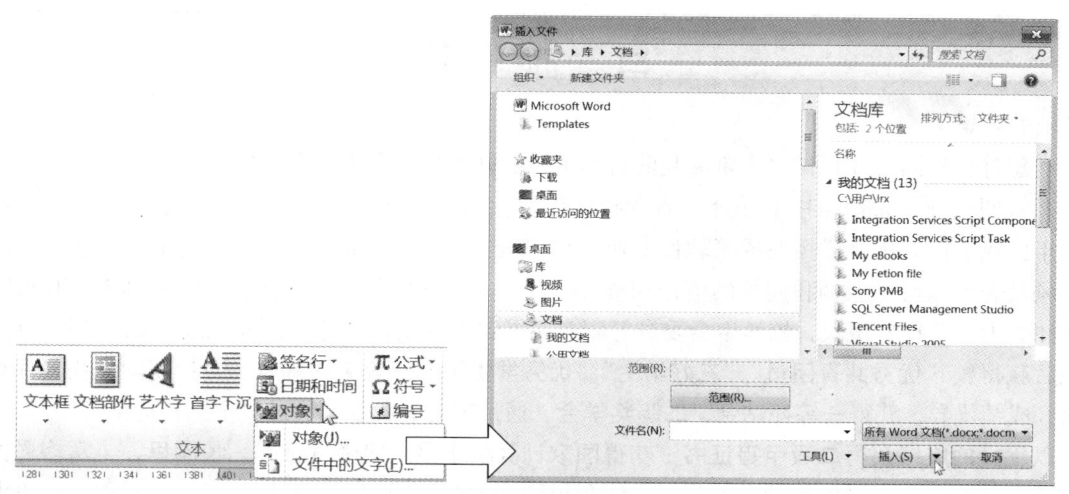

图 4-37　插入文件

3. 设置首字下沉格式

首字下沉是加大的大写首字母，可用于文档或章节的开头，也可用于为新闻稿或请柬增添趣味。操作方法为:单击要以首字下沉开头的段落，在“插入”选项卡上的“文字”组中，单击“首字下沉”。如图 4-38 所示。

如果要取消首字下沉，只需在“首字下沉”列表中，单击“无”。

4. 设置文字方向

可以更改页面中段落、文本框、图形、标注或表格单元格中的文字方向，以使文字可以垂直或水平显示，操作方法为：选定要更改文字方向的文字，或者单击包含要更改的文字的图形对象或表格单元格；在“页面布置”选项卡的“页面设置”组中，单击“文字方向”，如图 4-39 所示，从列表中选择需要的文字方向。

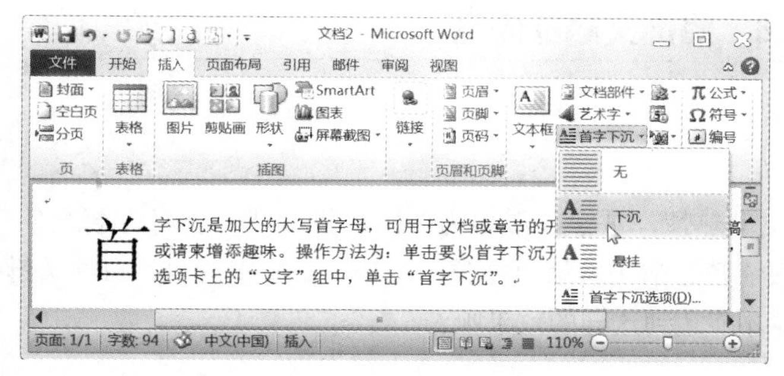

图 4-38　设置首字下沉

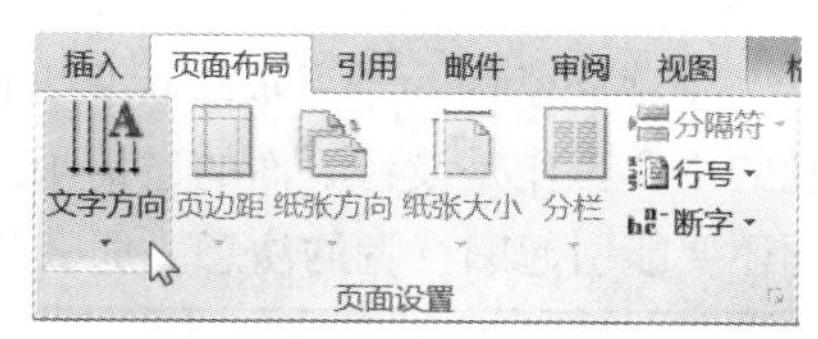

图 4-39　设置文字方向

课堂实训

练习 4.13　录入并排版设计一份自荐书，要求标题、段落、落款按自荐书的形式编排。

自　荐　书

尊敬的领导：

您好！感谢您在百忙之中审阅我的自荐书，我诚挚地向您推荐自己！

我叫李萍，是悟空中等职业技术学校软件专业2014届即将毕业的一名中职毕业生。中职三年，我不但以优良成绩完成了软件专业全部课程，而且全面发展，以锐意进取和踏实诚信的作风及表现赢得了老师和同学的信任和赞誉。我有较强的管理能力，活动组织策划能力和人际交往能力。曾担任班长，校学生会委员等职务，得到学校领导、老师、同学的一致认可和好评，先后获得校"**优秀共青团员**""**三好学生**""**优秀学生干部**"等荣誉称号。在校期间，我表现突出，成绩优异，获得**一等补贴金，二等奖学金**。通过努力，我顺利通过了全国普通话等级考试，并以优异的成绩获得**二级甲等证书；获得国家计算机水平一级考试证书**。校园里，丰富多彩的生活和井然有序而又紧张的学习气氛，使我得到多方面不同程度的锻炼和考验，我很强的事业心和责任感使我能够面对任何困难和挑战。

尊敬的领导，我希望应**聘贵公司文档管理员**，相信您的慧眼，能够开启我人生的旅程。再次感谢您阅读我的自荐书，祝您工作顺心！期待您的回复！

此致

敬礼！

自荐人：李萍

2013.10.16

4.2.3　文档内容的修饰

可以对文档中的文字、段落进行修饰，以加强显示效果。修饰方式有项目符号和段落编号、边框和底纹等。

实例 4.6　修饰文档的内容

情境描述

李萍同学因为学习成绩优良，而且主动热情，被学校派出为中国手机游戏开发者大会服务，她的主要工作是设计下面的邀请函。她很清楚邀请函、请柬之类的文档，都要求醒目，有些关键词还要能引起阅读者的注意。那么怎么样才能达到这样的效果呢？

中国手机游戏开发者大会

本年度中国最大规模的移动开发者盛会，本年度中国最有价值的移动应用领域盛会，大会将揭示最新移动技术发展趋势，分享最热应用技术与产品成功秘诀！

此次活动预计千名参会者，国内外顶级应用程序开发厂商及作者将齐聚一堂。

主题：**迎接万亿移动应用大时代**

议题：平台与技术实践、营销与商业模式、产品与设计、手机游戏、投资与创业等

时间：***<u>2014年10月21日～22日（星期四、星期五）</u>***

地点：**北京·皇冠假日酒店**

形式：<u>主题演讲、分论坛讨论及展览展示</u>

任务实施

操作方法如下。

① 首先输入请柬文字，并按内容要求分好段落。

② 给邀请函加一个边框。选中所有文档内容，在“开始”选项卡上的“段落”组中，单击“下划线”旁边的箭头；从下拉列表中单击“边框和底纹”，显示“边框和底纹”对话框，单击“边框”选项卡，如图4-40所示；单击“设置”中的“方框”，“样式”选择双线，“颜色”选择绿色，“宽度”设置为0.75磅，“应用于”设置为“段落”；最后单击“确定”按钮。

③ 设置邀请函第1、2行的字体、字号、对齐方式和段落底纹。同时选中邀请函的第1、2行，单击“格式”工具栏上的“居中”按钮，使标题居中显示；在“边框和底纹”对话框的“底纹”选项卡中，“填充”颜色选择浅绿，如图4-41所示，“应用于”设置为“段落”，然后单击“确定”按钮；选中第1行，设置字体为“方正大标宋简体”，字号为“三号”；选中第2行的“邀请函”3个字，设置字体为“华文彩云”，字号为“一号”。

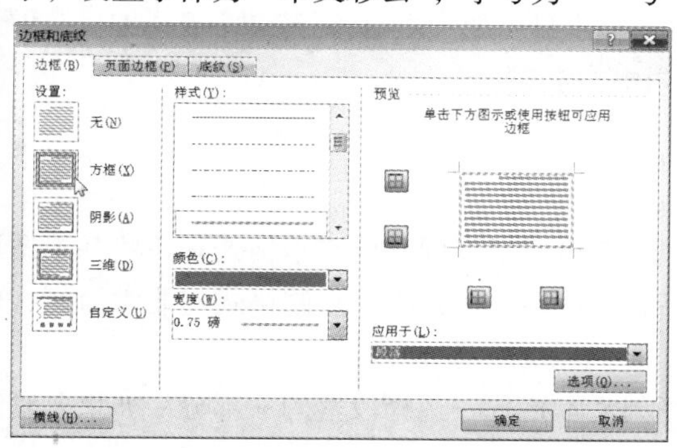

图4-40 “边框”选项卡

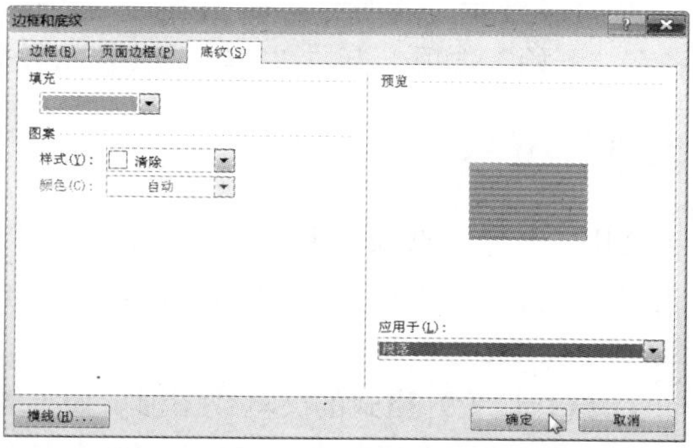

图4-41 “底纹”选项卡

④ 设置正文的首行缩进。选中第1、2行后面的所有正文段落，设置首行缩进2字符。

⑤ 分别设置其他段落的底纹，文字的字体、字号、外观等。

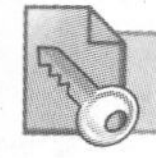

知识与技能

1. 添加项目符号列表或编号列表

可以快速给现有文本行添加项目符号或编号，Word可以在键入文本时自动创建列表。

默认情况下，如果段落以星号“*”或数字“1.”开始，Word会认为开始项目符号或编号列表。按Enter键后，下一段前将自动加上项目符号或编号。

① 键入“*”（星号）开始项目符号列表，或键入“1.”开始编号列表，然后按空格键或Tab

键，然后键入所需的文本，最后按 Enter 键。

② Word 会自动插入下一个项目符号或编号，添加下一个列表项。

③ 要完成列表，按两次 Enter 键，或按 Backspace 键删除列表中的最后一个项目符号或编号。

注意　由于自动项目符号和编号不容易控制，一般不希望 Word 自动创建。如果不想将文本转换为列表，可以单击出现的“自动更正选项”按钮，从列表中单击“撤销自动编号”或“停止自动创建编号列表”，如图 4-42 所示。

图 4-42　取消自动编号

建议：可通过在“自动更正”对话框的“键入时自动套用格式”选项卡中，取消“自动项目符号列表”和“自动编号列表”前的复选框来取消本功能。

2. 在列表中添加项目符号或编号

① 选择要添加项目符号或编号的项目。

② 在“开始”选项卡上的“段落”组中，单击“项目符号”或“编号”。

单击“项目符号”或“编号”后面的箭头，可找到多种不同的项目符号样式和编号格式。

3. 取消项目符号或编号

① 单击要取消列表的项目。

② 在“开始”选项卡上的“段落”组中，单击突出显示的“项目符号”或“编号”。或者在“开始”选项卡上的“字体”组中，单击“清除格式”。

知识拓展

使用“开始”选项卡上的“格式刷”，可以把已有格式复制到其他文本格式和一些基本图形格式中（如边框和填充）。如果以前已经设置了格式，使用“格式刷”复制格式将非常简便，成为最常用的工具之一。

① 选择设置好格式的文本或图形。如果要复制文本格式，选择段落的一部分；如果要复制文本和段落格式，选择整个段落，包括段落标记。

② 在“开始”选项卡上的“剪贴板”组中，单击“格式刷”，如图 4-43 所示，指针变为画笔图标。如果想更改文档中的多个选定内容的格式，双击“格式刷”按钮。

图 4-43　格式刷

③ 选择要设置格式的文本或图形。

④ 要停止设置格式，按 Esc 键或再次单击“格式刷”。

课堂实训

练习 4.14　设计一张社团招募广告，字体、字号、背景自定。

你想体验成为社团干部的感觉么？

你想为你心爱的**动漫**事业出一份力量么？

你是真正的**动漫**迷么？

你喜欢**动漫**么？

如果是，不用多说，来加入我们吧！

我们唯一的要求——就是你热爱**动漫**！！！

全新的社团，欢迎热爱**动漫**的你加入！还等什么，快来吧！

主要活动：Cosplay、看动漫影视

联系方式：13010018866

4.3 页面设置

在 Word 中创建的内容都以页为单位显示到页上。前面所做的文档编辑，都是在默认的页面设置下进行的，即套用 Normal 模板中设置的页面格式。但这种默认页面设置在多数情况下并不符合用户要求，用户可根据自己的需要对其进行调整。

Word 的页面分为文档区域和页边距区域，页面各部分的名称如图 4-44 所示。

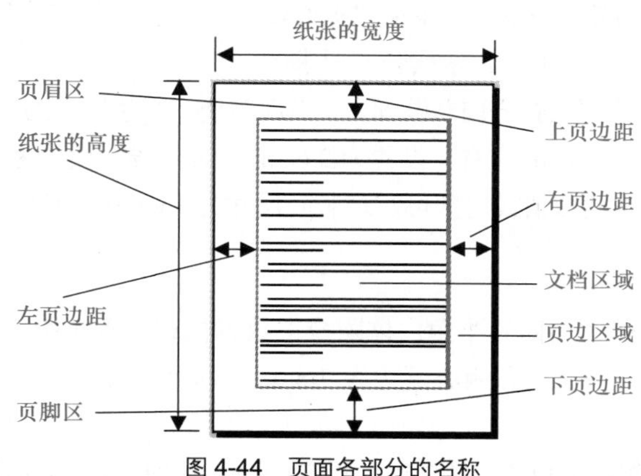

图 4-44　页面各部分的名称

◎ 会设置页面，包括纸张大小、每行字数和每页行数、页面方向、页边距等。

◎ 会设置文档的分页和分节，会设置页码，会设置页眉和页脚。

◎ 会设置分栏，会使用水印或背景来标记文档。

4.3.1 设置页面

实例 4.7 页面设置

情境描述

李萍同学自从担任学校办公室兼职打字员以来，学到了许多课堂上学不到的知识，现在她知道了，公文对页面有一定的要求，在《国家行政机关公文格式》（GB/T 9704—1999）中有相关规定。最近一段时间她打算认真学习公文排版，并按公文要求设置“放假通知”文档的页面。

任务实施

1. 设定版心

国标 GB/T 9704—1999（下文简称图标）规定“公文用纸采用 GB/T 148 中规定的 A4 型纸，其幅面尺寸为 210mm × 297mm，公文用纸天头（上白边）为 37mm ± 1mm，公文用纸订口（左白边）为 28mm ± 1mm，版心尺寸为 156mm × 225mm（不含页码）。”在 Word 中设置方法如下。

① 在“页面布局”选项卡上的“页面设置”组中，单击“纸张大小”，如图 4-45 所示，从下拉列表中选取需要的纸张大小（默认为 A4）。

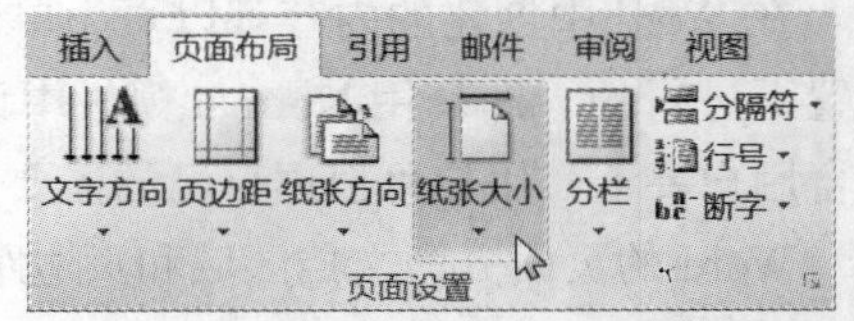

图 4-45 “页面布局”选项卡上的“页面设置”组

② 在“页面设置”组中，单击“页边距”下的箭头，从下拉列表中单击“自定义边距”，显示“页面设置”对话框，在“页边距”选项卡中，根据公文要求的数据，可算出页边距尺寸。将“纸张方向”设置为“纵向”；将“页边距”的“上”设置为 3.7cm，“下”设置为 3.5cm，“左”设置为 2.8cm，“右”设置为 2.6cm，“装订线”设置为 0cm，“装订线”位置设置为左。如图 4-46 所示，按此数值设定即可实现版心尺寸为 156mm × 225mm（不含页码）。

2. 设置页脚

国标规定公文排版页码“用四号半角白体阿拉伯数码标识，置于版心下边缘之下一行，数码左右各放一条四号一字线，一字线距版心下边缘 7mm。单页码居右空 1 字，双页码居左空 1 字。”在 Word 中设置方法如下。

① 单击“页面设置”组右下角的对话框启动器，显示“页面设置”对话框，在“版式”选项卡中，将“距边界”的“页脚”设置为 3cm，可实现一字线距版心下边缘 7mm；同时设置“页眉”为 1cm。

② 复选“奇偶页不同”，这样可实现单、双页码分置左右；设置“节的起始位置”为“新建页”，“垂直对齐方式”为“顶端对齐”。

设置完成后，如图 4-47 所示。

3. 设置每页行数与每页字数

国标规定“每面排 22 行，每行排 28 个字。”在 Word 中设置方法为：在“页面设置”对话框的“文档网格”选项卡中，选中“指定行和字符网格”单选钮，不选择“使用默认跨度”复选框；设置

“每行”字符数为 28，“每页”行数为 22，其他保留默认值，如“方向”为水平，“栏数”为 1，“应用于”为“整篇文档”，如图 4-48 所示。

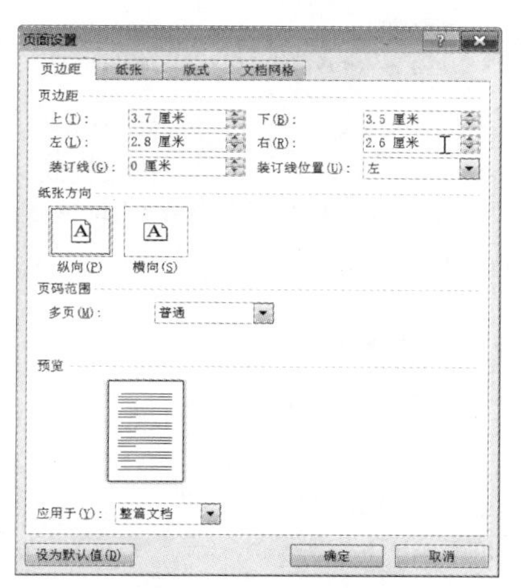

图 4-46　设置页边距

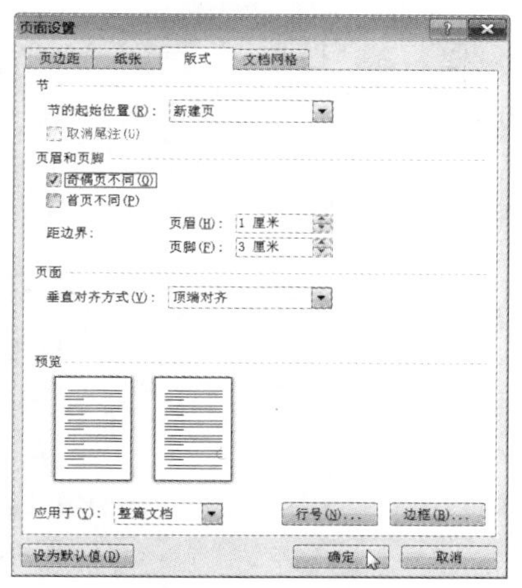

图 4-47　设置页眉页脚

4. 字体设置

国标规定“正文用三号仿宋体字。”在 Word 中设置方法为：在“开始”选项卡的“字体”组中，单击右下角的对话框启动器，显示“字体”对话框；单击“字体”选项卡，“中文字体”选“仿宋_GB3212”，“字形”选“常规”，“字号”选“三号”，其他设置不变。

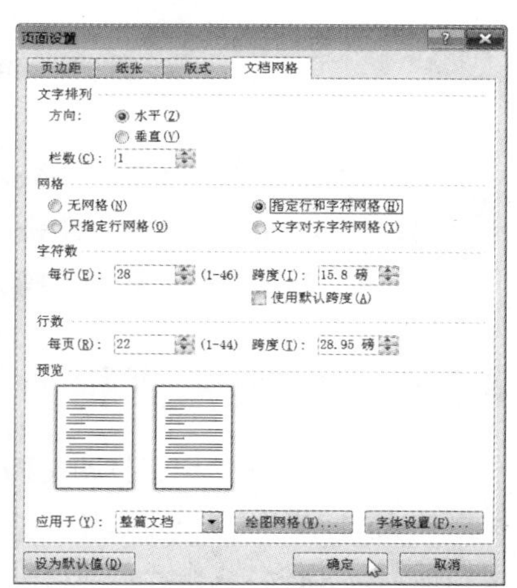

图 4-48　设置每页行数与每页字数

5. 插入页码

国标规定公文页码“用四号半角白体阿拉伯数码标识，置于版心下边缘之下 1 行，数码左右各放一条四号一字线，一字线距版心下边缘 7mm。单页码居右空 1 字，双页码居左空 1 字。”在 Word 中设置方法如下。

① 在“插入”选项卡上的“页眉和页脚”组中，单击“页码”，如图 4-49 所示。

② 打开下拉列表，单击“页码在底端”中的“普通数字 3”。

③ 在“页眉和页脚”组中，单击“页码”，单击“设置页码格式”，显示“页码格式”对话框，如图 4-50 所示。在“编号格式”中选“-1-,-2-,”单选“起始页码”，调节页码为“1”，单击“确定”按钮。此时在页脚位置出现页码，其中单页页码居右，双页页码居左。

④ 下面设置页码是四号字，奇数页右空 1 个字的位置，偶数页左空 1 个字的位置。在文档第一页双击页码，页码数字所在文字框生效，选中页码数字和符号“-1-”，通过“格式”工具栏设定字号为“4 号”；然后在“段落”对话框的“缩进和间距”选项卡中，在“缩进”的“右”中设为“1 字符”，单击“确定”按钮，如图 4-51 所示。单击“下一节”，显示下一页，在第 2 页的页脚区中，选中页码数字和符号，设定字号为“四号”，然后在“段落”对话框的“缩进和间距”选项卡中，在“缩进”的“左”中设为“1 字符”，单击“确定”按钮；如图 4-52 所示。最后单击“关闭页眉和页脚”回到文本编辑状态，即完成双页页码设定。

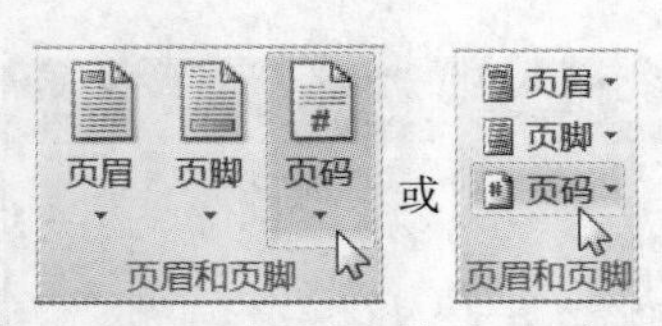

图 4-49　“插入”选项卡上的“页眉和页脚”组

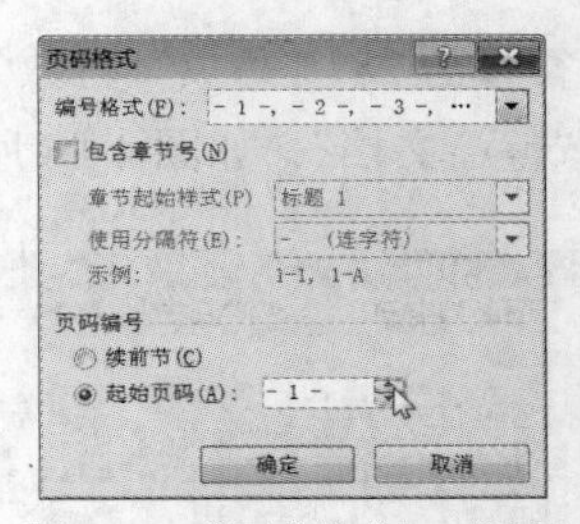

图 4-50　“页码格式”对话框

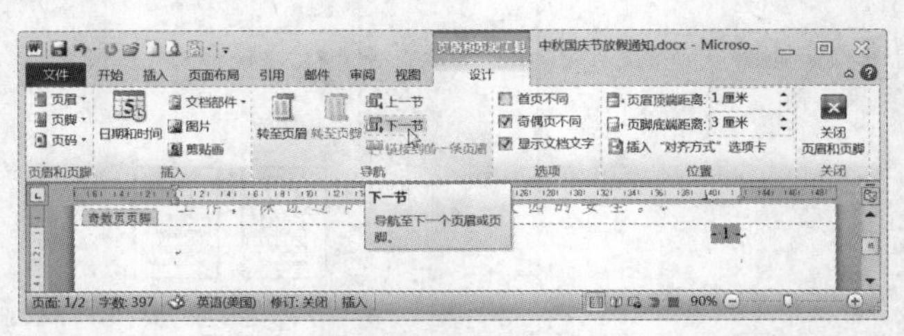

图 4-51　设置第 1 页

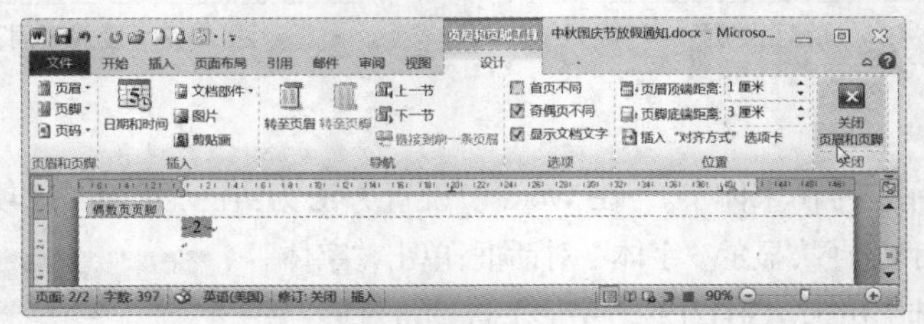

图 4-52　设置第 2 页

提示　如果要删除页码，在“插入”选项卡上的“页眉和页脚”组中，单击“页码”，打开下拉列表，单击“删除页码”；如果在页面中设置了奇偶页不同，还要在切换到另外一页删除页码。

4.3.2　页眉和页脚 *

页眉和页脚通常用于打印文档。页眉出现在每页的顶端，打印在上页边距中；而页脚出现在每页的底端，打印在下页边距中。可以在页眉和页脚中插入文本或图形，如页码、日期、徽标、文档标题、文件名或作者名等，以美化文档。

实例 4.8　设置页眉和页脚

情境描述

李萍同学发现在有些文档的页面上加上页眉和页脚会更美观，就想试试，看看效果。

任务实施

1. 插入页眉和页脚

在文档中插入页眉的操作方法如下。

① 在“插入”选项卡上的“页眉和页脚”组中，单击“页眉”。从下拉列表中，单击页眉样式“空白（三栏）”。

② 自动切换到“页眉和页脚”视图，如图4-53所示，在“输入文字”处输入文字，页眉即被插入到文档的每一页中，如图4-54所示。用同样方法，可插入页脚。

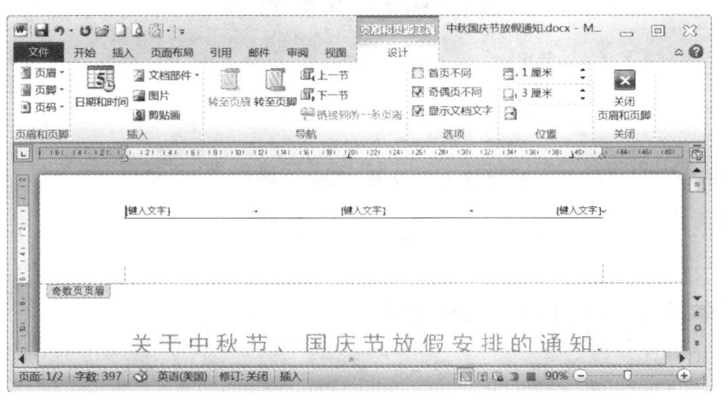

图4-53　插入页眉样式

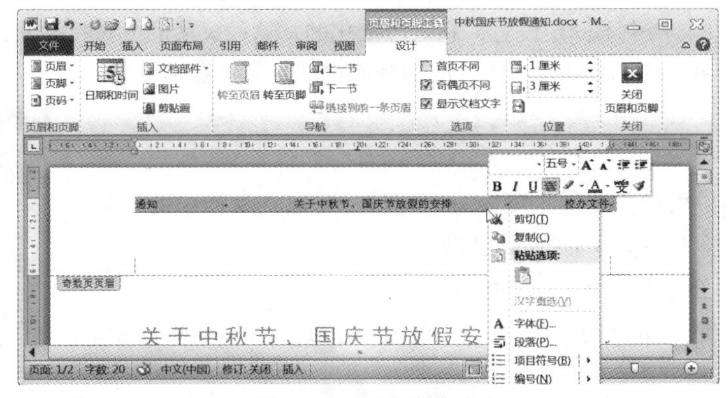

图4-54　输入页眉文字

提示　如有必要，选中页眉或页脚中的文本，然后使用浮动工具栏上的格式选项，可以设置文本格式。也可以在页眉中插入文本或图形，在“插入”选项卡上的“页眉和页脚”组中，单击“页眉”，从下拉列表中，单击“编辑页眉”或“编辑页脚”，插入文本或图形。

注意　如果在“页面设置”对话框中选中了“奇偶页不同”复选框，则要在偶数页上插入用于偶数页的页眉或页脚，在奇数页上插入用于奇数页的页眉或页脚。如果设置了“首页不同”复选框，还要在首页上插入用于首页的页眉或页脚。

2. 删除页眉或页脚

删除一个页眉或页脚时，Word自动删除整篇文档中相同的页眉或页脚，操作方法如下。

① 单击文档中的任何位置，在“插入”选项卡上的“页眉和页脚”组中，单击“页眉”或“页脚”。

② 从下拉列表中，单击“删除页眉”或“删除页脚”。

4.3.3 文档分页

Word 提供了自动分页和人工分页两种分页方法。

实例 4.9 文档分页

情境描述

李萍同学在编辑文档时，有些内容需要另起一页，这时就要分页。

任务实施

Word 提供了自动分页和人工分页两种分页方法。

1. 自动分页

自动分页是建立文档时，Word 根据字体大小、页面设置等，自动为文档做分页处理。Word 自动设置的分页符在文档中不固定位置，它是可变化的，这种灵活的分页特性使得用户无论对文档进行过多少次变动，Word 都会随文档内容的增减而自动变更页数和页码。

2. 手工分页

手工分页是用户根据需要手工插入分页标记，可以在文档中的任何位置插入分页符。插入手动分页符的操作如下。

① 在文档中，单击要开始新页的位置。

② 在“插入”选项卡上的“页”组中，单击“分页”，如图 4-55 所示。

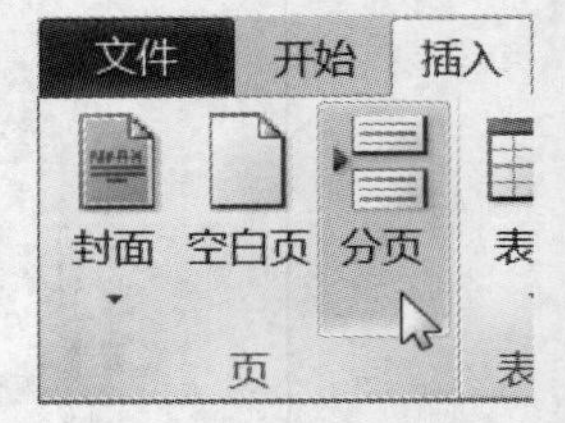

图 4-55 “插入”选项卡上的“页”组

提示　在页面视图、打印预览和打印的文档中，分页符后面的文字将出现在新的一页上。在普通视图中，自动分页符显示为一条贯穿页面的虚线；人工分页符显示为标有“分页符”字样的虚线。

技巧　文档中如果有多余的分页符，可以将其删除。这些多余的分页符如果是人工的分页符，在普通视图中选定该分页符，按Delete键可以删除该分页符。

知识与技能

当文本或图形填满一页时，Word 会插入一个自动分页符并开始新的一页；也可以随时单击“插入”选项卡上“页”组中的“新建页”，向文档中添加新的空白页或添加带有预设布局的页；还可以删除文档中的分页符，以删除不需要的页。

1. 添加页

① 单击文档中需要插入新页的位置，插入的页将位于光标之前。

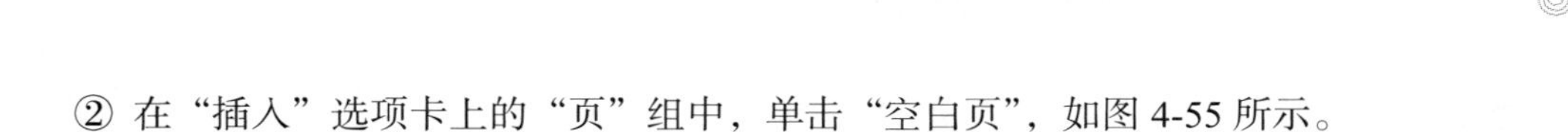

② 在“插入”选项卡上的“页”组中，单击“空白页”，如图 4-55 所示。

2. 添加封面

Word 2010 提供一个预先设计的封面样式库，无论光标出现在文档的什么地方，封面始终插入文档的开头。

① 在“插入”选项卡上的“页”组中，单击“封面”。

② 在选项库中选择一个封面布局，然后用自己的内容替换示例文本。

提示 要删除封面，单击“插入”选项卡，单击“页”组中的“封面”，然后单击“删除当前封面”。

4.3.4 添加分栏、水印

实例 4.10 添加分栏和水印

情境描述

有些文档中的段落需要分栏，有些文档中的段落需要水印，李萍同学要试试。

任务实施

1. 分栏排版

Word 默认文档采用单列一栏排版，可以改为两栏或多栏。

① 如果对全部文档分栏，插入点可在文档中的任何位置；如果要部分段落分栏，要先选定这些段落。

② 在“页面布局”选项卡上的“页面设置”组中，单击“分栏”。

③ 从下拉列表中选择“一栏”、“两栏”或“三栏”，“偏左”或“偏右”。如果选定“更多分栏”，则显示“分栏”对话框，如图 4-56 所示。

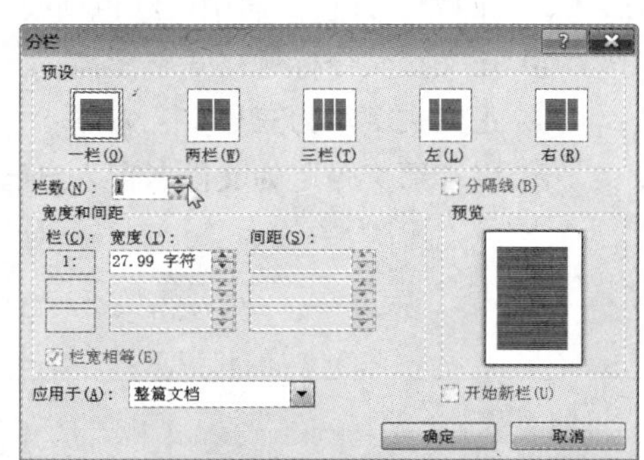

图 4-56 “分栏”对话框

④ 在“预设”区选定分栏，或者在“栏数”框中输入分栏数，在“宽度和间距”中设置“栏宽”和“间距”。

⑤ 如果需要各栏之间的分隔线，选中“分隔线”复选框。

⑥ 在“应用于”中选定应用范围，可以是“整篇文档”、“插入点之后”或“所选文字”。

⑦ 单击“确定”按钮。

如果“应用于”是“插入点之后”或“所选文字”，确定后会自动加上分节符。

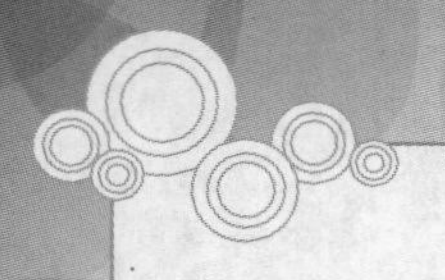

2. 水印

水印是页面中文档的背景，在文档中添加文字水印的方法为：在“页面布局”选项卡上的“页面背景”组中，单击“水印”，如图 4-57 所示，从下拉列表中，执行下列操作之一：

- 单击水印库中的一个预先设计好的水印，例如“机密”或“紧急”；
- 单击“自定义水印”，显示“水印”对话框，如图 4-58 所示，单击“文字水印”单选钮，然后选择或键入所需的文本，也可以设置文本的格式。

图 4-57 “页面布局”选项卡上的“页面背景”组

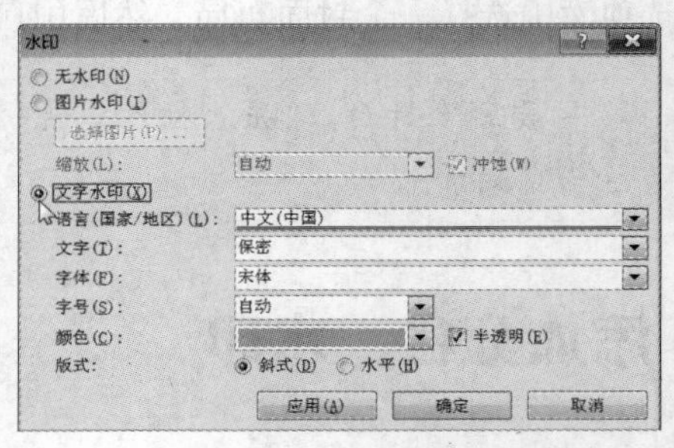

图 4-58 “水印”对话框

提示 水印只能在页面视图和全屏阅读视图下或在打印的页面中显示。若要查看水印在打印页面上的显示效果，应使用页面视图。

课堂实训

练习 4.15 参照图 4-59 所示嘉奖令公文，进行排版。

① 设置页面。纸张大小：A4（21×29.7cm）。页边距：上、下均为 2.54cm，左、右均为 3.17cm，纵向。只指定行网格，每页 42 行，跨度 16.3 磅。

② 设置红头标题：黑体、初号、红色、居中。XX 政发号：黑体、小四号、红色、居中。红色横线，3 磅。

③ 正文嘉奖令标题格式：黑体、二号、居中。

④ 正文文字均为三号字，宋体。

⑤ 以“嘉奖令”为文件名存入自己的文件夹中。

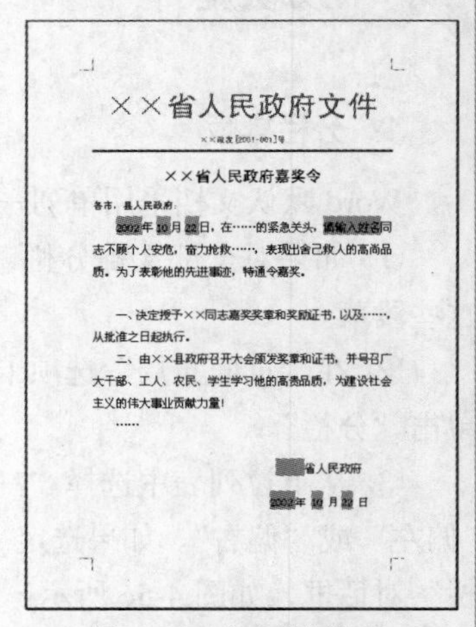

××省人民政府文件

××政发[2001-001]号

××省人民政府嘉奖令

各市，县人民政府：

2002年10月22日，在……的紧急关头，请输入姓名同志不顾个人安危，奋力抢救……，表现出舍己救人的高尚品质。为了表彰他的先进事迹，特通令嘉奖。

一、决定授予××同志嘉奖奖章和奖励证书，以及……，从批准之日起执行。

二、由××县政府召开大会颁发奖章和证书，并号召广大干部、工人、农民、学生学习他的高贵品质，为建设社会主义的伟大事业贡献力量！

……

省人民政府

2002年10月22日

图 4-59 公文排版练习

4.4 打印文档

对于编辑完成的文档，有些需要打印出来。

◎ 会打印预览文档。

◎ 会打印文档。

实例 4.11　打印文档

情境描述

李萍同学已经按要求编辑完成了文档的录入和排版，现在她需要把文档打印出来。

任务实施

在 Word 2010 中，预览和打印已经放在一个选项卡上。单击“文件”选项卡，在列表中单击“打印”。在“打印”选项卡中，默认打印机的属性显示在第一部分中，文档的预览显示在第二部分中，如图 4-60 所示。

图 4-60　“打印”选项卡

在右侧第二部分中，可以按不同比例预览文档。如果需要返回到文档并进行更改，请单击“开始”选项卡。在中部的第一部分中，可以设置打印选项。在“份数”框中键入需打印的份数。可以指定要打印的页（打印所有页、打印当前页、打印自定义范围），可以单面打印、双面打印等。如果打印非连续页，要键入页码，并以逗号相隔；对于某个范围的连续页码，可以键入该范围的起始页码和终止页码，并以连字符（减号）相连。

如果打印机的属性以及文档看起来均符合要求，请单击“打印”。

4.5　表格

表格由行和列的单元格组成，可以在单元格中填写文字和插入图片。可以采用自动制表，也可以采用手工制表，还可以将已有文本转换为表格。

◎ 会用多种方法在文档中插入表格。

◎ 会编辑表格，包括选定表格及单元格、调整表格的行高和列宽、删除单元格等。

◎ 会设置表格格式，包括更改边框、底色、底纹、对齐方式等。

◎ 会对表中数据进行简单的计算和排序。

实例 4.12　绘制表格

情境描述

期中考试成绩出来了，王主任需要李萍同学帮他对成绩进行造册、统计，李萍同学用 Word 的表格建立了一个"学生成绩统计表"，如图 4-61 所示。然后她想用公式自动计算每位学生的平均分数，并按平均成绩从高到低排序，如图 4-62 所示。具体该如何操作呢？

学生成绩统计表

姓名	成绩				备注
	语文	数学	英语	平均成绩	
李四	74	84	94		
张三	93	83	73		
赵六	66	76	86		
王五	85	65	75		

图 4-61　录入后设置格式后的表格

学生成绩统计表

姓名	成绩				备注
	语文	数学	英语	平均成绩	
李四	74	84	94	84.0	
张三	93	83	73	83.0	
赵六	66	76	86	76.0	
王五	85	65	75	75.0	

图 4-62　自动计算和排序后的表格

任务实施

1. 建立表格

① 在 Word 文档中，按 Enter 键插入一空白行。

② 输入标题"学生成绩统计表"，并设置字体为黑体、字号为四号。

③ 按 Enter 键插入新行，单击常用工具栏上的"插入表格"按钮，拖动选定"6×5 表格"，松开鼠标，文档中出现建立的 6 列 5 行的表格。

④ 分别单击各单元格，键入文字，如图 4-63 所示。

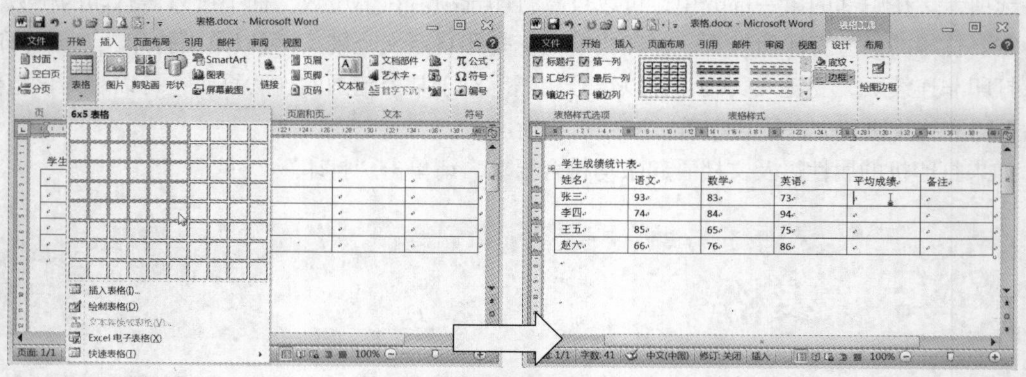

图 4-63　使用拖动法建立表格

⑤ 设置标题字体为黑体、字号为四号、居中。选中表格中的所有内容，在“开始”选项卡中，单击“段落”组中的“居中”。

2. 计算单元格中的数值

① 单击平均成绩下面的单元格，计算结果将出现在这个单元格中，选项卡将自动切换到“表格工具”。

② 在“布局”选项卡上的“数据”组中，单击“公式”，显示“公式”对话框。如果选定的单元格位于一列数值的下方，则在“公式”框中显示“=SUM(ABOVE)”，表示对上方的数值求和（图4-64左图）；如果选定的单元格位于一行数值的右侧，则在“公式”框中显示“=SUM(LEFT)”，表示对左侧的数值求和。

现在要计算左侧单元格的平均值，单击“粘贴函数”列表中的“AVERAGE”，“AVERAGE”出现在“公式”框中，把“公式”框中的公式改为“=AVERAGE(LEFT)”；在“数字格式”框中输入“0.0”，保留一位小数，单击“确定”按钮。则左侧单元格中的数值计算结果，显示在当前单元格中，如图4-64所示。

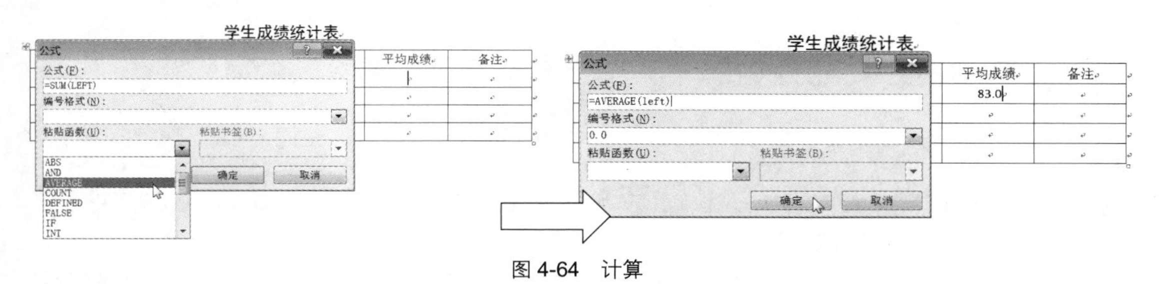

图4-64 计算

③ 把插入点放置到下一行，重复步骤②，依次计算各行的平均分数。

提示 在表格中，利用公式进行计算和统计的函数较多，具体内容和使用方法可参阅Excel中的函数部分内容。

3. 表格内容的排序

现在按平均分数的大小降序排列。把光标置于平均分数列中的任意一行，在“表格工具”下的“布局”选项卡上的“数据”组中，单击“排序”。显示“排序”对话框，从“主要关键字”列表框中选“平均成绩”，从“类型”中选“数字”，单击“降序”单选钮，“列表”中选“有标题”，如图4-65所示。单击“确定”按钮后平均成绩将从大到小排序。

4. 绘制复杂表头

在绘制这个复杂表头时，需要插入新行、合并单元格、拆分单元格、绘制斜线等操作。

① 首先在第一行插入一个空白行。单击表格第一行中的任意单元格，把插入点放置到第一行中。单击“表格工具”激活它，单击“布局”选项卡，在“行和列”组中单击“在上方插入”，如图4-66所示。

② 选中语文、数学、英语、平均成绩上面一行中的4个单元格，如图4-67所示。在“表格工具”下，在“布局”选项卡上的“合并”组中，单击“合并单元格”，该4个单元格合并为1个单元格，

如图4-68所示。在合并后的单元格中输入“成绩”。

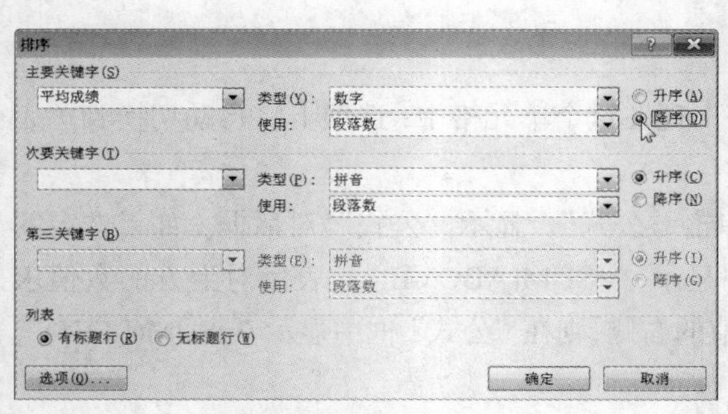

图4-65 “排序”对话框

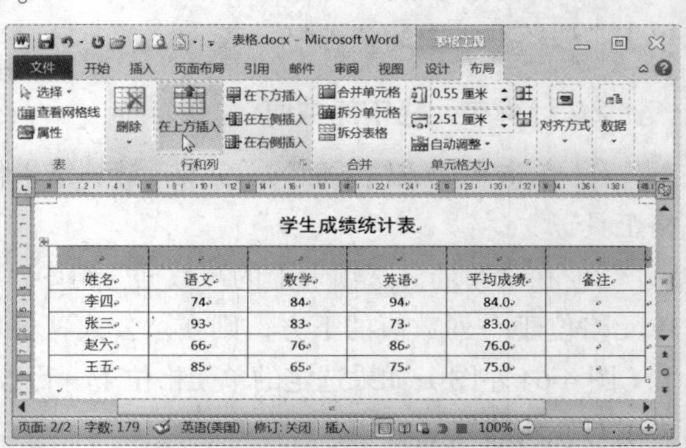

图4-66 在上方插入新行

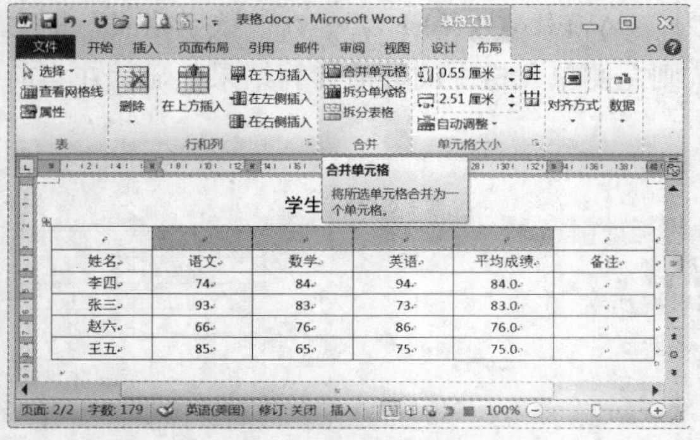

图4-67 选中要合并的单元格

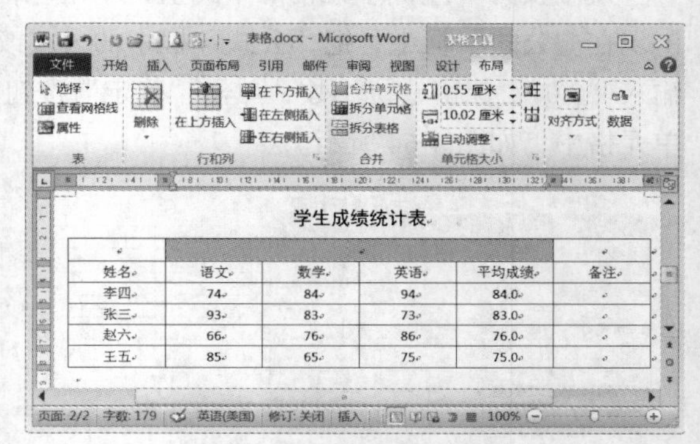

图4-68 合并后的单元格

③ 选中“姓名”及其上面的单元格，在“布局”选项卡上的“合并”组中，单击“合并单元格”，合并单元格后，如图4-69所示。用同样方法，合并“备注”与上面的单元格。

④ 在“布局”选项卡上的“对齐方式”组中，单击“水平居中”，显示如图4-70所示。

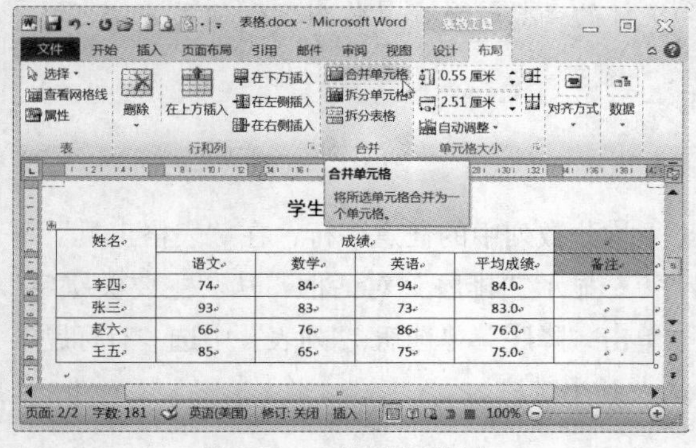

图4-69 合并后的单元格

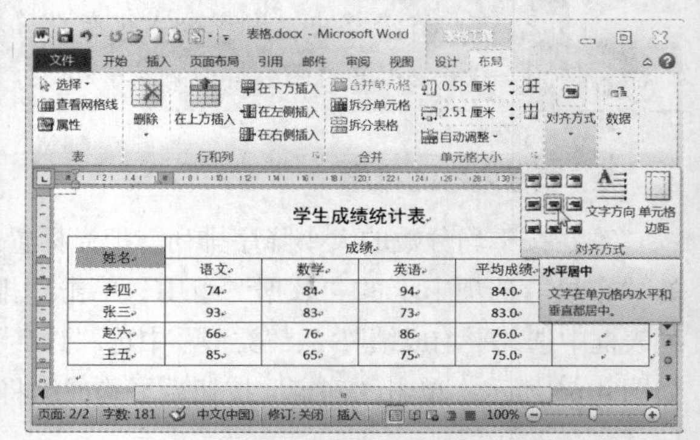

图4-70 水平居中后的单元格

5. 设置表格中内容的字体和列宽、行高

① 把标题栏中的文字设置为黑体、五号、居中。先选中第1列和第2列标题单元格，设置为黑体、五号、居中，然后再选中其他标题单元格，按要求设置。

② 调整列宽。把鼠标指针停留在需要调整的列边框上，直到指针变为⟷，拖动边框调整到所需的列宽，如图4-71所示。

③ 如果要调整行高，把鼠标指针停留在行边框上，直到指针变为÷，拖动边框到合适的位

置时松开鼠标。

学生成绩统计表

姓名	成绩				备注
	语文	数学	英语	平均成绩	
李四	74	84	94	84.0	
张三	93	83	73	83.0	
赵六	66	76	86	76.0	
王五	85	65	75	75.0	

图 4-71　设置列宽

6. 设置边框和底纹

下面给表格的标题栏加上黄色底纹颜色，把表格的外框线改为双线。

① 选中标题行（先选中标题行后面表格外的下面的段落符号，向上拖动鼠标选中上面的段落符号,再向左拖动选中所有标题行）。在“表格工具”下，单击“设计”选项卡，在“表样式”组中，单击“底纹颜色”底纹后的箭头，从列表中单击黄色，如图 4-72 所示，则标题栏中的单元格背景被设置为黄色。

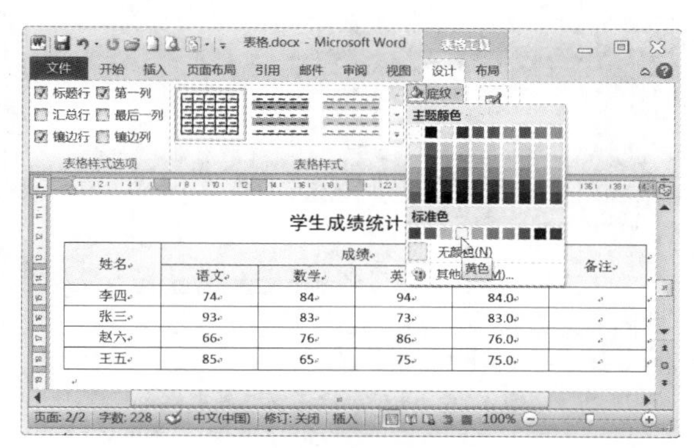

图 4-72　设置背景

② 单击表格左上交的⊞，选中整张表格，在“表格工具”下的“设计”选项卡中的“绘制边框”组中,在“笔样式”下拉列表中选双线，如图 4-73 所示。

③ 单击“边框”边框后的箭头，从列表中单击“外侧边框”⊞，如图 4-74 所示。

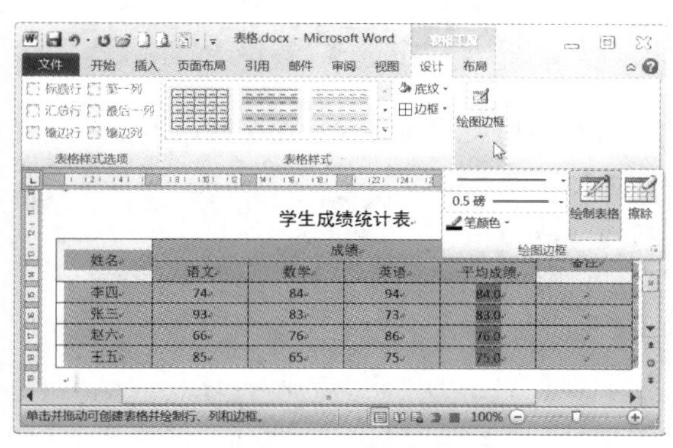

图 4-73　设置框线

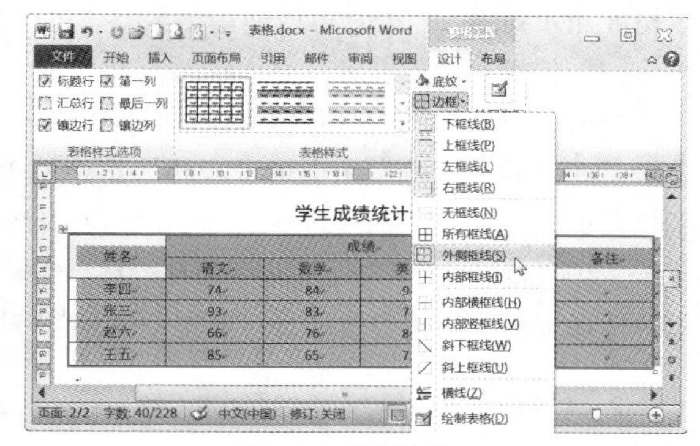

图 4-74　设置边框

技巧 在“表格工具”下的“设计”选项卡中，单击“表样式”组中的列表，其中预置了许多美观的表格样式，套用这些现成的表格格式可以简化表格设计美化工作。

知识与技能

1. 插入表格

在 Word 中，可以通过 3 种方式来插入表格。

（1）使用表格模板。

在要插入表格的位置单击。在“插入”选项卡的“表格”组中，单击“表格”，显示下拉列表，指向“快速表格”，再单击需要的模板，如图 4-75 所示。

插入的表格出现在插入点处，同时显示“表格工具设计”选项卡，如图 4-76 所示。使用所需的数据替换模板中的数据。

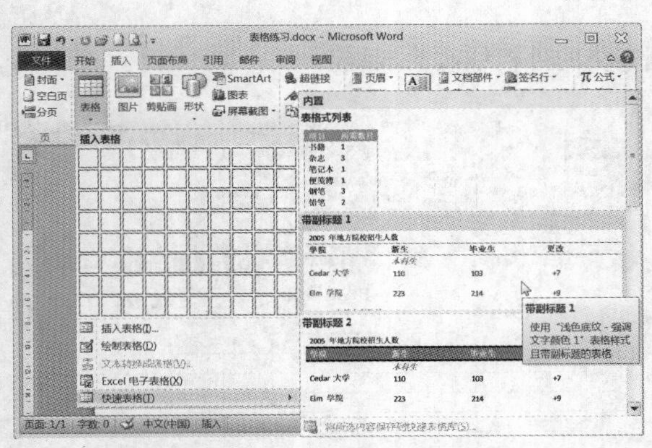

图 4-75　使用表格模板插入表格

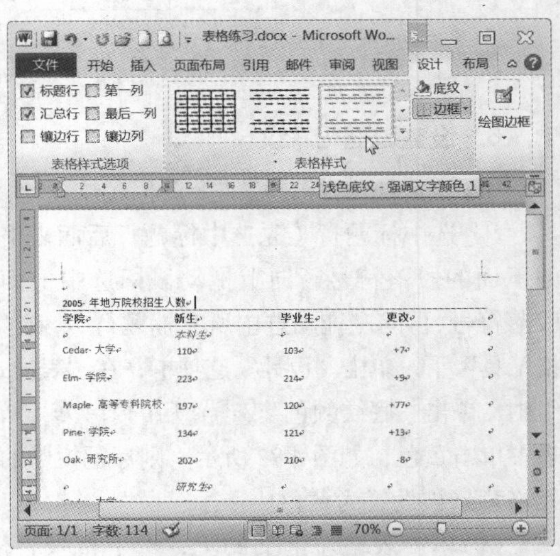

图 4-76　插入的表格

（2）使用“表格”菜单。

在要插入表格的位置单击。在“插入”选项卡的“表格”组中，单击“表格”，显示下拉菜单，然后在“插入表格”下，拖动鼠标以选择需要的行数和列数，如图 4-63 所示。松开鼠标按键后，表格被插入到插入点处，可以使用显示的“表格工具设计”选项卡修改表格。

（3）使用“插入表格”对话框。

“插入表格”命令可以在将表格插入文档之前，选择表格尺寸和格式。在要插入表格的位置单击。在“插入”选项卡上的“表格”组中，单击“表格”，显示下拉菜单，然后单击“插入表格”。显示“插入表格”对话框，如图 4-77 所示。在“表格尺寸”下，输入列数和行数。在“‘自动调整’操作”下，选择选项以调整表格尺寸。单击“确定”按钮。

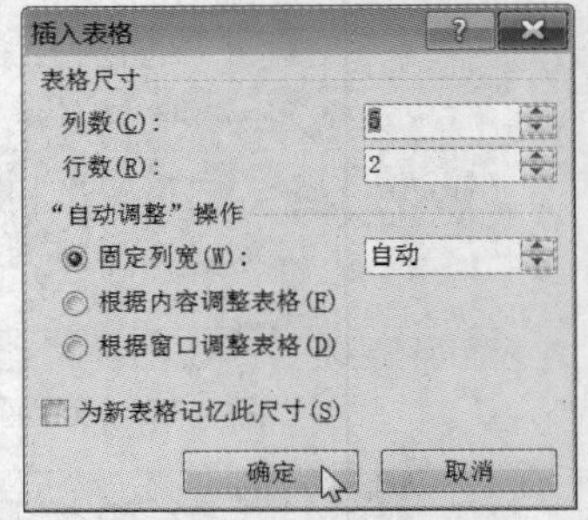

图 4-77　“插入表格”对话框

2. 绘制表格

（1）绘制表格。

用“绘制表格”工具可方便地画出非标准的各种复杂表格。例如，绘制包含不同高度的单元格的表格或每行的列数不同的表格。

① 在要创建表格的位置单击。在“插入”选项卡上的“表格”组中，单击“表格”，显示下拉菜单，然后单击“绘制表格”。指针会变为铅笔状。

② 要定义表格的外边界，先绘制一个矩形。按下鼠标左键，从左上方到右下方拖动鼠标绘制表格的外框线，松开鼠标左键得到绘制的表格外框。如图 4-78 所示。

③ 在该矩形内绘制列线和行线。拖动笔形鼠标指针，在表格内画行线和列线（、、、

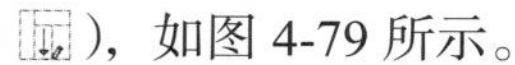），如图 4-79 所示。

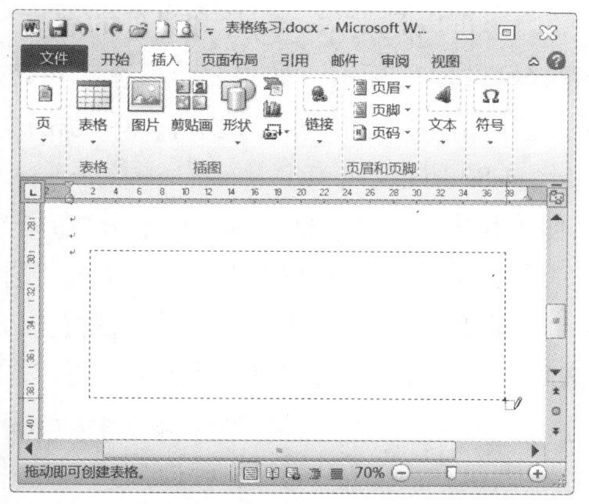

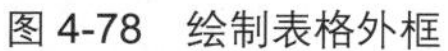
图 4-78　绘制表格外框

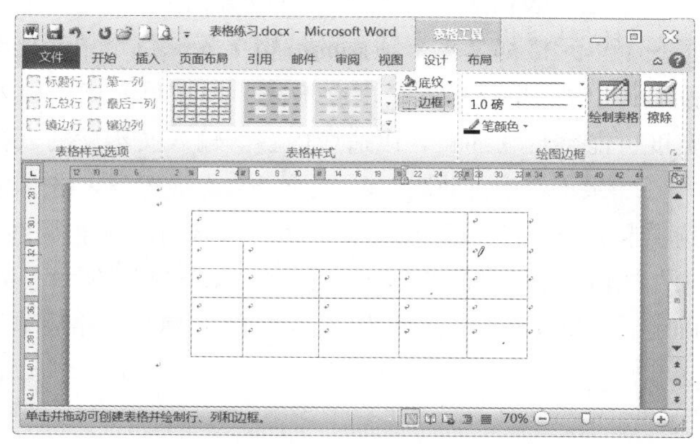

图 4-79　绘制列线和行线

④ 要擦除一条线或多条线，在“表格工具”的“设计”选项卡的“绘制边框”组中，单击“擦除”。指针会变为橡皮状。单击要擦除的线条。若要擦除整个表格，请删除表格。

⑤ 如果要继续绘制列线和行线，单击“绘制表格”，指针会变为铅笔状。

⑥ 绘制完表格以后，在单元格内单击，开始键入文字或插入图形。

（2）在单元格中绘制斜线。

在 Word 2010 中取消了以前版本中的斜线表头功能。在单元格中绘制斜线有两种方法。

- 单击“绘制表格”，指针会变为铅笔状。按单元格对角方向拖动画出对角斜线。
- 单击要绘制斜线的单元格，把插入点放置到该单元格中。单击“边框”后的箭头，在列表中单击“斜下框斜线”或“斜上框斜线”，如图 4-80 所示。或者，右键单击单元格，单击浮动工具栏中的“边框”后的箭头。也可以在列表中单击“边框和底纹”，显示“边框和底纹”对话框，在“应用于”中选定“单元格”，单击斜线、，如图 4-81 所示。

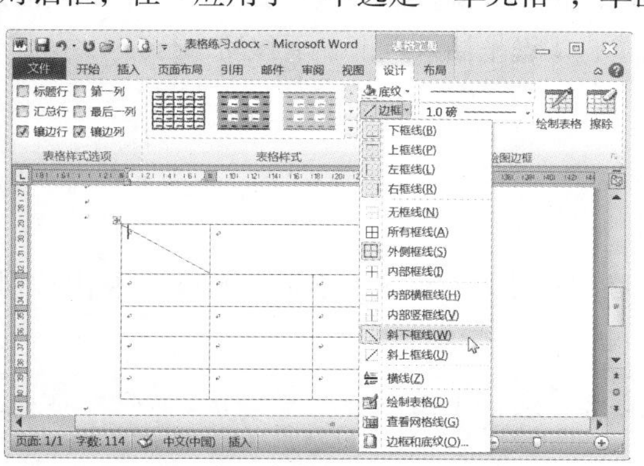

图 4-80　绘制斜线单元格

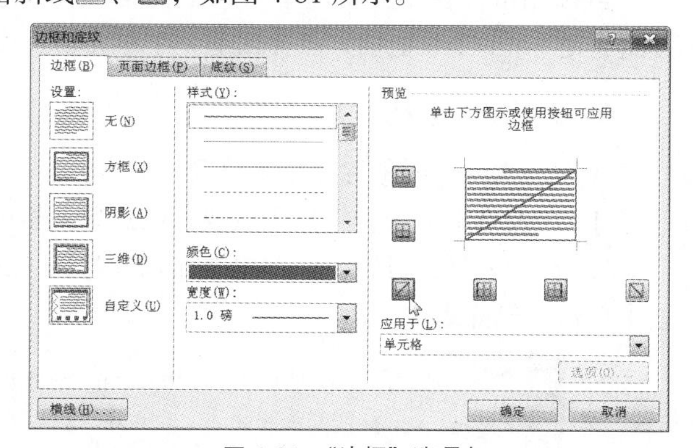

图 4-81　“边框”选项卡

由于单元格中可以换行，所以可以输入多行文字，或者插入文本框，来放置文字。

提示　在 Word 2003/2007 中，有“绘制斜线表头”功能，在 Word 2010 中，斜线表头就只有一条斜线。这是根据国外大多数地区的使用习惯而设定的，国内制表的趋势也是尽量不用斜线表头（如 Excel 表格）。为了与国际接轨，在 Word 2010 中取消了以前版本中的斜线表头功能。

（3）表格中插入内容。

建立空表格后，可把插入点放置到单元格中，插入的内容可以是文本、图片和另外的表格。每一个单元格都是一个独立的编辑单元，每个单元格都有自己的段落标记，如果要分段落，可以按 Enter 键，单元格的高度会增高。当在单元格中输入的内容到达单元格的右边线时，单元格的宽度可能会自动加宽，以适应内容。输入文本后的表格如图 4-82 所示。

如果不希望自动调整表格，把插入点放置到表格中的任何单元格内，在“表格工具”下，单击“布局”选项卡。在“表”组中，单击“属性”，显示“表格属性”对话框，再单击“表格”选项卡，单击“选项”按钮，显示“表格选项”对话框，如图 4-83 所示，取消“自动重调尺寸以适应内容”前的复选框。确定后，单元格的宽度将固定，当内容占满单元格后单元格高度自动增高，内容自动转到下一行。

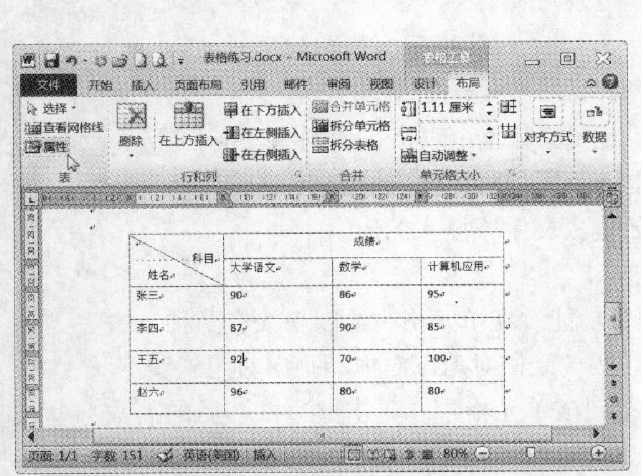

图 4-82　输入文本后的表格

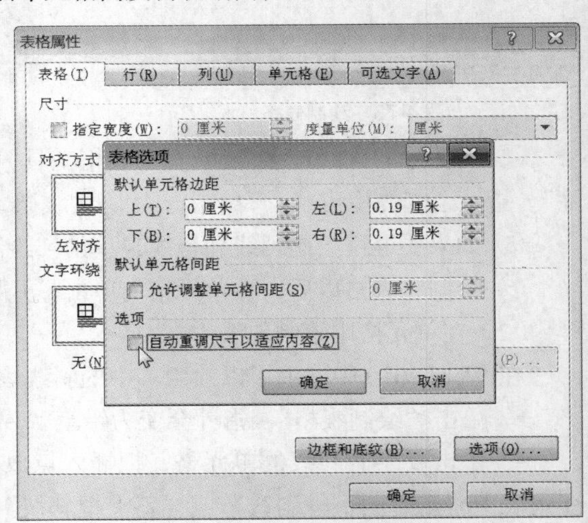

图 4-83　“表格选项”对话框

可以用鼠标在单元格内单击来设置插入点，也可以按 Tab 键把插入点放置到下一个单元格，按组合键 Shift+Tab 把插入点移回前一个单元格。按↑、↓键把插入点上、下移动一行。

3. 删除整个表格

可以一次性同时删除整个表格及其内容。

① 在表格中单击，把插入点放到任意单元格中。

② 在“表格工具”下，单击“布局”选项卡，在“行和列”组中，单击“删除”，从下拉列表中单击“删除表格”。

技巧 也可以同时选中表格上面一行、表格和表格下面一行，按Delete键删除整个表格。

知识拓展

*1. 将文本转换成表格

有些文本具有明显的行列特征，例如使用制表符、逗号、空格等分隔的文本，可以把这类文本自动转换为表格中的内容。在需要转换为表格的文本中插入分隔符（例如逗号或制表符），以

指示将文本分成列的位置。使用段落标记指示要开始新行的位置。例如，在某一行上有两个单词的列表中，在第一个单词后面插入逗号或制表符，以创建一个两列的表格。

选定要转换的文本。如图 4-84 所示，为以逗号（必须为半角字符）分隔的文本。

在“插入”选项卡上的“表格”组中，单击“表格”，从下拉列表中单击“文本转换成表格”，显示“将文字转换成表格”对话框，如图 4-85 所示。

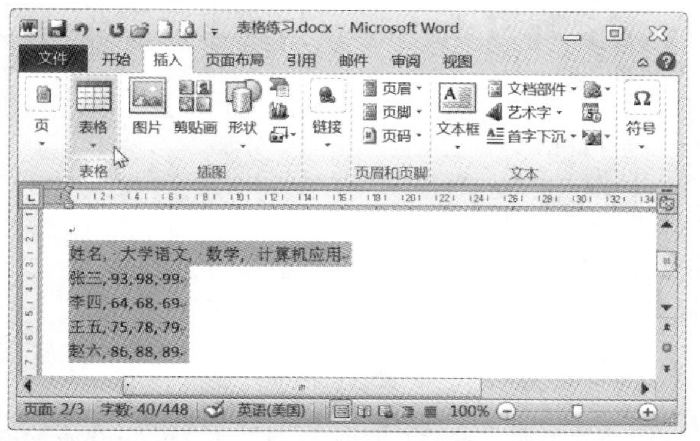

图 4-84 选定要转换的文本

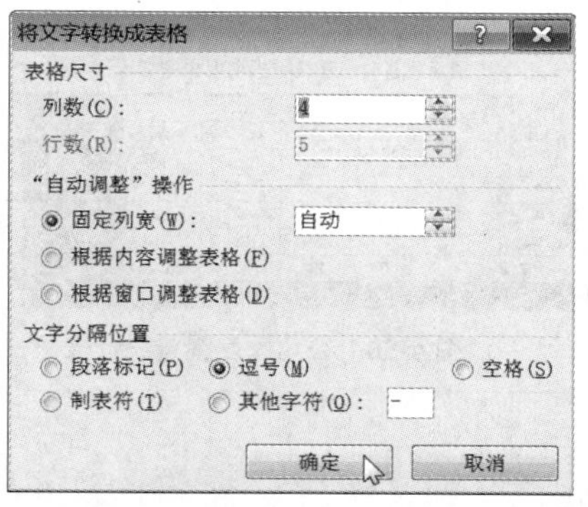

图 4-85 “将文字转换成表格”对话框

在“文本转换成表格”对话框的“文字分隔位置”下，单击要在文本中使用的分隔符对应的选项，在“列数”框中，选择列数。如果未看到预期的列数，则可能是文本中的一行或多行缺少分隔符。单击“确定”按钮，转换成的表格如图 4-86 所示。

2. 将表格转换成文本

选择要转换成段落的行或表格。在“表格工具”下的“布局”选项卡上的“数据”组中，单击“转换为文本”，显示“表格转换成文本”对话框，如图 4-87 所示。在“文字分隔位置”下，单击要用于代替列边界的分隔符对应的选项。表格各行用段落标记分隔，最后单击“确定”按钮。

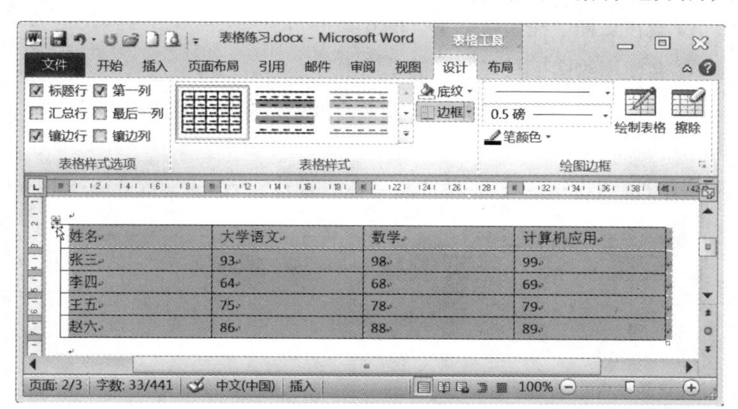

图 4-86 转换成的表格

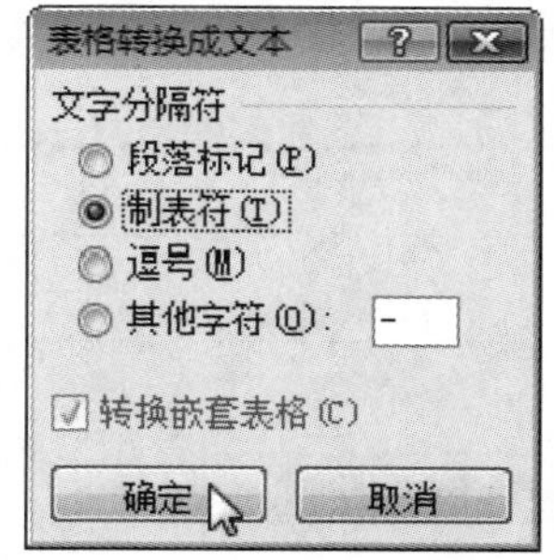

图 4-87 “表格转换成文本”对话框

课堂训练

练习 4.16 制作一张公司季度销售统计表，如图 4-88 所示。表格外框线为细双线，为了区分不同列、行的项目，设置不同的背景色。

练习 4.17 绘制如图 4-89 所示的求职登记表，表格中的内容请填写自己的相关信息。

国际贸易公司季度平板电视机销售统计表

季度 / 种类	季度				年合计	季平均
	第一季	第二季	第三季	第四季		
海洋 46 英寸	32	19	21	38	110	27.5
康丽 32 英寸	15	8	23	20	66	16.5
乐花 37 英寸	26	16	35	39	116	29
松源 47 英寸	37	29	28	42	136	34
季平均	27.5	18	26.75	34.75		
季合计	110	72	107	139	428	

图 4-88　公司季度销售统计表

求职登记表

<table>
<tr><td>姓 名</td><td></td><td>性 别</td><td></td><td>出生年月</td><td></td><td rowspan="4">照片</td></tr>
<tr><td>籍 贯</td><td></td><td>民 族</td><td></td><td>政治面貌</td><td></td></tr>
<tr><td>通信地址</td><td colspan="3"></td><td>邮政编码</td><td></td></tr>
<tr><td>电子邮件</td><td colspan="3"></td><td>电 话</td><td></td></tr>
<tr><td>学 历</td><td colspan="6"></td></tr>
<tr><td>工作经历</td><td colspan="6"></td></tr>
<tr><td>应征职位</td><td colspan="6"></td></tr>
<tr><td>期望待遇</td><td colspan="6"></td></tr>
</table>

图 4-89　求职登记表

4.6 图文混排

在 Word 中不仅可以进行文字处理，还提供了图片工具、艺术字工具和图形绘制工具。可以把图片、图形、艺术字添加到文档中，实现图文混排。在 Word 文档中，可以插入多种格式的图形文件（扩展名为 .bmp、.png、.jpg 或 .gif 等）。

◎ 会在文档中插入和编辑艺术字

◎ 会在文档中插入剪贴画、图片

◎ 会使用绘图工具栏绘制简单图形

◎ 会在文档中合理设置插入元素的版式，实现图文混合排版

实例 4.13　图文混排

情境描述

学校要举办运动会，需要制作一张运动健身小常识宣传页，如图 4-90 所示。要求纸张为 16 开（18.4cm × 26cm），页边距上、下、左、右分别为 1.2、1.2、1.8、1.7cm，纵向；字符每行 40 字，每页 40 行；正文是五号宋体；标题用艺术字，插入图片文件、剪贴画、自选图形，部分段落设置分栏，有些图片采用四周型环绕方式。李萍同学打算利用自己的 Word 知识和美术知识，来设计一张美观的宣传页，这个过程中涉及到了哪些具体操作呢？

任务实施

图 4-90 图文混排

1. 新建文档

① 新建 Word 文档，按要求设置纸张、页边距、每行字符数和每页行数。保存文档到合适的位置，文档命名为“运动健身小常识.docx”。设置正文字体和字号，输入文档的内容。

② 选中所有正文段落，设置段落首行缩进 2 字符。

2. 插入艺术字标题

① 选中标题“运动健身小常识”，在“插入”选项卡上的“文本”组中，单击“艺术字”，显示艺术字样式列表，如图 4-91 所示，单击所需的艺术字效果。选中的内容自动显示在文本框中，在“开始”选项卡的“字体”组中选择“隶书”，在“字号”列表中选择“小初”，如图 4-92 所示。

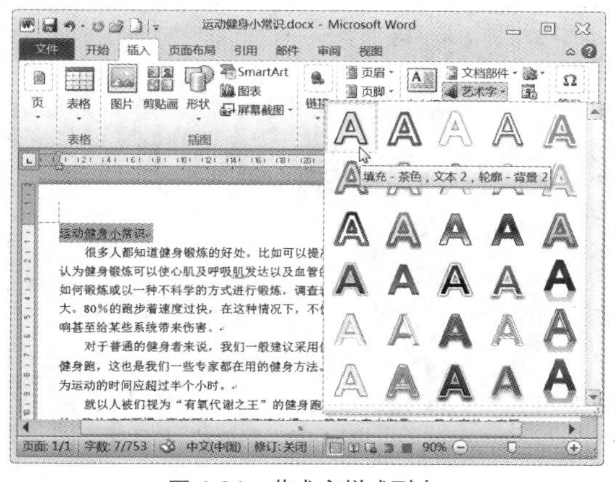

图 4-91 艺术字样式列表

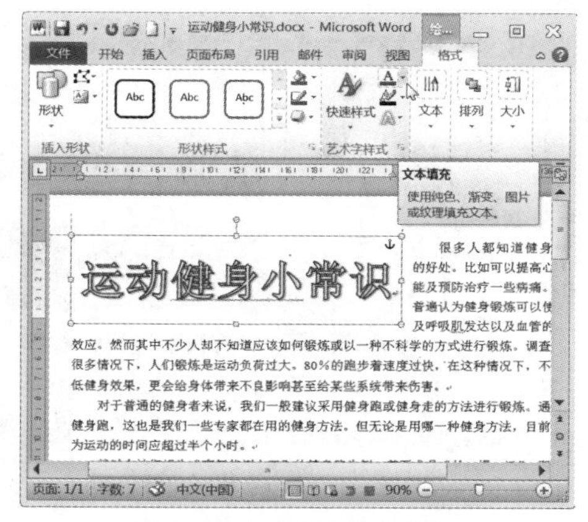

图 4-92 文本框中的艺术字

② 双击文本框边框，切换到艺术字视图。在“绘图工具”下的“格式”中，单击“艺术字样式”组中的“文本填充”A ▾，在列表中单击蓝色；单击“文字效果”A ▾，在列表的“转换”中单击“倒 V 型”，如图 4-93 所示。

③ 单击“位置”，在列表中单击“嵌入文本行中”，如图 4-94 所示。

④ 在艺术字文本框后面单击，在“开始”选项卡的“段落”组中，单击“居中”☰。

注意 Word 2010 的艺术字已经不是图形对象，其实就是一种包含文字的特殊文本框。

3. 设置分栏

① 选中正文中的第 2、3、4 段。

② 在“页面布局”选项卡的“页面设计”组中，单击“分栏”☰分栏 ▾，从列表中单击需要的分栏，如图 4-95 所示。如果单击“更多分栏”，将显示“分栏”对话框，如图 4-96 所示，从

中有更多选项。分栏后，分栏段落前、后会分别自动插入分节符。

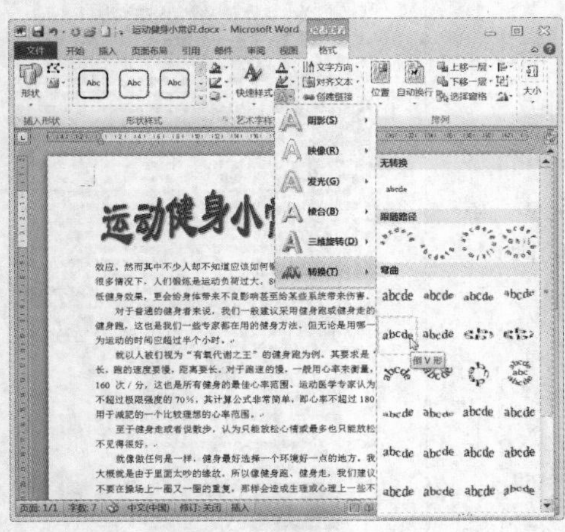

图 4-93　插入的艺术字

图 4-94　设置嵌入方式

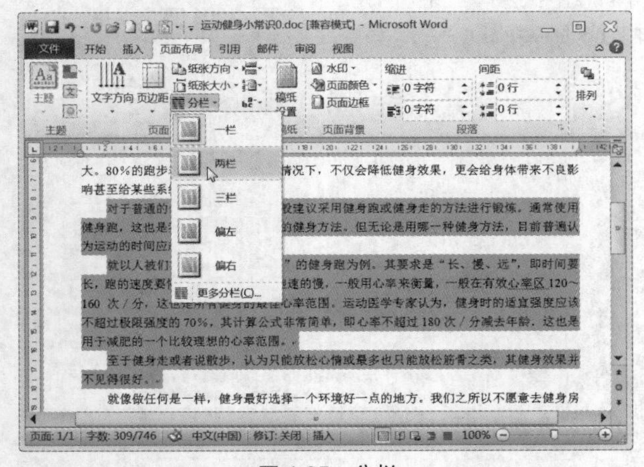

图 4-95　分栏

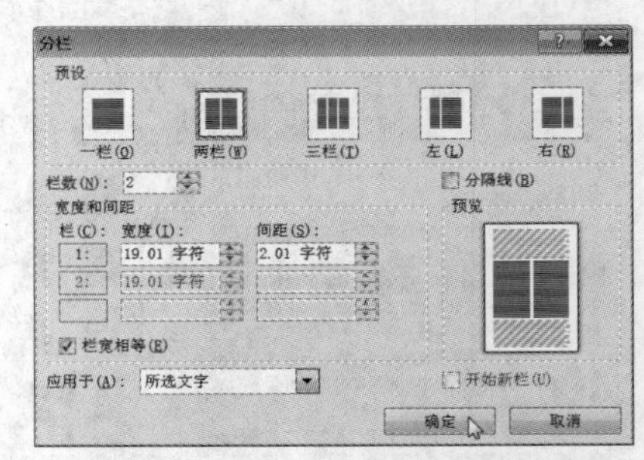

图 4-96　“分栏”对话框

4. 插入图片文件

① 把插入点定位于第一段开始。在“插入”选项卡上的“插图”组中，单击“图片”。

② 显示“插入图片”对话框，如图 4-97 所示。找到要插入的图片双击，图片将插入到插入点位置，如图 4-98 所示。

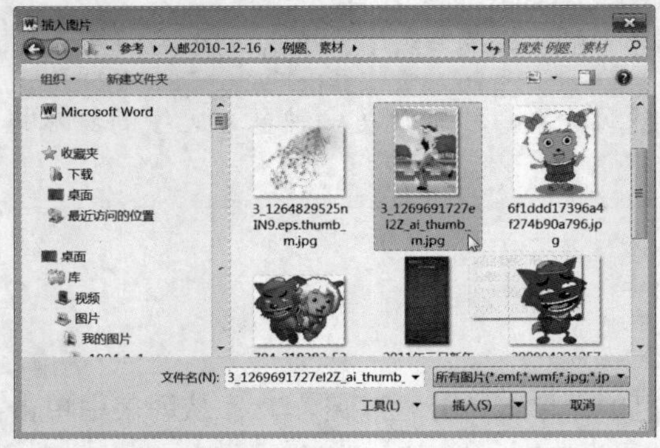

图 4-97　“插入图片”对话框

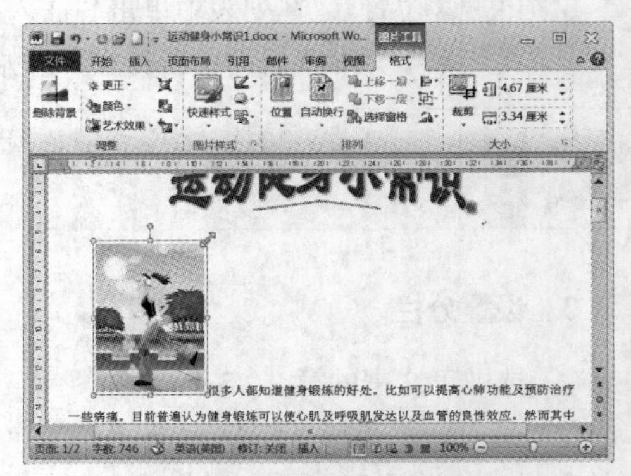

图 4-98　插入到文档中的图片

③ 图片控点是8个黑色方块，如图4-98所示。拖动图片控点4个角中的一个，可调整图片大小。若要精确调整图片大小，可右键单击图片，从快捷菜单中单击“设置图片格式”，显示“设置图片格式”对话框，在“大小”选项卡中设置。

④ 双击图片，切换到“图片工具”下，在“格式”选项卡上的“排列”组中，单击“位置”，如图4-99所示，从列表中单击需要的环绕方式。这里单击选中“顶端居左”。

⑤ 文字环绕方式图片4个角的控点为圆形，把图片拖动到合适的位置，如图4-100所示。

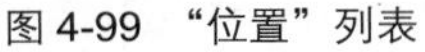
图4-99 “位置”列表

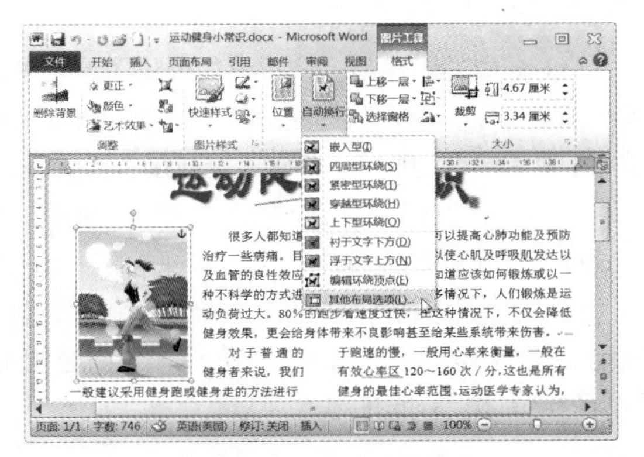

图4-100 选中环绕图片

⑥ 图片的所有设置、修改，也可以通过“图片”工具栏上的按钮实现。

提示 图片的环绕方式，也可以在“自动换行”列表中选择，如图4-100所示。单击“其他布局选项”，打开“布局”对话框的“文字环绕”选项卡，如图4-101所示，可以选择需要的文字环绕方式。

图4-101 “布局”对话框的“文字环绕”选项卡

技巧 如果要裁剪图片，选中需要裁剪的图片，单击“大小”组中的“裁剪”，将鼠标指针置于图片裁剪控点上，鼠标指针将变为┣、┳、┻、┫、┏、┓、┗或┛时，拖动鼠标，可以裁剪除动态GIF图片以外的任意图片。

⑦ 用相同方法，插入其他图片。

5. 插入剪贴画

① 把插入点定位于最后一行，在“插入”选项卡上的“插图”组中，单击“剪贴画”。

② 显示“剪贴画”任务窗格，在“剪贴画”任务窗格的“搜索”文本框中，键入描述所需剪贴画的单词或词组，或键入剪贴画文件的全部或部分文件名，例如“思考”，单击“搜索”按钮，如图 4-102 所示。单击需要的剪贴画，将其插入文档中。

③ 最后关闭“剪贴画”任务窗格。插入到文档中的剪贴画，可以像普通图片一样做改变大小、设置文字环绕方式，裁减等操作。

6. 插入形状

Office 中的形状是一些预设的矢量图形对象，包括线条、基本几何形状、箭头、公式形状、流程图形状、星、旗帜和标注等。可以向 Office 文档添加一个形状或者合并多个形状以生成一个绘图或一个更为复杂的形状。添加一个或多个形状后，可以在其中添加文字、项目符号、编号和快速样式。

① 在“插入”选项卡上的“插图”组中，单击“形状”。显示预设的形状列表，列表中提供了 6 种形状：线条、基本形状、箭头总汇、流程图、标注、星与旗帜。

② 单击所需形状，例如，云形标注。鼠标指针变为十字形状，在文档中需要插入形状的位置拖动画出形状，如图 4-103 所示。要创建规范的正方形或圆形（或限制其他形状的尺寸），在拖动的同时按下 Shift 键。

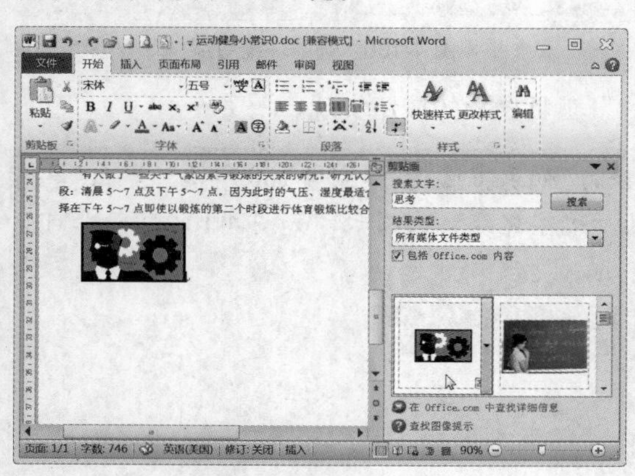

图 4-102 插入剪贴画

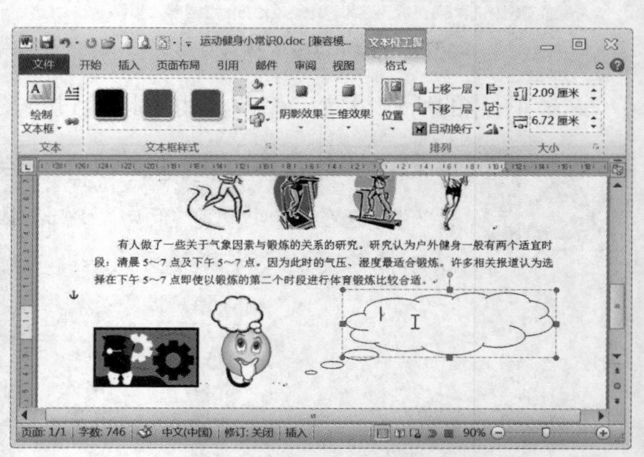

图 4-103 插入自选图形

③ 在标注内输入文字“您知道了吗？”，并把文字设置为适当的字体和字号。

④ 在“文本框样式”组中选取样式，调整到合适位置和大小。

*7. 插入图表

图表是以图的形式对数据进行的形象化的表示。数据以图表的形式显示，可使数据更加清楚，能更加直观地反映数据的变化情况，使行情走势等一目了然。图表还能帮助用户分析数据，为用户提供直观、准确的信息。在“插入”功能区中单击“图表”按钮，会在文档中打开一个 Excel 数据表，同时在光标插入点处插入默认数据的图表。然后按提示操作。

知识与技能

文本框是可移动、可调大小的、存放文字和图片的容器，主要用于设计复杂版面。当需在一页上放置多个文字块，或使文字块按与文档中其他文字块不同的方向排列时，可以通过插入文本框进行编排。

1. 插入内置文本框

内置文本框是 Word 预设样式的一组文本框模板，使用时只需把文本框中的示例文字替换为所需文字。

① 在文档中，单击要放置文本框的位置。在“插入”选项卡上的“文本”组中，单击“文本框”，显示内置的文本框列表，如图 4-104 所示。要查看更多的文本框列表，可拖动列表右侧的滚动条。

② 在列表中，单击需要的文本框，则该内置文本框插入到文档中，如图 4-105 所示。

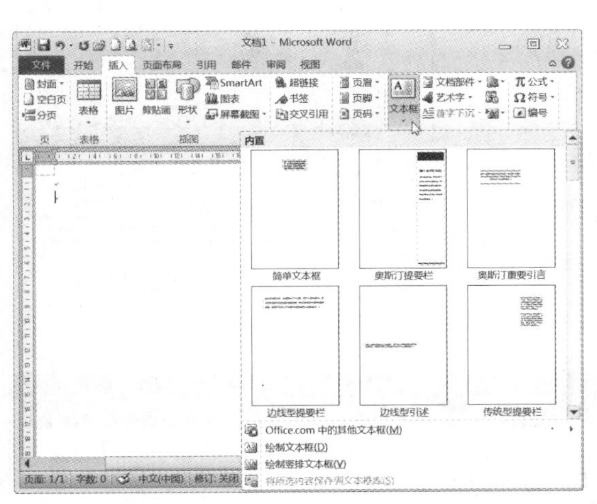

图 4-104 文本框列表

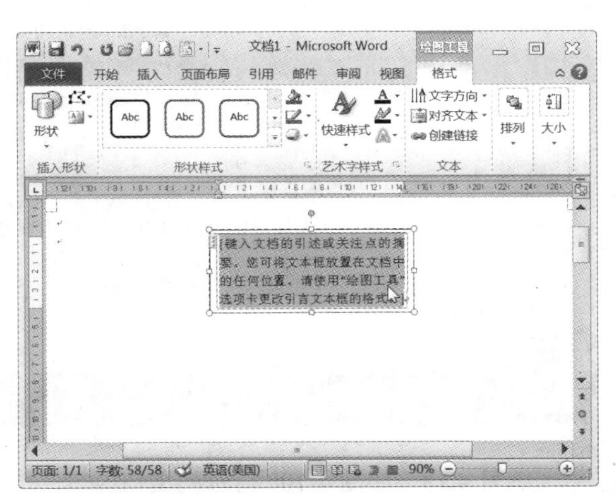

图 4-105 插入到文档中的内置文本框

③ 在文本框中，删除不需要的示例文字，输入或粘贴新的内容（包括文字、图片等），设置文字的格式。

④ 如果要更改文本框的大小，可拖动文本框的尺寸控点；或者在“文本框工具”下的“格式”选项卡上，在“大小”组中的数字框中设置文本框的宽度和高度。

⑤ 如果要改变文本框在页面中的位置，可拖动文本框的边框。

⑥ 如果要设置文本框的格式，在“文本框工具”下的“格式”选项卡上，设置文本框的格式。

2. 绘制文本框

① 在“插入”选项卡上的“文本”组中，单击“文本框”，显示文本框列表，如图 4-104 所示。单击列表下部的“绘制文本框”，或者“绘制竖排文本框”。

② 鼠标指针变为“+”，移动“+”指针在文档中需要插入文本框的位置单击或拖动需要大小。

此时，插入点在文本框中，可以在文本框中输入文本或插入图片，可以像对待文本框外的内容一样设置格式和段落，可以用“剪切”和“粘贴”将所需内容放入到文本框中，如图 4-106 所示。

3. 文本框的设置

可以把文本框看为特殊的图片，可以像图片一样来操作，例如选定、移动、调整大小、设置或取消边框、填充等。利用文本框可以编排复杂的版面，如图 4-107 所示。

如果要设置文本框，选定文本框后，在“文本框工具”下的“格式”选项卡中进行设置。也可以右键单击文本框线，从快捷菜单中选择“设置文本框格式”，在“设置文本框格式”对话框中设置。

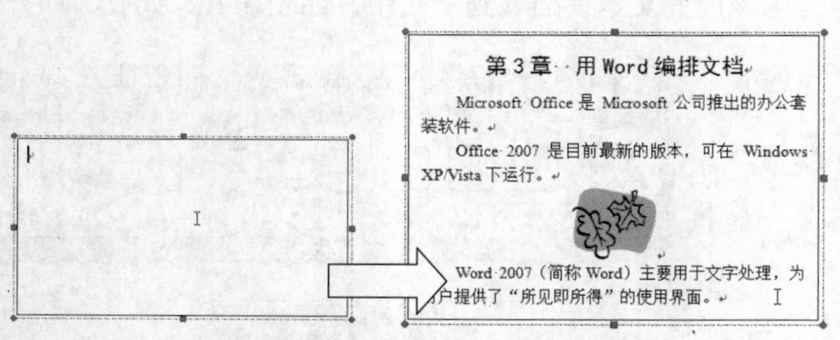

第 3 章 用 Word 编排文档

Microsoft Office 是 Microsoft 公司推出的办公套装软件。

Office 2007 是目前最新的版本，可在 Windows XP/Vista 下运行。

Word 2007（简称 Word）主要用于文字处理，为用户提供了"所见即所得"的使用界面。

图 4-106　在文本框中添加内容

如何科学利用时间

如果你有 3 万元钱，丢掉了 300 元，你会很心疼；然而，你在无聊中浪费掉了 300 天，却可能没往心里去。你可曾想过，前者是财富的 1%，而后者是生命的 1%。如果没有认识到这一点，那就太遗憾了！按 82 岁的寿命计算，人的一生只有 3 万天。去掉童年、暮年、生病、吃饭、睡觉的时间，真正用于工作、学习的时间就更少了。人生的路是漫长的，然而关键的地方只有几步。能否迈好这一步的关键是能否合理地花费自己的时间。

有一名叫查第格的智者猜中了。他说："最长的莫过于时间，因为它永远无穷无尽；最短的也莫过于时间，因为它使许多人的计划都来不及完成；对于在等待的人，时间最慢；对于在作乐的人，时间最快；它可以无穷无尽地扩展，也可以无限地分割；当时谁都不加重视，过后谁都表示惋惜；没有时间，什么事情都做不成；时间可以将一切不值得后世纪念的人和事从人们的心中抠去，时间能让所有不平凡的人和事永垂青史。"

一、时间是什么

法国思想家伏尔泰曾出过一个意味深长的谜：『世界上哪样东西最长又是最短的，最快又是最慢的，最能分割又是最广大的，最不受重视又是最值得惋惜的；没有它，什么事情都做不成；它使一切渺小的东西归于消灭，使一切伟大的东西生命不绝。』这是什么？众说纷云，捉摸不透。

时间到底是什么呢？时间对于不同的人有不同的意义。对于活着的人来说，时间是生命；对于从事经济工作的人来说，时间是金钱；对于做学问的人来说，时间是资本；对于无聊的人来说，时间是债务；对于学生来说，时间是财富，是资本，是命运，是千金难买的无价之宝。

二、应该珍惜时间

历数古今中外一切有大建树者，无一不惜时如金。古书《淮南子》有云："圣人不贵尺之璧，而重寸之阴。"汉乐府《长歌行》有这样的诗句："百川东到海，何时复西归？少壮不努力，老大徒伤悲。"晋朝陶渊明也有惜时诗："盛年不重来，一日难再晨，及时当勉励，岁月不待人。"唐末王贞白《白鹿洞》诗中更有"一寸光阴一寸金"的妙喻。法国作家巴尔扎克把时间比作资本。德国诗人歌德把时间看成是自己的财产。鲁迅先生对时间的认识更深刻。他说："时间就是生命。无端地空耗别人的时间，其实无异于谋财害命。"法拉第中年以后，为了节省时间，把整个身心都用在科学创造上，严格控制自己，拒绝参加一切与科学无关的活动，甚至辞去皇家学院主席的职务。居里夫人为了不使来访者拖延拜访的时间，会客室里从来不放坐椅。76 岁的爱因斯坦病倒了，有

图 4-107　使用文本框编排文稿

课堂实训

练习 4.18　如图 4-108 所示的文档内容，按照要求进行排版。

① 设置页面。纸张大小为 B5，横向，上边距 2.17cm，下边距 1.17cm，左右均为 1.55cm。

② 设置艺术字。标题用艺术字，采用适当的字体、大小和位置。

③ 设置正文。正文放入文本框中，分别为横排和竖排，文本框边线为不同颜色和线型，无填充颜色。字体为仿宋、四号，行距为最小值、0 磅。

④ 设置页面底纹图片。插入一张作为底纹的背景照片。

⑤ 插入图片。在文本框中插入一个张图片。

⑥ 设置页眉。插入页眉，内容为"《喜羊羊与灰太狼》简介"，居左。

练习 4.19　制作如图 4-109 所示的周报。纸张大小为 A4、纵向，上边距为 1.5cm、下边距为 1cm，左、右边距为 1.35cm。

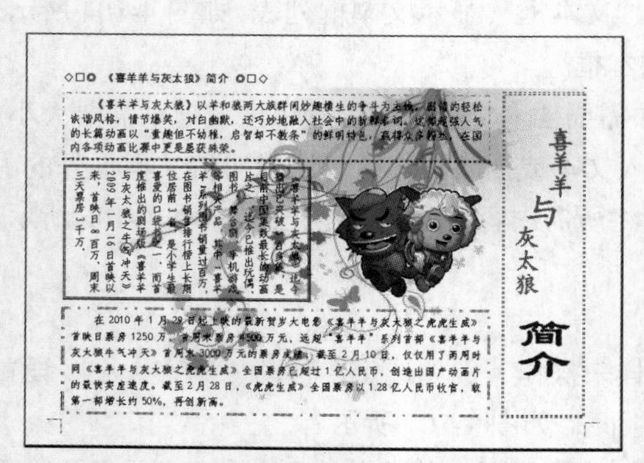

◇□○ 《喜羊羊与灰太狼》简介 ○□◇

《喜羊羊与灰太狼》以羊和狼两大族群间妙趣横生的争斗为主线，[illegible]的轻松诙谐风格，情节爆笑，对白幽默，还巧妙地融入社会中的[illegible]。[illegible]人气的长篇动画以"童趣但不幼稚，启智却不教条"的鲜明[illegible]，在国内各项动画比赛中更是屡获殊荣。

喜羊羊与灰太狼简介

在 2010 年 1 月 29 日[illegible]映的最新贺岁大电影《喜羊羊与灰太狼之虎虎生威》首映日票房 1250 万，[illegible]万元，远超"喜羊羊"系列首部《喜羊羊与灰太狼牛气冲天》首周末 3000 万元的票房成绩。截至 2 月 10 日，仅仅用了两周时间《喜羊羊与灰太狼之虎虎生威》全国票房已超过 1 亿人民币，创造出国产动画片的最快卖座速度。截至 2 月 28 日，《虎虎生威》全国票房以 1.28 亿人民币收官，较第一部增长约 50%，再创新高。

图 4-108　《喜羊羊与灰太狼》简介版面

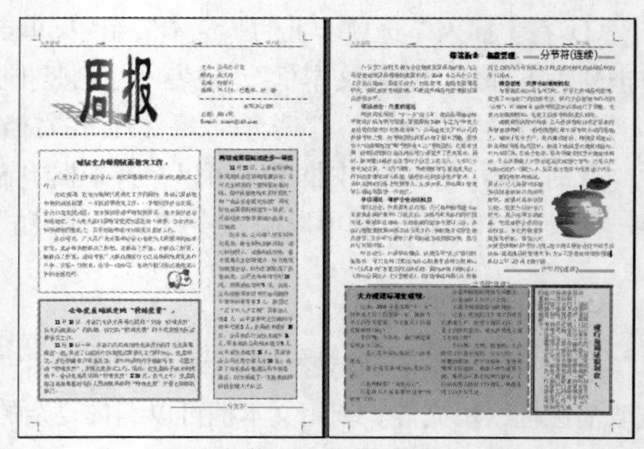

图 4-109　使用文本框设计复杂版面

4.7* 编辑长文档

长文档通常是指一篇页数在10页以上的文档，长文档一般都包含多个章、节和正文，级别相同的章、节和正文其格式都相同，例如一本图书，一篇论文或报告，一份软件使用说明书等都是典型的长文档。通常一篇正规的长文档由封面、目录、正文、附录等部分组成。为此，Word提供了一系列编辑长文档的功能。

◎ 会设置样式（标题）和应用样式（标题）。
◎ 会自动生成目录，并能进行目录格式的设置。
◎ 会运用文档结构图和大纲视图查看复杂文档。

实例 4.14 编排毕业论文

情境描述

对于毕业设计论文，学校都有严格的撰写规范，除对内容的要求外，对排版的要求也做出了规定，例如纸张、章标题、节标题、页眉、页码等格式要求。下面根据已经录入好的论文进行排版，整篇文章使用统一的页面设置，使用一致的标题样式，并自动抽取目录。

论文打印用A4纸（210mm×297mm），页边距为上25.4mm，下25.4mm，左31.7mm，右31.7mm。行间距为1.5倍行距。正文为小四号宋体，英文数字为Times New Roman，两端对齐，首行缩进2个汉字。

正文的层次为章（如“第1章”，居中）、节（如“1.1”）、条（如“1.1.1”）、款（如“1.”）、项（如“(1)”）。章标题为三号黑体，居中，段前空1.5行，段后空1行；节标题为小四号黑体；条标题为小四号黑体。“节”、“条”左对齐顶格编排，段前、段后各设为0.5行。“款”单独一行，按正文排版；“项”若作为小标题，其后空两格，直接跟正文，按正文排版。

目录按章、节、条三级标题编写，目录中的标题要与正文中标题一致。

目录的页码用罗马数字编排，正文以后的页码用阿拉伯数字编排。页码在页脚中居中放置，页码为五号Times New Roman。

论文除封面外各页均应加页眉，页眉加一粗细双线（粗线在上，宽0.8mm），双线上居中打印页眉。奇数页眉为本章的题序及标题，偶数页眉为“××职业技术学校毕业论文”。不同章另起一页，不同章使用不同的页眉，页眉为五号宋体居中。

为了让每一位做毕业论文的学生都有一个标准可参考，学校办公室特委托李萍同学制作一个毕业设计论文格式模板，这个任务将包罗Word当中的许多知识，那么到底涉及到了哪些内容呢？

任务实施

1. 新建文档、设置页面

① 新建一个文档。

② 设置纸张大小为 A4，设置上、下页边距为 2.54cm，左、右页边距分别为 3.18cm，方向为“纵向”。并设置“奇偶页不同”和“首页不同”。

③ 保存文档到合适的文件夹，文档名为“毕业论文 .docx”。

2. 新建标题样式

样式是格式的集合，包括字体格式、段落格式、外观格式等。设置时只需选择某个样式，就能把其中包含的各种格式一次性地快速设置到文字和段落上。

由于目录按章、节、条三级标题编写，款和项的样式与正文相同，所以只需把章、节、条设置为标题样式。如果款或项与文本样式不同，虽然款和项不被编入目录，为了排版方便，最好把款或项设置为标题样式。下面把章、节、条定义为标题样式，操作步骤如下。

① 在“开始”选项卡上，单击“样式”组的对话框启动器，显示“样式”任务窗格。在“样式”任务窗格中，单击“管理样式”，如图 4-110 所示。

② 显示“管理样式”对话框，如图 4-111 所示。选择要编辑的样式“标题 1”，单击“修改”按钮。

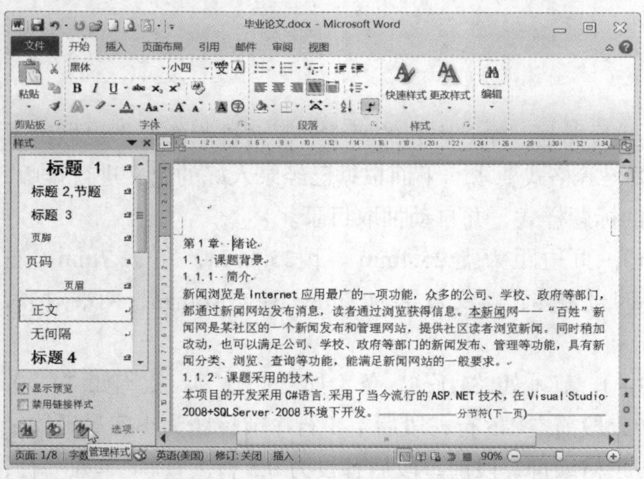

图 4-110 “样式”任务窗格

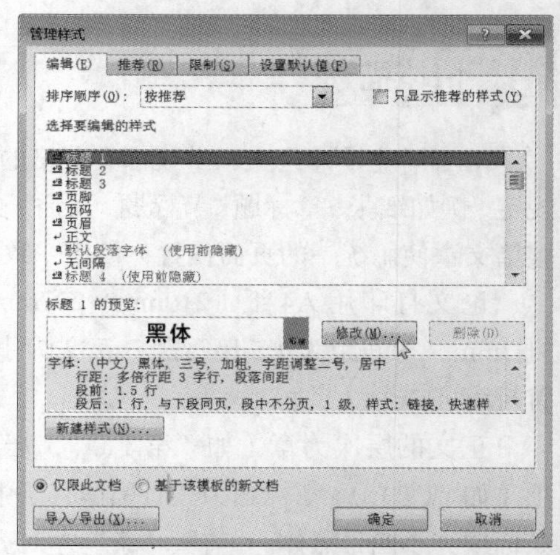

图 4-111 “管理样式”对话框

③ 显示“修改样式”对话框，如图 4-112 所示。单击“格式”按钮，从弹出菜单中单击“字体”。在显示的“字体”对话框中设置黑体、三号、居中。单击“格式”按钮，选择“段落”，显示“段落”对话框，设置为段前 1.5 行，段后 1.5 行。

④ 重复步骤③，修改“标题 2”样式，修改为黑体、小四号、段前 0.5 行、段后 0.5 行。修改“标题 3”样式，修改为黑体、小四号、段前 0.5 行、段后 0.5 行。

⑤ 修改正文样式。在“样式”任务窗格中，单击“正文”下拉列表中的“修改”。在“修改样式”对话框中，设置正文为 1.5 倍行距，选择“格式”下拉列表中的“段落”，在“段落”对话框中设置首行缩进 2 个字符，单击“确定”按钮返回“修改样式”对话框，再次单击“确定”按钮。

3. 应用样式

样式定义好后，可以录入论文内容，也可以把其他文档中的内容插入或粘贴到文档中，然后应用标题样式。

首先把插入点置于要设置的标题的段落中。下面两种方法可以应用样式。

• 第1种方法：在“开始”选项卡上的“样式”组中，将指针放在要预览的样式上，可以看到所选的文本应用了特定样式后的外观，如图4-113所示。如果要应用该样式，则单击所需的样式，例如，“标题3”的样式。

• 第2种方法：在“开始”选项卡上，单击“样式”组的对话框启动器，显示“样式”任务窗格，其中列出了当前文档的样式。选中“样式”任务窗格下部的“显示预览”，如图4-114所示。

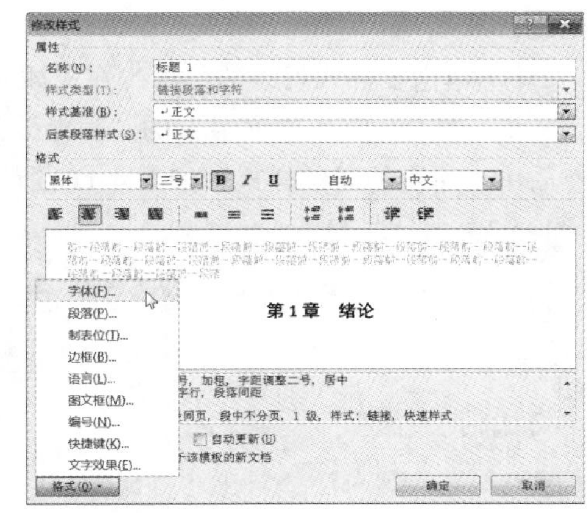

图4-112 “修改样式”对话框

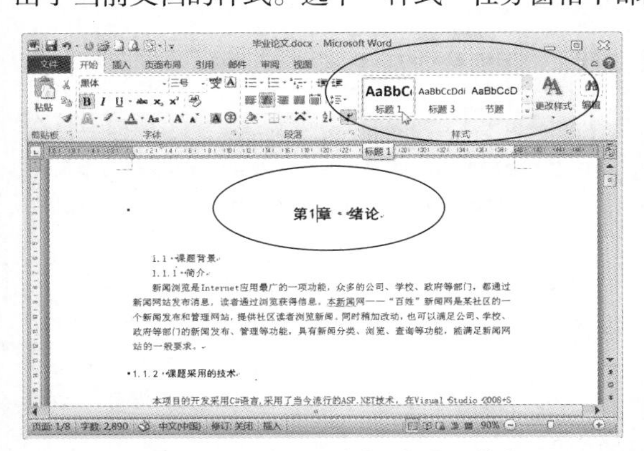

图4-113 使用“样式”栏应用样式

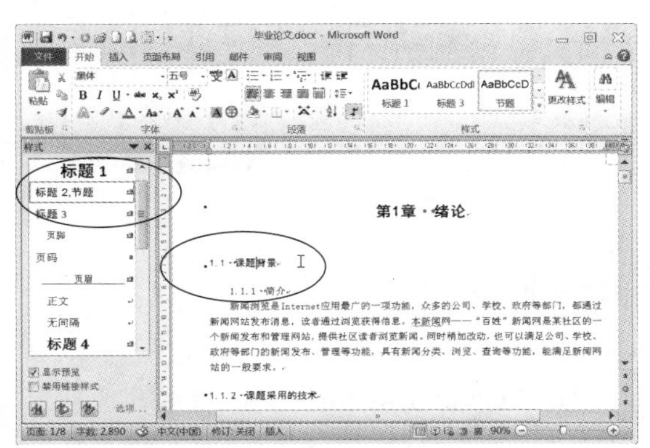

图4-114 使用任务窗格应用样式

4. 显示为大纲视图

单击窗口状态栏右下方的“大纲视图”按钮，该文档按大纲视图显示。在该模式中，自动显示“大纲”选项卡，通过上面的工具按钮，可以调整大纲结构，可以快速移动整节内容，也可以按不同的级别显示大纲，如图4-115所示是显示3级大纲。

单击“页面视图”按钮，切换到页面视图。

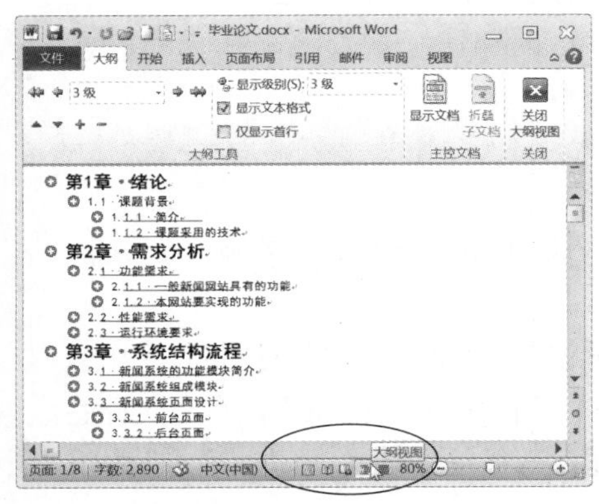

图4-115 大纲视图

5. 插入分节符、页码和页眉

由于论文封面页不显示页码，目录页显示罗马数字页码，正文显示阿拉伯数字页码，而且目录页和内容页的页码分别编码，这时就要把它们分为不同的节。

把插入点放置到目录页，设置目录页的页码。用相同方法设置内容页的页码。

然后设置页眉，注意封面所在的首页不显示页眉，每章的奇数页眉和偶数页眉不相同。

6. 抽取目录

如果使用标题样式创建了文档，则可以按标题自动

生成目录。

① 单击要插入目录的位置，在“插入”选项卡的“页”组中，单击“空白页”。

② 在“引用”选项卡上的“目录”组中，单击“目录”，显示目录列表，如图 4-116 所示。然后单击所需的目录样式，如图 4-117 所示是单击“自动目录 1”后生成的目录。

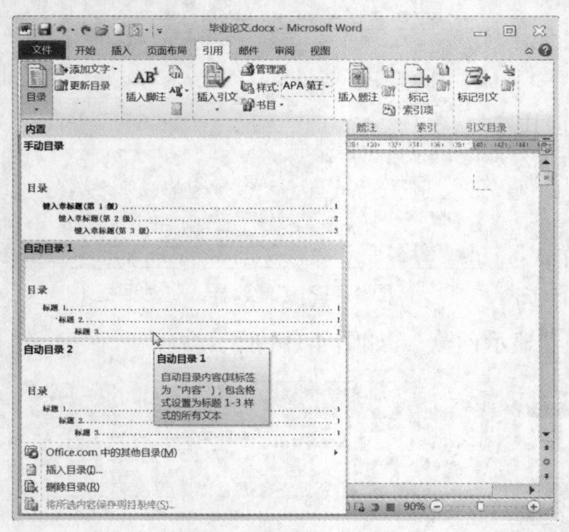

图 4-116　目录列表

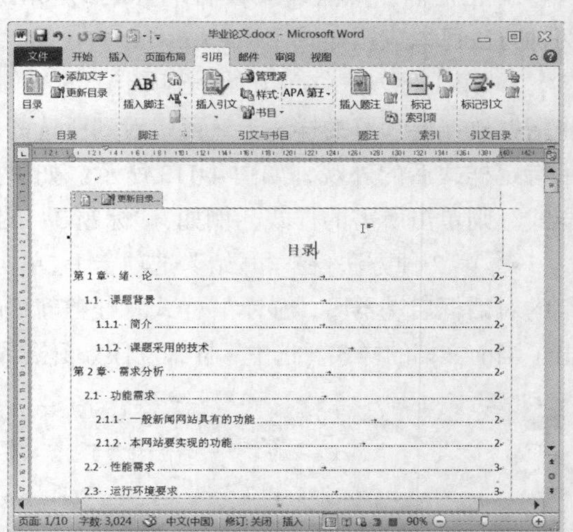

图 4-117　“自动目录 1”样式的目录

知识拓展

*1. 插入脚注和尾注

① 在页面视图中，单击要插入注释引用标记的位置。

② 在“引用”选项卡上的“脚注”组中，单击“插入脚注”或“插入尾注”。在默认情况下，Word 将脚注放在每页的结尾处而将尾注放在文档的结尾处。

③ 要更改脚注或尾注的格式，单击“脚注”对话框启动器，然后执行下列操作之一：

- 在“编号格式”框中单击所需格式；
- 要使用自定义标记替代传统的编号格式，单击“自定义标记”旁边的“符号”，然后从可用的符号中选择标记。

④ 单击“插入”。Word 将插入注释编号，并将插入点置于注释编号的旁边。

⑤ 键入注释文本。

⑥ 双击脚注或尾注编号，返回到文档中的引用标记。

*2. 插入题注

题注是对象下方显示的一行文字，用于描述该对象。可以为图片或其他图像添加题注。

① 选中要添加题注的图片或表格、公式等对象。

② 在“引用”选项卡的“题注”组中，单击“插入题注”，显示“题注”对话框。

③ 在“选项”中选择题注“标签”和显示位置。单击“新建标签”按钮可以自定义标签。

④ 单击“编号”按钮，将打开“题注编号”对话框，为题注选择编号格式，单击“确定”关闭“题注编号”对话框。

*3. 插入数学公式

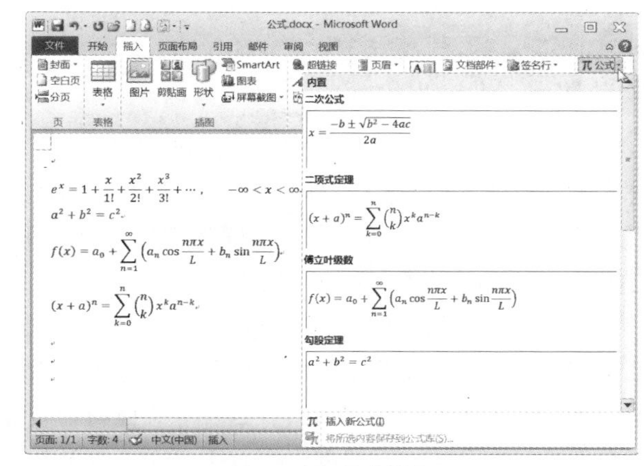

图 4-118 公式列表

Word 2010 采用新的公式编辑工具，所以公式编辑工具在兼容模式下被禁用，只有在 Word 2010 模式下才能使用公式编辑工具编写、插入或更改公式。

在“插入”选项卡上的“符号”组中，单击“公式”旁边的箭头π公式▾，显示下拉列表，如图 4-118 所示。要查看更多的内置公式列表，可拖动列表右侧的滚动条。

在列表中，单击所需的公式。该公式即被插入到文档中。

如果要修改公式，单击该公式中要修改的位置，输入新内容，按 Delete 键删除原有内容。

*4. 插入组织结构图

组织结构图以图形方式表示组织的管理结构，操作方法如下。

① 在“插入”选项卡的“插图”组中，单击“SmartArt”。

② 显示“图示库”对话框，单击图示类型，再单击“确定”按钮。

*5. Word 邮件合并

当希望创建一组除了每个文档中某些数据（如地址、单位、姓名等）各不相同，其他内容都相同的文档时，就可以使用邮件合并功能。邮件合并功能可以快速创建一个发送给多人的文档，可以节省时间和精力，例如邀请函、信封、通知、成绩单等。使用邮件合并功能的操作方法如下。

① 打开一个空 Word 文档，设置页面。

② 在“邮件”选项卡上的“开始邮件合并”组中，单击“开始邮件合并”。

③ 单击要创建的文档的类型。

课堂实训

练习 4.20 利用“公式编辑器”，建立和编辑下面的数学公式：

$$y=\begin{cases} x & x\geqslant 0 \\ -x & x<0 \end{cases} \qquad \begin{bmatrix} \dfrac{x+y}{2} & \dfrac{x-y}{2} \\ \sqrt[3]{x+y} & x^2-\sqrt{y} \end{bmatrix} \qquad \left(\frac{2}{3}ab^2-2ab\right)\cdot\frac{1}{2}ab$$

4.8 综合技能训练——制作宣传手册

在应用中，可用 Word 的文、图、表功能设计一些产品宣传手册。在本节的综合技能训练中，通过制作某企业销售宣传手册来综合应用 Word 的功能。

任务描述

李萍同学通过学习Word，对Word排版和公文板式已经很熟练，企业来学校招收文职职员，学校马上想到李萍同学，就把她推荐给一家企业。企业为了宣传，要求李萍同学制作一份销售宣传手册，如图4-119所示，李萍同学很快就完成了，顺利获得了这个职位。你也来试试吧。企业销售宣传手册要求如下。

① 页面要求。A4纸，页边距、网格等采用默认设置，页码居中、五号字。

② 封面、封底及相关内容具有企业特色，带有公司标识等内容。

③ 正文文字为华文细黑、四号。版面符合企业宣传手册的一般形式。

④ 宣传手册中根据需要带有图、文、表及相关素材，相互位置恰当、美观。

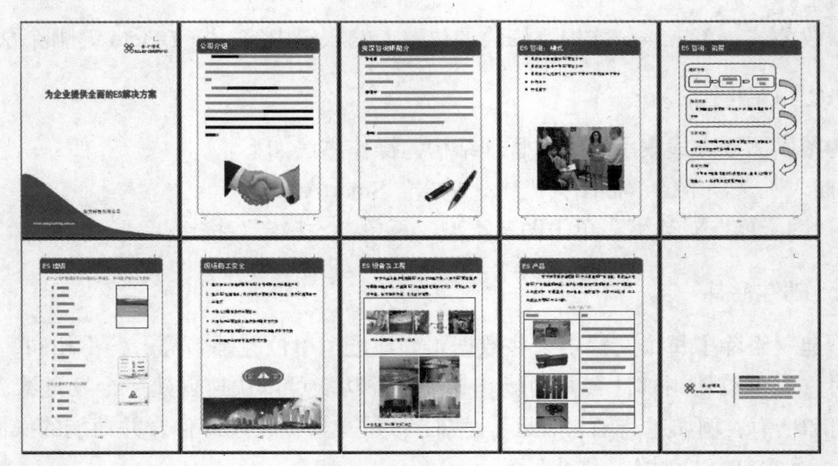

图4-119 企业宣传手册

技能目标

通过制作宣传手册，学习在文档中综合应用图、文、表及相关素材。

环境要求

硬件：奔腾、速龙以上微型计算机，4GB以上内存，10GB以上硬盘，17英寸以上显示器，USB接口，打印机等。

软件：Windows 7中文版，Word 2010。

任务分析

为了完成企业销售宣传手册的制作，需要完成以下工作。

① 收集资料。根据手册要求，与有关负责人研讨，收集相关资料，包括文字、图片等。

② 规划版面。规划分析手册的基本内容，总共需要的页数等。

③ 新建文档、设置页面。本手册采用A4纸。

④ 制作封面页。封面的设计能表现出企业的文化，在制作封面时需要用到多种元素。

⑤ 制作内容页。各内容页的版面都是一致的，因此只需设计好第一张内容页，其他内容页采用第一张内容页的版面，只需把第一页的版面复制过来，以节约时间。

⑥ 制作封底页。封底页较为简单。

⑦ 打印预览和打印。预览后，可打印初稿，交相关负责人审阅。

⑧ 装订成册。一般交专业的装订公司完成。

任务一　收集资料

① 了解该公司的基本情况，与负责人研讨收录到宣传册上的内容。公司宣传手册中的内容包括公司简介、公司知名人士、公司产品、产品销售案例等内容。

② 收集公司介绍、标识、经营模式、产品及图片等有关资料。

③ 将公司的有关图片、文字资料复制到使用的微机上，以方便制作时使用。

④ 收集该公司以前的宣传手册，以及相关其他公司的宣传手册，制作时参考。

任务二　规划版面

① 首先分析公司宣传手册的基本内容。宣传手册一般应由封面、公司介绍、公司主要产品、封底等组成。

② 本宣传手册共有 10 页 A4 内容，包括封面、公司介绍、名师介绍、经营模式介绍、产品介绍、封底等内容。

任务三　新建文档、设置页面

① 新建文档，文档名为“东方公司宣传手册 - 第 1 稿”，保存到 C：盘之外的其他分区。

② 设置页面为 A4 纸张，其他参数采用默认设置，不用再设置。

任务四　制作封面页

宣传手册一般要求封面和封底简洁大方，通过文字、图片等元素展示企业的风貌、理念和品牌形象。对于要求高的封面，通常由专业的美工设计师设计，然后交由专业印刷公司印制。封面和封底页面中一般包括手册名称、公司名称、公司标识等内容。

① 封面页中部的标题“为企业提供全面的 ES 解决方案”，可以用文本、文本框或艺术字。这里我们使用艺术字，版式为浮于文字上方，其优点是容易调整大小和位置。

② 封面页右上角的公司标识由浮于文字上方的图片和文本框组成，这样容易把它们放到页边上。文本框中的“东方科技”为华文新魏小二，“ES&ENGINEERING”为四号。

③ 封面左下角的背景图片，先设置版式为浮于文字上方，然后对准左下角位置，拖动图片右上角控点，到合适大小。

④ 封面页下放的公司名称和网址，用文本框实现，字号分别为三号和小四。

⑤ 由于公司标识和背景图片采用一种颜色，所以封面上的文字也都采用这种颜色 RGB（0,90,150）。背景图片上的网站文字采用白色。

⑥ 由于封面不参与页码，所以封面页单独为一节。在封面页插入一个下一页分节符。

设计完成的封面页，如图 4-120 所示。在编辑过程中，随时按 Ctrl+S 组合键保存文档。

任务五　制作第一张内容页

对于正文的内容页，通常版面要一致，内容要突出，文字不易太多，字号不易太小。本手册所有内容页都有相同的版面形式，下面以制作公司介绍页为例，介绍内容页的制作。

① 输入“公司介绍”页中的内容，由于公司介绍页有较大空白，可以插入一张图片。设置内容文字为华文细黑小四，插入分页符，如图 4-121 所示。

图 4-120　封面页

图 4-121　公司介绍页 1

② 插入一个“园角矩形”自选图形，并调整园角和大小，版式为“衬于文字下方”，如图 4-122 所示。

③ 再插入一个“园角矩形”自选图形，并调整园角与上一个相同，使之重叠，填充色为 RGB（0,90,150），添加文字“公司介绍”、白色。同时删掉原来文本中的“公司介绍”，如图 4-123 所示。

制作完成的公司介绍页如图 4-124 所示。

图 4-122　公司介绍页 2

图 4-123　公司介绍页 3

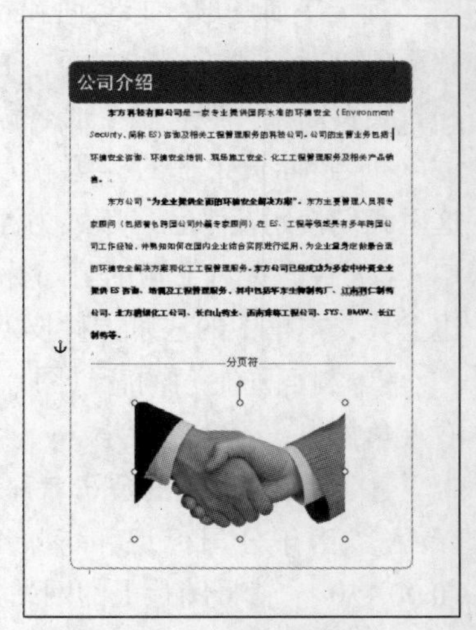

图 4-124　公司介绍页 4

任务六　制作其他内容页

① 由于其他内容页的版面外观与公司介绍页相同，所以除具体内容外，可把公司介绍页上的两个“园角矩形”自选图形复制过来。

② 每页插入一个分页符，最后一张内容页插入一个分节符。

③ 把插入点置于内容页，插入页码。然后设置页码大小为五号字。

任务七　制作封底页

封底页一般只有公司标识、联系方式等内容，相对较为简单。

① 把封面页右上角的公司标识复制过来。

② 插入一条细竖线。

③ 插入一个文本框，在文本框中输入公司联系方式，五号字。

④ 设置文字、竖线的颜色为 RGB（0,90,150）。

制作完成的封底页，如图 4-125 所示。

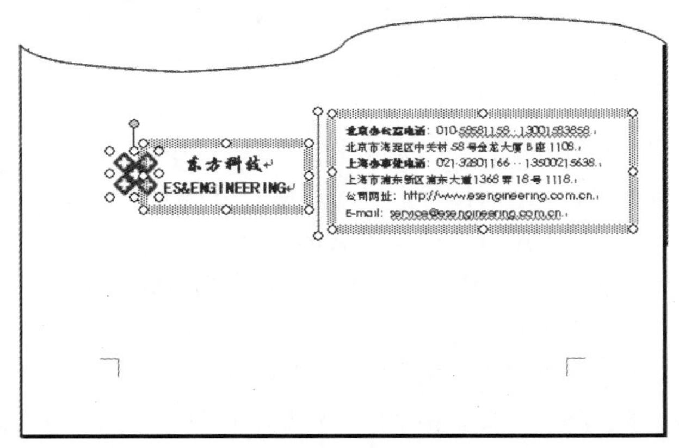

图 4-125　封底页

任务八　打印预览和打印

① 预览各页的整体布局。如果不合适，再返回做适当调整。

② 对排版内容满意后，打印到 A4 纸张上。

学生自我评价表

实 训 内 容	完成情况	难点、问题	总　结
手册封面			
第一页内容页面			
其他页内容页面			
封底页			
页码			

拓展训练

拓展训练 4.1 制作如图 4-126 所示的房产宣传页，只有封面和封底。纸张为自定义大小（宽度 35cm，高度 19cm），其他为默认设置。采用的制作元素包括背景图片、自选图形、宣传图片、艺术字、文本框等。

图 4-126 房产宣传页

练习题

一、填空题

1. 在 Word 的文字编辑中，欲将某篇文章 A 的一部分内容插入到正在编辑的文件 B 当前位置，可采用如下方法：打开文件 A 和文件 B，找到欲插入内容，从起始位置按下鼠标 ________ 键进行拖动，选中欲插入内容，然后可用快捷键 Ctrl+________ 复制到剪贴板，再打开文件 B 窗口，在插入点用快捷键 Ctrl+________ 即可。

2. 在 Word 环境下，文件中用于插入 / 改写功能的按键为 ________。

3. 在 Word 环境下，将选定文本移动的操作是：将鼠标移到文本块内，这时鼠标变为 ______________ 形状，再按住 ________ 不放拖动鼠标直到目标位置后松手。

4. Word 2010 文档的默认扩展名是 ________。

5. Word 中，如果要选定文档中的某个段落，可将光标移到该段落的左侧，待光标形状改变后，再 ________。

6. 在 Word 文档中如果看不到段落标记，可以在功能区单击 ________ 按钮来显示。

7. 在 Word 文档中，对表格的单元格进行选择后，可以进行插入、移动、________、合并和删除等操作。

8. 在字号中，阿拉伯数字越大表示字符越 ________，中文字号越大表示字符越 ________。

9. 假设已在 Word 窗口中录入了 6 段汉字，其中第 1 段已经按要求设置好了字体和段落格式，现在要对其他 5 段进行同样的格式设置，使用 ________ 最简便。

10. 要把插入点光标快速移到 Word 文档的尾部，应按组合键 ________。

二、选择题

1. 在 Word 的编辑状态下，执行“编辑”菜单中的“全选”命令后 ________。

（A）整个文档被选中　　（B）插入点所在的段落被选中

（C）插入点所在的行被选中　　（D）插入点至文档的首部被选中

2. 在 Word 的编辑状态下，进行“粘贴”操作的组合键是 ______。

（A）Ctrl+X　　（B）Ctrl+C　　（C）Ctrl+V　　（D）Ctrl+A

3. 在 Word 的编辑状态，执行编辑菜单中的“复制”命令后 ______。

（A）被选中的内容被复制到插入点处

（B）被选中的内容被复制到剪贴板

（C）插入点所在段落内容被复制到剪贴板

（D）插入点所在段落内容被复制到剪贴板

4. 关于 Word 表格的表述，正确的是 ______。

（A）选定表格后，按下 Delete 键，可以删除表格及其内容

（B）选定表格后，单击“剪切”按钮，不能删除表格及其内容

（C）选定表格后，单击“表格”菜单中的“删除”命令，可以删除表格及其内容

（D）只能删除表格的行或列，不能删除表格中的某一个单元格

5. Word 2010 在 ______ 状态下会显示如图所示一个小型的、半透明的浮动工具栏。

宋体 五号 A A B I U A

（A）打开新文档时　　（B）更改显示视图时

（C）操作功能区时　　（D）选取文档内容时

6. 在 Word 中，当前插入点在表格某行的最后一个单元格内，按 Enter 键后 ______。

（A）插入点所在的行增高　　（B）插入点所在的列加宽

（C）在插入点下一行增加一行　　（D）将插入点移到下一个单元格

7. 在 Word 中，当前插入点在表格某行的最后一个单元格后，按 Enter 键后 ______。

（A）插入点所在的行增高　　（B）插入点所在的列加宽

（C）在插入点下一行增加一行　　（D）将插入点移到下一个单元格

8. 当前编辑的 Word 文件名为“报告”，修改后另存为“总结”，则 ______。

（A）“报告”是当前文档　　（B）“总结”是当前文档

（C）“报告”和“总结”都被打开　　（D）“报告”改为临时文件

9. Word 中当用户在输入文字时，在 ______ 模式下，随着输入新的文字，后面原有的文字将会被覆盖。

（A）插入　　（B）改写　　（C）自动更正　　（D）断字

10. 在 Word 的编辑状态下，要删除光标右边的文字，按 ______ 键。

（A）Delete　　（B）Ctrl

（C）BackSpace　　（D）Alt

第5章

电子表格处理软件 Excel 2010应用

Excel是应用最广泛的电子表格处理软件，是Microsoft Office套件的一部分。Excel的魅力在于其通用性强，优势是进行数字计算，非数字应用也很强，可以用于数值处理、创建图表、组织列表等。

5.1 电子表格的基本操作

◎ 工作簿、工作表、单元格等基本概念
◎ 创建、编辑和保存电子表格文件
◎ 输入、编辑和修改工作表中的数据
◎ 模板的作用和使用方法*

电子表格处理软件是一种常用的办公软件，广泛应用于金融、财务、统计、审计以及行政管理等领域，它是当今时代进行数据计算、统计的重要工具。

5.1.1 电子表格处理软件的基本概念

Excel 中最重要的 3 个基本概念是工作簿、工作表和单元格。

1. 工作簿

Excel 中用来存储并处理数据的文件叫做工作簿，一个工作簿对应一个磁盘文件。用户完成 Excel 操作，退出 Excel 或保存 Excel 文件时，一般需要命名工作簿文件。

在 Excel 中所做的工作都是在一个工作簿文件中执行，打开工作簿文件后，有其自己的窗口。默认情况下，Excel 2010 工作簿文件的扩展名是 .xlsx。在 Excel 中可以打开任意多个工作簿。

提示　首次启动 Excel 后，系统默认的工作簿名是“工作簿 1.xlsx”。

2. 工作表

工作簿文件由工作表组成。在一个工作簿文件中，可以建立多个工作表。工作簿文件默认建立 3 个工作表，用户可以根据需要增加或减少工作表的个数。

提示　使用“文件”/“选项”/“常规”/“包含的工作表数”，在“Excel 选项”的“常规”对话框中，使用“包含的工作表数”可设置新建工作簿包含的工作表数目。

工作表默认命名为 Sheet1，Sheet2，…，Sheet255，工作表名称显示在 Excel 窗口的工作表标签中。工作表标签位于 Excel 窗口的左下角。用户正在操作的工作表是“当前工作表”，也叫活动工作表。

提示　单击工作表标签可实现活动工作表的切换。Excel 2010 在一个工作簿中最多支持 255 个工作表。

工作表的工作区域主要由单元格组成。在单元格中可以进行数据的输入、编辑和计算。工作表的左端是行号，顶端为列标。Excel 工作表中的行号通常从上向下按数字的大小编号，依次为：1，2，3，4，…列标通常从左向右按英文字母的顺序编号，其列号分别为：A，B，…，Y，Z，AA，AB，…

提示　在 Excel 2010 中，一个工作表的最大行数是 1048576 行，最大列数是 16384 列（列号是 XFD）。

3. 单元格

工作表中行列交叉处的长方形格，叫单元格。单元格是 Excel 中数据填充的基本单位，用来存放字符、数值、日期、时间以及公式等数据。每个单元格均有一个固定的地址，常用的地址编号由列标和行号组成，如 A1、B2、B1756、IV65536 等。单元格的地址可以代表一个单元格。

活动单元格也叫当前单元格，即正在使用的单元格。用鼠标单击某一单元格后，此单元格四周即呈现粗黑色线。粗黑色线边框所包围的单元格，就是当前单元格。

实例 5.1　进入 Excel 2010

情境描述

计算机中已经安装了 Office 2010 套件，准备使用 Excel 对计算机的报价情况进行处理，首先要进入 Excel 2010，对 Excel 的界面进行简单的操作。进入 Excel 进行操作，需要掌握 Windows

操作系统的基本操作。对 Excel 界面的认识和操作，也最好有 Word 的基础。

任务操作

① 选择“开始” / “所有程序” / “Microsoft Office” / “Microsoft Office Excel 2010” 命令，打开 Excel 2010。

② Excel 界面如图 5-1 所示。

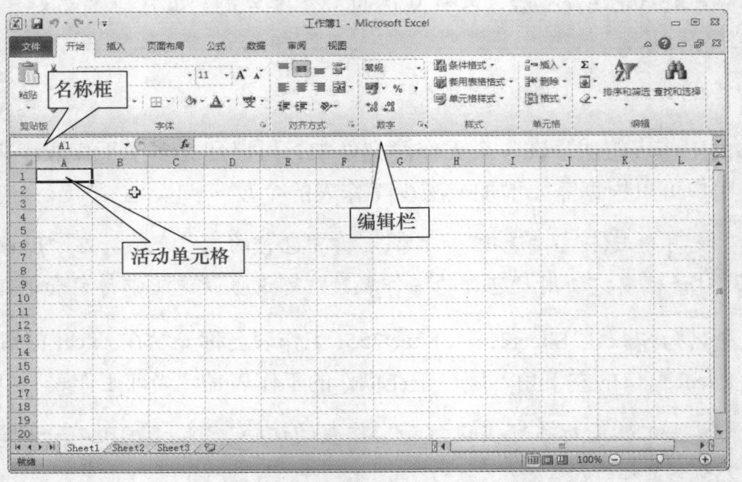

图 5-1 Excel 起始界面

③ 与 Windows 操作系统中的其他软件一样，Excel 包含菜单、工具栏等窗口元素。

知识与技能

Excel 应用程序窗口中的主要部件有：标题栏、菜单栏、工具栏、编辑栏、列标、行号、工作表区、工作表标签、状态栏、滚动条等。其中标题栏、菜单栏、工具栏、状态栏、滚动条等的使用方法与 Word 相似。

（1）编辑栏。

编辑栏的主要功能是显示和编辑活动单元格中的数据或公式。

（2）名称框。

名称框位于编辑栏的左侧，框中一般情况下显示活动单元格地址。图 5-1 中当前单元格的地址是“A1”。

提示

使用 Shift+ 光标组合键或 Ctrl+ 光标组合键，可以同时选定多个单元格，在名称框中输入新名称，可以定义所选单元格区域的别名。在名称框中输入新的单元格地址，按 Enter 键后可以快速定位单元格。选择“文件” / “选项” / “公式” / “使用公式” / “R1C1 引用样式”，然后在“名称框”中输入“R1048576C16384”，定位到一个工作表的最大行最大列的单元格。

（3）工作簿窗口。

工作簿窗口是用户的工作区，以工作表的形式提供给用户一个工作界面。

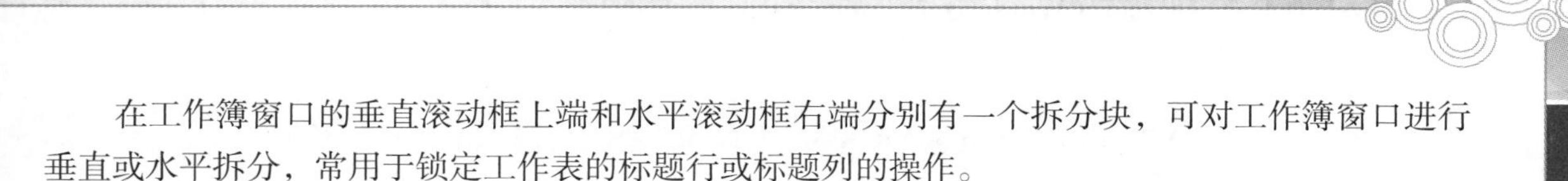

在工作簿窗口的垂直滚动框上端和水平滚动框右端分别有一个拆分块，可对工作簿窗口进行垂直或水平拆分，常用于锁定工作表的标题行或标题列的操作。

（4）状态栏。

状态栏位于Excel应用程序窗口的最底部，其左端显示的是当前工作状态及操作提示，中间位置显示自动计算的结果，右端显示视图与缩放比例等。

5.1.2 电子表格文件操作

与Windows操作系统中的其他应用程序相似，文件操作主要是新建、保存、打开等。

1. 创建新的工作簿文件

在Excel中，创建新工作簿文件的最常用方式是建立一个空白工作簿。此外，还可以利用模板来建立具有固定格式的工作簿。

创建一个空白工作簿常用操作方法是在Excel应用程序窗口中使用“文件”选项卡中的“新建”命令，选择相关的模板，选择“创建”按钮完成创建新文件的操作。

2. 保存工作簿文件

保存工作簿文件是Excel中非常重要的操作。在使用Excel的过程中，应养成及时保存文件的习惯；否则，一旦出现断电或死机的故障，没有保存的信息会全部丢失。

保存分为“保存”和“另存为”两个命令。“另存为”命令可以为已保存过的工作簿建立一个副本。

保存工作簿的常用操作方法是在Excel应用程序窗口中单击“文件”选项卡中的“保存”命令。

3. 打开与关闭工作簿文件

打开工作簿文件是将磁盘中的工作簿文件调入内存，并显示在Excel应用程序窗口中。打开工作簿的常用操作方法是在Excel应用程序窗口中单击“文件”选项卡中的“打开”命令,在“打开”对话框中选择所需的工作簿文件，然后单击“确定”按钮。

实例5.2 文件操作

情境描述

在Excel中，熟练地进行新建、保存、打开等操作，对Excel文档进行操作。

任务操作

① 运行Excel应用程序，选择“文件”选项卡 / “新建”命令。在“可用模板”中，默认选择的是“空白工作簿”。在查看右边的预览后，需要单击“创建”按钮，如图5-2所示。

② 选择“文件”选项卡 / “保存”命令，由于是第1次保存工作簿文件，因此显示“另存为”对话框，修改文件名，然后单击“保存”按钮。

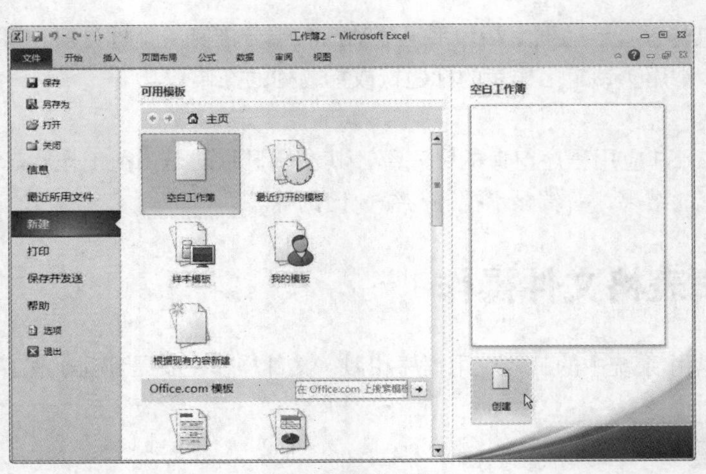

图 5-2　新建文件界面

提示　当需要修改默认保存位置、保存格式时，可以使用选择“文件”/“选项”/“保存”，进行相关的设置。可如图 5-3 所示设置内容。

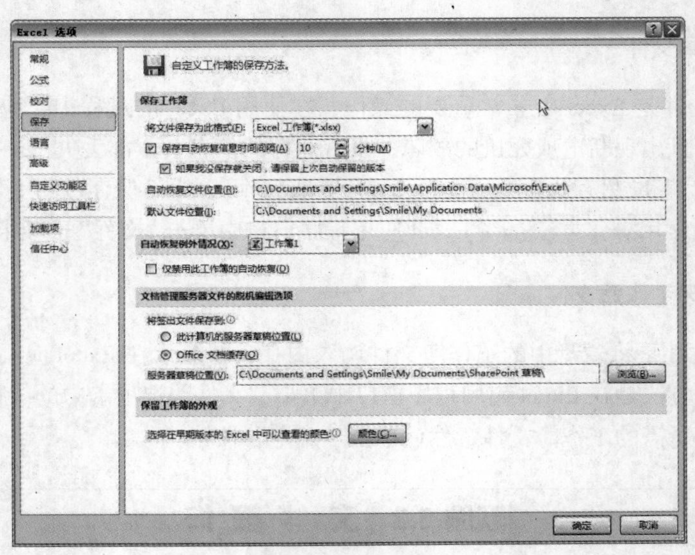

图 5-3　保存的设置选项

③ 关闭 Excel 应用程序。

④ 再次运行 Excel 应用程序,然后选择“文件”选项卡 / “打开”命令,显示“打开”对话框。在对话框中选择文档，单击“打开”按钮，可以打开并装载文档。

提示　打开、保存操作默认的位置都是“我的文档”。注意保存文件所处的文件夹。

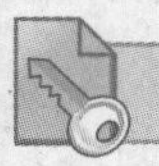

知识与技能

（1）使用“快速访问工具栏”可以直接操作文档。默认情况下，在“快速访问工具栏”中，只是提供了“保存”按钮，单击按钮可以完成与选项卡命令相同的操作。如果需要，可以在“快速访问工具栏”中，快速勾选“新建”、“打开”按钮。

（2）也可以使用“快捷键”操作文档。其中“Ctrl+O”是打开文档的快捷键，“Ctrl+S”是保存文档的快捷键，“Ctrl+N”是新建文档的快捷键。这些快捷键与其他 Windows 应用程序一致。

提示　在“文件”选项卡中，“最近使用文件”会显示最近打开的多个文档，可以使用它快速打开以前编辑过的文档。

5.1.3 编辑数据

1. 选定

在工作表中进行输入、编辑等操作时，首先要选定操作的单元格或单元格区域。

选定单个单元格的常用方法是单击需要选择的单元格，该单元格就变成了活动单元格。

提示　行号、列标都可以单击，进行整行、整列的选择。单击行号、列标的交叉点可以选择整个工作表。

单元格区域是多个单元格，可以是整行、整列的单元格，也可以是矩形单元格区域，不连续的多个单元格区域，甚至是整个工作表。

选定单元格区域的常用方法是使用鼠标拖曳的方法选择。在要选择区域的一角按下鼠标左键，拖曳鼠标光标到所选区域另外一角，放开鼠标左键，可选定所需的矩形区域。

提示　按住 Ctrl 键，进行鼠标单击和拖曳，可以选择不连续的区域。

2. 数据输入

在单元格中可以存储文字、数字、日期、时间、公式等数据。一个单元格中只能填充一个数据，即在一个单元格中不管输入了多少内容，也只是一个数据。

输入数据时要先选定单元格，然后在单元格中输入，也可以在编辑栏输入，最后按回车键结束输入。

文本数据是指不能参与算术运算的任何字符。例如英文字母、汉字，不作为数值使用的数字（以西文单引号开头），其他可输入的字符，或以上字符的组合。文本数据默认为“左对齐”。

提示　当数字作为字符串输入时，需以西文单引号开头。例如'100234（邮政编码），再如输入电话号码也应在前面加'。

数值数据一般指数值常量等，是可进行数值运算的数据。在单元格内输入的数字，系统默认为数值常量。数值数据默认为右对齐。当数值的整数位数超过 11 位时，系统按科学计数法显示数字。

提示　输入分数数据，必须在分数前加 0 和空格。例如要输入分数 1/4 时，应输入 0（空格）1/4；否则，系统会自动作为日期处理。

在 Excel 中，日期和时间是一种特殊的数值。本身它们作为数值存储，但显示格式按照“日期”或“时间”格式显示。日期可以按照“年 / 月 / 日”、“年 - 月 - 日”等格式输入。时间可以按照“时 : 分 : 秒”格式输入。

提示 使用 Ctrl + ;（分号）组合键，可在当前单元格中输入系统日期。使用 Ctrl + Shift + ; 组合键可以输入系统时间。

3. 编辑单元格中的数据

当需要重新输入单元格中的内容时，首先选定需编辑的单元格为当前单元格，直接输入新数据，最后按回车键确认，新输入的数据将替换原有的数据。

当需要在单元格原有数据的基础上编辑修改时，可以双击需编辑的单元格，移动文本光标，确定修改位置后进行插入、删除等操作。也可以选定需编辑的单元格为当前单元格，在编辑栏中对数据进行插入、删除等操作。

实例 5.3 数据输入与编辑

情境描述

为了今后数据的计算、分析和统计，某小超市利用 Excel 进行数据管理。表 5-1 所示为该小超市的一些数据，需要在 Excel 中输入。

表5-1 基础数据表

产品名称	标准成本（元）	列出价格（元）	单位数量	类别
菠萝	1	5	500 克	水果和蔬菜罐头
茶	15	100	每箱 100 包	饮料
蛋糕	2	35	4 箱	焙烤食品
番茄酱	4	20	每箱 12 瓶	调味品
果仁巧克力	10	30	3 箱	焙烤食品
胡椒粉	15	35	每箱 30 盒	调味品
花生	15	35	每箱 30 包	焙烤食品
金枪鱼	0.5	3	100 克	肉罐头
辣椒粉	3	18	每袋 3 公斤	调味品
梨	1	5	500 克	水果和蔬菜罐头
绿茶	4	20	每箱 20 包	饮料
苹果汁	5	30	10 箱 ×20 包	饮料
糖果	10	45	每箱 30 盒	焙烤食品
桃	1	5	500 克	水果和蔬菜罐头
豌豆	0.5	4	500 克	水果和蔬菜罐头
虾米	8	35	每袋 3 公斤	肉罐头
熏鲑鱼	1.5	6	100 克	肉罐头
盐	8	25	每箱 12 瓶	调味品
玉米	0.5	4	500 克	水果和蔬菜罐头
猪肉	2	9	每袋 500 克	肉罐头

建立后的Excel表格效果如图5-4所示。

	A	B	C	D	E	F
1	产品名称	标准成本	列出价格	单位数量	类别	
2	菠萝	1	5	500克	水果和蔬菜罐头	
3	茶	15	100	每箱100包	饮料	
4	蛋糕	2	35	4箱	焙烤食品	
5	番茄酱	4	20	每箱12瓶	调味品	
6	果仁巧克	10	30	3箱	焙烤食品	
7	胡椒粉	15	35	每箱30盒	调味品	
8	花生	15	35	每箱30包	焙烤食品	
9	金枪鱼	0.5	3	100克	肉罐头	
10	辣椒粉	3	18	每袋3公斤	调味品	
11	梨	1	5	500克	水果和蔬菜罐头	
12	绿茶	4	20	每箱20包	饮料	
13	苹果汁	5	30	10箱 x 2(	饮料	
14	糖果	10	45	每箱30盒	焙烤食品	
15	桃	1	5	500克	水果和蔬菜罐头	
16	豌豆	0.5	4	500克	水果和蔬菜罐头	
17	虾米	8	35	每袋3公斤	肉罐头	
18	熏鲑鱼	1.5	6	100克	肉罐头	
19	盐	8	25	每箱12瓶	调味品	
20	玉米	0.5	4	500克	水果和蔬菜罐头	
21	猪肉	2	9	每袋500克	肉罐头	
22						

小超市 / 课堂训练5.1 / 格式数据 / 课堂训练5.2 / 课堂训练5.3

图5-4 建立数据

任务操作

① 新建“产品统计”表。

② 在Sheet1中输入表中的数据。

提示 注意文本和数值的区别。A列、D列、E列都有部分单元格的数据溢出，例如在输入B6单元格数据时，会自动覆盖A6溢出的数据。

③ 修改Sheet1工作表的名称为“小超市”。

知识与技能

Excel提供了智能化输入功能，主要包括填充柄输入、填充命令输入、下拉列表输入、记忆式输入、区域输入等。

（1）使用填充柄。进行填充只能在同一张工作表上相临的单元格上进行。填充柄的主要功能是实现数据的自动填充。用户选定所需的单元格或单元格区域后，在当前单元格或选定区域的右下角出现一个黑色方块，这就是填充柄，如图5-5所示。

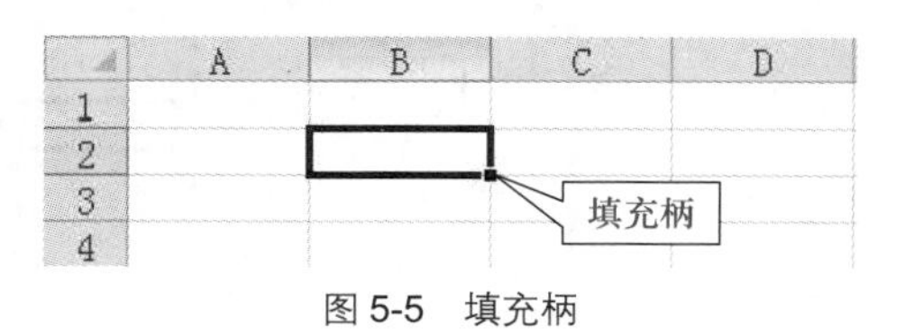

图5-5 填充柄

用鼠标拖曳填充柄，可自动填充数据。填充的数据可以是复制的数据，也可以是序列数据。

提示 当数据类型为常规型或数值型时，直接拖曳为复制数据，按住Ctrl键拖动填充序列数据。当数据类型为文本、日期和时间型时，直接拖曳为填充序列数据，按住Ctrl键拖曳为复制数据。

（2）“序列”对话框。Excel还提供了“序列”对话框自动填充功能。当用户在活动单元格中输入数据后，可以选择“开始”选项卡/“编辑”组/“填充”/“系列”命令，打开“序列”对话框，首先选择“序列产生在”/“行”或“列”，再选定序列类型，设定步长值和终止值后单击“确定”按钮即可。

提示 在选定区域的活动单元格中输入一个数据，按住Ctrl+Enter组合键确认输入，则可以在选定的连续区域或不连续单元格区域内输入相同的数据。

（3）选定工作表。在当前工作簿中选定工作表，是Excel中经常使用的一种操作。在Excel中可以选定一个工作表，然后对该工作表进行单独操作；也可以同时选定若干个工作表，组成工作组。选定多个工作表可以实现输入多个工作表共用的数据，一次性隐藏或删除多个工作表，对选定多个工作表的单元格或区域进行格式化等操作。

单击工作表标签即可选定该标签名字对应的工作表。

提示 单击所需的第一个工作表标签，然后按住Shift键，单击所需的最后一个工作表标签，可以选定多个连续的工作表。按住Ctrl键不放，单击所需工作表标签，可以选定多个连续的或不连续的工作表。

（4）工作表更名。根据需要，可以为工作表命名，使工作表的名字更为直观。双击需要改名的工作表标签，然后输入新的名字，按回车键确认修改。

提示 用鼠标右键单击需要改名的工作表标签，在快捷菜单中包含“重命名”命令，选择该命令也能重命名。

（5）查找与替换。使用查找功能可以迅速在表格中定位要查找的内容，替换功能可以对表格中多次出现的相同内容进行替换修改。在查找和替换操作时，系统默认范围为当前整个工作表，如果查找和替换操作的范围是单元格区域或者是几个工作表，应选定所需的区域再进行查找和替换操作。

课堂实训

完成如图5-6所示的Excel表。

	A	B	C	D	E	F	G	H
1								
2		星期一	星期二	星期三	星期四	星期五	星期六	
3		1	10	100	1月4日	文字	test	
4		1	11	200	1月5日	文字		
5		1	12	400	1月6日	文字	test	
6		1	13	800	1月7日	文字		
7		1	14	1600	1月8日	文字	test	
8		1	15	3200	1月9日	文字		
9		1	16	6400	1月10日	文字	test	
10		1	17	12800	1月11日	文字	test	
11		1	18	25600	1月12日	文字		
12		1	19	51200	1月13日	文字	test	
13		1	20	102400	1月14日	文字		
14		1	21	204800	1月15日	文字	test	
15		1	22	409600	1月16日	文字	test	
16		1	23	819200	1月17日	文字	test	
17		1	24	1638400	1月18日	文字	test	
18								

图5-6 课堂练习

5.1.4 使用模板 *

Excel 为了简化电子表格的建立过程，提供了很多现成的模板，可以利用模板来建立具有固定格式的工作簿。图 5-7 为利用模板建立的“贷款分期偿还计划表”。

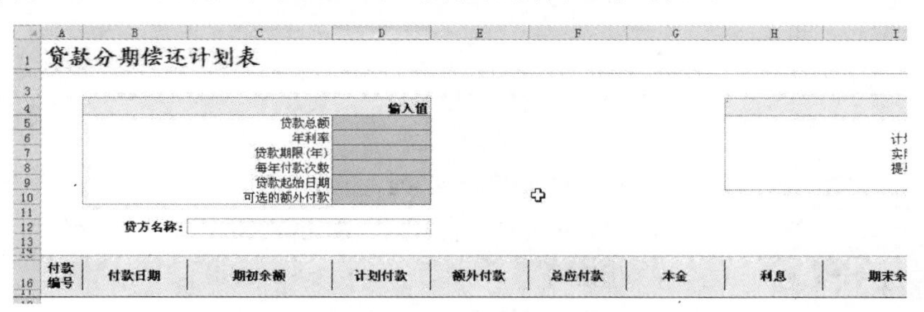

图 5-7 贷款分期偿还计划表

使用模板建立文档，需要选择“文件”选项卡 /“新建”命令，在“可用模板”中选择“样本模板”。Excel 将打开如图 5-8 所示的向导，单击创建，完成利用模板创建文档的操作。

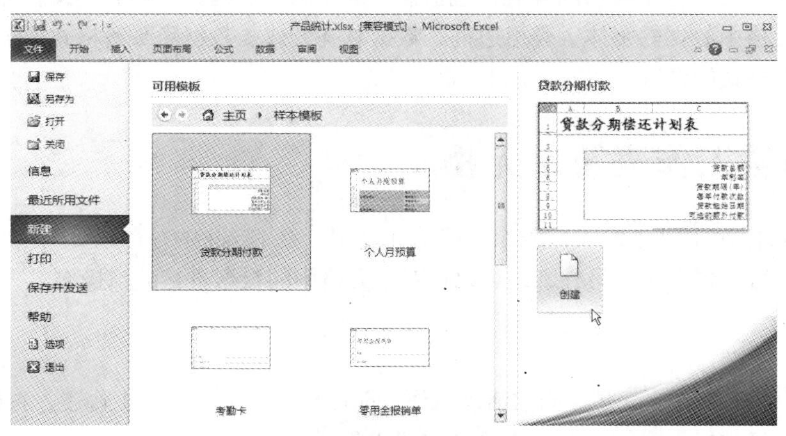

图 5-8 利用可用模板

另外，在连通 Internet 的情况下，利用“Office.com 模板”可以联网使用模板。如图 5-9 所示，可以利用“课程表”模板创建课程表。

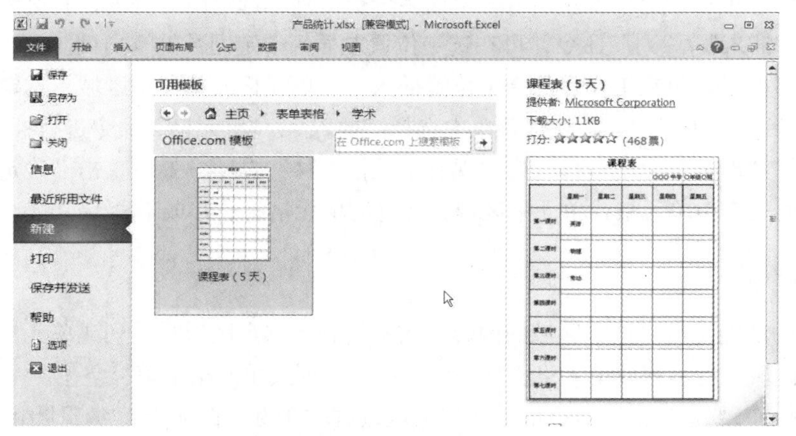

图 5-9 课程表模板

5.2 电子表格的格式设置

◎ 插入单元格、行、列、工作表等

◎ 设置单元格、行、列、单元格区域、工作表等格式，能够自动套用格式

◎ 使用样式保持格式的统一和快捷设置*

格式设置是指更改电子表格的外观，包括插入或删除行、列、工作表等编辑操作，也包括行高和列宽，单元格中数据的字体、表格边框、数据对齐方式、数据隐藏等格式设置，还包括整个工作表页面输出格式的设置。

5.2.1 编辑工作表及单元格

常见的编辑操作主要是插入、删除、移动和复制。在 Excel 中，可以针对工作表、行、列、单元格等对象进行编辑操作。另外，还可以针对单元格中的数据进行编辑操作。

1. 插入

在 Excel 中插入工作表，是在当前活动工作表前面插入一个空白的工作表，右键单击工作表，在快捷菜单中选择“插入” / “工作表”命令完成操作。

插入行操作，可在工作表指定位置插入一个或多个空白行。选定所需插入的行，右键单击行号，在快捷菜单中选择“插入” / “行”命令，可在选定位置前插入选定行数的空白行。

插入列操作，可在指定位置左插入一个或多个空白列。选定所需的列，右键单击列号，在快捷菜单中选择“插入” / “列”命令，可在选定位置左插入选定列数的空白列。

插入单元格操作，可在工作表的指定位置插入一个单元格或单元格区域。选定一个单元格或单元格区域，右键单击单元格，在快捷菜单中选择“插入” / “单元格”命令进行插入。在“插入”对话框中，选择“现有单元格右移”或“现有单元格下移”选项，最后单击“确定”按钮，可以在选定位置处插入空白单元格或单元格区域，选定的单元格将右移或下移。

2. 清除与删除

清除操作的功能是清除选定区域的内容，而不会删除选定区域行、列或单元格。删除操作的功能是将选定区域的行、列或单元格删除，由其他行、列或单元格来填补空位。

进行清除操作，要选定清除数据的单元格区域，选择“开始”选项卡 / “编辑”组 / “清除”命令，在下级菜单中选择清除方式。

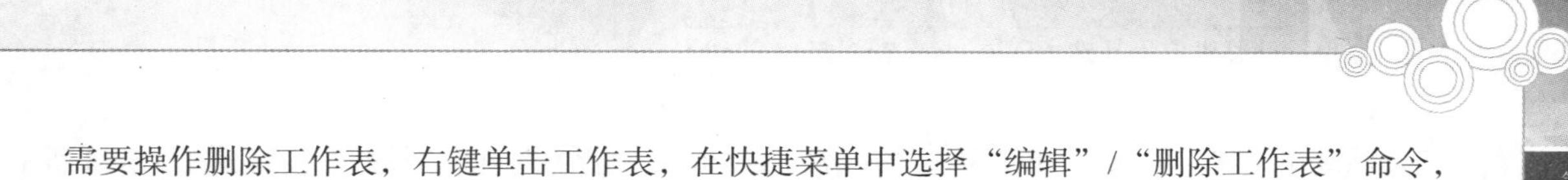

需要操作删除工作表，右键单击工作表，在快捷菜单中选择“编辑”/“删除工作表”命令，可以删除当前工作表。删除命令会把选定的工作表永久删除。在选择删除包含数据的工作表时，屏幕将弹出警告对话框。

3. 移动或复制

只能在已打开的工作簿中移动或复制工作表。移动工作表可以改变工作表标签在标签显示区的位置或把工作表从一个工作簿移到另一个工作簿中。复制工作表可以建立工作表的副本。

移动或复制行、列、单元格，实际就是移动或复制行、列、单元格中的数据，进行剪切、复制、粘贴操作，利用剪贴板，是移动或复制数据的通用方法。

提示 需要移动或复制行、列、单元格中的数据，也可以使用菜单、快捷菜单，或者拖动已选定单元格的外框，来完成移动或复制操作。

实例 5.4　编辑工作表和单元格

情境描述

为了计算“小超市”中的盈利，需要在成本与售出价格之间进行运算。在运行前，需要将原始“小超市”中的数据复制到一个新的工作表中，然后对部分数据进行处理。

任务操作

① 打开“产品统计”表。

② 选择 Sheet3，在 Sheet3 标签上右键单击鼠标，在快捷菜单中选择“插入”命令，如图 5-10 所示。

图 5-10　工作表快捷菜单

③ 在“插入”对话框中选择插入工作表，如图 5-11 所示。

④ 选择“小超市”工作表，选择其中的 A ～ E 列，复制到剪贴板。复制后如图 5-12 所示。

⑤ 切换到新插入的“Sheet4”工作表，重命名为“计算利润”，粘贴复制剪贴板中的内容。注

意将活动单元格定位在“A1”，单击“开始”选项卡 / “剪贴板”组 / “粘贴”按钮，如图 5-13 所示。

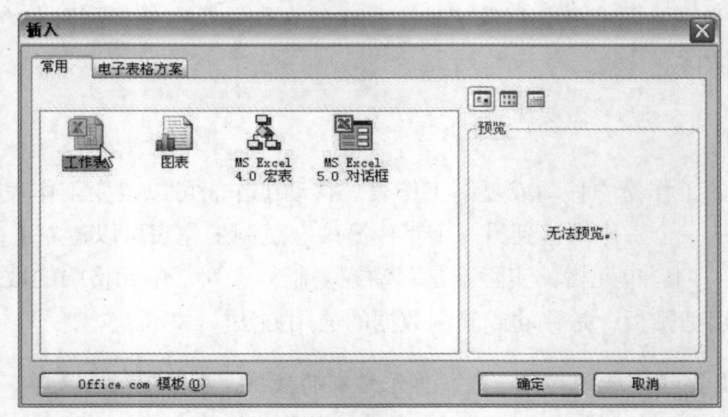

图 5-11　选择插入工作表

	A	B	C	D	E	F
1	产品名称	标准成本	列出价格	单位数量	类别	
2	菠萝	1	5	500克	水果和蔬菜罐头	
3	茶	15	100	每箱100包	饮料	
4	蛋糕	2	35	4箱	焙烤食品	
5	番茄酱	4	20	每箱12瓶	调味品	
6	果仁巧克力	10	30	3箱	焙烤食品	
7	胡椒粉	15	35	每箱30盒	调味品	
8	花生	15	35	每箱30包	焙烤食品	
9	金枪鱼	0.5	3	100克	肉罐头	
10	辣椒粉	3	18	每袋3公斤	调味品	
11	梨	1	5	500克	水果和蔬菜罐头	
12	绿茶	4	20	每箱20包	饮料	
13	苹果汁	5	30	10箱 x 20	饮料	
14	糖果	10	45	每箱30盒	焙烤食品	
15	桃	1	5	500克	水果和蔬菜罐头	
16	豌豆	0.5	4	500克	水果和蔬菜罐头	

图 5-12　选择源数据

⑥ 选择要删除的行，如图 5-14 所示。

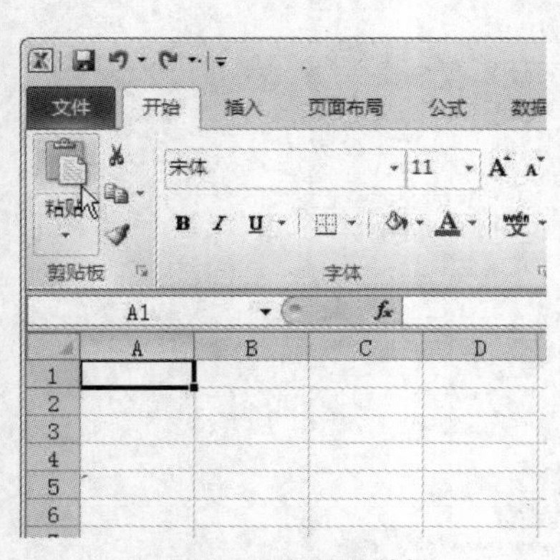

图 5-13　准备粘贴数据

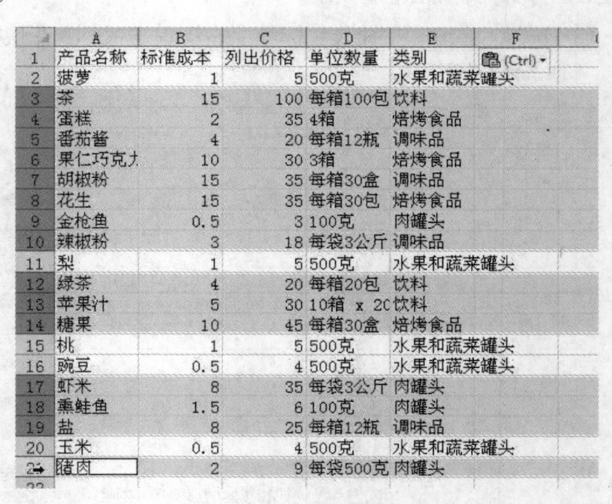

	A	B	C	D	E	F
1	产品名称	标准成本	列出价格	单位数量	类别	(Ctrl)
2	菠萝	1	5	500克	水果和蔬菜罐头	
3	茶	15	100	每箱100包	饮料	
4	蛋糕	2	35	4箱	焙烤食品	
5	番茄酱	4	20	每箱12瓶	调味品	
6	果仁巧克力	10	30	3箱	焙烤食品	
7	胡椒粉	15	35	每箱30盒	调味品	
8	花生	15	35	每箱30包	焙烤食品	
9	金枪鱼	0.5	3	100克	肉罐头	
10	辣椒粉	3	18	每袋3公斤	调味品	
11	梨	1	5	500克	水果和蔬菜罐头	
12	绿茶	4	20	每箱20包	饮料	
13	苹果汁	5	30	10箱 x 20	饮料	
14	糖果	10	45	每箱30盒	焙烤食品	
15	桃	1	5	500克	水果和蔬菜罐头	
16	豌豆	0.5	4	500克	水果和蔬菜罐头	
17	虾米	8	35	每袋3公斤	肉罐头	
18	熏鲑鱼	1.5	6	100克	肉罐头	
19	盐	8	25	每箱12瓶	调味品	
20	玉米	0.5	4	500克	水果和蔬菜罐头	
21	猪肉	2	9	每袋500克	肉罐头	

图 5-14　选择删除数据

提示

用 Ctrl+ 鼠标单击选择不连续区域。

⑦ 选择“编辑”/“删除”命令，删除选择的行。

⑧ 拖动“计算利润”工作表到“Sheet3”工作表后。

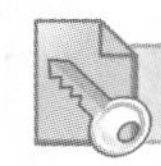

知识与技能

在同一个工作簿中移动工作表，可以选定工作表标签，按住鼠标左键拖曳标签至所需位置，松开鼠标左键，就可改变工作表在工作簿中的位置。

为了避免操作错误，可以单击“快速访问工具栏”上的“撤销”按钮，可以连续或逐次撤销前一次的操作。单击工具栏上“撤销”按钮的下拉列表按钮，可列出最近以来的16次操作，单击其中的一项，可撤销从指定操作以后的所有操作。

提示 工作表的重命名等操作是无法撤销的。

5.2.2 设置格式

格式化是指设置工作表的外观，包括行高和列宽、数字格式、字体、表格边框、数据对齐方式、数据隐藏以及前景色、背景色和图案等。格式化一般要先选定需进行格式化操作的单元格或单元格区域，然后再使用菜单命令或工具栏中的按钮进行格式化设置。

1. 行高和列宽的调整

在Excel中，使用鼠标或菜单命令都可以改变工作表中的行高和列宽。

Excel的工作表中，每个单元格的默认宽度为8.38，此时可显示8.38个英文字符或4.19个汉字。当输入的字符超过默认列宽时，在列的右边没有字符的情况下，字符会“溢出”到下一列。

若需要改变列宽，使其适应列中的字符，可以选定需调整的列，选择“开始”选项卡/“单元格”组/“格式”/“自动调整列宽”命令即可。该方法可使所选列的列宽正好容纳该列中最长的数据。

在Excel工作表中调整行高的操作与调整列宽的操作基本相同，但在“行”命令中没有默认行高。

提示 “开始”选项卡/“单元格”组/“格式”命令菜单中的“可见性”中的“隐藏或取消隐藏”，可隐藏或取消隐藏选定的行、列或工作表。

2. “单元格格式”对话框

在Excel中可以对阿拉伯数字进行多种专用格式的设置，该操作称为数字格式化。在Excel 2010中可以有多种方式打开“单元格格式”对话框。如图5-15所示，单击图中鼠标箭头所指向的位置——“组”的扩展按钮，可以调用相应的对话框，在对话框中对数字进行格式化设置。另外，单击“字体”组或“对齐方式”组下面的扩展按钮，也可打开“单元格格式”对话框，只是对应该对话框的不同选项卡。

在“单元格格式”对话框中，有6个选项卡，它们的功能分别如下。

- “数字”选项卡用于设置各种数据的显示格式。
- “对齐”选项卡用于设置单元格数据的对齐方式。

- “字体”选项卡用于设置所选文本的字体、字形、字号以及其他格式选项。
- “边框”选项卡用于设置单元格的边框格式。
- “图案”选项卡用于设置单元格的底纹。
- “保护”选项卡用于设置单元格的数据和公式是否被保护和隐藏。

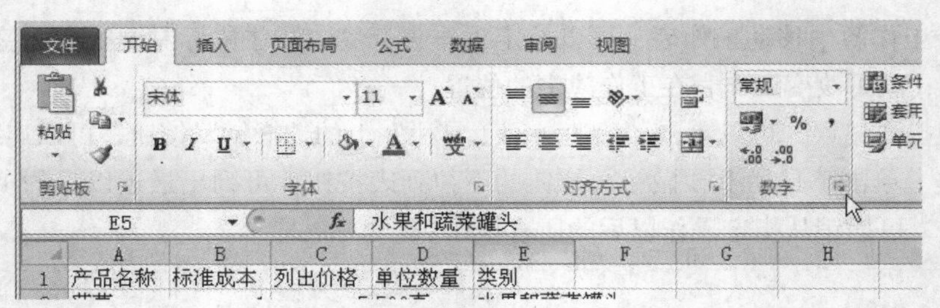

图 5-15 打开相关对话框的位置

提示 通过“开始”选项卡的“字体”组、“对齐方式”组和“数字”组，可以完成单元格格式的快捷设置。

3. 自动套用格式

Excel 提供了多种用户套用所需表格样式，可以按套用表格样式自动格式化所选定的表格。选定要格式化的单元格区域，选择“开始”选项卡 / “样式” / “套用表格格式”命令，显示如图 5-16 所示的菜单，在相关的样式中选择需要的样式，可实现套用表格格式的操作。

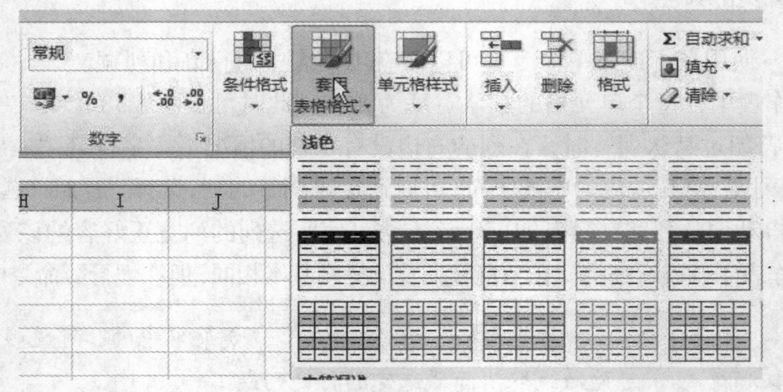

图 5-16 套用表格格式

4. 格式刷的使用

和 Word 一样，Excel 也提供了使用格式刷复制单元格格式的功能。当用户需要设置相同的格式时，可以先选定已设置好格式的单元格区域，再单击或双击格式“开始”选项卡 / “剪贴板”组上的“格式刷”按钮，光标回到工作表数据区呈刷子状，在目标区域单击或拖动鼠标，即可复制格式。

提示 如果是单击“格式刷”按钮，则只能复制一次格式；如果是双击“格式刷”按钮，则可以多次复制格式，直到用户再次单击“格式刷”按钮才退出复制格式状态。

实例 5.5　格式设置

情境描述

为“小超市”工作表建立需要打印的副本，并设置格式。

任务操作

① 打开“产品统计”表。

② 选择 Sheet3，重命名为“格式数据”，复制“小超市”工作表中的全部数据。

③ 调整列宽，使每列自动适应，结果如图 5-17 所示。

	A	B	C	D	E	F
1	产品名称	标准成本	列出价格	单位数量	类别	
2	菠萝	1	5	500克	水果和蔬菜罐头	
3	茶	15	100	每箱100包	饮料	
4	蛋糕	2	35	4箱	焙烤食品	
5	番茄酱	4	20	每箱12瓶	调味品	
6	果仁巧克力	10	30	3箱	焙烤食品	
7	胡椒粉	15	35	每箱30盒	调味品	
8	花生	15	35	每箱30包	焙烤食品	
9	金枪鱼	0.5	3	100克	肉罐头	
10	辣椒粉	3	18	每袋3公斤	调味品	
11	梨	1	5	500克	水果和蔬菜罐头	
12	绿茶	4	20	每箱20包	饮料	
13	苹果汁	5	30	10箱 x 20包	饮料	
14	糖果	10	45	每箱30盒	焙烤食品	
15	桃	1	5	500克	水果和蔬菜罐头	
16	豌豆	0.5	4	500克	水果和蔬菜罐头	
17	虾米	8	35	每袋3公斤	肉罐头	
18	熏鲑鱼	1.5	6	100克	肉罐头	
19	盐	8	25	每箱12瓶	调味品	
20	玉米	0.5	4	500克	水果和蔬菜罐头	
21	猪肉	2	9	每袋500克	肉罐头	

图 5-17　调整列宽后的结果

④ 选择所有包含数据的单元格，进入“单元格格式”对话框。切换到“边框”选项卡。默认的线条样式为实线，单击“外边框”按钮，设置外边框。然后选择“线条样式”为虚线，设置内部线条，设置后的对话框如图 5-18 所示。

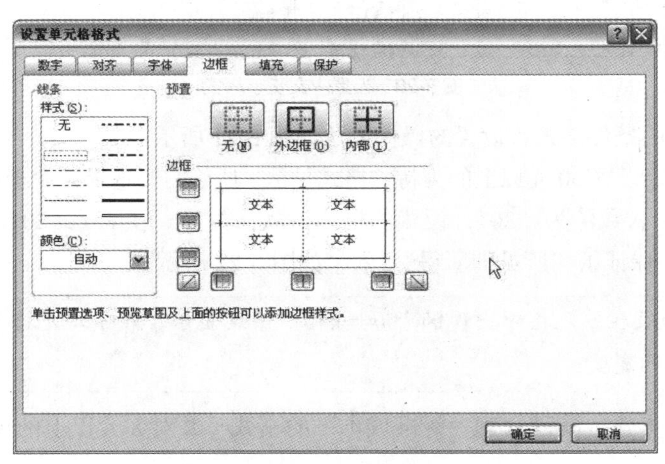

图 5-18　设置边框

设置后，单击“确定”按钮返回。设置了边框的效果如图 5-19 所示。

	A	B	C	D	E	F
1	产品名称	标准成本	列出价格	单位数量	类别	
2	菠萝	1	5	500克	水果和蔬菜罐头	
3	茶	15	100	每箱100包	饮料	
4	蛋糕	2	35	4箱	焙烤食品	
5	番茄酱	4	20	每箱12瓶	调味品	
6	果仁巧克力	10	30	3箱	焙烤食品	
7	胡椒粉	15	35	每箱30盒	调味品	
8	花生	15	35	每箱30包	焙烤食品	
9	金枪鱼	0.5	3	100克	肉罐头	
10	辣椒粉	3	18	每袋3公斤	调味品	
11	梨	1	5	500克	水果和蔬菜罐头	
12	绿茶	4	20	每箱20包	饮料	
13	苹果汁	5	30	10箱 x 20包	饮料	
14	糖果	10	45	每箱30盒	焙烤食品	
15	桃	1	5	500克	水果和蔬菜罐头	
16	豌豆	0.5	4	500克	水果和蔬菜罐头	
17	虾米	8	35	每袋3公斤	肉罐头	
18	熏鲑鱼	1.5	6	100克	肉罐头	
19	盐	8	25	每箱12瓶	调味品	
20	玉米	0.5	4	500克	水果和蔬菜罐头	
21	猪肉	2	9	每袋500克	肉罐头	

图 5-19　设置边框的效果

⑤ 选择 C 列中的数值，设置选择的单元格区域的数字格式为“货币”，操作方法如图 5-20 所示。

	A	B	C	D	E
1	产品名称	标准成本	列出价格	单位数量	类别
2	菠萝	1	5	500克	水果和蔬菜罐头
3	茶	15	100	每箱100包	饮料
4	蛋糕	2	35	4箱	焙烤食品
5	番茄酱	4	20	每箱12瓶	调味品
6	果仁巧克力	10	30	3箱	焙烤食品
7	胡椒粉	15	35	每箱30盒	调味品
8	花生	15	35	每箱30包	焙烤食品
9	金枪鱼	0.5	3	100克	肉罐头
10	辣椒粉	3	18	每袋3公斤	调味品
11	梨	1	5	500克	水果和蔬菜罐头
12	绿茶	4	20	每箱20包	饮料
13	苹果汁	5	30	10箱 x 20包	饮料
14	糖果	10	45	每箱30盒	焙烤食品
15	桃	1	5	500克	水果和蔬菜罐头
16	豌豆	0.5	4	500克	水果和蔬菜罐头
17	虾米	8	35	每袋3公斤	肉罐头
18	熏鲑鱼	1.5	6	100克	肉罐头
19	盐	8	25	每箱12瓶	调味品
20	玉米	0.5	4	500克	水果和蔬菜罐头
21	猪肉	2	9	每袋500克	肉罐头

图 5-20　设置中文货币格式

⑥ 设置该区域的条件格式，设置的操作方法如图 5-21 所示。

⑦ 此次操作需要设置 30 元以上的为特殊格式显示，所以需要选择“大于…”命令，显示“条件格式”对话框，输入数值为“30”，设置的格式为默认内容。在 Excel 2010 中，单元格中的内容会自动发生变化，保证了“所见即所得”，效果如图 5-22 所示。

提示　如果在单元格中出现的“#######”错误显示，表示单元格宽度不足，需再次调整该列宽度。

⑧ 依据前面的步骤，设置 B 列“标准成本”的格式，并对 8 元以上的设置条件格式。最后的结果如图 5-23 所示。

图 5-21　设置条件格式操作方法

图 5-22　设置条件格式

	A	B	C	D	E	F
1	产品名称	标准成本	列出价格	单位数量	类别	
2	菠萝	￥ 1	￥ 5.00	500克	水果和蔬菜罐头	
3	茶	￥ 15	￥ 100.00	每箱100包	饮料	
4	蛋糕	￥ 2	￥ 35.00	4箱	焙烤食品	
5	番茄酱	￥ 4	￥ 20.00	每箱12瓶	调味品	
6	果仁巧克力	￥ 10	￥ 30.00	3箱	焙烤食品	
7	胡椒粉	￥ 15	￥ 35.00	每箱30盒	调味品	
8	花生	￥ 15	￥ 35.00	每箱30包	焙烤食品	
9	金枪鱼	￥ 1	￥ 3.00	100克	肉罐头	
10	辣椒粉	￥ 3	￥ 18.00	每袋3公斤	调味品	
11	梨	￥ 1	￥ 5.00	500克	水果和蔬菜罐头	
12	绿茶	￥ 4	￥ 20.00	每箱20包	饮料	
13	苹果汁	￥ 5	￥ 30.00	10箱 x 20包	饮料	
14	糖果	￥ 10	￥ 45.00	每箱30盒	焙烤食品	
15	桃	￥ 1	￥ 5.00	500克	水果和蔬菜罐头	
16	豌豆	￥ 1	￥ 4.00	500克	水果和蔬菜罐头	
17	虾米	￥ 8	￥ 35.00	每袋3公斤	肉罐头	
18	熏鲑鱼	￥ 2	￥ 6.00	100克	肉罐头	
19	盐	￥ 8	￥ 25.00	每箱12瓶	调味品	
20	玉米	￥ 1	￥ 4.00	500克	水果和蔬菜罐头	
21	猪肉	￥ 2	￥ 9.00	每袋500克	肉罐头	

图 5-23　设置后的效果

知识与技能

（1）行高和列宽的调整。使用鼠标拖动也可以调整列宽。可以在工作表的列框内，移动鼠标光标到要改变列宽的列与其后的列的分隔线处，鼠标指针呈黑十字（水平线带左右箭头）状，按住鼠标左键拖动鼠标向左或向右移动，屏幕上会显示相应的列宽，当达到需要的列宽时，松开鼠标左键即可。

可以使用菜单命令精确定义列宽。选择“开始”选项卡 /“单元格”组 /“格式”/“列宽”命令，在“列宽”框中输入所需的列宽值，最后单击“确定”按钮。

（2）条件格式。使用条件格式，可以设置符合某些条件的数据为特殊的格式效果，用来突出这些数据。条件格式实际是设置规则。Excel 2010 支持对各种规则的管理，规则都可以通过“条件格式”进行设置。

课堂实训

完成如图 5-24 所示的 Excel 表。

	A	B	C
1	格式	数	
2	常规	1234567	
3	数值	1234567.00	
4	货币	¥1,234,567.00	
5	会计专用	1,234,567.00	
6	日期	5280-2-15	
7	百分比	123456700.00%	
8	科学计数	1.23E+06	
9	特殊中文小写数字	一百二十三万四千五百六十七	
10	特殊中文大写数字	壹佰贰拾叁万肆仟伍佰陆拾柒	

图 5-24　数字格式效果

提示

A9、A10 单元格使用了对齐格式的设置。

课堂实训

完成如图 5-25 所示的 Excel 表。

	A	B	C	D	E	F	G	H
1								
2						垂直对齐		
3		垂直文字	自动换行的文字	手动换行文字	靠上	居中	靠下	
4								

图 5-25　数字格式效果

提示 工作表中的内容使用了“单元格格式”对话框的“对齐”选项卡中的内容进行设置。其中的D3单元格中的换行采用Alt+Enter组合键实现。

5.2.3 使用样式 *

在“开始”选项卡的“样式”组中，还有“单元格样式”命令，打开如图5-26所示的“样式”设置菜单。

图5-26 单元格样式

在该菜单中，Excel 2010已经设置了“数字格式”（百分比、货币……）等常用的样式，还包括“好、差和适中”“数据和模型”“标题”等。通过使用样式，可以快速格式单元格中的数据。

如果需要一些系统没有提供的特殊样式，可以使用“新建单元格样式”进行创建，也可以使用“合并样式”进行样式的管理。

5.3 数据处理

◎ 单元格地址及多个工作表的引用
◎ 使用公式进行计算
◎ 使用函数
◎ 能够完成数据的排序、筛选、分类汇总
◎ 数据的导入与保护*

使用Excel不仅可以建立表格，编辑其中的数据，另外一个主要的特点是能够进行数据的运算，并对数据进行分析处理。

5.3.1 公式运算

在Excel的单元格中可以输入公式，利用公式可以进行数据运行。

1. 公式的概念

公式是由数据、单元格地址、函数以及运算符等组成的表达式。公式必须以等号“=”开头，系统将“=”号后面的字符串识别为公式。

2. 单元格的引用

单元格的引用是指在公式中使用单元格的地址作为运算项，在引用时单元格地址代表了该单元格中的数据。

当需要在公式中引用单元格时，可以直接使用键盘在公式中输入单元格地址，也可以用鼠标单击该单元格。

在单元格的引用中，会包含冒号、逗号等引用运算符。

冒号“:”表示一个单元格区域。例如C2:H2表示C2到H2的所有单元格，包括C2，D2，E2，F2，G2，H2。再例如A2:B3表示A2，B2，A3，B3矩形单元格区域。

逗号“,”可以将两个单元格引用名联合起来,常用于处理一系列不连续的单元格。例如“A5,B10”表示A5、B10单元格。又如“C2:H2,B16”表示C2，D2，E2，F2，G2，H2和B16单元格区域。

在公式中引用单元格时，可以引用同一工作表中的单元格或同一工作簿中其他工作表中的单元格，也可以引用其他工作簿中的单元格。

引用单元格地址可以使用相对地址、绝对地址和混合地址3种表示。

- 引用相对地址的操作称为相对引用。相对地址使用单元格的列标和行号表示单元格地址，例如：A3，B1，C2等。当把公式复制到一个新的位置时，公式中的相对地址会随之发生变化。
- 引用绝对地址的操作称为绝对引用。绝对地址在单元格的行号、列标前面各加上一个“$”符号表示单元格地址。例如，单元格A3的绝对地址为A3，单元格B1的绝对地址为B1。当公式复制到一个新的位置时，公式中的绝对地址不会发生变化。
- 引用混合地址的操作称为混合引用。混合地址在单元格的“行号”或者“列标”前面有“$”符号表示单元格地址。例如，单元格A3的混合地址为“$A3”，表示“列”是绝对引用，“行”是相对引用;或者“A$3”,表示“列”是相对引用,“行”是绝对引用。按F4功能键,可以切换地址的引用。

提示 引用单元格可以是当前工作表中的单元格，也可以是其他工作表中的单元格。在引用其他工作表中的单元格时，只是在引用前加入工作表名即可。例如单元格Sheet1!C3:C8，表示Sheet1工作表中的C3到C8单元格。

3. 运算

Excel中主要包含算术运算、字符运算和比较运算。

（1）算术运算。表 5-2 所示为 Excel 中可以使用的算术运算符及有关说明。

表5-2 算术运算符

运算符	运算功能	例	运算结果
+	加法	=10+5	15
-	减法	=B8-B5	单元格 B8 的值减 B5 的值
*	乘法	=B1*2	单元格 B1 的值乘 2
/	除法	=A1/4	单元格 A1 的值除以 4
%	求百分数	=75%	0.75
^	乘方	=2^4	16

（2）字符运算符。表 5-3 所示为 Excel 中可以使用的字符运算及有关说明。

表5-3 字符运算符

运算符	运算功能	例	运算结果
&	字符串连接	="Excel" & " 工作表 " =C4 & " 工作簿 "	Excel 工作表 C4 中的字符串与“工作簿”连接

（3）比较运算符。表 5-4 所示为 Excel 中可以使用的比较运算符及有关说明。

表5-4 比较运算符

运算符	运算功能	例	运算结果
=	等于	=100+20=170	FALSE（假）
<	小于	=100+20<170	TRUE（真）
>	大于	=100>99	TRUE
<=	小于或等于	=200/4<=22	FALSE
>=	大于或等于	=2+25>=30	FALSE
<>	不等于	=100<>120	TRUE

（4）运算顺序。Excel 规定了不同运算的优先级。各种运算的优先级由高到低的顺序如下：

-（负号）

%（百分数）

^（乘方）

*、/（乘、除）

+、-（加、减）

&（字符连接）

=、<、>、<=、>=、<>（比较）

公式中同一级别的运算，按从左到右的先后顺序进行。使用括号可以改变运算顺序。

4. 输入公式并进行计算

当需要输入公式，一般先选定需输入公式的单元格，然后输入公式，最后按回车键确定。在输入计算公式时，必须由键盘输入“=”号开头，再逐个输入公式中的数据与运算符，输入公式结束，按回车键。在默认状态下，单元格内显示计算结果，编辑栏显示公式。

实例 5.6 使用公式

情境描述

现在需要计算“产品统计”中的“水果和蔬菜罐头”的利润，也就是“列出价格”和“标准成本”之间的差额。可以使用公式进行计算。

任务操作

① 打开“产品统计”表。

② 进入“计算利润”工作表，并删除无关的数据，调整数据格式，得到的工作表如图 5-27 所示。

	A	B	C	D	E	F
1	产品名称	标准成本	列出价格	单位数量	类别	
2	菠萝	1	5	500克	水果和蔬菜罐头	
3	梨	1	5	500克	水果和蔬菜罐头	
4	桃	1	5	500克	水果和蔬菜罐头	
5	豌豆	0.5	4	500克	水果和蔬菜罐头	
6	玉米	0.5	4	500克	水果和蔬菜罐头	

图 5-27 基本数据

③ 在 F1 单元格中输入“差额”，然后在 F2 单元格中输入“=”号，开始建立公式。输入等号后，单击 C2 单元格，“C2”自动被输入到单元格中，如图 5-28 所示。

SUM =C2

	A	B	C	D	E	F	G
1	产品名称	标准成本	列出价格	单位数量	类别	差额	
2	菠萝	1	5	500克	水果和蔬菜罐头	=C2	
3	梨	1	5	500克	水果和蔬菜罐头		
4	桃	1	5	500克	水果和蔬菜罐头		
5	豌豆	0.5	4	500克	水果和蔬菜罐头		
6	玉米	0.5	4	500克	水果和蔬菜罐头		

图 5-28 输入公式

④ 输入“-”号，然后单击 B2 单元格，“B2”也自动被输入到单元格中，如图 5-29 所示。

SUM =C2-B2

	A	B	C	D	E	F	G
1	产品名称	标准成本	列出价格	单位数量	类别	差额	
2	菠萝	1	5	500克	水果和蔬菜罐头	=C2-B2	
3	梨	1	5	500克	水果和蔬菜罐头		
4	桃	1	5	500克	水果和蔬菜罐头		
5	豌豆	0.5	4	500克	水果和蔬菜罐头		
6	玉米	0.5	4	500克	水果和蔬菜罐头		

图 5-29 完成输入公式

提示 注意对比图 5-28 和图 5-29 的编辑栏变化。

⑤ 按回车键确认或单击编辑栏旁的确认按钮（√），完成公式输入。输入后的效果如图 5-30 所示。在单元格中得到的是公式运算结果，在编辑栏中显示的是公式。

⑥ 使用填充柄复制公式，如图 5-31 所示。由于是相对引用，复制公式后的单元格能够自动

完成正确运算。

F2 =C2-B2

	A	B	C	D	E	F	G
1	产品名称	标准成本	列出价格	单位数量	类别	差额	
2	菠萝	1	5	500克	水果和蔬菜罐头	4	
3	梨	1	5	500克	水果和蔬菜罐头		
4	桃	1	5	500克	水果和蔬菜罐头		
5	豌豆	0.5	4	500克	水果和蔬菜罐头		
6	玉米	0.5	4	500克	水果和蔬菜罐头		
7							

图 5-30　公式自动计算效果

	A	B	C	D	E	F	G
1	产品名称	标准成本	列出价格	单位数量	类别	差额	
2	菠萝	1	5	500克	水果和蔬菜罐头	4	
3	梨	1	5	500克	水果和蔬菜罐头	4	
4	桃	1	5	500克	水果和蔬菜罐头	4	
5	豌豆	0.5	4	500克	水果和蔬菜罐头	3.5	
6	玉米	0.5	4	500克	水果和蔬菜罐头	3.5	
7							
8							

图 5-31　使用填充柄复制公式

⑦ 保存工作簿。

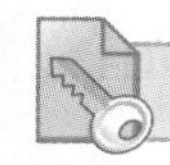

知识与技能

（1）单元格的命名。在 Excel 中可以把单元格的地址定义成一个有意义的名字。被定义的名字可以表示一个单元格、一组单元格、数值或公式。

一个单元格被命名后，选中该单元格时，“名称框”中不再显示该单元格的行列地址，而将显示该单元格的名字。单元格的名字只在当前的工作簿中有效，操作时不必指出该单元格在哪一个工作表。

单元格命名时，名字的第一个字符必须是字母（或汉字）、下画线，其他部分可以是字母、数字、中英文句号和下画线；每一个名字的长度不得超过 256 个字符；名字中的大小写字母同等对待；一个单元格（区域）可以有两个以上的不同名字。

单元格命名，首先选定要命名的单元格（区域），然后单击“名称框”，这时名称框中出现选中单元格的地址或名字，并出现文本光标；输入要定义的名字，按回车键，选定的单元格（区域）被命名。

（2）公式的移动和复制。公式的移动或复制可以将一个公式从一个单元格移动或复制到其他单元格中。公式移动和复制的操作与前面介绍的单元格数据的移动方法相同。

提示　公式复制与单元格数据复制所不同的是当公式中含有单元格相对地址（或混合地址）时，不同位置的公式中单元格地址及计算结果会有变化。

5.3.2　使用函数

1. 什么是函数

函数是 Excel 系统已经定义好的、能够完成特定计算的内置功能。用户需要时，可在公式中直接调用函数。

Excel 中的函数是由函数名和用括号括起来的一系列参数构成，即 <函数名>（参数 1, 参数 2,…）。

提示　函数名可以大写也可以小写，当有两个或两个以上的参数时，参数之间要用逗号（或分号）隔开。例如，函数 SUM（A2:F2,J2），其中 SUM 是函数名，A2:F2 和 J2 是参数。

2. 参数的类型

Excel 函数中的参数可以是以下几种类型之一。

（1）数值：如 -1，20，10.5 等。

（2）字符串：如 "Excel"、" 工作簿 "、"abc" 等，字符串应当用西文的双引号括起来。

（3）逻辑值：即 TRUE（成立）和 FALSE（不成立），也可以是一个表达式，如 20>10，由表达式的结果判断是 TRUE 或 FALSE。

（4）错误值：当一个单元格中的公式无法计算时，在单元格中显示一个错误值。例如 #NAME?，表示无法识别的名字；#NUM!，表示数字有问题，#REF!，表示引用了无效的单元格等。错误值可用于某些函数的参数。

（5）引用：如 A10，B5，$A12，B$6，R1C1 等。引用可以是一个单元格或者单元格区域，可以是相对引用、绝对引用或混合引用。

（6）数组：允许用户自定义在单元格中引入参数和函数的方法。数组可被用作参数，而且公式也可以数组形式输入。

3. 在公式中使用函数

如果参加运算的单元格是一个区域，可以在函数的参数括号内只输入左上角的单元格地址和右下角的单元格地址，在这两个地址之间用冒号“:”隔开。例如，“SUM(B3:E3)”是求 B3 到 E3 单元格区域数值的和，“SUM(D2,D3,D5)”是求 D2、D3、D5 单元格中数值的和，“AVERAGE(C2:C6)”是求 C2 到 C6 单元格区域数值的平均值。

需要使用公式时，可以在表达式中直接输入函数的名称、参数，让函数直接参与运算。如果公式中只有函数，和输入公式的要求一样，要用“=”作为公式的开始。

Excel 提供了很多函数，如果不能将这些函数及其参数都一一牢记，可以利用粘贴函数的方法，在公式中输入函数。选择“插入”/“函数”命令，或单击“常用”工具栏上的“粘贴函数”按钮，按照系统提示进行输入，可粘贴函数。

实例 5.7　使用函数

情境描述

现在要根据购买的产品数量，进行相关的折扣。如果购买量在 10 个以上，每个商品的单价将打 8 折。由于不能确定购买量是否超过 10 个，需要对购买量进行条件判断，在公式中应当使用 IF 函数。

任务操作

① 打开“产品统计”表。

② 进入“计算利润”工作表，添加“购买量”等数据，得到的工作表如图 5-32 所示。

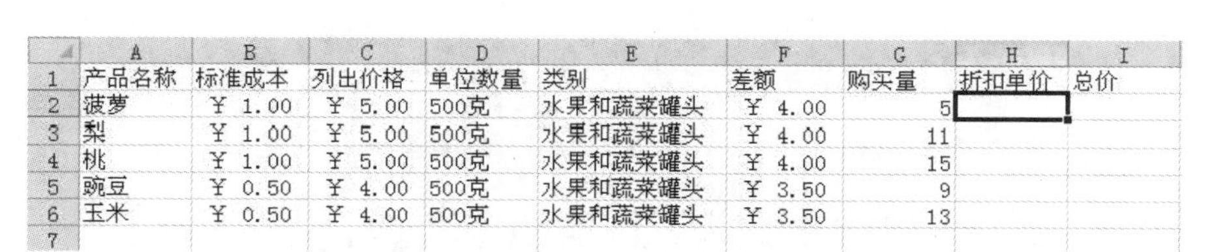

	A	B	C	D	E	F	G	H	I
1	产品名称	标准成本	列出价格	单位数量	类别	差额	购买量	折扣单价	总价
2	菠萝	￥ 1.00	￥ 5.00	500克	水果和蔬菜罐头	￥ 4.00	5		
3	梨	￥ 1.00	￥ 5.00	500克	水果和蔬菜罐头	￥ 4.00	11		
4	桃	￥ 1.00	￥ 5.00	500克	水果和蔬菜罐头	￥ 4.00	15		
5	豌豆	￥ 0.50	￥ 4.00	500克	水果和蔬菜罐头	￥ 3.50	9		
6	玉米	￥ 0.50	￥ 4.00	500克	水果和蔬菜罐头	￥ 3.50	13		
7									

图 5-32 工作表中的数据

③ 在H2单元格输入公式，输入“=C2*”后，单击“f_x”插入函数，如图5-33所示。

SUM =C2*

插入函数

	A	B	C	D	E	F	G	H	I
1	产品名称	标准成本	列出价格	单位数量	类别	差额	购买量	折扣单价	总价
2	菠萝	￥ 1.00	￥ 5.00	500克	水果和蔬菜罐头	￥ 4.00	5	=C2*	
3	梨	￥ 1.00	￥ 5.00	500克	水果和蔬菜罐头	￥ 4.00	11		
4	桃	￥ 1.00	￥ 5.00	500克	水果和蔬菜罐头	￥ 4.00	15		
5	豌豆	￥ 0.50	￥ 4.00	500克	水果和蔬菜罐头	￥ 3.50	9		
6	玉米	￥ 0.50	￥ 4.00	500克	水果和蔬菜罐头	￥ 3.50	13		

图 5-33 输入公式，准备插入IF函数

④ 系统显示“插入函数”对话框，选择其中的IF函数，如图5-34所示，然后单击“确定”按钮。

⑤ 屏幕显示输入IF“函数参数”对话框，并且在单元格中出现了“IF()”的函数输入，如图5-35所示，鼠标箭头所指向的是“折叠”按钮。单击“折叠”按钮，折叠对话框，选择单元格。

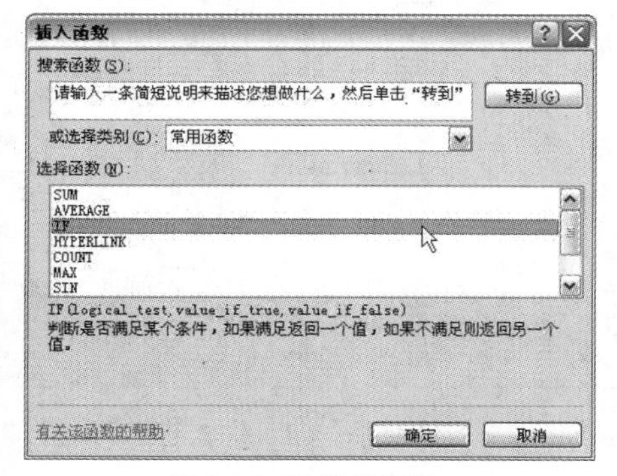

图 5-34 选择IF函数

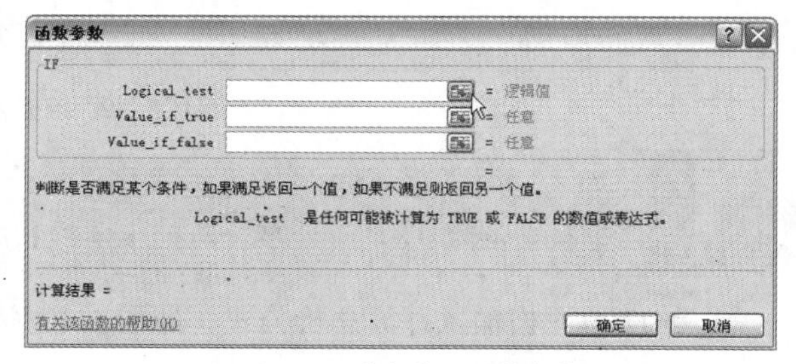

图 5-35 准备输入函数参数

⑥ 折叠对话框后，单击“G2”单元格，在函数参数中出现“G2”，然后单击“展开”按钮，展开对话框，如图5-36所示。

函数参数

G2

IF =C2*IF(G2)

	A	B	C	D	E	F	G	H	I	J
1	产品名称	标准成本	列出价格	单位数量	类别	差额	购买量	折扣单价	总价	
2	菠萝	￥ 1.00	￥ 5.00	500克	水果和蔬菜罐头	￥ 4.00	5	=C2*IF(G2)		
3	梨	￥ 1.00	￥ 5.00	500克	水果和蔬菜罐头	￥ 4.00	11			
4	桃	￥ 1.00	￥ 5.00	500克	水果和蔬菜罐头	￥ 4.00	15			
5	豌豆	￥ 0.50	￥ 4.00	500克	水果和蔬菜罐头	￥ 3.50	9			
6	玉米	￥ 0.50	￥ 4.00	500克	水果和蔬菜罐头	￥ 3.50	13			

图 5-36 折叠“函数参数”对话框，选择单元格

⑦ 由于条件是超过10个，所以条件测试为“G2>10”，然后输入条件成立的值为“0.8”，不成立的条件为1，如图5-37所示。

提示 由于“菠萝”的购买量为5，所以没有折扣，条件函数值为1，“折扣单价”还是5元。

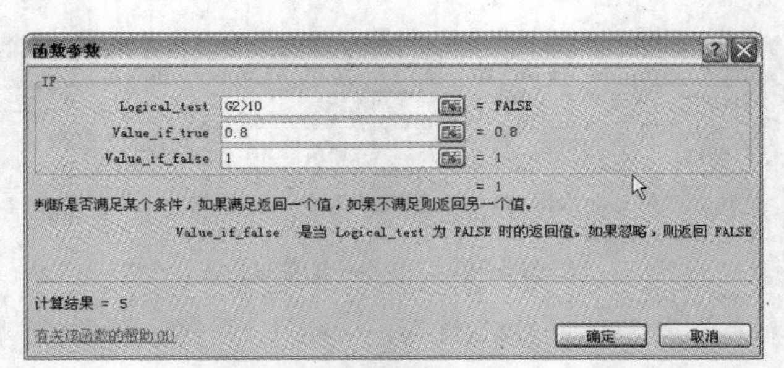

图 5-37 IF 函数的参数设置

⑧ 单击“确定”按钮返回。单元格中出现计算的结果，编辑栏中出现公式，如图 5-38 所示。

H2 =C2*IF(G2>10,0.8,1)

	A	B	C	D	E	F	G	H	I
1	产品名称	标准成本	列出价格	单位数量	类别	差额	购买量	折扣单价	总价
2	菠萝	¥ 1.00	¥ 5.00	500克	水果和蔬菜罐头	¥ 4.00	5	5	
3	梨	¥ 1.00	¥ 5.00	500克	水果和蔬菜罐头	¥ 4.00	11		
4	桃	¥ 1.00	¥ 5.00	500克	水果和蔬菜罐头	¥ 4.00	15		
5	豌豆	¥ 0.50	¥ 4.00	500克	水果和蔬菜罐头	¥ 3.50	9		
6	玉米	¥ 0.50	¥ 4.00	500克	水果和蔬菜罐头	¥ 3.50	13		

图 5-38 计算结果

⑨ 使用填充柄复制公式，得到的结果如图 5-39 所示。

H6 =C6*IF(G6>10,0.8,1)

	A	B	C	D	E	F	G	H	I
1	产品名称	标准成本	列出价格	单位数量	类别	差额	购买量	折扣单价	总价
2	菠萝	¥ 1.00	¥ 5.00	500克	水果和蔬菜罐头	¥ 4.00	5	¥ 5.00	
3	梨	¥ 1.00	¥ 5.00	500克	水果和蔬菜罐头	¥ 4.00	11	¥ 4.00	
4	桃	¥ 1.00	¥ 5.00	500克	水果和蔬菜罐头	¥ 4.00	15	¥ 4.00	
5	豌豆	¥ 0.50	¥ 4.00	500克	水果和蔬菜罐头	¥ 3.50	9	¥ 4.00	
6	玉米	¥ 0.50	¥ 4.00	500克	水果和蔬菜罐头	¥ 3.50	13	¥ 3.20	

图 5-39 填充公式

提示 “玉米”等公式没有发生变化，但是由于购买量超过 10，因此 IF 条件成立，条件函数值为 0.8，折扣单价与列出单价相比，发生了变化。

⑩ 在 I2 单元格输入计算总价公式，如图 5-40 所示。

	A	B	C	D	E	F	G	H	I
1	产品名称	标准成本	列出价格	单位数量	类别	差额	购买量	折扣单价	总价
2	菠萝	¥ 1.00	¥ 5.00	500克	水果和蔬菜罐头	¥ 4.00	5	¥ 5.00	=G2*H2
3	梨	¥ 1.00	¥ 5.00	500克	水果和蔬菜罐头	¥ 4.00	11	¥ 4.00	
4	桃	¥ 1.00	¥ 5.00	500克	水果和蔬菜罐头	¥ 4.00	15	¥ 4.00	
5	豌豆	¥ 0.50	¥ 4.00	500克	水果和蔬菜罐头	¥ 3.50	9	¥ 4.00	
6	玉米	¥ 0.50	¥ 4.00	500克	水果和蔬菜罐头	¥ 3.50	13	¥ 3.20	

图 5-40 计算总价

⑪ 填充公式，最后得到结果如图 5-41 所示。

	A	B	C	D	E	F	G	H	I
1	产品名称	标准成本	列出价格	单位数量	类别	差额	购买量	折扣单价	总价
2	菠萝	¥ 1.00	¥ 5.00	500克	水果和蔬菜罐头	¥ 4.00	5	¥ 5.00	¥ 25.00
3	梨	¥ 1.00	¥ 5.00	500克	水果和蔬菜罐头	¥ 4.00	11	¥ 4.00	¥ 44.00
4	桃	¥ 1.00	¥ 5.00	500克	水果和蔬菜罐头	¥ 4.00	15	¥ 4.00	¥ 60.00
5	豌豆	¥ 0.50	¥ 4.00	500克	水果和蔬菜罐头	¥ 3.50	9	¥ 4.00	¥ 36.00
6	玉米	¥ 0.50	¥ 4.00	500克	水果和蔬菜罐头	¥ 3.50	13	¥ 3.20	¥ 41.60

图 5-41 计算结果

⑫ 保存工作簿。

知识与技能

Excel 提供了很多函数，包括财务、日期与时间、数学与三角函数、统计、查找与引用、数据库、

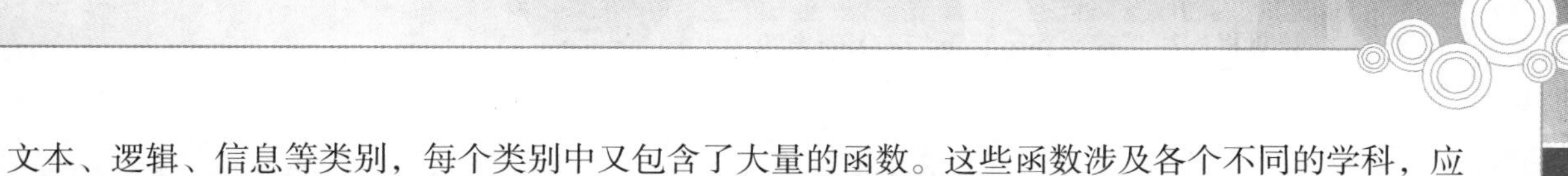

文本、逻辑、信息等类别，每个类别中又包含了大量的函数。这些函数涉及各个不同的学科，应当根据需要查看帮助系统，进行学习。下面介绍一下常用的函数。

（1）SUM：数据求和函数。

格式：SUM（number1，number2，…）

功能：求出连续或不连续区域的数值的和，参数最多允许有30个。例如SUM（10，20，70）的值为100，SUM（C2:C12）表示求C2至C12区域单元格中的数值的和。

（2）AVERAGE：求平均函数。

格式：AVERAGE（number1，number2，…）和AVERAGEA（number1，number2，…）

功能：求连续的或不连续区域的数值的平均值，number参数最多允许有30个。AVERAGE要求参数的值必须是数值，而AVERAGEA则允许参数的值为数值、字符串或逻辑值。

（3）MAX：求最大值函数。

格式：MAX（number1，number2，…）

功能：找出连续或不连续区域中数值的最大值。例如MAX（A1:A7）表示找A1至A7单元格区域中数值的最大值。

（4）MIN：求最小值函数。

格式：MIN（number1，number2，…）

功能：找出连续或不连续区域中数值的最小值。例如MIN（C2:D12，B9）表示找C2至D12单元格区域和B9单元格中数值的最小值。

（5）COUNT：计算区域中的数字个数的函数。

格式：COUNT（number1，number2，…）

功能：计算连续或不连续区域中的数字个数。例如COUNT（C2:D12）表示计算C2至D12区域中的数字的个数，COUNT（A1，C2:D12）表示计算A1单元、C2至D12区域中的数字的个数。

（6）IF：根据条件的真或假，返回不同值的函数。

格式：IF（Logical_test，value_if_true，value_if_false）

功能：如果第一参数条件成立，就返回第二参数；若第一参数条件不成立，则返回第三参数。函数中的第二、第三参数均可以省略，此时如果第一个参数条件成立则返回TRUE，不成立则返回FALSE。

课堂实训

完成如图5-42所示的Excel表。

	A	B	C	D	E
1					
2		1	求和	=SUM(B2:B11)	
3		2	平均值	=AVERAGE(B2:B11)	
4		3	最大	=MAX(B2:B11)	
5		4	最小	=MIN(B2:B11)	
6		5	计数	=COUNT(B2:B11)	
7		6			
8		7			
9		8			
10		9			
11		10			
12					

图5-42　函数计算

提示 图 5-42 中显示的公式是为了进行更好地使用公式计算，进行实际操作时不会显示如图 5-42 所示的公式效果。若需要显示公式效果，可以选择“文件”/“选项”/“高级”命令进行设置，如图 5-43 所示。

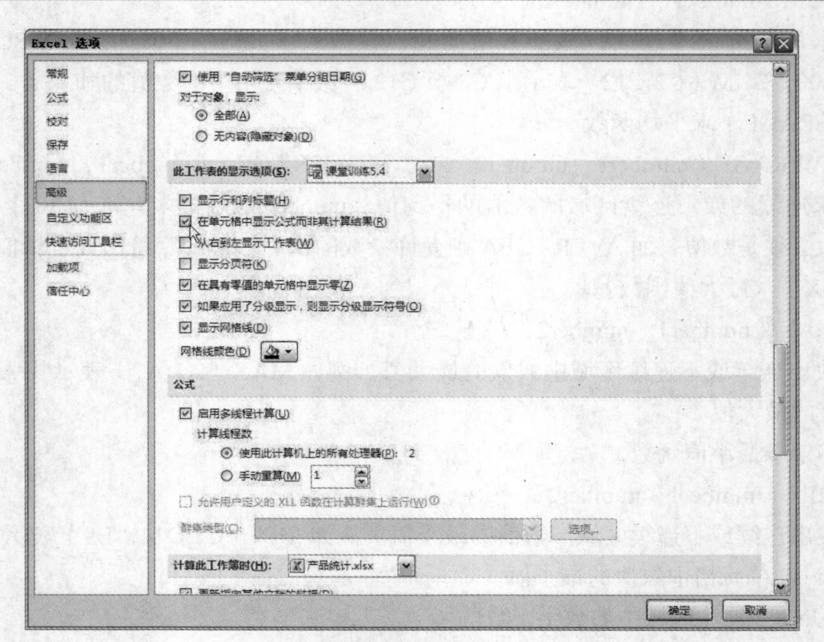

图 5-43 设置视图中显示公式

5.3.3 排序、筛选和分类汇总

1. 排序

Excel 的排序操作，可以将数据按一定的顺序重新排列。数据排序通常按列进行，也可以按行进行。当需要排序时，使用工具栏或菜单命令均可进行排序操作。降序时，先选取某列的一个数据单元格，然后单击“常用”工具栏上的“降序”按钮；如果要升序，可单击“升序”按钮，工作表中就会按该字段数据的大小从高到低排列记录了。

2. 筛选

如果表格中的数据太多，使用“排序”功能来查找数据还是不太方便。Excel 的数据筛选功能，可使用户在数据中方便地查询到满足特定条件的记录。

Excel 提供了“自动筛选”和“高级筛选”两种筛选方式。“自动筛选”操作简单，可满足大部分使用的需要。在自动筛选中，用得比较多的是自定义的自动筛选。可以通过在字段的下拉列表中选择“自定义”选项，用户设定筛选条件后完成筛选。

3. 分类汇总

使用 Excel 的分类汇总功能，可以轻松地对数据库进行数据分析和数据统计。

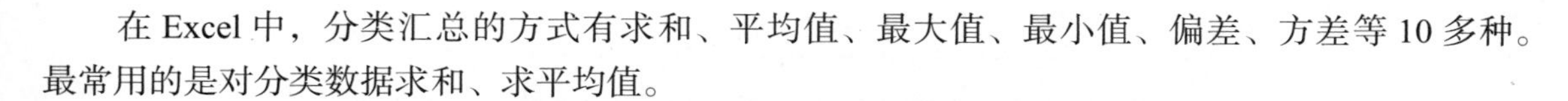

在 Excel 中，分类汇总的方式有求和、平均值、最大值、最小值、偏差、方差等 10 多种。最常用的是对分类数据求和、求平均值。

提示 要想对表格中的某一字段进行分类汇总，必须先对该字段进行排序操作，且表格中的第一行必须有字段名，否则分类汇总的结果将会出现错误。

实例 5.8　排序、筛选与分类汇总

情境描述

针对“小超市”工作表，对其进行排序，筛选相关的数据，并按照类别进行分类汇总。

任务操作

① 打开“产品统计”表。

② 复制“小超市”工作表中的数据到“数据处理”工作表，并设置相关的格式，结果如图 5-44 所示。

	A	B	C	D	E
1	产品名称	标准成本	列出价格	单位数量	类别
2	菠萝	￥ 1.00	￥ 5.00	500克	水果和蔬菜罐头
3	茶	￥ 15.00	￥ 100.00	每箱100包	饮料
4	蛋糕	￥ 2.00	￥ 35.00	4箱	焙烤食品
5	番茄酱	￥ 4.00	￥ 20.00	每箱12瓶	调味品
6	果仁巧克力	￥ 10.00	￥ 30.00	3箱	焙烤食品
7	胡椒粉	￥ 15.00	￥ 35.00	每箱30盒	调味品
8	花生	￥ 15.00	￥ 35.00	每箱30包	焙烤食品
9	金枪鱼	￥ 0.50	￥ 3.00	100克	肉罐头
10	辣椒粉	￥ 3.00	￥ 18.00	每袋3公斤	调味品
11	梨	￥ 1.00	￥ 5.00	500克	水果和蔬菜罐头
12	绿茶	￥ 4.00	￥ 20.00	每箱20包	饮料
13	苹果汁	￥ 5.00	￥ 30.00	10箱 x 20包	饮料
14	糖果	￥ 10.00	￥ 45.00	每箱30盒	焙烤食品
15	桃	￥ 1.00	￥ 5.00	500克	水果和蔬菜罐头
16	豌豆	￥ 0.50	￥ 4.00	500克	水果和蔬菜罐头
17	虾米	￥ 8.00	￥ 35.00	每袋3公斤	肉罐头
18	熏鲑鱼	￥ 1.50	￥ 6.00	100克	肉罐头
19	盐	￥ 8.00	￥ 25.00	每箱12瓶	调味品
20	玉米	￥ 0.50	￥ 4.00	500克	水果和蔬菜罐头
21	猪肉	￥ 2.00	￥ 9.00	每袋500克	肉罐头

图 5-44　待处理数据

③ 将活动单元格设置为 E3 单元格，然后选择“数据”选项卡 /“排序和筛选”组 /“排序”命令，打开如图 5-45 所示的“排序”对话框。

提示 系统自动选择了第 2 行到第 21 行的数据，并将第 1 行作为关键词，认为现在的工作表是数据清单。系统默认排序的次序为升序。

④ 选择排序依据为类别，对话框设置如图 5-46 所示。

单击“确定”按钮，完成排序，排序后的效果如图 5-47 所示。

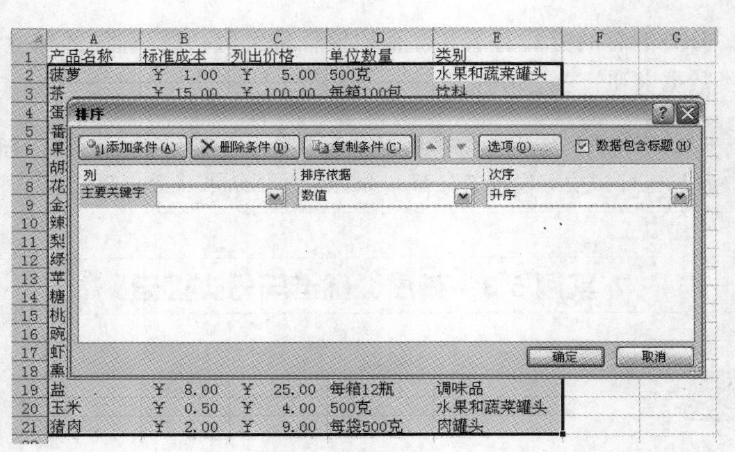

图 5-45 “排序”对话框

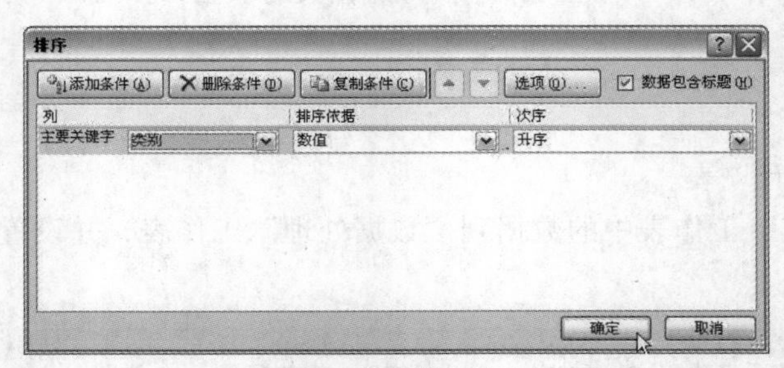

图 5-46 设置排序关键字

	A	B	C	D	E
1	产品名称	标准成本	列出价格	单位数量	类别
2	蛋糕	￥ 2.00	￥ 35.00	4箱	焙烤食品
3	果仁巧克力	￥ 10.00	￥ 30.00	3箱	焙烤食品
4	花生	￥ 15.00	￥ 35.00	每箱30包	焙烤食品
5	糖果	￥ 10.00	￥ 45.00	每箱30盒	焙烤食品
6	番茄酱	￥ 4.00	￥ 20.00	每箱12瓶	调味品
7	胡椒粉	￥ 15.00	￥ 35.00	每箱30盒	调味品
8	辣椒粉	￥ 3.00	￥ 18.00	每袋3公斤	调味品
9	盐	￥ 8.00	￥ 25.00	每箱12瓶	调味品
10	金枪鱼	￥ 0.50	￥ 3.00	100克	肉罐头
11	虾米	￥ 8.00	￥ 35.00	每袋3公斤	肉罐头
12	熏鲑鱼	￥ 1.50	￥ 6.00	100克	肉罐头
13	猪肉	￥ 2.00	￥ 9.00	每袋500克	肉罐头
14	菠萝	￥ 1.00	￥ 5.00	500克	水果和蔬菜罐头
15	梨	￥ 1.00	￥ 5.00	500克	水果和蔬菜罐头
16	桃	￥ 1.00	￥ 5.00	500克	水果和蔬菜罐头
17	豌豆	￥ 0.50	￥ 4.00	500克	水果和蔬菜罐头
18	玉米	￥ 0.50	￥ 4.00	500克	水果和蔬菜罐头
19	茶	￥ 15.00	￥ 100.00	每箱100包	饮料
20	绿茶	￥ 4.00	￥ 20.00	每箱20包	饮料
21	苹果汁	￥ 5.00	￥ 30.00	10箱 x 20包	饮料

图 5-47 排序后的结果

⑤ 选择“数据”选项卡 / “排序和筛选”组 / “筛选”命令，在工作表的第 1 行出现下拉箭头，如图 5-48 所示，工作表具有了筛选的功能。

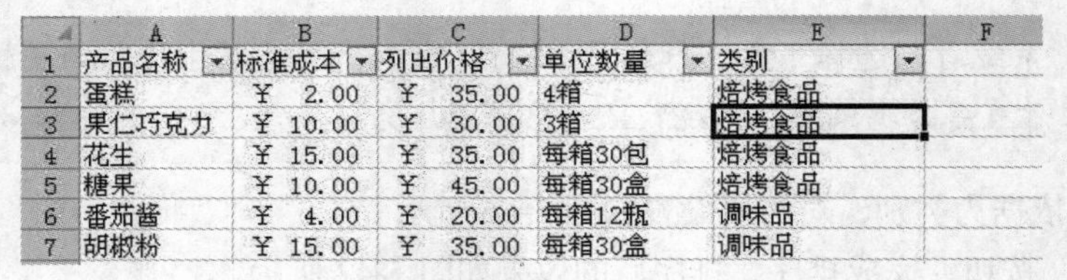

	A	B	C	D	E
1	产品名称	标准成本	列出价格	单位数量	类别
2	蛋糕	￥ 2.00	￥ 35.00	4箱	焙烤食品
3	果仁巧克力	￥ 10.00	￥ 30.00	3箱	焙烤食品
4	花生	￥ 15.00	￥ 35.00	每箱30包	焙烤食品
5	糖果	￥ 10.00	￥ 45.00	每箱30盒	焙烤食品
6	番茄酱	￥ 4.00	￥ 20.00	每箱12瓶	调味品
7	胡椒粉	￥ 15.00	￥ 35.00	每箱30盒	调味品

图 5-48 筛选后的工作表

单击“类别”列中的下拉箭头，只是选择其中的调味品，如图5-49所示。

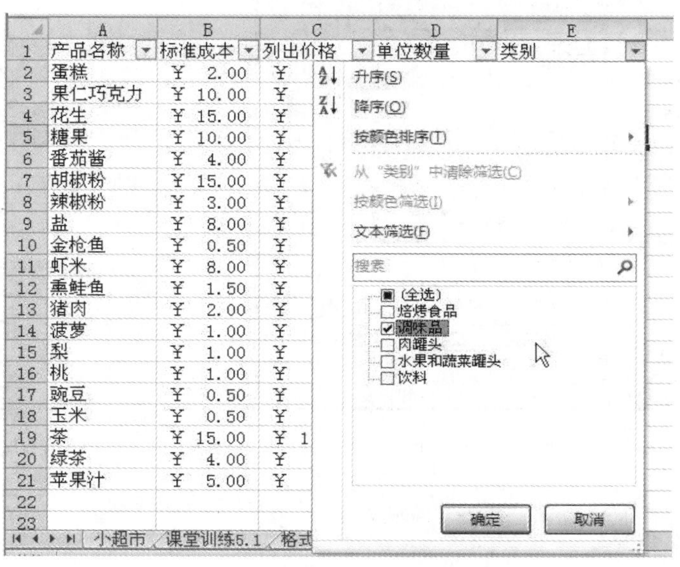

	A	B
1	产品名称	标准成本
2	蛋糕	￥ 2.00
3	果仁巧克力	￥ 10.00
4	花生	￥ 15.00
5	糖果	￥ 10.00
6	番茄酱	￥ 4.00
7	胡椒粉	￥ 15.00
8	辣椒粉	￥ 3.00
9	盐	￥ 8.00
10	金枪鱼	￥ 0.50
11	虾米	￥ 8.00
12	熏鲑鱼	￥ 1.50
13	猪肉	￥ 2.00
14	菠萝	￥ 1.00
15	梨	￥ 1.00
16	桃	￥ 1.00
17	豌豆	￥ 0.50
18	玉米	￥ 0.50
19	茶	￥ 15.00
20	绿茶	￥ 4.00
21	苹果汁	￥ 5.00

图5-49　选择一类商品

⑥ 选择后，可以看到如图5-50所示的工作表。工作表中的数据只是出现了类别为调味品的数据。

	A	B	C	D	E
1	产品名称	标准成本	列出价格	单位数量	类别
6	番茄酱	￥ 4.00	￥ 20.00	每箱12瓶	调味品
7	胡椒粉	￥ 15.00	￥ 35.00	每箱30盒	调味品
8	辣椒粉	￥ 3.00	￥ 18.00	每袋3公斤	调味品
9	盐	￥ 8.00	￥ 25.00	每箱12瓶	调味品

图5-50　筛选结果

提示　筛选后数据并没有发生变化。通过图5-50可以看出行号只是调味品所在的内容，同时“类别”列的图标发生了变化。

⑦ 再次选择“数据”选项卡/“排序和筛选”组/“筛选”命令，就可以取消筛选。

⑧ 将活动单元格设置为E2单元格，选择“数据”选项卡/“分级显示”组/“分类汇总”命令，打开如图5-51所示的“分类汇总”对话框。

提示　系统自动选择了第1行到第21行的数据，并将第1行作为分类字段，认为现在的工作表是数据清单。同时，系统选择了活动单元格所在的列为选定汇总项。

设置“分类汇总”对话框如图5-52所示，单击“确定”按钮，完成分类汇总。

⑨ 完成分类汇总后，工作表对数据按照类别进行了数据计数，调整列宽度后，工作表如图5-53所示。

⑩ 可以单击图5-53左边出现的“1”、“2”、“3”按钮，查看汇总结果。单击“2”按钮后的显示结果如图5-54所示。

提示　再次选择“数据”/“分类汇总”命令，在分类汇总对话框中单击“全部删除”按钮，可以取消分类汇总。

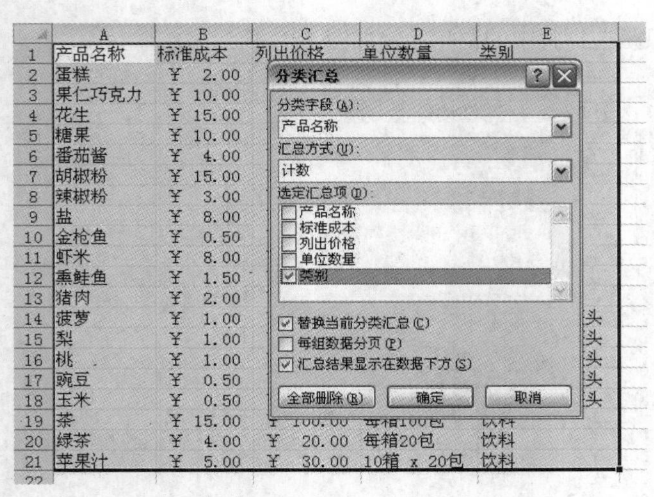

图 5-51 “分类汇总”对话框

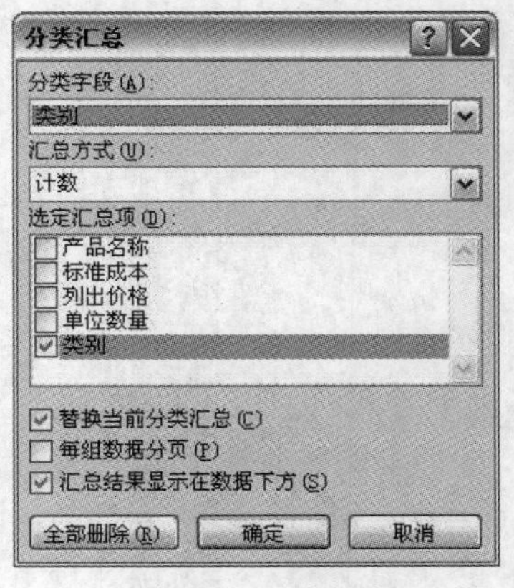

图 5-52 分类汇总

	A	B	C	D	E
1	产品名称	标准成本	列出价格	单位数量	类别
2	蛋糕	¥ 2.00	¥ 35.00	4箱	焙烤食品
3	果仁巧克力	¥ 10.00	¥ 30.00	3箱	焙烤食品
4	花生	¥ 15.00	¥ 35.00	每箱30包	焙烤食品
5	糖果	¥ 10.00	¥ 45.00	每箱30盒	焙烤食品
6				**焙烤食品 计数**	4
7	番茄酱	¥ 4.00	¥ 20.00	每箱12瓶	调味品
8	胡椒粉	¥ 15.00	¥ 35.00	每箱30盒	调味品
9	辣椒粉	¥ 3.00	¥ 18.00	每袋3公斤	调味品
10	盐	¥ 8.00	¥ 25.00	每箱12瓶	调味品
11				**调味品 计数**	4
12	金枪鱼	¥ 0.50	¥ 3.00	100克	肉罐头
13	虾米	¥ 8.00	¥ 35.00	每袋3公斤	肉罐头
14	熏鲑鱼	¥ 1.50	¥ 6.00	100克	肉罐头
15	猪肉	¥ 2.00	¥ 9.00	每袋500克	肉罐头
16				**肉罐头 计数**	4
17	菠萝	¥ 1.00	¥ 5.00	500克	水果和蔬菜罐头
18	梨	¥ 1.00	¥ 5.00	500克	水果和蔬菜罐头
19	桃	¥ 1.00	¥ 5.00	500克	水果和蔬菜罐头
20	豌豆	¥ 0.50	¥ 4.00	500克	水果和蔬菜罐头
21	玉米	¥ 0.50	¥ 4.00	500克	水果和蔬菜罐头
22				**水果和蔬菜罐头 计数**	5
23	茶	¥ 15.00	¥ 100.00	每箱100包	饮料
24	绿茶	¥ 4.00	¥ 20.00	每箱20包	饮料
25	苹果汁	¥ 5.00	¥ 30.00	10箱 x 20包	饮料
26				**饮料 计数**	3
27				**总计数**	20

图 5-53 分类汇总结果

	A	B	C	D	E
1	产品名称	标准成本	列出价格	单位数量	类别
6				**焙烤食品 计数**	4
11				**调味品 计数**	4
16				**肉罐头 计数**	4
22				**水果和蔬菜罐头 计数**	5
26				**饮料 计数**	3
27				**总计数**	20

图 5-54 分类汇总计数效果

知识与技能

在 Excel 中用数据清单来实现数据管理，类似于数据库管理系统对数据表的管理。在 Excel 系统中，数据清单是包含相关数据的一系列工作表的数据行，例如成绩单、工资表等，数据清单

可以像数据库一样使用，与专用的数据库应用程序相比，Excel 中的数据清单具有的数据库功能比较简单，不适合具有复杂关系的数据处理。

使用数据清单时必须注意以下几个问题。

（1）数据清单最上面一行相当于数据库中的字段，每列第一个单元格中是字段名，列标题必须是字符串，下面必须是相同类型的数据。

（2）行相当于数据库中的记录，每行应包含一组相关的数据。

（3）数据清单中一般没有空行或者空列，不要在单元格中文本的前面或后面输入空格，没有合并的单元格。

（4）最好每个数据清单独占一张工作表。

提示　如果需要在一张工作表上输入多个数据清单，则数据清单之间必须用空行或空列隔开。

5.3.4 数据导入与保护 *

在 Excel 中，可以通过“数据源”直接读取外部数据库中的数据。但是如果需要使用普通文档中的数据，例如 Word 中的数据，可以利用剪贴板进行传递。

1. 选择性粘贴

使用选择性粘贴可移动或复制单元格内容的部分选项。选择性粘贴的前提和普通粘贴没有区别，都需要剪贴板上有相关的数据。

在 Excel 2010 中粘贴时，默认会显示多种粘贴的方式，如图 5-55 所示。

图 5-55　粘贴方式

另外，还可以选择“开始”选项卡 / “剪贴板”组 / “选择性粘贴”命令，显示如图 5-56 所示的“选择性粘贴”对话框。在“选择性粘贴”对话框中，可以根据需要选择要粘贴的有关选项，最后单击“确定”按钮，完成选择性粘贴。

提示　选择性粘贴可以只粘贴部分内容，可以将粘贴的数据与现在单元格上的数据进行运算，还可以完成行列的转置。图 5-57 所示为利用选择性粘贴完成的转置效果。

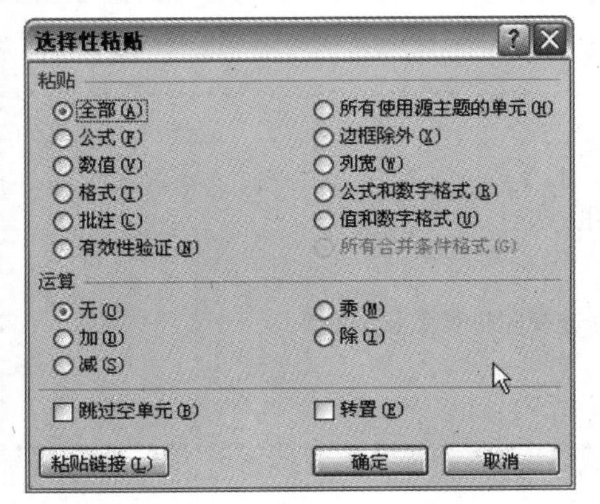

图 5-56　“选择性粘贴”对话框

	A	B	C	D	E	F
1						
2		产品名称	单位数量	类别		
3		菠萝	500克	水果和蔬菜罐头		
4		茶	每箱100包	饮料		
5		蛋糕	4箱	焙烤食品		
6		番茄酱	每箱12瓶	调味品		
7						
8		产品名称	菠萝	茶	蛋糕	番茄酱
9		单位数量	500克	每箱100包	4箱	每箱12瓶
10		类别	水果和蔬菜	饮料	焙烤食品	调味品
11						

图 5-57　转置效果

2. 数据的锁定与公式的隐藏

Excel 为用户提供了多种保护数据安全的功能，主要包括数据的锁定与公式的隐藏、工作表的保护与隐藏、工作簿的保护与文件密码的设置等。

在“单元格格式”对话框的“保护”选项卡中，系统提供了“锁定”和“隐藏”功能。“锁定”是对数据而言，被锁定的数据将成为只读型数据，当用户试图修改被锁定的单元格时，屏幕将出现警告信息。“隐藏”是对公式而言，被隐藏的公式不论是在单元格中，还是在编辑栏内，都不会被显示。

提示 锁定和隐藏功能只有在工作表被保护的前提下才起作用。保护工作表可以通过选择“审阅”选项卡 / “更改”组 / “保护工作簿”命令实现。

3. 拆分与冻结窗格

如果工作表中的表格数据较多，通常需使用滚动条来查看全部内容。在查看时表格的标题、项目名等也会随着数据一起移出屏幕，造成只能看到内容，而看不到标题、项目名。使用Excel的“拆分”和“冻结”窗格功能可以解决该类问题。

选择“视图”选项卡 / “窗口”组 / “拆分”命令，或者拖动拆分块，可以将一个窗口拆分成水平或垂直两个部分。双击拆分框可取消拆分。

提示 窗口的拆分位置是以当前活动单元格的上边框和左边框为准的，因此在拆分前应先按拆分要求选定活动单元格。选择拆分后，活动单元格旁出现十字拆分框，如果拆分位置有误，可用鼠标拖动拆分框到预定位置。

“冻结窗格”命令的作用在于固定“拆分”命令对窗口的拆分。选择“视图”选项卡 / “窗口”组 / “冻结窗格”中的命令，可以完成首行、首列的冻结，也可以在活动单元格处开始冻结窗格。冻结窗格后，拆分框上侧和左侧窗格的滚动条消失，水平滚动时拆分框左侧的区域将冻结，垂直滚动时拆分框上侧的区域将冻结。使用“取消冻结窗格”命令可取消冻结。

5.4 数据分析

◎ 常见图表的功能和使用方法

◎ 创建和编辑数据图表

◎ 使用数据透视表和数据透视图进行数据分析*

Excel 工作表中的数据可以用图形方式表示。使用图表表示数据可以使工作表中的数据更直观，有利于对数据的分析和比较。图表和产生该图表的工作表的数据相链接，当工作表中的数据发生变动后，对应的图表将会自动更新。

5.4.1 图表

1. 图表的种类和类型

Excel 中可以建立两种图表：嵌入式图表和独立式图表。嵌入式图表与建立图表的数据表共存于同一工作表中，独立式图表则单独存在于另一个工作表中。

Excel 提供了 14 种类型的图表，分别是柱形图、条形图、折线图、饼图、XY 散点图、面积图、圆环图、雷达图、曲面图、气泡图、股价图、圆柱图、圆锥图和棱锥图，每种图表类型还有若干子类型。此外还可以根据需要自定义图表类型。

2. 图表向导

在工作表上选定要创建图表的数据区域，按 F11 键可插入一张新的独立式图表。

一般情况下，可以使用“图表向导”功能创建图表。在工作表上选定要创建图表的数据区域，选择“插入”/“图表”命令，或单击“常用”工具栏上的“图表向导”按钮，在出现的“图表向导”对话框中分别设置“图表类型”、“图表源数据”、“图表选项”和“图表位置”，就可以新建图表。

实例 5.9 使用向导建立图表

情境描述

现在需要对分类汇总出来的类别数据进行分析比较，虽然已经计算了相关的数据，但是需要将其生成为图表，使数据表现更加直观。

任务操作

① 打开“产品统计”表。

② 复制“数据处理”工作表中的汇总数据到“计数图表”工作表，并调整相关的格式，结果如图 5-58 所示。

提示 在选择“数据处理”工作表中的数据时，可以使用 Ctrl+ 鼠标单击的方法选择不连续的数据。

③ 选择要生成图表的数据，如图 5-59 所示。

④ 选择“插入”选项卡，根据需要制作的图表类型，选择“图表”组中相关的图表。本案例中选择“柱形图”/“二维柱形图”中的第一个按钮。生成的效果如图 5-60 所示。

⑤ 当单击图表（图表是活动状态时），Excel 2010 显示图表的“设计”、“布局”、“格式”3 个选项卡，用来修改图表的样式。其中的设计选项卡如图 5-61 所示。

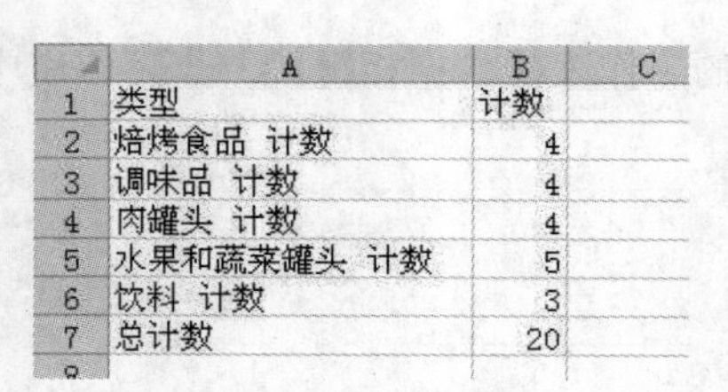

	A	B	C
1	类型	计数	
2	焙烤食品 计数	4	
3	调味品 计数	4	
4	肉罐头 计数	4	
5	水果和蔬菜罐头 计数	5	
6	饮料 计数	3	
7	总计数	20	

图 5-58　图表原始数据

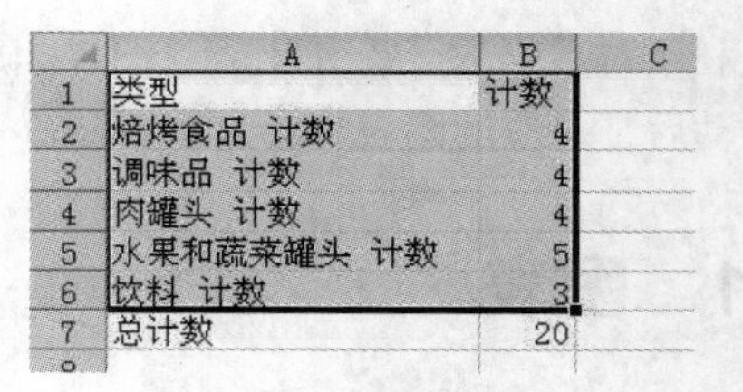

	A	B	C
1	类型	计数	
2	焙烤食品 计数	4	
3	调味品 计数	4	
4	肉罐头 计数	4	
5	水果和蔬菜罐头 计数	5	
6	饮料 计数	3	
7	总计数	20	

图 5-59　选择数据

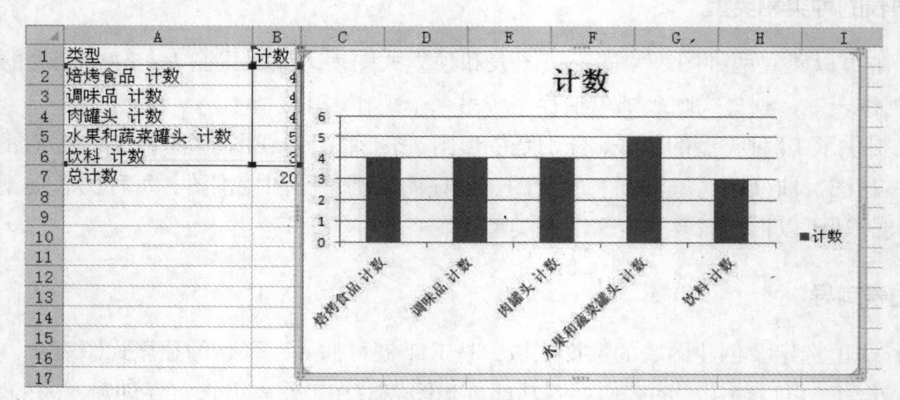

图 5-60　生成计数图标

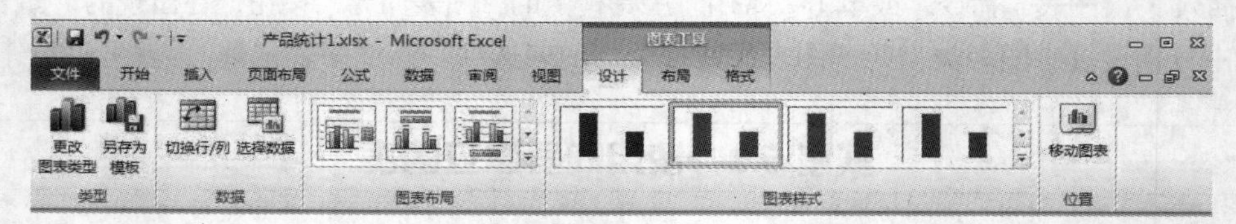

图 5-61　图标工具——设计选项卡

⑥ 单击图 5-61 中所示的“切换行 / 列”按钮，图表的行列发生变化。图表的演示样式也自动发生变化，如图 5-62 所示。

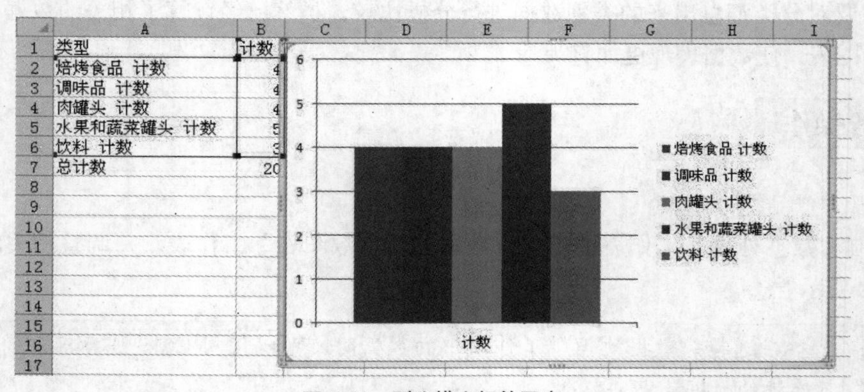

图 5-62　列为横坐标的图表

⑦ 切换到“布局”选项卡，如图 5-63 所示。其中的“标签”组可以修改标题、坐标轴、图例等一系列内容。

⑧ 使用图 5-63 中的“标签”组中的“图表标题”更改现在的图表标题。选择“图表上方”，此时图表发生变化，如图 5-64 所示。

选择“图表标题”4 个汉字，可以替换为相关的标题，这里替换为“类别对比图”。

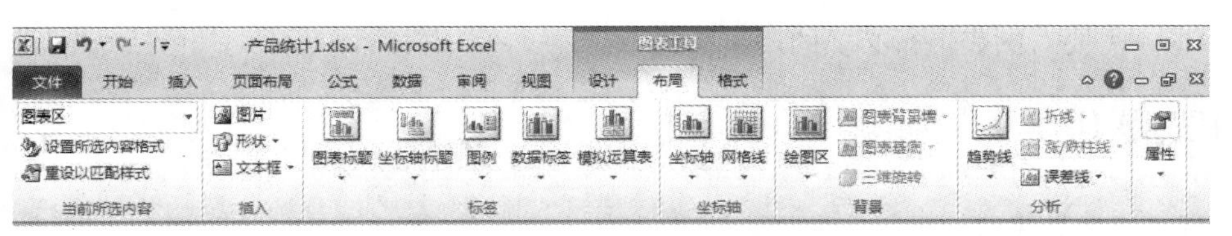

图 5-63　图表布局选项卡

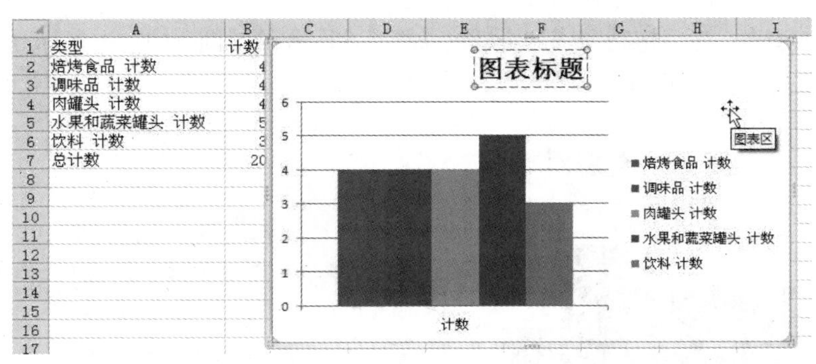

图 5-64　插入标题

5.4.2　图表的简单编辑

一个图表一般是由若干个图表组件构成。工作表中的图表被称为图表区域，图表区域中主要包括绘图区、背景墙、图表标题、图例、数值轴、分类轴、分类轴标题、数值轴标题等内容。

在 Excel 2010 中，针对图表的修改，主要是通过“图表工具”选项卡进行设置。

1. 设计选项卡

在“设计”选项卡中，主要进行图表类型、数据选择、图表布局、图表样式等方面的设置。

2. 布局选项卡

在“布局”选项中，主要进行标签、坐标轴、背景等位置的设置。

3. 格式选项卡

在“格式”选项中，主要进行形状、艺术字、排列、大小等方面的设置。

提示　图表的编辑修改可以利用快捷菜单，Excel 会根据不同的对象显示不同的快捷菜单。根据快捷菜单提供的各种命令选项，调用不同的对话框，进行图表的各种对象的设置。

实例 5.10　编辑图表

使用图表向导可以快速地创建图表。但是，生成的图表在大小、文字格式、位置等方面不一

定符合要求，需要对图表进行必要的调整。

任务操作

① 打开“产品统计”表。

② 切换到“计数图表”工作表。

③ 首先单击图表，然后拖动图表到合适的位置，在图表的图例区中右击鼠标，如图 5-65 所示，出现快捷菜单，选择“图例格式”命令。

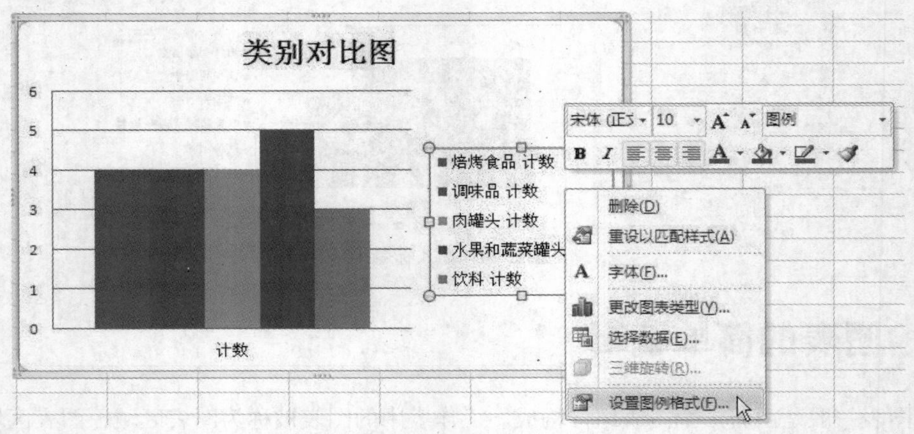

图 5-65 图例快捷菜单

④ 在如图 5-66 所示的对话框中，可以将图例作为一个形状，进行位置、填充、边框、阴影等方式的设置。

此处，选择图例的位置为“底部”。完成设置后，图表的样式如图 5-67 所示。

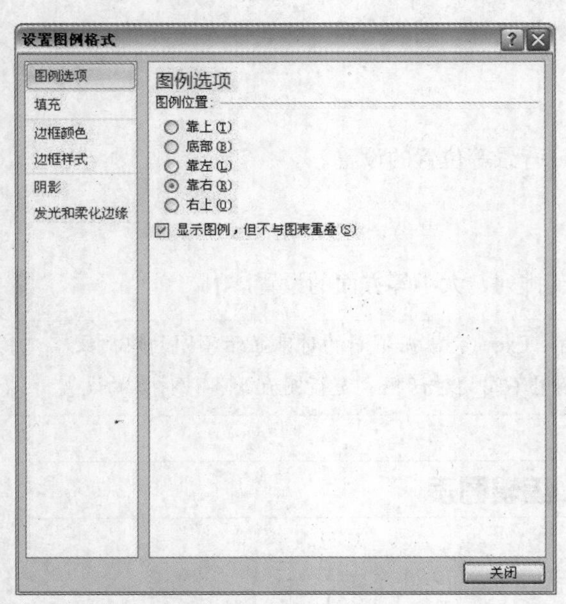

图 5-66 “设置图例格式”对话框

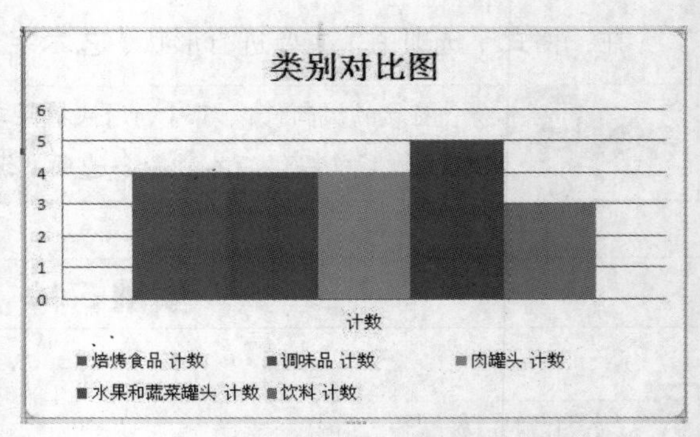

图 5-67 修改后的图表

⑤ 选择图表，使用“布局”选项卡 /“背景”/“绘图区”命令，如图 5-68 所示。

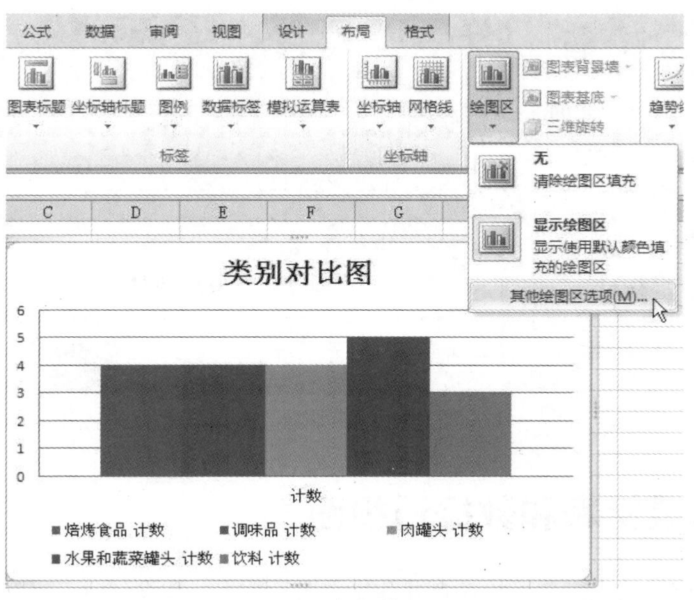

图 5-68 设置绘图区

⑥ 在“设置绘图区格式”对话框中，选择“填充”中的“图案填充”，如图 5-69 所示。

⑦ 设置后的效果如图 5-70 所示。

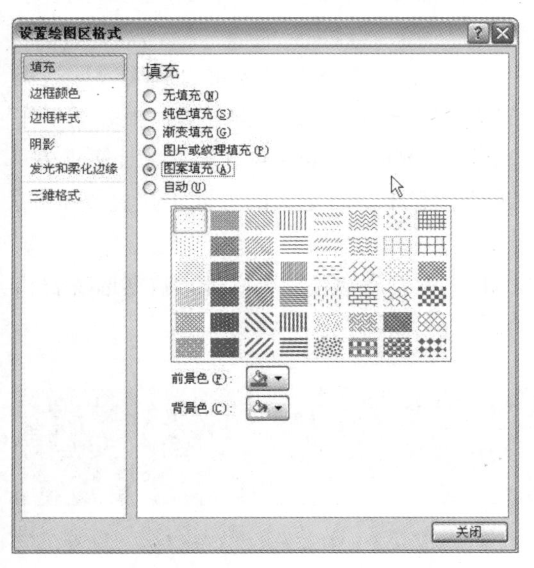

图 5-69 绘图区填充设置

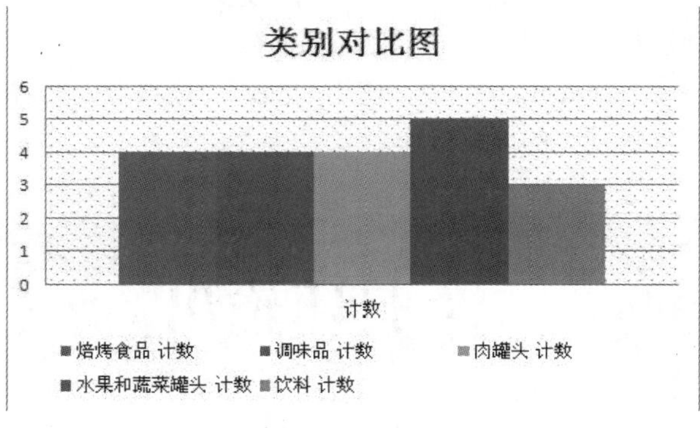

图 5-70 添加绘图区背景的图表效果

⑧ 使用布局、格式选项卡，以及图表不同区域的快捷菜单，分别调整坐标轴的字号、图表的大小、绘图区的大小、图例的大小等，最后完成图表的编辑。

知识与技能

当选择图表的不同区域时，“图表工具”的“布局”和“格式”选项卡中的“当前所选内容”会跟着发生变化。同时，也可以通过此项内容，选择需要设置的图表相关内容，如图 5-71 所示。

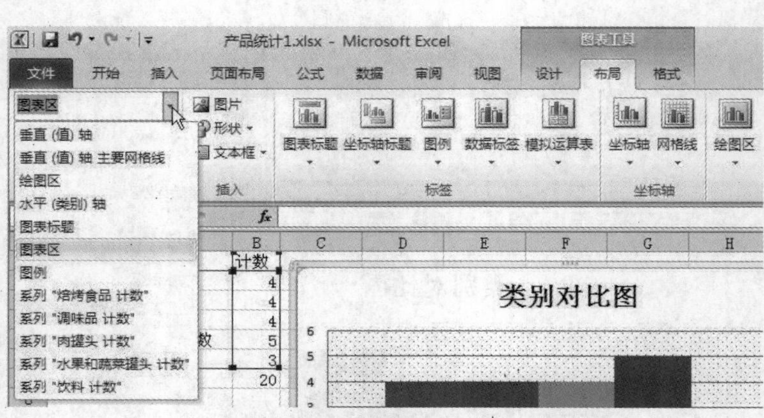

图 5-71　选择图表区域

5.4.3　数据透视表和数据透视图 *

数据透视表是交互式报表，可快速合并和比较大量数据。在设计时，可旋转其行和列以看到源数据的不同汇总，而且可显示感兴趣区域的明细数据。

如果要分析相关的汇总值，尤其是在要合计较大的列表并对每个数字进行多种比较时，应当使用数据透视表。在数据透视表中，源数据中的每列或字段都成为汇总多行信息的数据透视表字段。数据字段（如“求和项：销售额”）提供要汇总的值。

若要创建数据透视表，选择“数据”/“数据透视表和数据透视图”命令可以调用数据透视表和数据透视图向导。在向导中，从工作表列表或外部数据库选择源数据。向导提供报表的工作表区域和可用字段的列表。将字段从列表窗口拖到分级显示区域时，Excel 自动汇总并计算报表。

创建数据透视表后，可对其进行自定义以集中在所需信息上。自定义的方面包括更改布局、更改格式或深化以显示更详细的数据。

在 Excel 2010 中，使用“插入”选项卡 /“表格”组 /“数据透视表”可以进行数据透视表和数据透视图的设置操作。

5.5　打印输出

◎ 根据输出要求设置工作表页面

◎ 设置打印方向与边界、页眉和页脚、打印属性

◎ 预览和打印文件

工作中，常常需要将表格打印出来。Excel 可轻易、方便地打印出具有专业水平的报表。

5.5.1 页面设置

使用“页面布局”选项卡，可以设置工作表的打印输出版面。该选项卡的“页面设置”组可以进行页面的各项分项设置，同时也可以打开“页面设置”对话框进行设置。该对话框包括“页面”、“页边距”、“页眉 / 页脚”和“工作表”4 个选项卡，可以在选项卡中针对不同的选项进行设置。

图 5-72 “工作表”的页面设置

1. 页眉 / 页脚

可在“页眉 / 页脚”选项卡下设置页眉或页脚的位置，还可在上面添加、删除、更改和编辑页眉与页脚。

2. 工作表

在“工作表”选项卡下，可以进行打印区域、打印标题、打印参数和打印顺序等设置。该选项卡中的内容如图 5-72 所示。

提示 当打印内容较多，一页打印不下时，系统会自动分页打印。用户也可以根据实际需要选择“插入”/“分页符”命令，手工设置分页线。当不需要使用分页符时，可选择“插入”/“删除分页符”命令删除手工设置的分页线。

5.5.2 预览和打印文件

1. 打印预览

在使用打印机打印工作表前，可以使用“打印预览”功能在屏幕上查看打印的整体效果，当满意时再进行打印。选择“文件”选项卡 / “打印”命令，可以直接预览打印的效果。

2. 打印输出

对于要打印的工作表，经过页面设置、打印预览后，即可进行打印输出操作。

打印输出需要打开打印机电源开关，安装好打印纸，在预览状态下，直接单击“打印”按钮，可以直接打印输出。

实例 5.11　页面设置和打印预览

情境描述

现在需要打印输出“格式数据”工作表中的内容。为了打印输出效果明显，首先需要进行相关的页面设置，然后进行打印预览，再次调整打印输出的效果，最后才是真正的打印输出。

任务操作

① 打开“产品统计”表。

② 切换到“格式数据”工作表。

③ 选择“文件”选项卡 /“打印”命令，可以看到如图 5-73 所示的打印设置和打印预览效果。

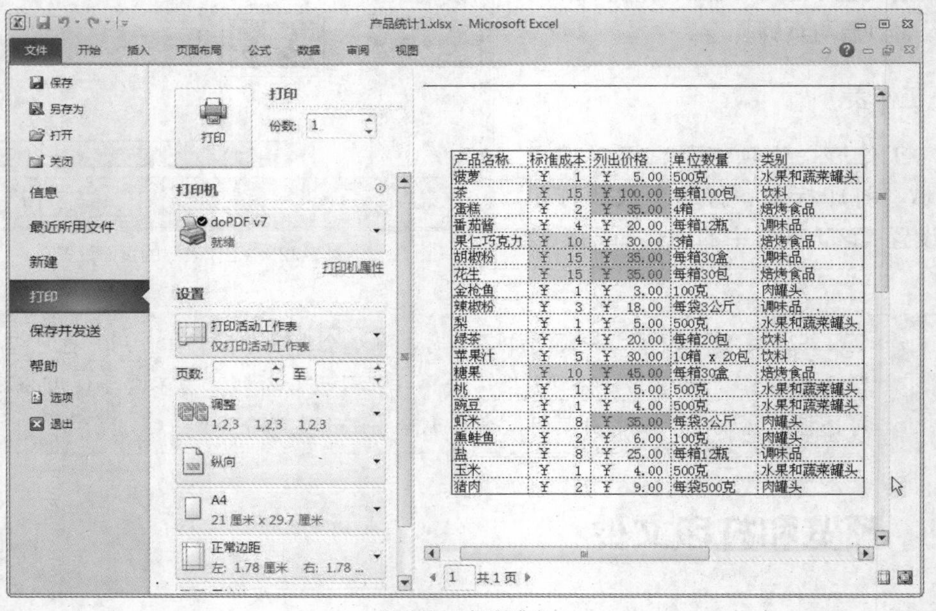

产品名称	标准成本	列出价格	单位数量	类别
菠萝	¥ 1	¥ 5.00	500克	水果和蔬菜罐头
茶	¥ 15	¥ 100.00	每箱100包	饮料
蛋糕	¥ 2	¥ 35.00	4箱	焙烤食品
番茄酱	¥ 4	¥ 20.00	每箱12瓶	调味品
果仁巧克力	¥ 10	¥ 30.00	3箱	焙烤食品
胡椒粉	¥ 15	¥ 35.00	每箱30盒	调味品
花生	¥ 15	¥ 35.00	每箱30包	焙烤食品
金枪鱼	¥ 1	¥ 3.00	100克	肉罐头
辣椒粉	¥ 3	¥ 18.00	每袋3公斤	调味品
梨	¥ 1	¥ 5.00	500克	水果和蔬菜罐头
绿茶	¥ 4	¥ 20.00	每箱20包	饮料
苹果汁	¥ 5	¥ 30.00	10箱 x 20包	饮料
糖果	¥ 10	¥ 45.00	每箱30盒	焙烤食品
桃	¥ 1	¥ 5.00	500克	水果和蔬菜罐头
豌豆	¥ 1	¥ 4.00	500克	水果和蔬菜罐头
虾米	¥ 8	¥ 35.00	每袋3公斤	肉罐头
熏鲑鱼	¥ 2	¥ 6.00	100克	肉罐头
盐	¥ 8	¥ 25.00	每箱12瓶	调味品
玉米	¥ 1	¥ 4.00	500克	水果和蔬菜罐头
猪肉	¥ 2	¥ 9.00	每袋500克	肉罐头

图 5-73　打印准备

④ 选择“页面布局”/“页面设置”，打开“页面设置”对话框，切换到“页边距”选项卡，进行如图 5-74 所示的设置。

在页边距设置中，除了和 Word 页面设置比较接近的编辑设置外，Excel 可以直接设置工作表输出内容在页面中的居中方式，此处选择了水平、垂直都居中。

⑤ 切换到“页眉 / 页脚”选项卡，进行如图 5-75 所示的设置。

提示　“页眉 / 页脚”选项卡中的“小超市商品输出”和“第 1 页，共 1 页”是不能直接输入的。在选项卡中只是输出效果的展示。需要使用“自定义页眉”或“页眉”对页眉进行设置，使用“自定义页脚”或“页脚”对页脚进行设置。

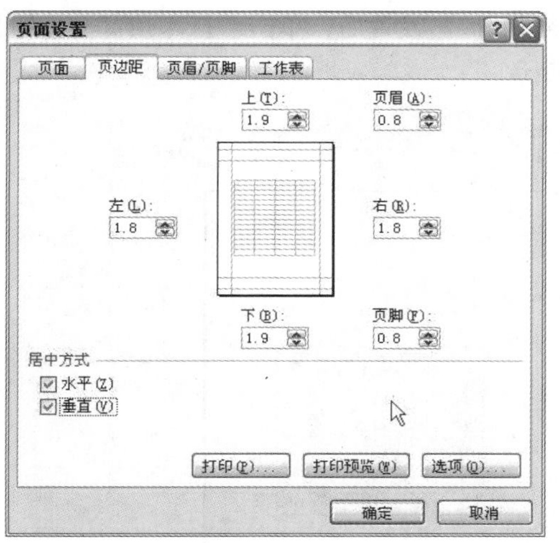

图 5-74 “页边距”选项卡

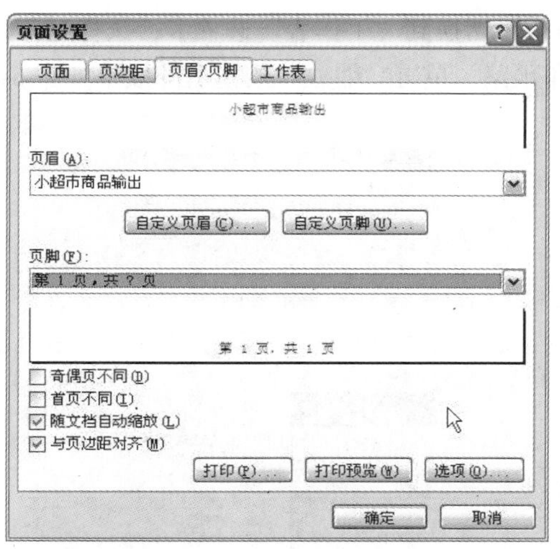

图 5-75 “页眉 / 页脚”选项卡

单击图 5-75 中的“自定义页眉”按钮，在如图 5-76 所示的“页眉”对话框中，可以输入“小超市商品输出”。

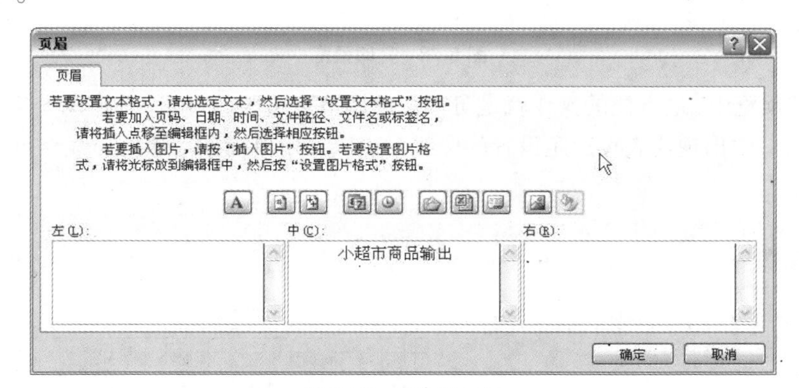

图 5-76 自定义页眉

页脚的设置可以直接通过“页脚”列表框，选择系统提供的标准设置，如图 5-77 所示。

图 5-77 设置页脚

⑥ 切换到“工作表”选项卡，选择打印“行号列标”。设置后，单击“打印预览”按钮进入打印预览，单击“缩放”按钮后的效果如图 5-78 所示。

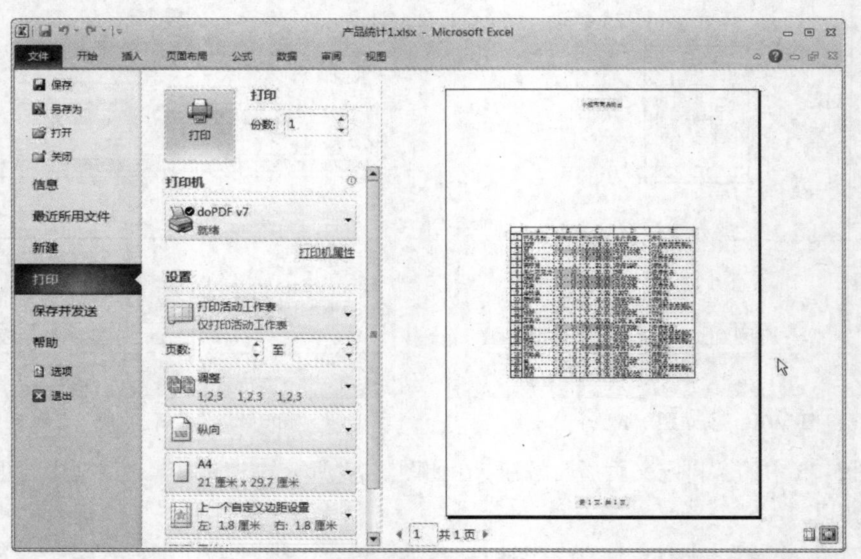

图 5-78 打印预览

⑦ 在打印预览中，最方便的操作就是可视化地调节页边距的设置，单击图 5-78 右下角的“页边距”按钮，窗口中出现代表页边距设置的虚线。可以利用鼠标拖动这些虚线对页边距进行设置，如图 5-79 所示。

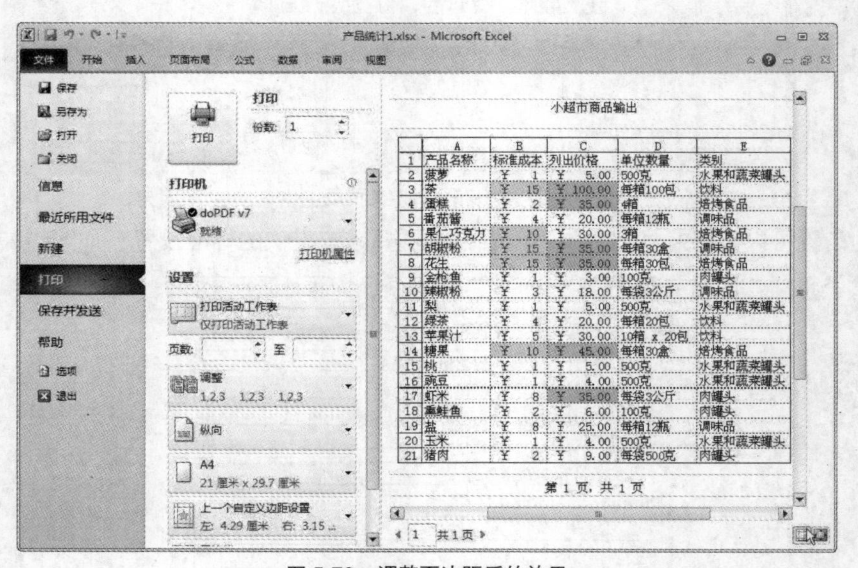

图 5-79 调整页边距后的效果

⑧ 当调整完成后，单击“打印”按钮，可以打印输出。

提示 在如图 5-79 中的“设置”中可以设置“打印活动工作簿”、“打印整个工作簿”或“打印选定区域”。当选择选定区域时，将只打印选定工作表中所选定的单元格区域。如果选定的区域不连续，内容将被打印到不同的打印纸上。

综合实例

要求：完成图 5-80 所示的成绩表，并生成图表。

	A	B	C	D	E	F	G	H
1	期中成绩表							
2	姓名	语文	数学	英语	计算机	体育	总分	平均分
3	孙国旗	**97**	83	76	63	74	393	78.6
4	周小敏	65	76	71	83	**87**	382	76.4
5	冯飞飞	78	**86**	**90**	**92**	80	426	85.2
6	楚楠楠	77	62	62	***54***	73	328	65.6
7	刘冬冬	74	***47***	**98**	70	77	366	73.2
8	各科总分	391	354	397	362	391		
9	各科平均分	78.2	70.8	79.4	72.4	78.2		
10	各科最高分	97	86	98	92	87		
11	各科最低分	65	47	62	54	73		

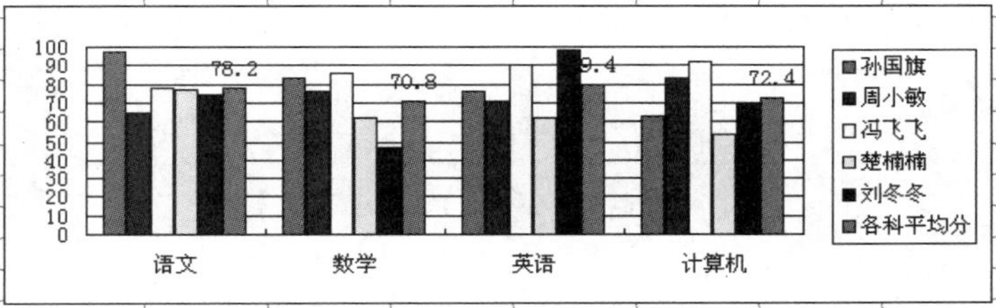

图 5-80　实例结果

任务操作

① 建立工作簿，并建立“成绩表”工作表。

② 输入原始数据，并进行相关的格式设置，结果如图 5-81 所示。

	A	B	C	D	E	F	G	H
1	期中成绩表							
2	姓名	语文	数学	英语	计算机	体育	总分	平均分
3	孙国旗	**97**	83	76	63	74		
4	周小敏	65	76	71	83	**87**		
5	冯飞飞	78	**86**	**90**	**92**	80		
6	楚楠楠	77	62	62	***54***	73		
7	刘冬冬	74	***47***	**98**	70	77		
8	各科总分							
9	各科平均分							
10	各科最高分							
11	各科最低分							
12								

图 5-81　基础数据

提示　图中的蓝色（85 分以上）与红色（60 分以下）数据使用了条件格式。

③ 利用公式与函数完成相关运算，运算后结果如图 5-82 所示。

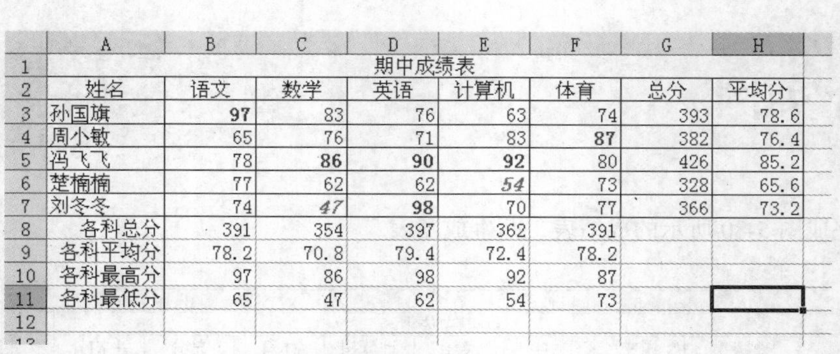

	A	B	C	D	E	F	G	H
1				期中成绩表				
2	姓名	语文	数学	英语	计算机	体育	总分	平均分
3	孙国旗	**97**	83	76	63	74	393	78.6
4	周小敏	65	76	71	83	**87**	382	76.4
5	冯飞飞	78	**86**	**90**	**92**	80	426	85.2
6	楚楠楠	77	62	62	***54***	73	328	65.6
7	刘冬冬	74	***47***	**98**	70	77	366	73.2
8	各科总分	391	354	397	362	391		
9	各科平均分	78.2	70.8	79.4	72.4	78.2		
10	各科最高分	97	86	98	92	87		
11	各科最低分	65	47	62	54	73		
12								

图 5-82　运算结果

提示　总分使用 SUM 函数，平均分使用 AVERAGE 函数，最高分使用 MAX 函数，最低分使用 MIN 函数。

④ 选择如图 5-83 所示的数据，使用图表向导生成图表。

	A	B	C	D	E	F	G	H
1				期中成绩表				
2	姓名	语文	数学	英语	计算机	体育	总分	平均分
3	孙国旗	**97**	83	76	63	74	393	78.6
4	周小敏	65	76	71	83	**87**	382	76.4
5	冯飞飞	78	**86**	**90**	**92**	80	426	85.2
6	楚楠楠	77	62	62	***54***	73	328	65.6
7	刘冬冬	74	***47***	**98**	70	77	366	73.2
8	各科总分	391	354	397	362	391		
9	各科平均分	78.2	70.8	79.4	72.4	78.2		
10	各科最高分	97	86	98	92	87		
11	各科最低分	65	47	62	54	73		
12								

图 5-83　选择数据

⑤ 调整图表大小，结果如图 5-84 所示。

	A	B	C	D	E	F	G	H
1				期中成绩表				
2	姓名	语文	数学	英语	计算机	体育	总分	平均分
3	孙国旗	**97**	83	76	63	74	393	78.6
4	周小敏	65	76	71	83	**87**	382	76.4
5	冯飞飞	78	**86**	**90**	**92**	80	426	85.2
6	楚楠楠	77	62	62	***54***	73	328	65.6
7	刘冬冬	74	***47***	**98**	70	77	366	73.2
8	各科总分	391	354	397	362	391		
9	各科平均分	78.2	70.8	79.4	72.4	78.2		
10	各科最高分	97	86	98	92	87		
11	各科最低分	65	47	62	54	73		

图 5-84　调整图表大小后的结果

⑥ 继续修改图表的样式和各种设置，保证图表的美观，达到如图 5-80 所示的效果。

⑦ 打印预览，有条件的完成工作表的输出。

一、填空题

1. Excel 中用来存储并处理工作数据的文件叫做 ________。

2. Excel 中一个工作表最多可以由 ________ 行和 ________ 列构成。

3. Excel 工作簿文件的扩展名约定为 ________。

4. Excel 中最常用创建文件的方式是建立一个 ________ 工作簿。

5. 单击所需单元格，可选定该单元格为 ________，在"编辑"工具栏左侧的"名称框"中输入"DF23587"，按回车键可选定 ________ 单元格为当前活动单元格。

6. 在单元格中输入文字，系统默认为 ________ 对齐。

7. 用户选定所需的单元格或单元格区域后，在当前单元格或选定区域的右下角出现一个黑色方块，这个黑色方块叫 ________。

8. 单击 ________ 可选定该标签名字对应的工作表。

9. 如果操作中进行了错误操作，可使用"编辑"下拉菜单中的 ________ 命令或单击"常用"工具栏上的 ________ 按钮来纠正。

10. 查找和替换操作时系统默认范围为当前 ________。

11. ________ 操作将把单元格连同其中的数据一同删除；________ 操作则只清除单元格中的 ________。

12. 公式必须以 ________ 开头，系统将 ________ 号后面的字符串识别为公式。

13. 单元格引用包括 ________、________ 和 ________。

14. Excel 系统中，可以建立 ________ 图表和 ________ 图表。

15. 使用 ________ 功能，可以查看工作表的打印效果。

16. 在"页面设置"对话框中可以设置打印方向、缩放比例和纸张大小。系统默认的打印方向为 ________，默认的缩放比例为 ________。

17. 当打印内容较多，一页打印不下时，系统会 ________ 分页打印。用户也可以根据实际需要使用"插入"下拉菜单中的 ________ 命令，手工设置分页线。

二、简答题

1. 什么是工作簿？什么是工作表？二者之间有什么区别？

2. 什么是单元格？什么是活动单元格？

3. 在单元格中可以输入哪些数据？

4. Excel 中常用的打开工作簿的方法有哪些？

5. Excel 中常用的保存工作簿的方法有哪些？

6. 公式是由哪几部分组成的？ Excel 如何识别公式？

7. 引用单元格地址有几种表示方法？举例说明。

8. 什么是函数？函数由哪几部分组成？举例说明。

9. 简述给单元格添加斜线的操作方法。

三、操作题

1. 完成本章中的所有实例、课堂训练和综合实训。

2. 完成如图 5-85 所示的工作表。

3. 完成如图 5-86 所示的工作表。其中总计与百分比部分为计算结果。

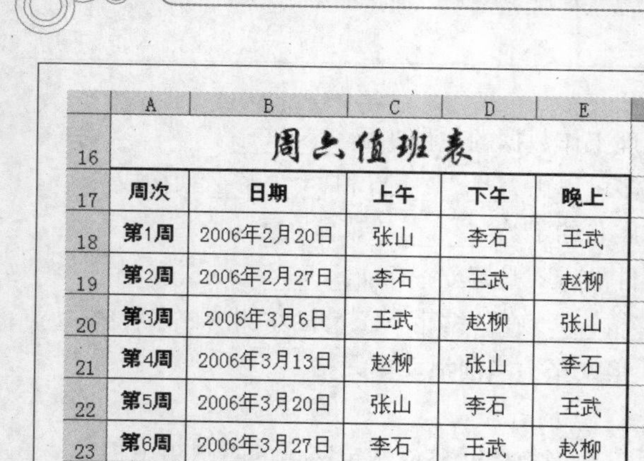

	A	B	C	D	E
16	周六值班表				
17	周次	日期	上午	下午	晚上
18	第1周	2006年2月20日	张山	李石	王武
19	第2周	2006年2月27日	李石	王武	赵柳
20	第3周	2006年3月6日	王武	赵柳	张山
21	第4周	2006年3月13日	赵柳	张山	李石
22	第5周	2006年3月20日	张山	李石	王武
23	第6周	2006年3月27日	李石	王武	赵柳
24	第7周	2006年4月3日	王武	赵柳	张山
25	第8周	2006年4月10日	赵柳	张山	李石
26	第9周	2006年4月17日	张山	李石	王武
27	第10周	2006年4月24日	李石	王武	赵柳

图 5-85 设置格式练习

	A	B	C	D
1	销售情况表			
2	销售点	销售量	所占比例	
3	王府井百货大楼	8436	15.7%	
4	西单君太百货商场	3348	6.2%	
5	前门手机平价超市	5455	10.1%	
6	家乐福超市	2445	4.5%	
7	沃尔玛超市	8324	15.5%	
8	菜市口百货商场	2232	4.2%	
9	国华商场	4432	8.2%	
10	王府井东方广场	3244	6.0%	
11	国贸大厦	5652	10.5%	
12	易出莲花超市	4445	8.3%	
13	美廉美超市	5753	10.7%	
14				
15	总计	53766		

图 5-86 计算练习

4. 完成如图 5-87 所示的工作表。

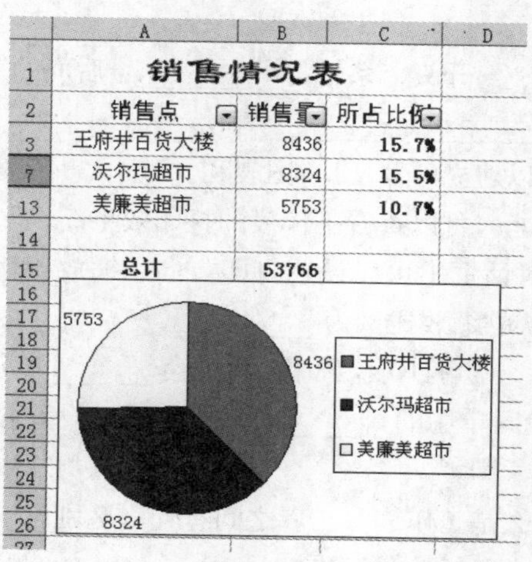

	A	B	C	D
1	销售情况表			
2	销售点	销售量	所占比例	
3	王府井百货大楼	8436	15.7%	
7	沃尔玛超市	8324	15.5%	
13	美廉美超市	5753	10.7%	
14				
15	总计	53766		

图 5-87 筛选与图表练习

提示

筛选使用自动筛选，显示了销售量前 3 位的数据。

第6章 多媒体软件应用

多媒体技术的出现，改变了传统计算机只能处理和输入/输出文字、数据的形象，使计算机的应用变得丰富多彩起来。近年来，随着多媒体技术的发展，以其为核心的数字图像、MP3、MP4、网络影音、高清及3D影像、电脑游戏、虚拟现实等技术的实现给人们的工作、生活和娱乐带来了深刻的影响。

6.1 多媒体基础

◎ 多媒体及多媒体计算机
◎ 多媒体文件及常用软件
◎ 常见多媒体文件的格式
◎ 图像、声音、影像的浏览和播放方法
◎ 多媒体素材的获取方法

6.1.1 多媒体技术及常用软件

1. 多媒体

多媒体是文字、声音、图形、图像、动画、视频等多种媒体信息的统称。**计算机多媒体技术则是指计算机综合处理多种媒体信息的技术。习惯上，人们常把“多媒体”当成“计算机多媒体**

技术”的同义语。

2. 多媒体计算机

多媒体计算机是指能够对声音、图像、视频等多媒体信息进行综合处理的计算机。多媒体计算机一般指多媒体个人计算机（MPC），其主要功能是把文字、声音、视频、图形、图像、动画和计算机交互式控制结合起来，进行综合的处理。传统计算机硬件系统是由主机、显示器、键盘、鼠标等组成，多媒体计算机则需要在较高配置的硬件基础上添加光盘驱动器、多媒体适配卡（声卡、视频输入采集卡等），并根据需要接入多媒体扩展设备。常见的多媒体设备如表 6-1 和表 6-2 所示。

表6-1 常见的多媒体输入设备

• 扫描仪	
	扫描仪是一种将照片、图纸、文稿等平面素材扫描输入到计算机中，转换成数字化图像数据的图形输入设备。扫描仪与相应的软件配套，可以进行图文处理、平面设计、光学字符识别（OCR）、工程图纸扫描录入、数字化传真和复印等操作。 按照扫描方式的不同，扫描仪可分为平板式、手持式和滚筒式 3 种。 扫描仪的主要性能指标有分辨率、扫描色彩位数、扫描速度、扫描幅面大小等
• 触摸屏	
	触摸屏是一种指点式输入设备，是在计算机显示器屏幕基础上，附加坐标定位装置构成。人们直接用手指触摸安装在显示器前端的触摸屏，系统会根据手指触摸的图标或菜单位置来定位选择信息输入。用触摸屏来代替鼠标或键盘，既直观又方便，可以有效地提高人－机对话效率，而近年问世的多点触控技术，更给计算机输入操作带来了全新的体验。 触摸屏按技术原理可分为电容式、矢量压力传感式、电阻式、红外线式和表面声波式 5 种。 触摸屏的主要性能指标有分辨率、反应时间等
• 数位绘图板（手写板）	
	数位绘图板（手写板）是一种手绘式输入设备，通常会配备专用的手绘笔。人们用手绘笔在绘图板的特定区域内绘画或书写，计算机系统会将绘画轨迹记录下来。如果是文字，还可以通过汉字识别软件将其转变为文本文件。 按技术原理分类，数位绘图板常见的有电容触控式和电磁感应式两种。 数位绘图板的主要性能指标有精度（分辨率）、压感级数等
• 麦克风	
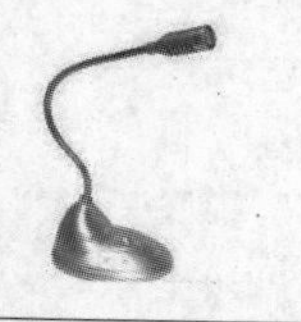	麦克风学名为传声器，是一种将声音转化为电信号的能量转换设备。在多媒体计算机中，麦克风用于采集声音信息，然后由声卡将反映声音信息的模拟电信号转化为数字声音信号。 目前常用的麦克风按工作原理分有动圈式、电容式、驻极体和硅微传声等类型。 麦克风的主要性能指标有灵敏度、阻抗、电流损耗、插针类型等
• 数码相机（DC）	
	数码相机是一种能够进行拍摄并通过内部处理把拍摄到的影像转换为数字图像的特殊照相机。它与普通相机很相似，但区别在于：数码相机在存储器中储存图像数据，普通相机通过胶片曝光来保存图像。数码相机可以直接连接到多媒体计算机、电视机或打印机上，进行图像输出。数码相机分单反、单电、微单和一体式等类型。 数码相机的主要性能指标有照片分辨率、镜头焦距等

续表

• 数码摄像机（DV）	
	数码摄像机是一种能够拍摄动态影像并以数字格式存放的特殊摄像机。与传统的模拟摄像机相比，具有影像清晰度高、色彩纯正、音质好、无损复制、体积小、重量轻等优点。 数码摄像机可分为 Mini DV、Digital 8 DV、存储卡 DV、专业摄像机（摄录一体机）、DVD 摄像机、硬盘摄像机和高清摄像机（HDV）等。 数码摄像机的主要性能指标有清晰度、灵敏度、最低照度等
• 数字摄像头	
	数字摄像头是一种依靠软件和硬件配合的多媒体设备。它形状小巧，成像原理与数码摄像机类似，但其光电转换器分辨率比数码摄像机差一些，且必须依靠计算机系统来进行数字图像的数据压缩和存储等处理工作，因此价格低廉。 数字摄像头按传感器不同可分为 CCD 摄像头和 CMOS 摄像头两种。 数字摄像头的主要性能指标有像素值、分辨率、解析度等

表6-2　常见的多媒体输出设备

• 音箱	
	音箱学名为扬声器，是将电信号转换为声音的能量转换设备。在多媒体计算机中，音箱用于将声卡转换后的模拟电信号进行放大，并转化为动听的声音和音乐。 一般多媒体计算机上使用的是 2.1 声道（左、右声道 + 低音声道）音箱组，也有的使用 5.1 声道（左前、右前、左后、右后、中置声道 + 低音声道）音箱组。 音箱的主要性能指标有频响范围、灵敏度、功率等
• 投影仪	
	投影仪可以与录像机、摄像机、影碟机和多媒体计算机系统等多种信号输入设备相连，将信号放大投影到大面积的投影屏幕上，获得大幅面、逼真清晰的画面。其被广泛用于教学、会议、广告展示等领域。 投影仪按显示技术可分为液晶（LCD）投影仪和数码（DLP）投影仪两种。 投影仪的主要性能指标有分辨率、亮度、灯泡使用寿命等

3. 多媒体文件及常用软件

多媒体信息在计算机中是以文件方式保存的，不同的多媒体信息的获取、播放和处理所使用的软件也各不相同。常见的多媒体信息与文件类型如表 6-3 所示。

表6-3　多媒体信息的主要类型

媒体类型	文件类型	描　述	获取方式	常用软件	常见文件格式
文本	文本文件	指各种文字及符号，包括文字内容、字体 、字号、格式及色彩等信息	键盘输入，OCR 扫描	记事本、Word 等	TXT、DOC 等
	波形音频文件	波形音频文件是以数字编码方式保存在计算机文件中的音频波形信息，特点是声音质量好，但文件通常比较大。波形音频可以按一定的格式进行压缩编码转换为压缩音频	麦克风输入，音频软件截取	Audition、WaveEditor 等	WAV、AU 等

续表

媒体类型	文件类型	描　述	获取方式	常用软件	常见文件格式
音频	压缩音频文件	压缩音频文件是将原始的波形音频经过一定算法的压缩编码后生成的音频文件，压缩音频文件的大小一般只有波形音频文件的十分之一左右，是最为常用的音频类型	音频转换与压缩软件	压缩音频文件可以使用百度音乐、QQ音乐、等软件播放，也可以复制到MP3播放机中随时播放	MP3、WMA、RM、APE等
	MIDI音乐文件	MIDI音乐文件是音乐与计算机技术结合的产物。与波形音频文件和压缩音频文件不同，MIDI不是对实际的声音波形进行数字化采样和编码，而是通过数字方式将电子乐器弹奏音乐的乐谱记录下来，例如按了哪一个音阶的键、按键力度多大、按键时间多长等。当需要播放音乐时，根据记录的乐谱指令，通过计算机声卡的音乐合成器生成音乐声波，再经放大后由扬声器播出。与波形音频相比，MIDI需要的存储空间非常小，仅为波形音频文件的百分之一	电子琴、MIDI音乐制作软件	CAKEWALK、Sibelius、Overture等	MID、MIDI等
图形	图像文件	图像文件也称位图文件，位图是由像素组成的，所谓像素是指一个个不同颜色的小点，这些不同颜色的点一行行、一列列整齐地排列起来，最终就形成了由这些不同颜色的点组成的画面，称为图像	扫描仪、数码相机、截图软件，图形处理软件等	浏览图像文件可以使用ACDSee、美图看看等，如需进行复杂处理可以使用Photoshop	BMP、JPG、PNG、TIF等
	矢量图形文件	矢量图是以数学的方式对各种形状进行记录，最终显示由不同的形状组成的画面，称为矢量图形。矢量图形文件中包含结构化的图形信息，可任意放大而不会产生模糊的情况	专用的计算机图形编辑器或绘图程序产生	AutoCAD、CorelDRAW、Illustrator等	DWG、DXF、CDR、EPS、AI、WMF等
视频	数字视频文件	数字视频是经过视频采集后的数字化并存储在计算机中的动态影像，根据影像文件编码方式的不同，分为不同格式的文件	数码摄像机、数字摄像头、视频采集卡采集的视频信号，视频录像软件、视频处理软件	数字视频文件可以使用暴风影音等软件来播放用于数字视频编辑的软件有Adobe公司的Premiere和After Effects，Canopus公司的Edius，还有功能强大且操作简单的会声会影	AVI、WMV、MPEG-I、MPEG-II、MP4、RM、ASF、MKV等

续表

媒体类型	文件类型	描　述	获取方式	常用软件	常见文件格式
动画	动画是指一系列连续动作的图形图像，并可以带有同步的音频				
	对象动画文件	动画中的每个对象都有自己的模式、大小、形状和速度等元素，演示脚本控制对象在每一帧动画中的位置和速度	对象动画软件生成	Flash 等	FLA、SWF 等
	帧动画文件	由一系列快速连续播放的帧画面构成，每一帧代表在某个指定的时间内播放的实际画面，因此可以作为独立单元进行编辑	帧动画软件生成	GIF 动画制作软件	GIF 等

图像的像素与分辨率

图像是由像素组成的。像素数量的多少就会直接影响到图像的质量。在一个单位长度之内，排列的像素越多，表述的颜色信息越多，图像就越清晰；反之，图像就粗糙。这就是图像的精度，称为“分辨率”。如果两幅图像的尺寸是相同的，但是分辨率相差很大，分辨率高的图像比分辨率低的图像要清晰。

分辨率的单位是 DPI，即 1 英寸（2.54cm）之内排列的像素数。例如，分辨率为 300DPI，表示这个图像是由每英寸 300 个像素记录的。

像素是图像数字化的基本单位。每一个像素对应一个数值，称为像素的位数。位数越高，可反映图像的颜色和亮度变化也越多。例如，1 位只能反映黑白图像，8 位可反映 256 色图像，16 位可反映 65 536 种颜色图像，32 位可反映完全逼真的彩色图像等。

6.1.2 图像文件的浏览

可用于图形文件浏览的软件非常多，有 Windows 7 操作系统自带的图片查看器，还有 ACDSee、美图看看、Picasa 等。ACDSee 是其中使用较为广泛的看图软件。

实例 6.1 使用 ACDSee 浏览图像文件

情境描述

启动 ACDSee，进入要浏览的图片文件夹，选择喜欢的图片，全屏查看图片，了解图片的信息，然后将这幅图片设为壁纸。

任务操作

① 安装并启动 ACDSee（本书使用的是 ACDSee Pro 2 版本）。

② 在 ACDSee 界面窗口左栏的树形文件列表中选择要浏览的图片文件夹，右栏即可显示所选图片的缩略图，如图 6-1 所示。

③ 选择喜欢的图片，可以在预览面板中显示，双击可以放大显示。按 Esc 键可以退出放大显示。

④ 在选择的图片上右键单击鼠标，在弹出的快捷菜单中选择“属性”命令，可以在窗口右侧显示图片的属性；单击属性视图中的“EXIF”选项，可以显示数码照片的拍摄信息，如图 6-2 所示。

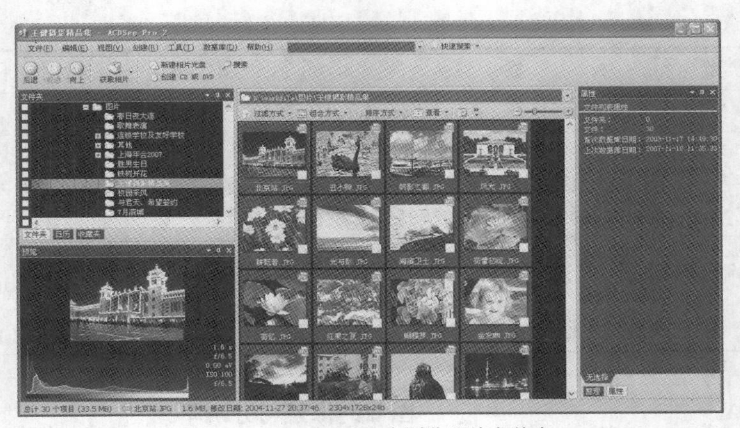

图 6-1 在 ACDSee 中浏览图片文件夹

图 6-2 显示数码照片的拍摄信息

⑤ 在选择的图片上右键单击鼠标，在弹出的快捷菜单中选择“设置壁纸”/“居中”命令，可以将该图片以居中方式设为桌面壁纸，如图 6-3 所示。

图 6-3 将图片设为桌面壁纸

知识与技能

ACDSee 是一款功能强大的图像文件浏览软件，不仅可以实现各种格式的图像文件浏览，还可以实现从数码相机和扫描仪获取图像，图像文件预览、组织、查找、图像及文件信息查看、设置壁纸等功能，并可以使用它实现去除红眼、剪切图像、锐化、浮雕特效、曝光调整、旋转、镜像、批量处理等编辑功能。

在 ACDSee 中，提供了不同的视图，可以以各种方式浏览图片信息。

（1）文件夹视图。文件夹视图用于选择要浏览的图片文件夹，提供了文件夹浏览、日历浏览（按图片浏览历史查看）和收藏夹查看功能，如图 6-4 所示。

（2）预览视图。预览视图用于显示所选择的图片，并显示图片的一些基本信息，如光谱特性、拍照信息等，如图 6-5 所示。

（3）属性视图。属性视图显示所选择图片的详细信息，其中 EXIF 选项专门用于显示数码照片的拍照信息，如相机型号、快门速度、光圈值、焦距、拍摄时间、拍照模式等，如图 6-6 所示。

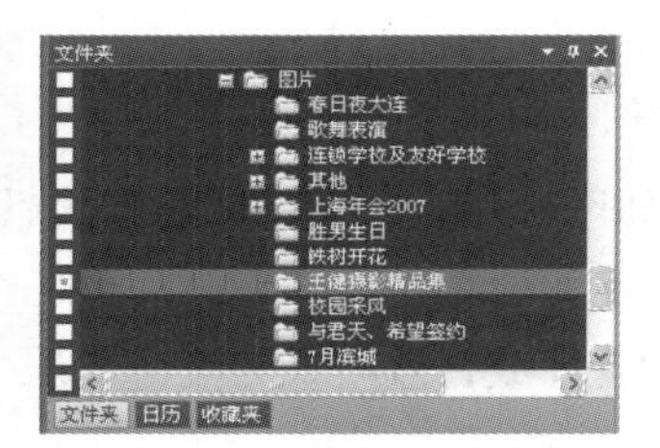

图 6-4　文件夹视图

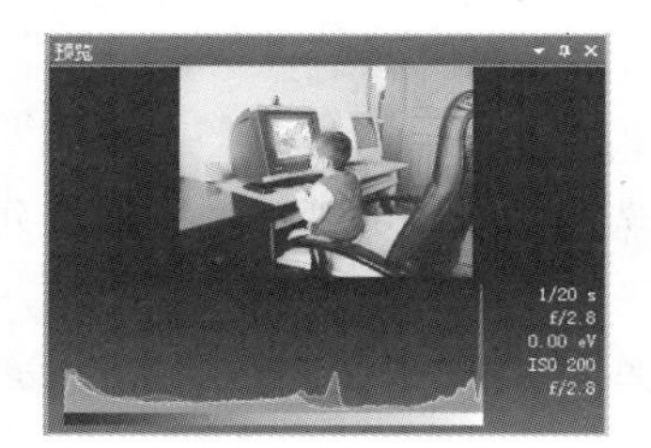

图 6-5　预览视图

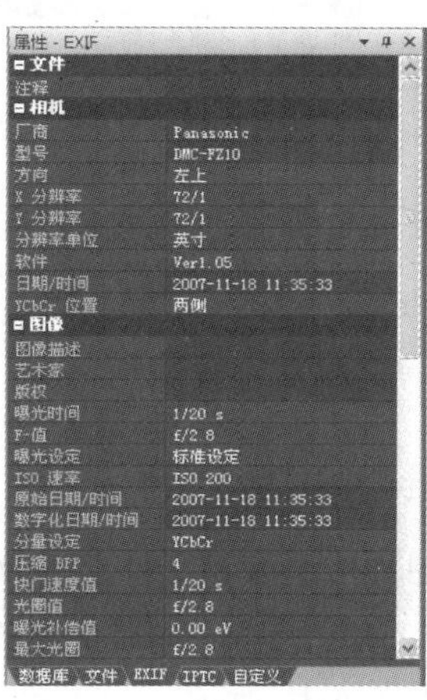

图 6-6　属性 EXIF 视图

课堂实训

使用 ACDSee 浏览其他格式的图片，查看图片信息，并比较异同。

6.1.3　播放音频和视频

播放音频的软件可以使用 Windows 操作系统自带的 Windows Media Player，或者使用百度音乐、QQ 音乐、酷狗音乐等。播放视频也可以使用 Windows Media Player。此外，暴风影音、迅雷看看、QQ 影音也是较常用的音频和视频播放软件。

实例 6.2　使用百度音乐播放音频文件

情境描述

启动百度音乐，选择多个要播放的音频文件创建播放列表，设置音效模式为“流行音乐”模式，播放音频。

任务操作

① 安装并启动百度音乐（原为千千静听，被百度收购后改名为百度音乐，本书使用的是百度音乐 2013 版本），其界面如图 6-7 所示。

② 选择播放列表视图中的“添加”/“文件（F）…”命令，进入存放音乐的目录，选择多个音频文件，如图 6-8 所示。

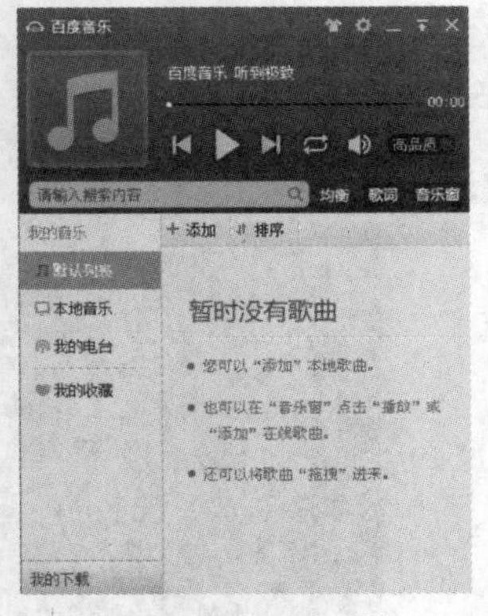

图 6-7　百度音乐主界面

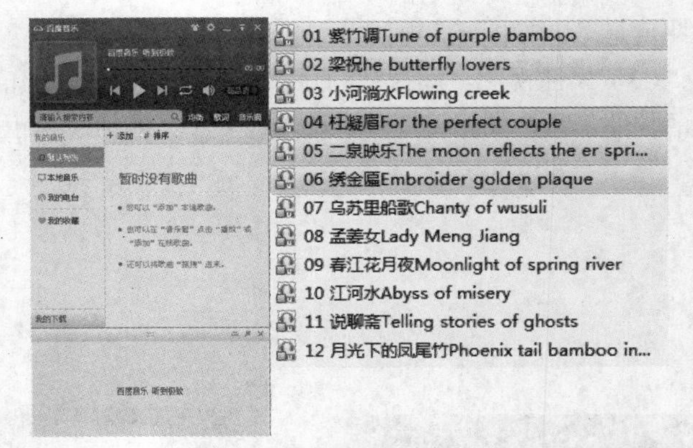

图 6-8　选择多个音频文件

③ 单击“打开”按钮，将选择的音频文件添加进播放列表，如图 6-9 所示。还可以再次添加其他的音频文件至播放列表。

④ 单击“均衡”按钮，在弹出的窗口中选择“流行”命令，设置播放音效模式为流行音乐，如图 6-10 所示。

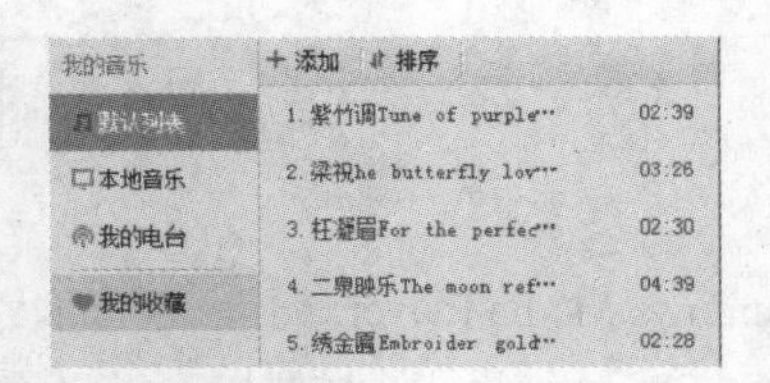

图 6-9　添加多个音频文件后的播放列表

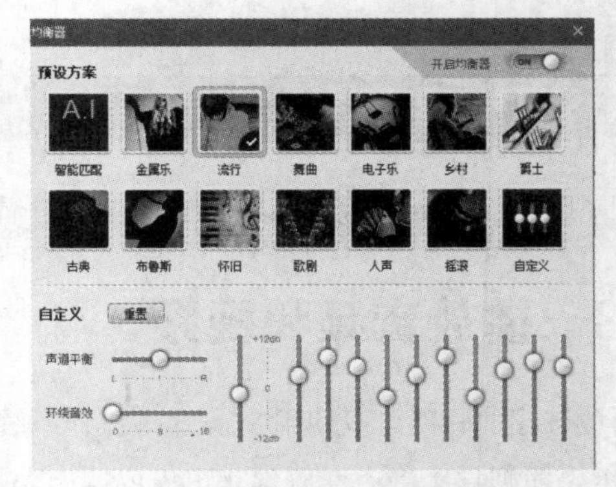

图 6-10　设置播放音效模式为“流行”

⑤ 单击音频播放按钮▶，开始播放音乐。播放时可以单击⏸按钮停止播放，单击⏭按钮播放下一曲，单击⏮按钮播放上一曲；还可移动🔈——●滑块调节播放音量。

课堂实训

使用 Windows Media Player 播放音乐。

实例 6.3 使用暴风影音播放视频文件

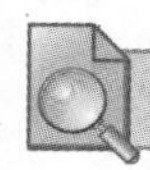

情境描述

启动暴风影音，选择要播放的视频文件，创建播放列表，进行音频与视频设置，全屏播放视频。

任务操作

① 从网络下载（http://www.baofeng.com）安装并启动暴风影音（本书使用的是暴风影音 5 版本），其界面如图 6-11 所示。

图 6-11 暴风影音主界面

② 单击暴风影音主界面左上角的暴风影音按钮，选择菜单中的“文件”/“打开文件”命令，如图 6-12 所示。选择一个视频文件打开，将其添加进“正在播放”的列表开始播放，如图 6-13 所示。还可以单击按钮再次添加其他的音、视频文件至播放列表。

③ 单击播放按钮，开始播放视频。播放时可以单击按钮实现暂停、单击按钮播放下一个或上一个视频，单击按钮停止播放；还可移动滑块调节播放音量。

④ 单击按钮，可以实现全屏播放视频，如图 6-14 所示。按 Esc 键可以退出全屏播放。

图 6-12 选择“文件”/“打开文件”菜单命令

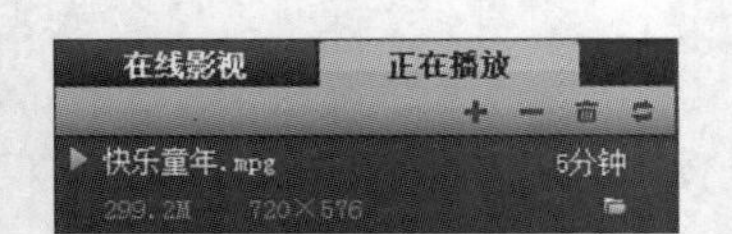

图 6-13 添加视频文件后的播放列表

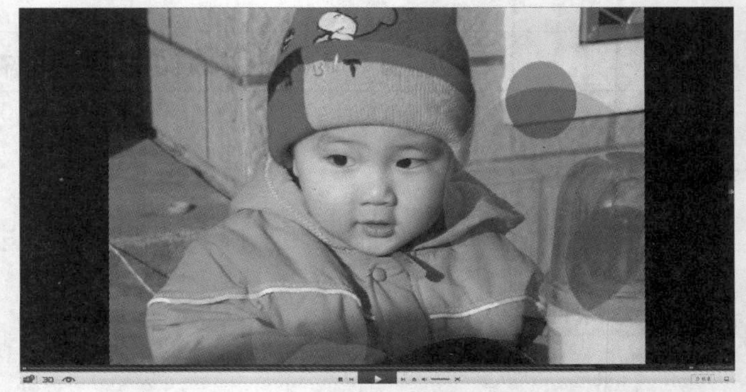

图 6-14 暴风影音全屏播放效果

课堂实训

使用 Windows Media Player 播放视频文件。

知识与技能

暴风影音除了可以播放本地视频媒体文件外，还支持网络在线的视频文件播放。网络视频可以使用暴风影音软件附带的“在线影视”，从中选择喜欢的视频添加至播放列表的方法播放。

播放网络视频还可以使用 PPTV（http://www.pptv.com）、CBOX（http://cbox.cntv.cn）、迅雷看看、QQ 影音、搜狐影音等软件。

提示 随着网络和多媒体技术的进步，特别是流媒体技术的发展，在线音、视频播放已逐步成为人们观看电影、电视剧、电视直播的重要选择。不需要去电影院、不用打开电视，只要有一台联网的计算机，或者是接入无线网络的智能手机、平板电脑，都可以随时随地欣赏精彩的在线视频和音频。

课堂实训

使用 PC 或平板电脑，下载并安装网络视频播放软件，播放网络影片。

6.1.4 获取多媒体素材

多媒体素材的获取需要相应的多媒体外设。例如，获取声音需要麦克风，获取图像需要数码相机或扫描仪，获取视频图像需要数码摄像机。一些背景素材则可以从素材光盘或网络中获取。

实例 6.4　获取音频文件

情境描述

使用录音机软件，获取音频。首先安装麦克风，然后打开录音机，录制语音并保存音频文件。

任务操作

① 安装麦克风。将麦克风插头插入计算机的 Mic 输入插口。

提示　现在的计算机，一般都配有集成声卡，因此在计算机的背板和前面都装有音频输入和输出接口，通常有 In（接信号输入线）、Out（接信号输出线）、Mic（接麦克风）等插口。音箱和耳机是接在 Out 插口上的，麦克风需要接在 Mic 插口上。

② 在 Windows 7 操作系统中单击“开始”按钮，选择“所有程序”菜单下的“附件”/“娱乐”/“录音机”命令，打开录音机软件，如图 6-15 所示。

③ 单击录音机软件中的录音按钮 ● 开始录制(S)，开始录音。对麦克风讲话，可以发现录音机软件右侧的音量强度发生变化。

④ 录音过程中单击按钮 ■ 停止录制(S)，停止录音。打开文件保存窗口，如图 6-16 所示，输入音频文件名保存录制的音频文件。

图 6-15　打开录音机

图 6-16　录音时声音波形发生变化

实例 6.5　扫描照片

情境描述

有一张现成的图片，使用扫描仪将其扫描至计算机，生成图像文件。

任务操作

① 连接扫描仪，安装扫描仪驱动程序，将图片放置在扫描仪扫描板上，如图 6-17 所示。

② 启动 ACDSee，单击“获取相片”按钮，选择“从扫描仪”命令，如图 6-18 所示。

图 6-17　将准备扫描的图片放在扫描仪的扫描板上

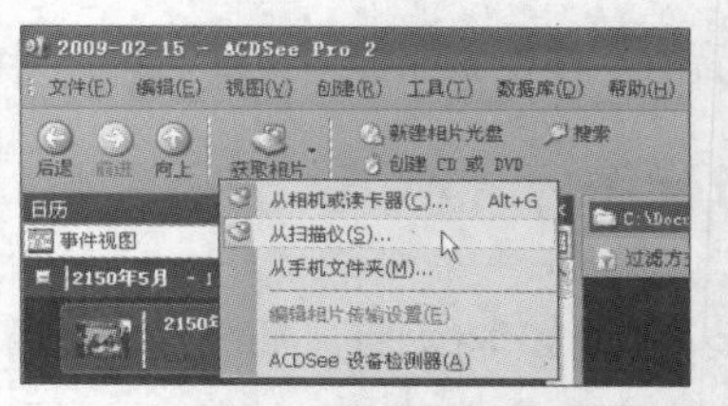

图 6-18　选择“从扫描仪”命令获取相片

③ 在打开的“获取相片向导”对话框中单击“下一步”按钮，选择源设备为扫描仪，如图 6-19 所示。选择结束后单击“下一步”按钮进入“文件格式选项”界面。

注意

不同的扫描仪在列表中有不同的型号，要注意区分。

④ 设置文件输出格式为 JPG，如图 6-20 所示。然后单击“下一步”按钮进入“输出选项”界面。

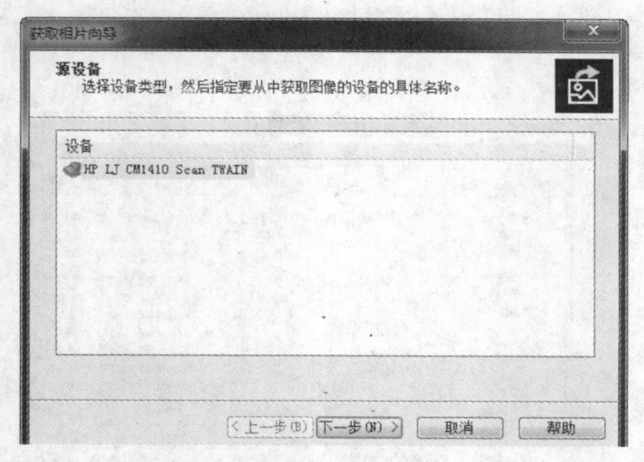

图 6-19　选择扫描设备

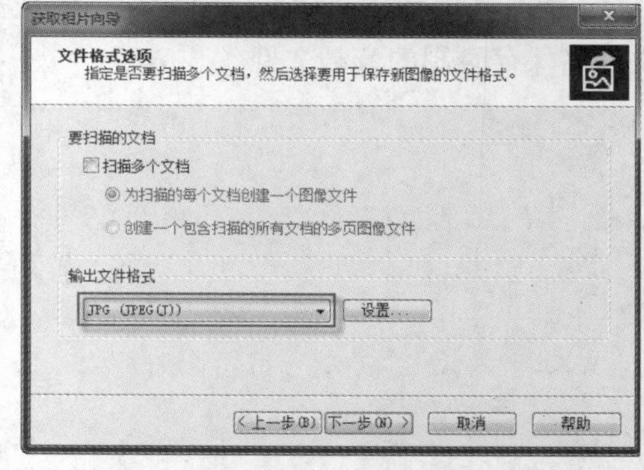

图 6-20　选择“文件输出格式”为 JPG（JPEG）

⑤ 在文件输出选项中设定文件名和目标文件夹，如图 6-21 所示。

⑥ 进入扫描仪设置界面，调整设置，准备扫描图像，如图 6-22 所示。

⑦ 单击“扫描”按钮开始扫描，扫描完成后如图 6-23 所示。

⑧ 在扫描预览图像边框虚线处上按下鼠标左键不放拖动鼠标,选择所需要的区域,如图 6-24 所示。

⑨ 单击完成按钮结束扫描。然后单击“下一步”按钮，在“正在完成获取相片向导”界面中单击“完成”按钮。可以在 ACDSee 中浏览扫描完的图像，如图 6-25 所示。

课堂实训

使用 ACDSee，尝试从数码相机和读卡器获取图片。

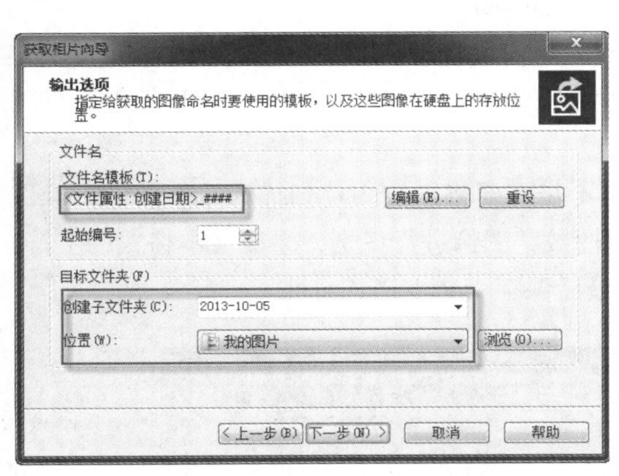

图 6-21 设定文件名和目标文件夹

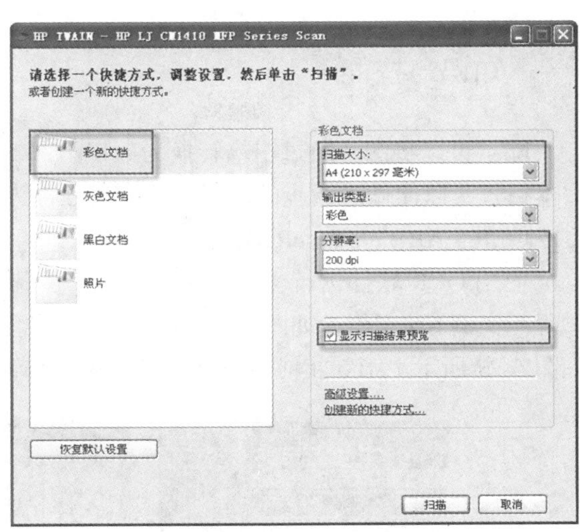

图 6-22 扫描仪界面

图 6-23 扫描预览

图 6-24 选择需要的区域

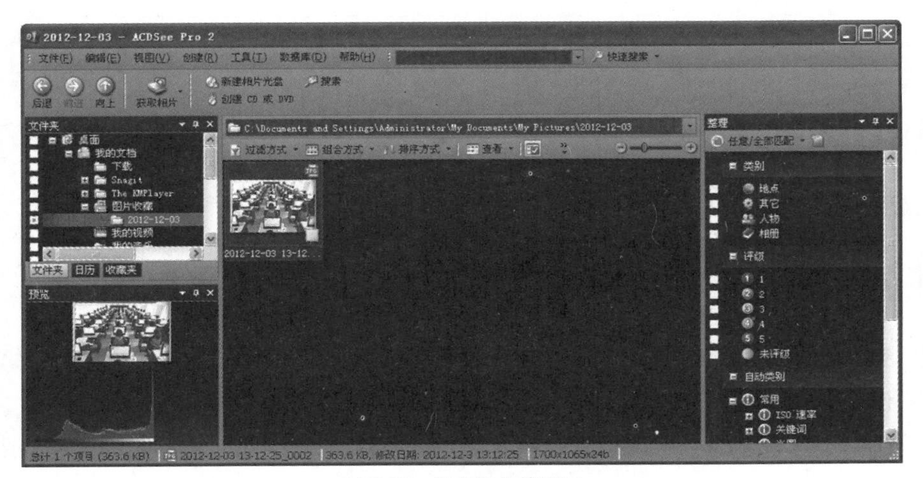

图 6-25 扫描图片缩略图

知识与技能

除了可以将图片通过扫描转换为数字图像外，有时也需要将带有文字信息的图片直接转换为文本格式，以便做进一步的编辑，这一过程称为光学字符识别（OCR）。常用的 OCR 软件有汉王 PDF OCR、ABBYY FineReader 等。

使用 OCR 软件进行文字识别需要 3 个步骤：第 1 步需要将纸质图片扫描为数字图像，操作过程与实例 6.5 相似，如图 6-26 所示；第 2 步将生成的数字图像进行识别，生成文本格式的字符，如图 6-27 所示；第 3 步对生成字符进行校对编辑，最后保存为文本格式文件。

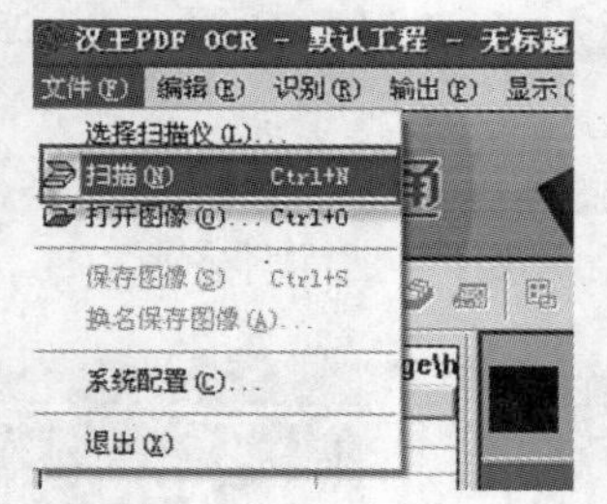

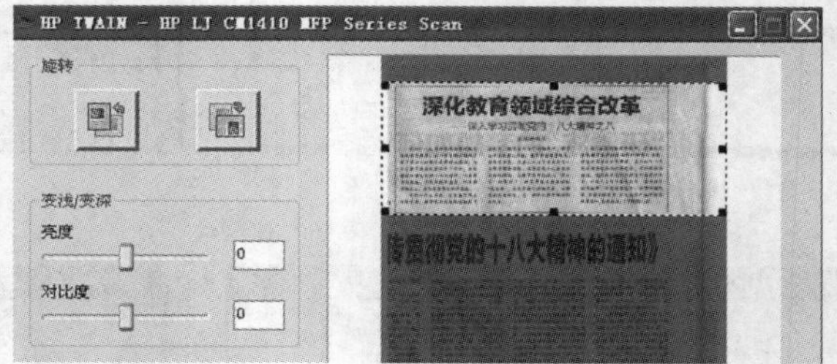

图 6-26　扫描带有文字的图片

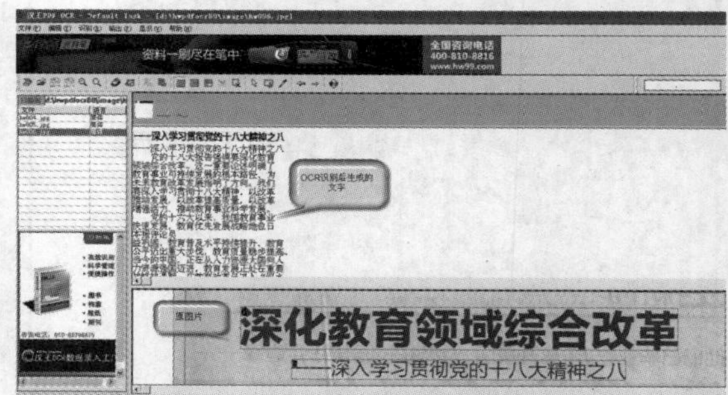

图 6-27　进行扫描图像中的文字识别

实例 6.6　截取屏幕图像

情境描述

使用截图软件工具，截取屏幕图像，生成图像文件。

任务操作

① 安装并启动截图软件 HyperSnap（本书使用的是 HyperSnap 6.31 版本），如图 6-28 所示。

② 单击 HyperSnap 软件中的“捕捉”/“区域”命令，如图 6-29 所示。

③ 此时，屏幕上出现一个十字形，按住鼠标左键不放，框选准备截图的区域，如图 6-30 所示。

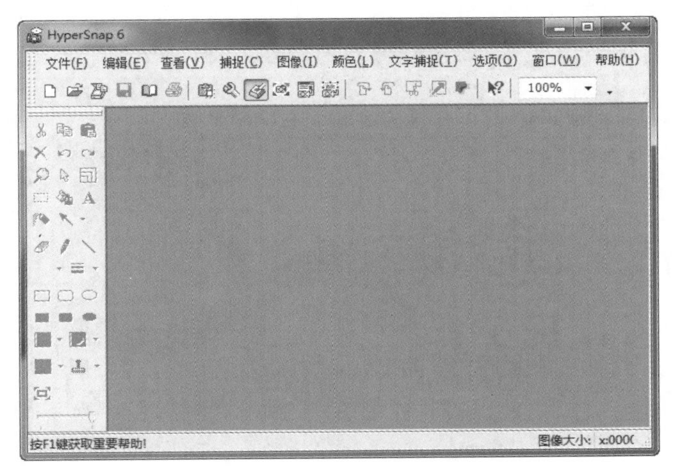

图 6-28 HyperSnap 界面

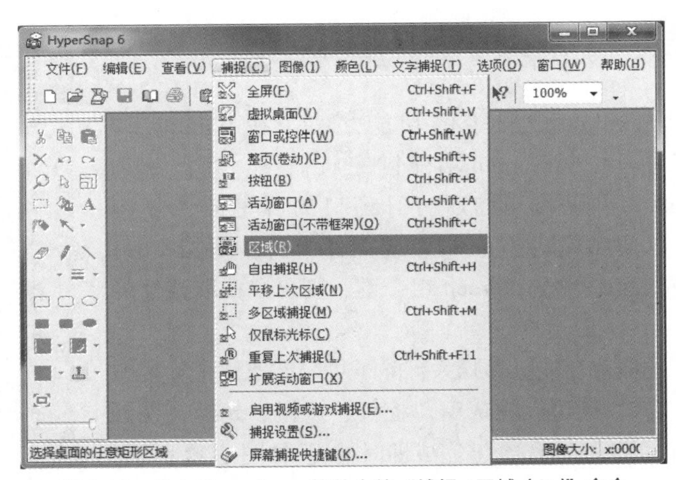

图 6-29 单击 HyperSnap 软件中的“捕捉 / 区域（R）”命令

图 6-30 框选准备截图的区域

④ 释放鼠标左键，在屏幕上出现截取的图像，如图 6-31 所示。

⑤ 完成截图后，可以单击 HyperSnap 软件中的“编辑” / “复制”命令复制截图，然后在其他软件中粘贴使用。也可以单击 HyperSnap 软件中的“文件” / “另存为”命令，将截图生成为指定格式的图像文件。

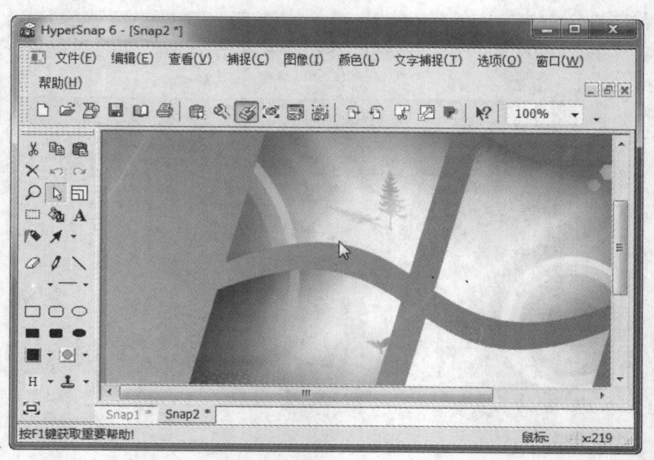

图 6-31　截图完成的效果

知识与技能

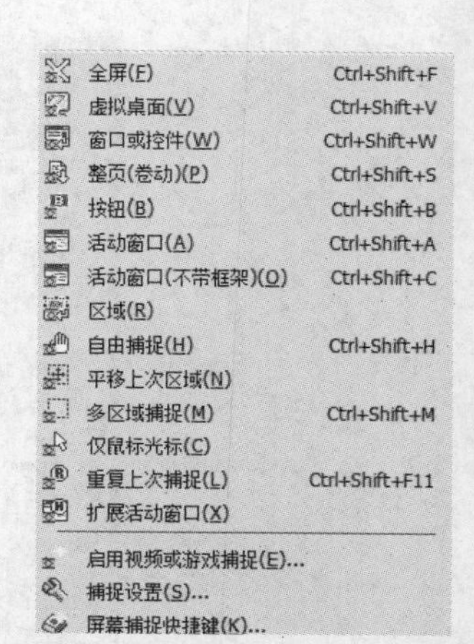

图 6-32　HyperSnap 软件的截图功能与快捷键设置

截图功能也是 Windows 7 自带的功能之一，在 Windows 7 操作系统中，可以使用 PrintScreen 功能键完成截图。当按 Alt+ PrintScreen 组合键时，可以将当前所打开窗口的屏幕图像复制到系统剪贴板中，以便粘贴为嵌入图像或图像文件。而按 Ctrl+ PrintScreen 组合键或 Shift+ PrintScreen 组合键，则可以截取整个屏幕的图像。

HyperSnap 软件的截取功能更为强大，除了可以截取整个屏幕图像和当前所打开窗口外，还可以完成窗口控件、按钮、光标、视频与游戏界面等的捕捉，并可通过组合键完成即时捕捉，如图 6-32 所示。除 HyperSnap 外，Snagit 等软件也是专用于截图的工具软件。

课堂实训

使用 HyperSnap 或 Snagit 软件，截取不同程序界面、控制按钮与运行效果。

实例 6.7　使用数码摄像头捕获视频

情境描述

使用 USB 接口的数码摄像头，将其摄像场景导入计算机并生成视频文件。

任务操作

① 安装并启动会声会影软件（本书使用的是会声会影 X2 版本），如图 6-33 所示。

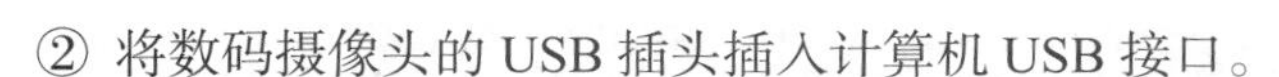

② 将数码摄像头的 USB 插头插入计算机 USB 接口。

提示 如果使用 DV 机输出数字视频时，有的可以将数据线直接插入 USB 口，有的可能需要接入计算机的 1394 接口。

③ 单击“会声会影编辑器”按钮，进入会声会影编辑器主界面，如图 6-34 所示。

④ 单击“1 捕获”按钮，进入捕获界面，如图 6-35 所示。

⑤ 单击捕获视频按钮，可以在左上角的视频预览窗口内看到数码摄像头拍摄的影像，如图 6-36 所示。

图 6-33　会声会影启动界面

⑥ 将“格式”设置为“MPEG”，将“捕获文件夹”设置为捕获的视频文件的存放位置，如图 6-37 所示。单击捕获视频按钮，开始捕获并录制视频。转动数码摄像头的拍摄角度，可以拍摄到动态的影像。然后单击停止捕获，结束视频捕获。

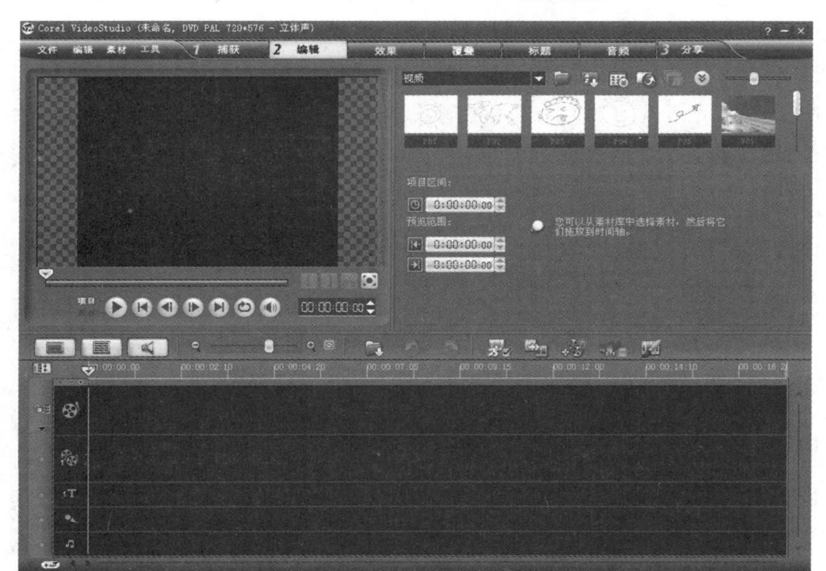

图 6-34　会声会影编辑器主界面

图 6-35　会声会影捕获界面

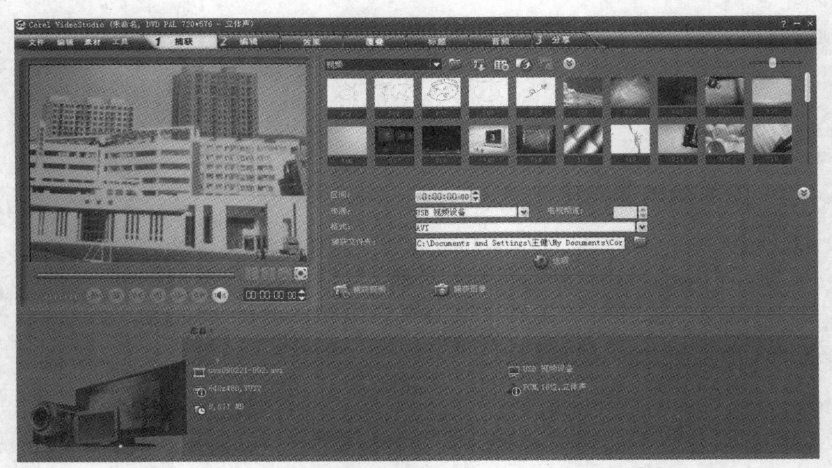

图 6-36　在视频预览窗口内看到数码摄像头拍摄的影像

图 6-37　设置视频捕捉的参数

⑦ 关闭会声会影软件，进入视频文件存放目录，使用“暴风影音”播放刚才捕获的视频文件，可以看到捕获的影像。

课堂实训

使用会声会影，尝试从 DVD 视频光盘中获取影像。

提示　当前，智能手机、平板电脑都已带有录音、拍照或拍摄视频的功能。其录制的声音、拍摄的照片或视频以文件格式存储在机内存储卡中。可以直接使用 USB 数据线如同访问 U 盘一样访问这些文件，并将其复制到计算机中使用。

6.2 多媒体文件的编辑

◎ 图像的简单处理

◎ 常见音、视频文件特点，掌握不同格式文件的转换方法

◎ 音频和视频的简单编辑方法*

6.2.1 图像的简单处理

当采集到图像素材后，原始的数码照片或扫描图片不一定尽善尽美，要通过进一步的加工才能符合需要，这就需要使用图形编辑软件对图像进行处理。其中 Photoshop 功能强大、使用广泛。但一些简单的图像处理 ACDSee 完全可以胜任，并且简单易用，也能生成独特的创意效果。

实例 6.8 图像的简单处理

情境描述

对一幅数字图像进行剪裁、调整亮度和颜色、变换图像大小、生成浮雕艺术效果及添加文字等简单处理。原始图片与处理后的图片效果如图 6-38 所示。

图 6-38 图像处理前后的效果

任务操作

① 启动 ACDSee，进入要处理的图像文件夹，选择要处理的图像。

② 在选择的图片上右键单击鼠标，在弹出的快捷菜单中选择“编辑”命令（见图 6-39），或按 Ctrl+E 组合键，进入图像编辑状态，如图 6-40 所示。

图 6-39　选择“编辑”命令

图 6-40　图像编辑状态

③ 裁剪图像。选择“编辑面板”主菜单下的“裁剪”命令，进入图像裁剪状态，如图 6-41 所示。移动裁剪加亮窗口并调整其边界，使其加亮显示裁剪所要选择的图像区域，如图 6-42 所示。然后单击“完成”按钮，完成裁剪，裁剪后的图像如图 6-43 所示。

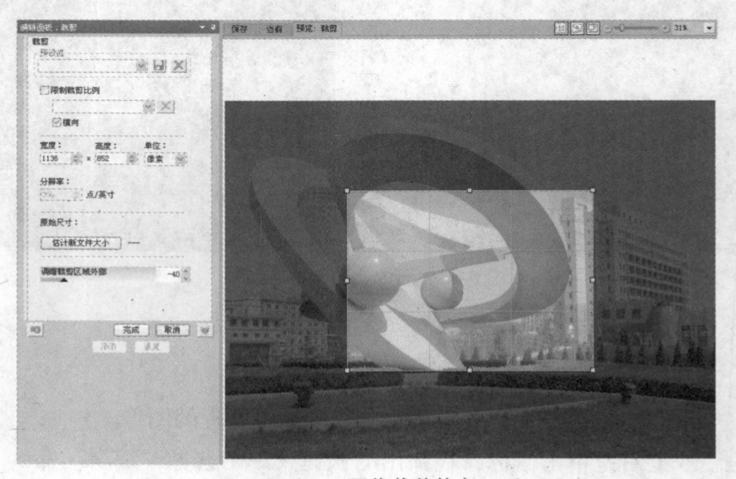

图 6-41　图像裁剪状态

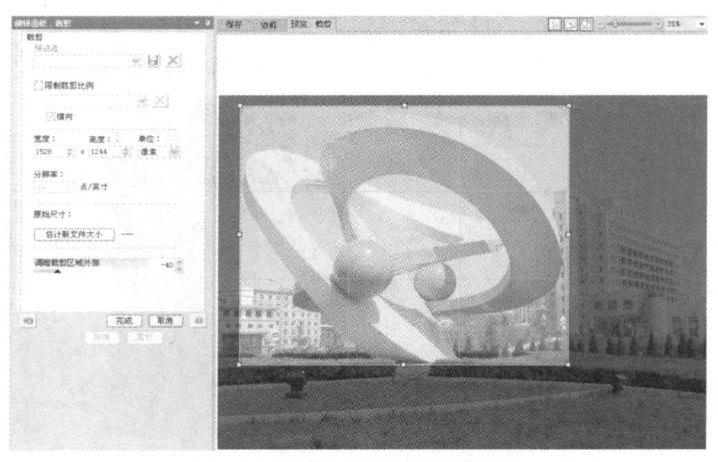

图 6-42　裁剪所要选择的图像区域

图 6-43　裁剪完成后的图像

④ 调整图像的亮度和颜色。选择“编辑面板”主菜单下的颜色命令，进入图像颜色编辑状态。选择左上角的 HSL 编辑选项，如图 6-44 所示；调整色调、饱和度和亮度等值，观察图像效果的变化。其中色调可以调整图像颜色的配比，饱和度可以调整图像颜色的鲜艳程度，亮度可以调整图像的明暗。调整满意后单击“完成”按钮，完成亮度和颜色调整。

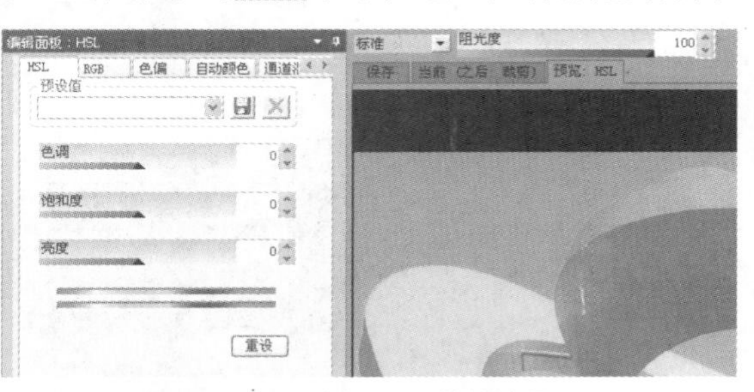

图 6-44　选择 HSL 编辑选项

⑤ 变换图像大小。选择“编辑面板”主菜单下的调整大小命令，进入调整图像大小编辑状态，如图 6-45 所示。选择“保持纵横比”复选框，并设定选项为“原始”，然后在“宽度”栏内输入 1024，“高度”栏中的数值相应发生变化，视图内的图像大小也发生变化，如图 6-46 所示。调整满意后单击“完成”按钮，完成图像大小调整。

⑥ 生成浮雕效果。选择“编辑面板”主菜单下的效果命令，进入效果编辑状态，如图 6-47 所示。在“选择类别”下拉列表框中选择“艺术效果”选项，然后选择效果集中的浮雕命令，如

图 6-48 所示，实现浮雕艺术效果，如图 6-49 所示。调整“仰角”、“深浅”、“方位”等参数，调整满意后连续两次单击“完成”按钮，完成图像“浮雕”效果的调整。

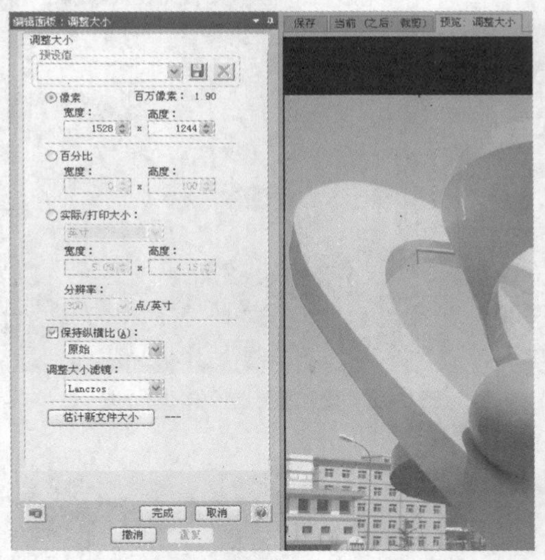

图 6-45 调整图像大小编辑状态

图 6-46 调整图像大小后的视图

图 6-47 效果编辑状态

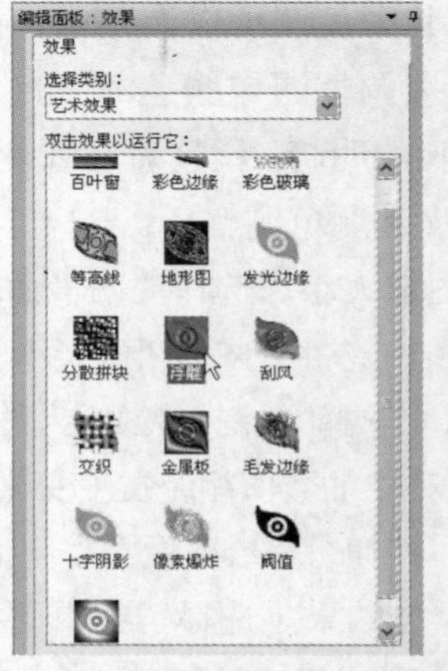

图 6-48 选择“艺术效果”中的“浮雕”效果

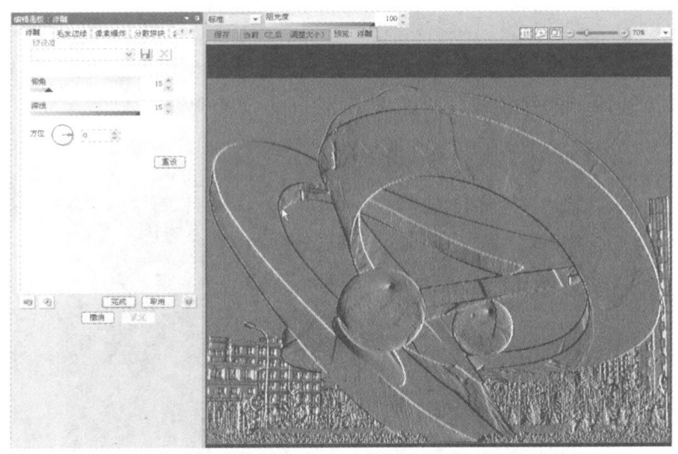

图 6-49 “浮雕”效果

⑦ 添加文字。选择“编辑面板”主菜单下的 添加文本 命令，进入添加文本编辑状态，如图 6-50 所示。在标有“文本”的列表框内输入文字“图像简单处理”，设置字体为“黑体”，大小为 69，并单击文字加粗按钮 B，选择“阴影”和“倾斜”复选框，其余按默认设置。然后拖动图像视图中的文字至图像下方，如图 6-51 所示。调整满意后单击“完成”按钮，完成文字添加。

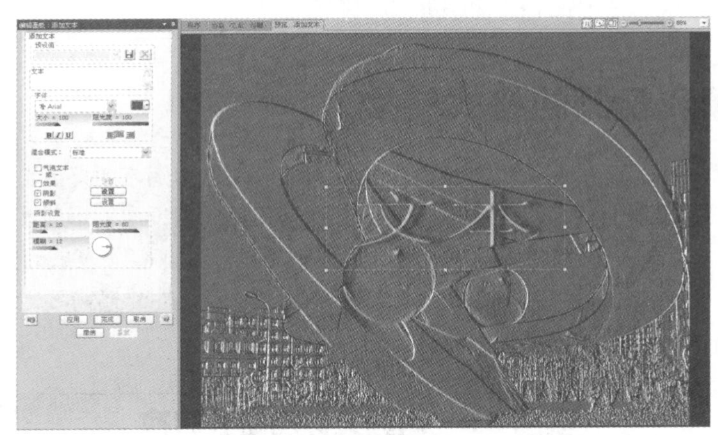

图 6-50 添加文本编辑状态

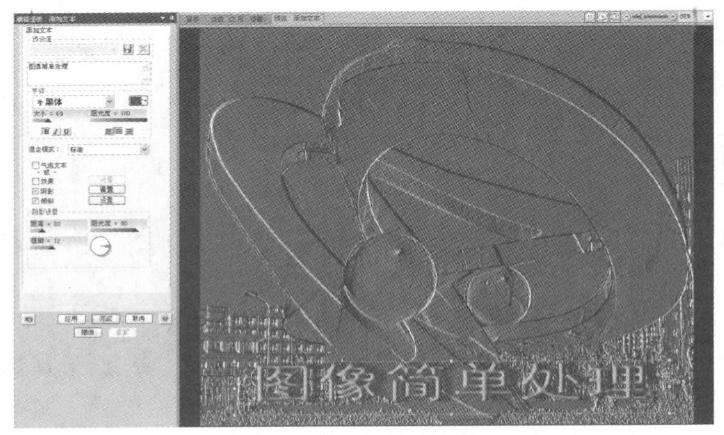

图 6-51 设置文字添加选项

⑧ 选择“编辑面板”主菜单下的完成编辑命令，在弹出的“保存更改”对话框中单击“另存为”按钮，在打开的“图像另存为”对话框中输入新文件名，然后单击“保存”按钮，完成图像处理。在 ACDSee 中可以浏览刚处理好的图像，如图 6-52 所示。

图 6-52　在 ACDSee 中浏览刚处理好的图像

课堂实训

使用 ACDSee 的其他图像处理功能进行图像编辑。

6.2.2　音频和视频的格式转换

所谓的多媒体技术，实际上主要是音、视频技术的应用。为追求更好的应用效果，不同的技术组织和企业不断推出新的音、视频技术标准，由于其各具优点，也就形成了多种音频和视频格式文件并存的局面。目前，一些常用的音、视频播放软件虽然能兼容大多数的音、视频格式文件，但在一些特殊的应用领域，如一些 MP3、MP4 播放器或专用软件，还需要专门的音、视频格式文件。为实现音、视频资源的共享，需要进行文件格式的转换。

实例 6.9　音频文件的格式转换

情境描述

将某一种音频文件转换为其他格式的音频文件。

任务操作

① 在网上搜索格式工厂并下载安装。启动格式工厂（本书使用的是格式工厂 3.1.2 版本），如图 6-53 所示。

② 在软件左侧选择“音频”项目栏，单击“所有转到 WMA”图标，如图 6-54 所示。

③ 在打开的“所有转到 WMA”对话框中，单击“添加文件”按钮，选择要转换的音频文件；然后设置“输出文件夹”为“输出至源文件目录”，其余按默认设置，如图 6-55 所示。最后单击“确定”按钮返回。

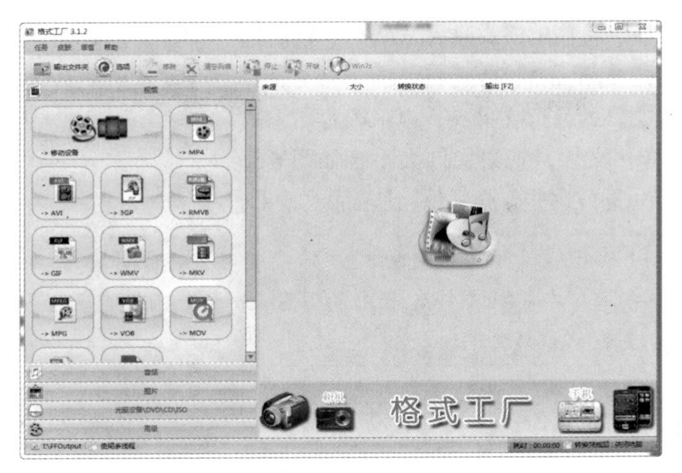

图 6-53　启动格式工厂

图 6-54　选择音频转换格式

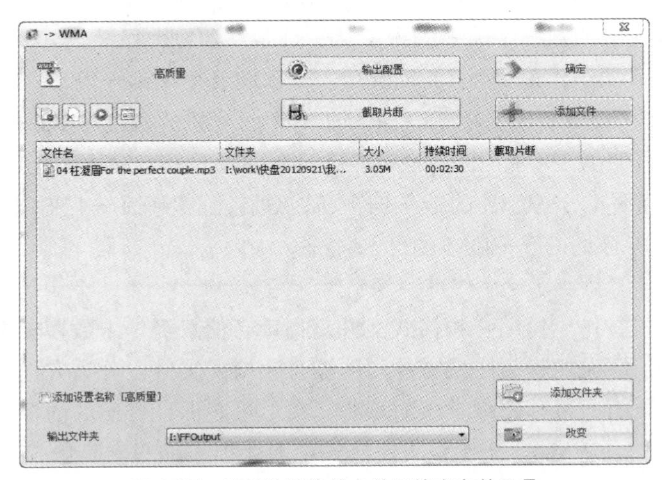

图 6-55　选择欲转换的文件及输出文件目录

④ 单击开始按钮，即开始将当前所选的音频文件转换为同名的 WMA 格式文件。稍等一段时间，就可以转换完成。

⑤ 重复步骤②～④，将输出格式改为WAV，当前所选的音频文件转换为同名的WAV格式文件。

⑥ 打开输出音频文件的目标文件夹，以“内容”方式显示刚才转换的3个音频文件，观察文件大小，如图6-56所示。然后使用百度音乐播放这些音频文件，比较播放效果。

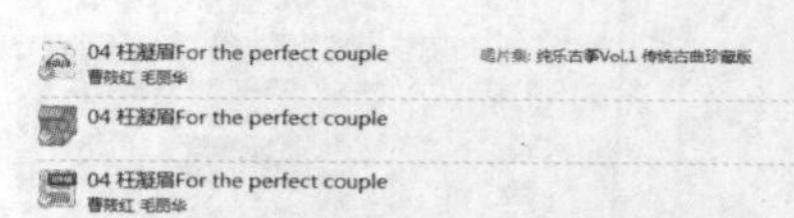

图6-56　3个转换后音频文件的详细信息

提示 实例6.9只展示了单个音频文件转换的功能，如果一次要转换多个文件，可以使用格式工厂在添加文件过程中使用Shift键或Ctrl键多选多个音频文件，就可以一次转换多个音频文件。

知识与技能

要使用计算机播放或是处理音频，需要对声音文件进行数、模转换，这个过程由采样和量化构成。人耳所能听到的声音，频率范围是20Hz～20kHz，20kHz以上人耳是听不到的，所以音频的最大带宽是20kHz，因此音频的采样频率介于40～50kHz；采样后每个样本需要用采样位数来反映音量的大小，单位为比特，一般取8～32位(1～4字节)，采样位数越高，声音的细节反映得越真实。

下面介绍一下常见的几种音频格式文件。

（1）无损音频格式文件：直接通过声卡数模转换生成的音频格式，文件类型有CD格式（以CD音轨方式存储在光盘上的数字音乐）、WAV格式、AIFF格式、AU格式等。

CD音频与光驱读取倍数

CD最早是用于存储音频，为了保证刻录在CD上的音轨能够重放以单声道44.1kHz、双声道88.2kHz的采样频率，采样位数16位存储的双声道立体声音乐，规定了CD的播放速率是150kbit/s。因此制定CD-ROM标准时，把150kbit/s的传输率定为标准倍速，后来驱动器的传输速率越来越快，就出现了倍速、四倍速直至现在的32倍速、52倍速。对于52倍速的CD-ROM驱动器，理论上的数据传输率应为：150×52=7 800kbit/s。

而DVD-ROM的一倍速是1.303Mbit/s（1 350kbit/s）（第一代DVD播放机的速度）。所以，就澄清了一个概念，52X的CD-ROM并不比16X的DVD-ROM速度快。16X的DVD-ROM相当于147.2X的CD-ROM，比52X的CD-ROM要快出1.4倍，但因为DVD-ROM的容量是CD-ROM的近7倍，所以理论上读完一张4.38GB的DVD所需时间是读完一张650MB的CD-ROM的2～4倍。

（2）压缩音频格式文件：压缩音频格式文件是指声音信息经声卡数模转换后，通过一定的算法进行数据信息压缩，形成的音频格式文件。压缩音频格式文件以分为有损压缩和无损压缩两种格式文件，其中有损压缩通过心理声学压缩算法，在尽可能保证音质的前提下通过有损压缩能降低数据量，主要有MP3、WMA、RM等文件格式；而无损压缩只对音频信息数据进行压缩，在播放能够完全复原原始音频，主要有APE格式。

（3）MIDI数字合成音乐格式：MIDI是一种与普通数字音频格式文件完全不同的音频格式。MIDI音乐并不是录制好的波形声音，而是记录音乐的一组指令。MIDI文件每分钟的音乐只用5～10KB，远小于其他音频文件。MIDI 音乐重放时将音色、音高、音长等信息传送给声卡，再由声卡模拟出不同乐器的声音效果。MIDI 音乐广泛用于计算机作曲领域，MIDI 音乐格式文件可以用作曲软件写出，也可以通过声卡的 MIDI 口把外接音序器（如电子琴）演奏的乐曲输入计算机，形成 MIDI 文件。

实例 6.10　视频格式文件的转换

情境描述

将某段视频转换为 MP4 格式的视频文件。

任务操作

① 启动格式工厂，在软件左侧选择“视频”项目栏，单击“所有转到 MP4”图标，如图 6-57 所示。

图 6-57　选择视频转换格式

② 在打开的“所有转到 MP4”对话框内，单击“添加文件”按钮，选择要转换的视频文件；然后设置“输出文件夹”为“输出至源文件目录”，其余按默认设置，如图 6-58 所示。最后单击“确定”按钮返回。

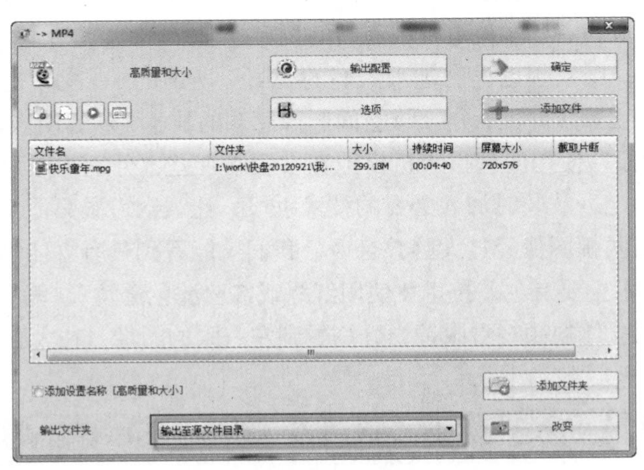

图 6-58　选择欲转换的文件及输出文件目录

③ 单击开始按钮，即开始将当前所选的视频文件转换为同名的MP4格式文件。等待一段时间，

等待转换完成，进入保存文件夹，即可使用暴风影音等软件观看播放效果。

提示 格式工厂是专门用于音频、视频、图片和CD、DVD等格式转换的工具软件。除此以外，百度音乐、暴风影音、迅雷看看等播放软件和会声会影等视频编辑软件也具有音频或视频格式转换的功能，可以根据实际需要选用。

课堂实训

使用会声会影，将一个视频文件转换为其他格式。

知识与技能

视频文件事实上是由一帧帧静态图像与音频信息组合形成的。由于静态图像数据量巨大，因此需要采用压缩技术对图像进行压缩编码，根据压缩编码方式的不同，也就有了视频文件的不同格式。常见的视频格式文件根据压缩编码的不同，主要有AVI、MPEG-I、MPEG-II、RealVideo、QuickTime（MOV/QT）、ASF/WMV格式、MP4、3GP、XVID、DIVX、H.264、H.265等格式。

视频文件的参数主要有：图像分辨率（以像素为单位），播放速率（即每秒钟播放图像的速率，以帧/秒－FPS为单位），以及视频文件压缩编码方式。不同格式的视频文件，参数也不尽相同。例如，早期的VCD格式视频文件分辨率为352像素 ×240像素、编码方式为MPEG-I，DVD分辨率为720像素 ×480像素、编码方式为MPEG-II。

目前，HDTV（高清视频）格式文件已经成为视频的主流格式。HDTV是一种高清晰度的数字视频格式。在HDTV中，规定了视频必须最低具备720线的逐行（720P）扫描线数，同时规定了屏幕纵横比为16:9，音频输出为5.1声道（杜比数字格式），并能兼容接收其他较低格式的信号进行数字化处理重放。HDTV有3种显示格式，分别是720P（1280×720P，逐行扫描）、1080i（1920×1080i，隔行扫描）、1080P（1920×1080P，逐行扫描）。HDTV的编码格式主要有H.264和VC-1这两种编码方式。H.264格式视频较常见的文件后缀名有“avi”、“mkv”和“ts”，VC-1格式视频多以“wmv”为文件后缀名。

近期，清晰度更高的4K标准已经进入实用阶段，其3860像素 ×2160像素的分辨率达到了1080P标准的4倍，已成为一些主流电视厂商新的视频标准。

除了高清视频外，3D视频也早已进入人们的视野。所谓的3D视频是指利用人的双眼立体视觉原理，使观众能从视频媒介上获得三维空间影像感知的技术，从而使观众有身临其境的感觉。3D视频在影像拍摄阶段，使用两台摄影机模拟左右两眼视差，分别拍摄两条影片，然后将这两条影片同时放映到荧幕上，放映时加入必要的技术手段，让观众左眼只能看到左眼图像，右眼只能看到右眼图像。最后两幅图像经过大脑叠合后，我们就能看到具有立体纵深感的画面。当前播放3D影像所采用的技术主要有色差技术（使用红绿或红蓝滤色透镜）、偏光技术和快门技术，其原理是通过观众所戴的立体视频观看眼镜，分别看到左右眼的图像，在大脑中形成3D影像。

课堂实训

使用暴风影音，使用红蓝模式播放3D视频文件。

提示 1. 启动暴风影音，单击右下角的工具箱按钮，打开工具箱，单击3D按钮，开启3D开关并设置3D显示方式为红蓝双色，如图6-59所示。

2. 选择一段3D视频，观看播放效果。戴上红蓝眼镜，就会有身临其境的感觉。

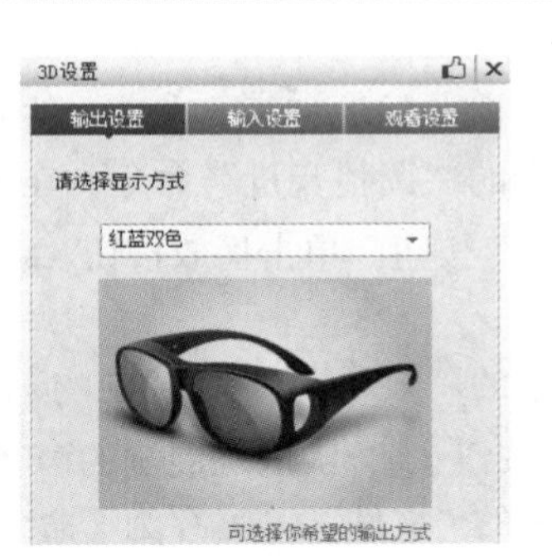

图 6-59　设置 3D 播放方式

6.2.3　音频或视频的简单编辑 *

音频和视频的编辑软件众多，音频编辑软件有 CAKEWALK、Adobe Audition、Nero WaveEditor 等，视频编辑软件有 Premiere、After Effects、Edius、会声会影等。

实例 6.11　截取音频片断

情境描述

从一个音频文件中截取音频片断并保存。

任务操作

① 启动 Nero WaveEditor 软件（本文使用的 Nero10 软件包中的 WaveEditor 组件），在主菜单中选择“文件”/“打开”命令，打开一个 WAV 格式的音频文件。

② 单击播放按钮，播放打开的声音文件，然后单击按钮停止播放。

③ 根据听取文件的情况，选择要截取的音频片断，如图 6-60 所示。

④ 选择主菜单中的“编辑”/“裁切”命令，完成选择之外删除。

⑤ 选择主菜单中的“文件”/“另存为”命令，在“文件保存”对话框中输入欲保存的文件名，单击“保存”按钮，完成文件保存。

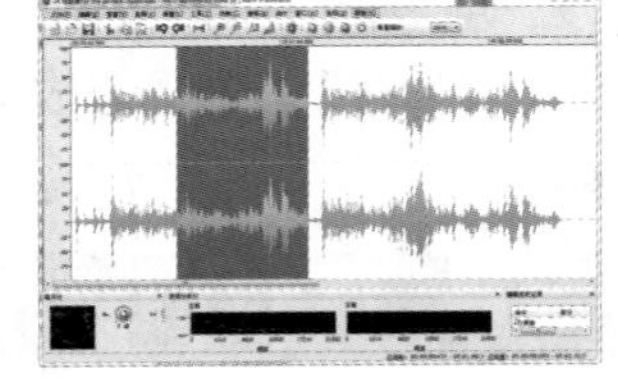

图 6-60　选择截取的音频片段

实例 6.12　添加音响效果

情境描述

对一个音频文件进行音效处理，加大音量并添加回音效果。

任务操作

① 启动 Nero WaveEditor 软件，选择主菜单中的“文件”/“打开”命令，打开一个 WAV 格式的音频文件。

② 单击播放按钮，播放打开的声音文件，听后单击按钮停止播放。

③ 选择主菜单中的“调整音量”命令，在弹出的对话框中滑动音量滑块，调整音量的值为 2db，然后单击“确定”按钮。单击播放按钮，听取加大音量后的声音效果，听后单击按钮停止播放。

④ 选择主菜单中的“效果”/“环绕混响”命令，调整弹出对话框中的参数，然后单击“确定”按钮。单击播放按钮，听取绕混响的声音效果，听后单击按钮停止播放。

⑤ 选择主菜单中的“文件”/“另存为”命令，在“文件保存”对话框中输入欲保存的文件名，单击“保存”按钮，完成文件保存。

实例 6.13 插入音频

情境描述

在音频文件中插入另一段音频。

任务操作

① 启动 Nero WaveEditor 软件，选择主菜单中的“文件”/“打开”命令，打开一个 WAV 格式的音频文件。

② 单击播放按钮，播放打开的声音文件，听后单击按钮停止播放。根据听取文件的情况，将光标定位于需插入音频的位置。

③ 选择主菜单中的“编辑”/“插入文件”命令。选择要插入的音频文件后单击“打开”按钮，完成音频插入。单击播放按钮，听取音频插入后的声音效果，听后单击按钮停止播放。

④ 选择主菜单中的“文件”/“另存为”命令，在“文件保存”对话框中输入欲保存的文件名，单击“保存”按钮，完成文件保存。

课堂训练6.11

使用录音机软件，尝试进行其他功能的音效处理。

实例 6.14 截取视频片断

情境描述

从一个视频文件中截取视频片断并保存。

任务操作

① 启动会声会影软件，单击启动界面的会声会影编辑器按钮，进入会声会影编辑器主界面。

② 单击“2 编辑”按钮，进入编辑界面，如图 6-61 所示。

③ 单击加载视频按钮，在打开视频文件对话框中选择要截取的视频文件，然后单击“打开”按钮，载入视频文件。可以在会声会影编辑界面右上方的视频栏内看到载入视频文件的缩略图，如图 6-62 所示。

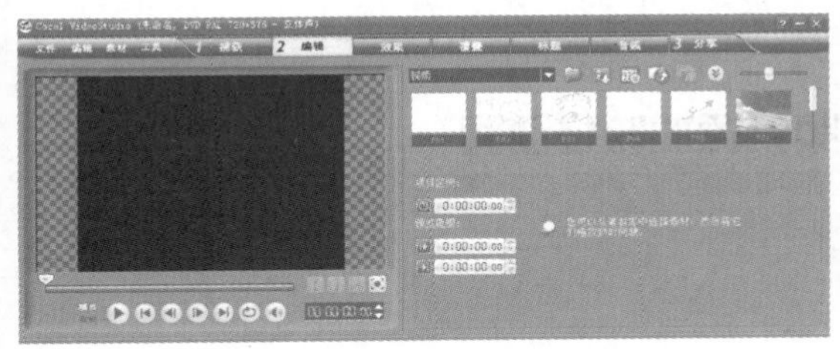

图 6-61 会声会影编辑界面

图 6-62 载入视频文件后的编辑界面

④ 选择加载的视频文件，拖动视频预览窗口下方的两个修整手柄和，截取所需要的视频片断，如图 6-63 所示。

⑤ 将剪辑后的视频文件缩略图拖至视频轨处，如图 6-64 所示。

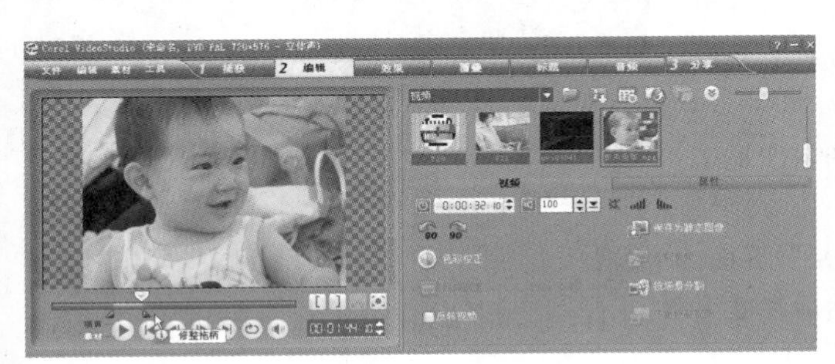

图 6-63 截取所需要的视频片断

图 6-64 将所载入的视频文件缩略图拖至视频轨

⑥ 单击“3 分享”按钮，进入分享界面，单击创建视频文件选项，如图 6-65 所示。

⑦ 在弹出的菜单中选择“与项目设置相同”命令，如图 6-66 所示。在打开的创建视频文件对话框中输入欲保存的目标文件夹和文件名，单击“保存”按钮，开始创建剪辑后的视频文件。创建完成后使用暴风影音播放生成的视频文件观看效果。

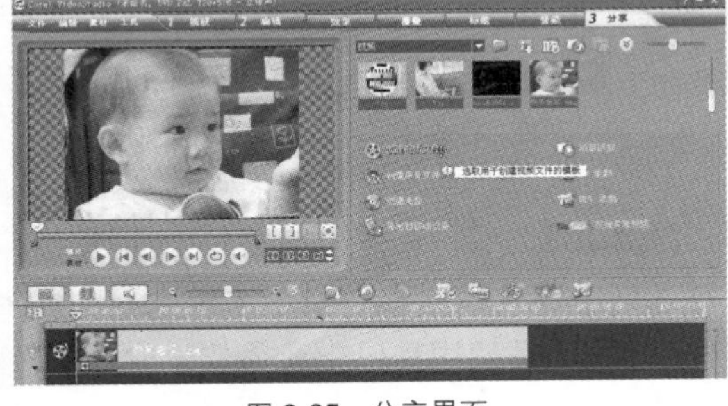

图 6-65 分享界面

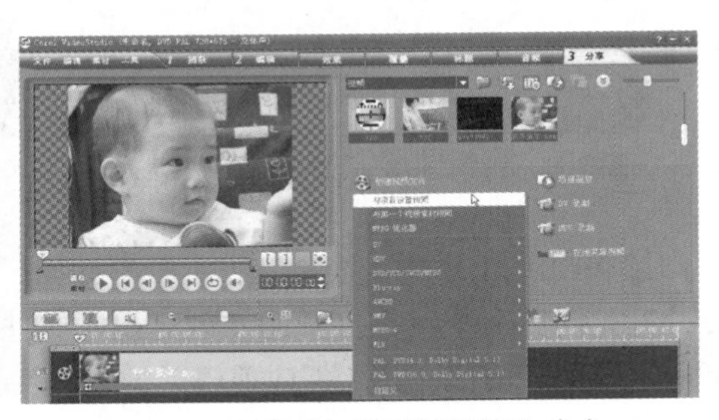

图 6-66 选择“与项目设置相同”命令

提示

除上述方法外，还有一种截取视频片断的方法。操作参考过程如下。

（1）在会声会影软件编辑界面中加载视频后，选择要剪辑的视频文件拖至视频轨处，单击“时间轴”按钮，进入时间轴视图。

（2）移动时间飞梭，在视频开始和结束处单击按钮，将整段视频分割为多段视频。

（3）视频分割后，选择不需要的视频，单击鼠标右键，在弹出的快捷菜单中选择“删除”命令删除无用的视频，只保留需要的视频段。

（4）剪辑结束后进入分享界面，生成截取后的视频文件。

实例 6.15　连接视频并添加转场动画

情境描述

连接两个视频文件，并实现转场动画效果。

任务操作

① 启动会声会影软件，单击启动界面的会声会影编辑器按钮，进入会声会影编辑器主界面。单击“2 编辑”按钮，进入编辑界面。

② 依次单击加载视频按钮，在“打开视频文件”对话框中选择要连接的视频文件，然后单击“打开”按钮，载入视频文件。

③ 将两个所选的视频文件缩略图依次拖至视频轨处，如图 6-67 所示。

图 6-67　将两个所选的视频文件缩略图依次拖至视频轨

④ 单击“效果”选项，进入“效果”界面。在效果下拉列表框中选择“果皮”，然后在效果缩略图中选择“翻页”，如图 6-68 所示。

⑤ 将选择的转场效果缩略图拖至视频轨的两个视频文件中间，如图 6-69 所示。

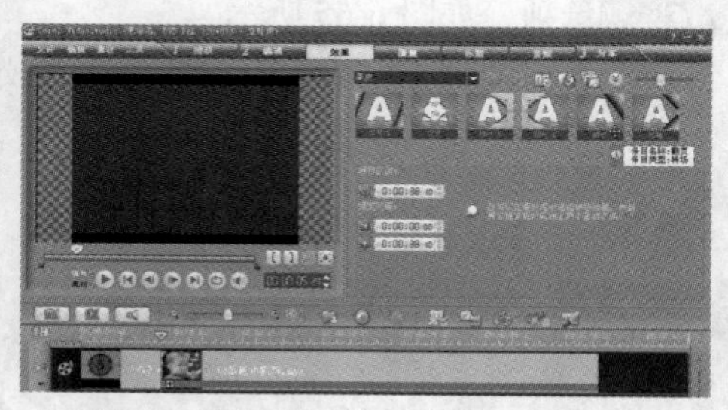

图 6-68　选择“果皮”下的“翻页”转场效果

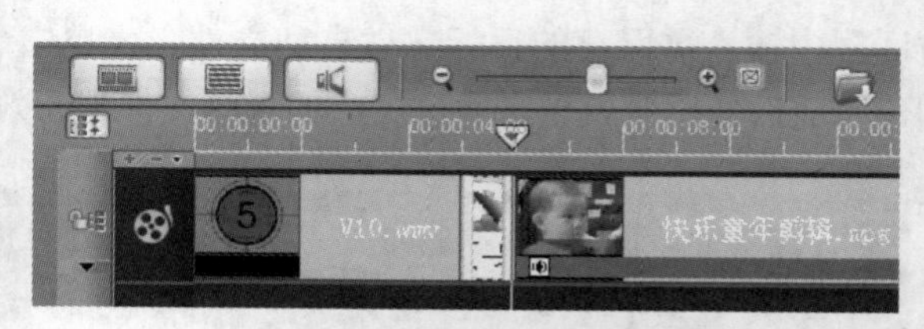

图 6-69　将选择的转场效果缩略图拖至视频轨两个视频文件中间

⑥ 单击“3 分享”按钮，进入分享界面，单击创建视频文件选项，在弹出的菜单中选择“与项目设置相同”命令。在打开的“创建视频文件”对话框中输入欲保存的目标文件夹和文件名，单击“保存”按钮，开始创建剪辑后的视频文件。创建完成后使用暴风影音播放生成的视频文件观看效果。

课堂训练6.12

使用会声会影软件，尝试进行其他功能的视频效果处理。

练习题

一、填空题

1. 多媒体是文字、________、________、________、________和________等多种媒体信息的统称。

2. 音频文件一般分为3种类型，即________音频文件、________音频文件和________音乐文件。

3. 图形文件一般分为两种类型：________文件和________文件。

4. 图像分辨率的单位是________，即________英寸（________cm）之内排列的像素数。

5. ACDSee是用于浏览________文件的软件，百度音乐是用于播放________文件的软件，暴风影音是主要用于播放________文件的软件，会声会影是用于编辑________文件的软件。

6. 图像处理软件中常用的首推Adobe公司的____________。

7. 音频的最大带宽是________，因此采样速率介于________之间。

8. _______压缩音频格式是由Microsoft公司设计的，是Windows操作系统默认的音频编码格式。

9. 视频文件播放速率的单位是________。

10. DVD是属于________编码的视频格式文件。

11. 高清视频HDTV最低的纵向扫描线数是________线逐行扫描。

二、选择题

1. 下面不是图形图像文件的格式是________。
   （A）BMP　（B）WAV　（C）DXF　（D）JPG

2. 可用于视频编辑的软件是________。
   （A）百度音乐　（B）Winamp　（C）Premiere　（D）AutoCAD

3. 扫描仪是用于获取________的设备。
   （A）图像　（B）音频　（C）视频　（D）动画

4. 下面是无损压缩的音频文件的格式是________。
   （A）APE　（B）MP3　（C）WMA　（D）RM

5. 可用于高清视频的编码格式是________。
   （A）MP3　（B）ASF　（C）H.264　（D）MPEG1

6. 不属于HDTV分辨率的视频标准是________。
   （A）1280×720P，非交错式　（B）720×576P，非交错式
   （C）1920×1080i，交错式　（D）1920×1080P，非交错式

三、简答题

1. 常用的多媒体输入设备主要有哪些，功能是什么？

2. 位图图像文件与矢量图形文件有什么不同？

3. 用 ACDSee 浏览图像时，查看图像属性的 EXIF 选项可以显示哪些信息？

4. 视频文件的参数主要有哪些？

5. HDTV 主要有哪几种视频编码格式？

四、操作题

1. 从互联网上搜索下载并安装美图秀秀、PPTV、Picasa、QQ 影音、光影魔术手等免费软件，了解这些软件与本节所用的对应功能软件在使用上有什么异同点。

2. 收集一些音频和视频文件，将其进行格式转换，使之能在自己的 MP3、MP4 或智能手机等移动数码设备中播放。

提示

不同的移动数码设备所支持的音频、视频格式也不一致，需要首先阅读产品的使用说明，了解这些设备所支持的多媒体文件格式，然后再使用相关的工具进行文件格式转换。对于视频文件，还要注意移动数码设备所能支持的视频分辨率。

演示文稿软件 PowerPoint 2010应用

PowerPoint 2010是Microsoft Office 2010套件之一，是常用的演示文稿制作软件，在企业宣传、产品推介、技术培训、项目竞标、管理咨询、教育教学、工作汇报等领域得到广泛应用。PowerPoint 2010继承了PowerPoint 2007的界面风格和操作方式，但又有一些新变化。

7.1 PowerPoint 的工作界面

◎ 理解演示文稿的基本概念

◎ 会使用不同的视图方式浏览演示文稿

PowerPoint 是由微软公司推出的、在 Windows 环境下运行的一个功能强大的演示文稿制作工具软件，它能够将文本、图形、图像、表格、图表、声音、视频和动画等多种媒体和对象整合到幻灯片中，形成集多种媒体于一体的电子讲稿或课件，成为演讲者的辅助工具，达到图文并茂、突出主题、生动形象的效果，使演讲更吸引观众。

演示文稿由一张或若干张幻灯片组成，每张幻灯片是一个演示文稿中单独的“一页”，PowerPoint 的主要工作就是创意和设计幻灯片。演示文稿可以直接在计算机屏幕或投影机上播放使用，也可以通过其他不同的方式播放。

启动 PowerPoint 2010，进入普通视图初始工作界面，如图 7-1 所示。

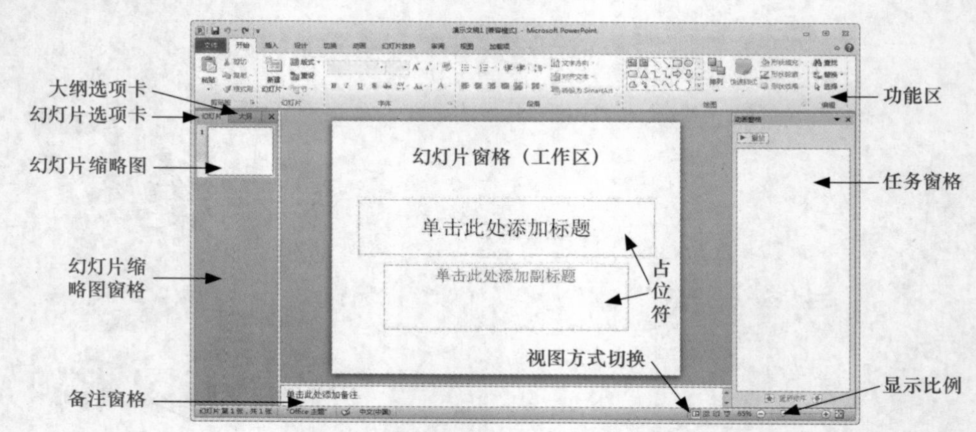

图 7-1 PowerPoint 2010 的普通视图工作界面

相关知识 在用户安装Microsoft Office 2010软件的过程中，如果使用“典型安装”的方式，则在默认状态下，PowerPoint 2010将被安装在计算机中。这时可根据需要采用不同的方法启动PowerPoint 2010，常有的启动方法包括利用“开始”菜单启动和通过现有的演示文稿启动。

PowerPoint 2010 有 4 种视图方式来显示演示文稿，分别为普通视图、幻灯片浏览、备注页和阅读视图，可以在“视图”选项卡的“演示文稿视图”组中选择，或利用“视图方式切换”按钮在普通视图、幻灯片浏览、阅读视图之间进行切换。

（1）普通视图。

普通视图是主要的编辑视图，可用于撰写和设计演示文稿。普通视图有以下 4 个工作区域。

① “大纲”选项卡以大纲形式显示幻灯片文本，可以撰写内容，并能移动幻灯片和文本。

② “幻灯片”选项卡以缩略图大小的图像在演示文稿中观看幻灯片，便于遍历演示文稿，并可以轻松地重新排列、添加或删除幻灯片。

③ 幻灯片窗格是显示当前幻灯片的大视图，可以添加文本、插入图片、表格、SmartArt 图形、图表、图形对象、文本框、电影、声音、超链接和动画。

④ 在“幻灯片”下方的“备注”窗格中，可以键入要应用于当前幻灯片的备注，以后在放映演示文稿时可以参考。单击“幻灯片”和“大纲”选项卡，可以在“幻灯片”和“大纲”缩略图之间进行切换。

操作技巧 通过“视图→显示比例→显示比例”命令可以调整幻灯片窗格、幻灯片缩略图窗格的大小，也可以在普通视图中，用鼠标拖动窗格之间的分隔线，来调整窗格的大小。调整窗口底部的显示比例，可以调整幻灯片窗格的大小。

（2）幻灯片浏览。

单击视图切换方式按钮，可进入幻灯片浏览视图。幻灯片浏览视图以缩略图的形式同时显示多个幻灯片。演示文稿编辑工作基本完成后，通过幻灯片浏览视图可以方便地进行幻灯片重新排列、添加或删除幻灯片以及设置和预览幻灯片切换和动画效果。

（3）备注页。

通过“视图→演示文稿视图→备注页”命令，可以切换至备注页视图。在该视图方式下可以查看或编辑每幅幻灯片的备注信息。可以将备注打印出来并在放映演示文稿时进行参考，或在将幻灯片保存为网页后显示出关于本幻灯片的备注信息（备注中的图片或对象不会被显示）。

（4）阅读视图。

单击视图切换方式📖按钮，可进入阅读视图。阅读视图用于通过非全屏播放的方式，在设有简单控件以便审阅的窗口中查看演示文稿。如果要更改演示文稿，可随时从阅读视图切换至某个其他视图。

（5）幻灯片放映视图。

单击视图切换方式🖵按钮，可进入幻灯片放映视图。幻灯片放映视图可用于向受众放映演示文稿。幻灯片放映视图会占据整个计算机屏幕，这与受众观看演示文稿时在大屏幕上显示的演示文稿完全一样。您可以看到图形、计时、电影、动画效果和切换效果在实际演示中的具体效果。

实例 7.1　打开及播放演示文稿

情境描述

打开已经制作好的演示文稿“产品介绍 .pptx”，在普通视图、幻灯片浏览视图、备注页视图和幻灯片放映视图下查看窗口的变化及组成结构。

任务操作

从教师机获取演示文稿“产品介绍 .pptx”（教师可向作者索取素材，联系方式见前言），完成演示文稿的基本操作训练。

① 选择“开始→所有程序→ Microsoft Office → Microsoft Office PowerPoint 2010”命令，启动 PowerPoint 2010 应用程序，系统自动建立一个空白演示文稿，如图 7-1 所示。

② 识别在普通视图下空白演示文稿的组成结构，指出幻灯片窗格、幻灯片缩略图窗格、备注窗格。查看功能区“开始”、“插入”等选项卡的组及命令，介绍“视图”选项卡的组及其功能和包含的命令。选择“动画→高级动画→动画窗格”命令，弹出“动画”任务窗格。

③ 选择“文件→打开”命令，弹出“打开”对话框，在“查找范围”列表中，单击要打开的文件所在的文件夹、驱动器或 Internet 位置，找到演示文稿“产品介绍 .pptx”，选中并打开该文件。

④ 选择“视图→演示文稿视图→幻灯片浏览”命令，进入幻灯片浏览视图，调整窗口大小，达到如图 7-2 所示的效果。

⑤ 单击视图切换方式中的“幻灯片放映”🖵按钮，进入幻灯片全屏播放状态。单击鼠标或使用 PageUP 键、PageDown 键切换幻灯片。单击 Esc 键退出幻灯片放映视图。

⑥ 选择“视图→演示文稿视图→备注页”命令，进入备注页视图。在功能区选项卡及右侧空白区域单击鼠标右键，在右键快捷菜单中选择“功能区最小化”，再调整窗口大小，达到如图 7-3

所示的效果。窗口分上下两部分，上部显示幻灯片的内容，下部为该幻灯片的备注编辑区。

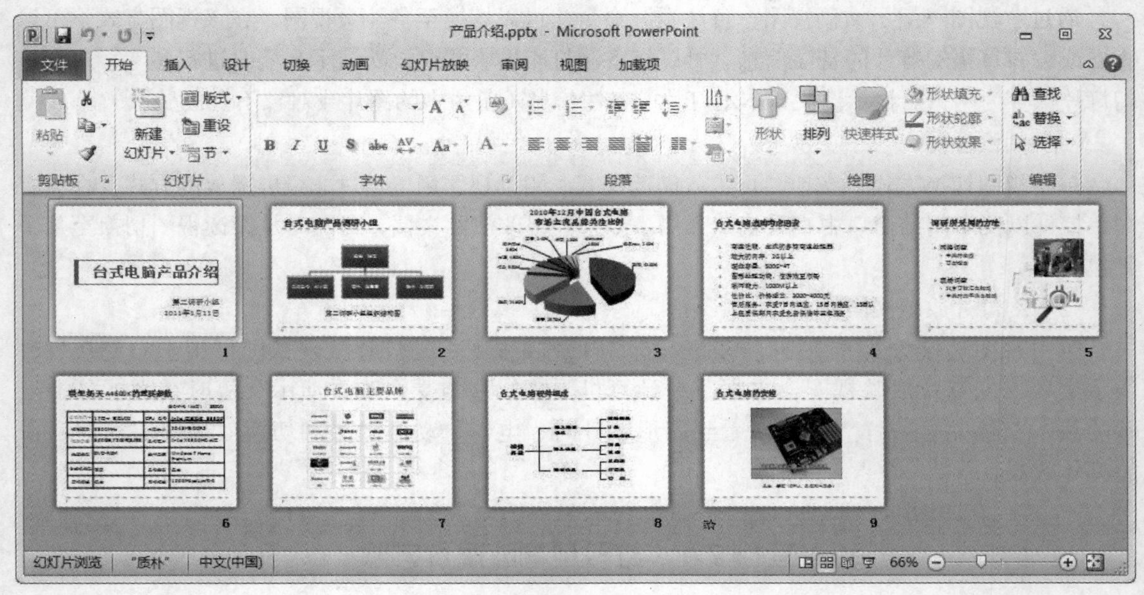

图 7-2　幻灯片浏览视图

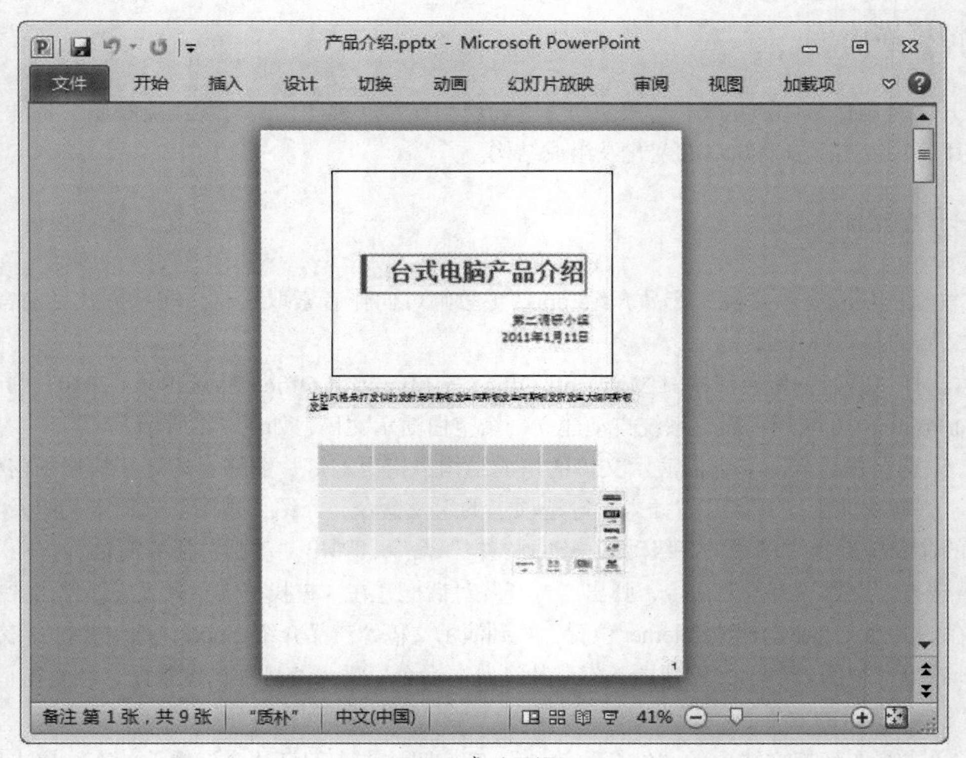

图 7-3　备注页视图

⑦ 增大状态栏右侧的显示比例，可以看清幻灯片内容，尝试编辑备注信息。

⑧ 单击视图切换方式中的“普通视图”按钮，返回普通视图。

⑨ 单击幻灯片缩略图视图中的大纲选项卡，进入大纲视图。

7.2 幻灯片的基本操作

◎ 会使用多种方法新建演示文稿
◎ 熟练编辑演示文稿
◎ 会保存演示文稿

PowerPoint 2010 的基本操作将介绍多种创建演示文稿的方法，初步掌握演示文稿的制作和编辑技术，学会用多种视图方式浏览演示文稿。

7.2.1 创建演示文稿

选择“文件→新建”命令，进入“新建演示文稿”界面，如图 7-4 所示，这里提供了一系列创建演示文稿的方法。

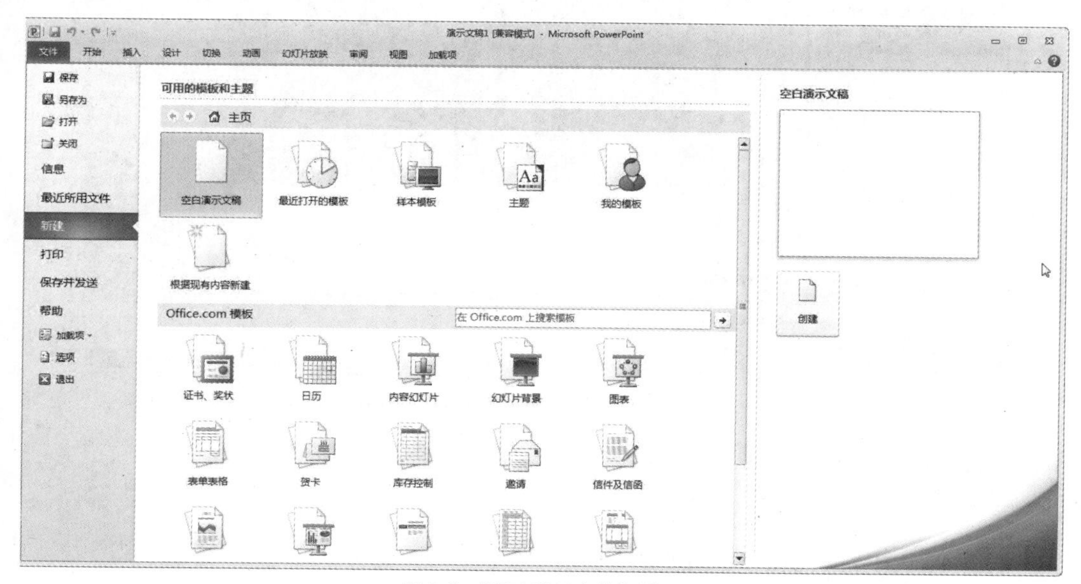

图 7-4 “新建演示文稿”界面

① 空白文档：选择“空白演示文稿”可以从具备最少的设计的空白幻灯片开始，通过设计选项卡的命令组选用和修改主题、选用和修改背景来快速创建和修改幻灯片。

② 样本模板：选择“样本模板”，列写出已安装的样本模板，选择适当的“模板”来快速创建和设计演示文稿。

③ 主题：选择已有的“主题”来快速创建和设计演示文稿，可以对主题的颜色、字体、效果和背景进行修改。

④ 根据现有内容新建：在已有演示文稿的基础上创建一个演示文稿副本，可以对新演示文稿进行设计或内容更改。

⑤ Office.com 模板：在 Office.com 网站上的模板库中，选择 PowerPoint 模板来创建演示文稿。模板文件需要下载到本机上使用。

⑥ 我的模板：从 Microsoft Office Online 下载的模板或自己创建的模板，保存在“我的模板”中，可选用我的模板来创建演示文稿。

实例 7.2 使用“样本模板”建立演示文稿

情境描述

使用模板创建演示文稿是提高效率的手段之一。模板可以从本机或 Internet 上获得。请使用已安装的模板创建“宣传手册”演示文稿，如图 7-5 所示。

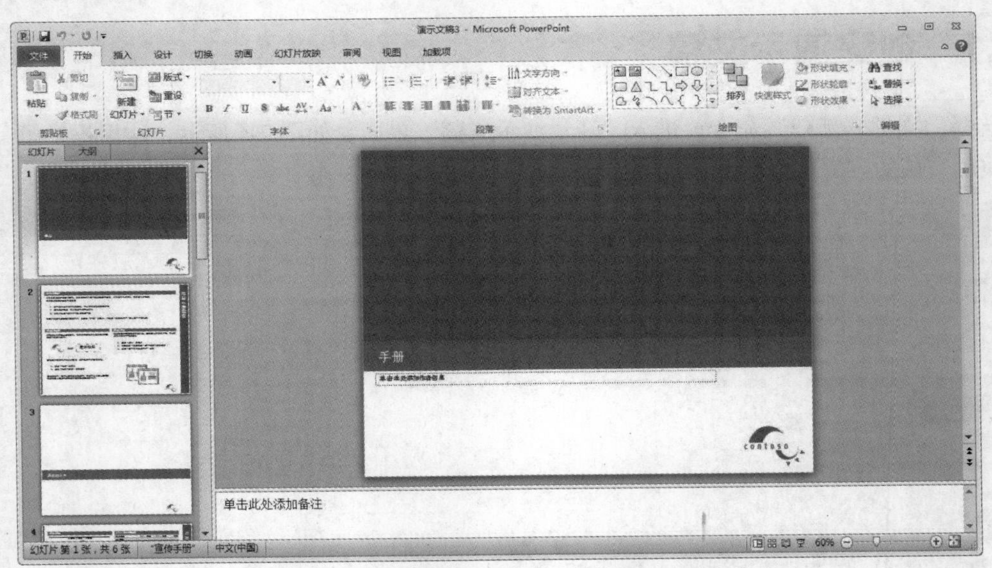

图 7-5 使用“样本模板”建立演示文稿

任务操作

① 打开 PowerPoint 2010，自动创建空白演示文稿。

② 单击“文件→新建”命令列出“新建演示文稿”画面，在“模板”列表中选择“样本模板”选项，在中间的窗格列举出已安装的模板。

③ 选择“宣传手册”模板，如图 7-6 所示。选择“创建”按钮，将创建包含内容提示的演示文稿，如图 7-5 所示。

④ 保存演示文稿，将文件保存到“实例练习”文件夹，命名为“宣传手册 .pptx”。

图 7-6　选择“宣传手册”样本模板

实例 7.3　使用“主题”建立演示文稿

情境描述

PowerPoint 中有大量的经过特殊设计的模板，称为“主题”，其中包含了颜色、字体和效果三者的组合方案。本实例的任务是应用“流畅”主题，建立两幅幻灯片，如图 7-7 所示，将演示文稿保存为“流畅主题 .pptx”。

图 7-7　应用“主题”建立演示文稿

任务操作

① 打开 PowerPoint 2010，自动创建空白演示文稿。

② 单击“文件→新建”命令出现“新建演示文稿”界面，选择“主题”选项，在中间的窗格列举出已安装的主题。

③ 选择并应用名称为“流畅”的主题，如图 7-8 所示。

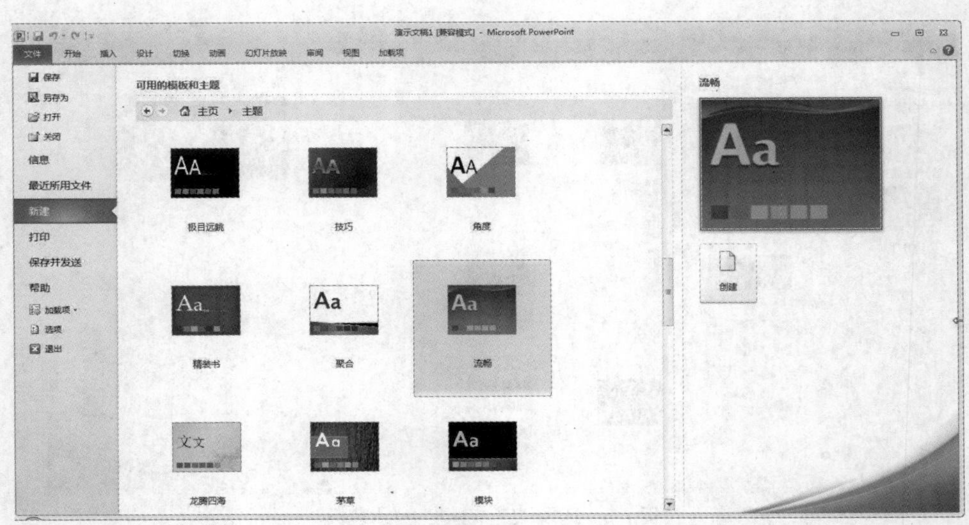

图 7-8 选用“流畅”主题

④ 在第一幅标题幻灯片中，用“台式电脑产品介绍”替换标题占位符的内容；用“第二调研小组”和“2011 年 2 月 22 日”替换副标题占位符的内容，并设置居中。

⑤ 单击视图切换方式按钮，进入幻灯片放映视图，查看标题幻灯片的效果。按下 Esc 键可以取消放映。

⑥ 选择“开始→幻灯片→新建幻灯片”命令，可以插入新幻灯片。后续插入的幻灯片默认为普通幻灯片，不再是标题幻灯片。

⑦ 保存演示文稿，将文件保存到“实例练习”文件夹，命名为“流畅主题 .pptx”。

相关知识

（1）“模板”提供了演示文稿的范例，除了具有与内容相一致的模板风格外，还给出了国际公认的演示文稿内容框架，供演示文稿制作人员参考。使用“模板”可以提升自己制作演示文稿的业务水平。“主题”仅提供了演示文稿的风格，不包含演示文稿的内容。

（2）主题包含了颜色、字体和效果三者的组合，可以作为一套独立的选择方案应用于文件中。使用主题可以简化专业设计师水准的演示文稿的创建过程。

（3）“设计”选项卡的“主题”组列出了系统内置的主题库，右侧包含“颜色 ▾”“字体 ▾”“效果 ▾”三个下拉按钮，弹出下拉内置的“颜色”“字体”“效果”列表，如图7-9～图7.11所示。选择不同的“颜色”“字体”“效果”，可以快速修改幻灯片的风格。

（4）鼠标指向某一主题，右键单击弹出“应用主题”快捷菜单，如图7-12所示，应用主题有“应用于所有幻灯片”和“应用于选定幻灯片”之分，选择“应用于选定幻灯片”则将新的主题风格应用到指定的幻灯片上，其他幻灯片的主题不变。

操作训练

连接Internet，新建“Office.com”模板，从Office.com网站获取Microsoft Office的免费联机服务，下载感兴趣的模板，创建3个基于不同模板的演示文稿。观察“我的模板”中内容发生的变化。

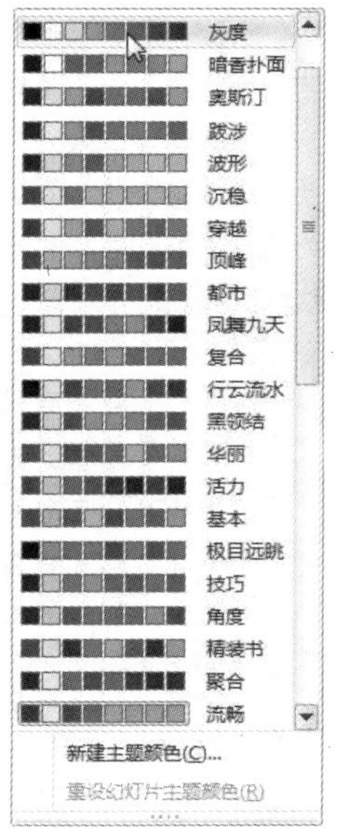

图 7-9　主题“颜色”下拉菜单

图 7-10　主题“字体”下拉菜单

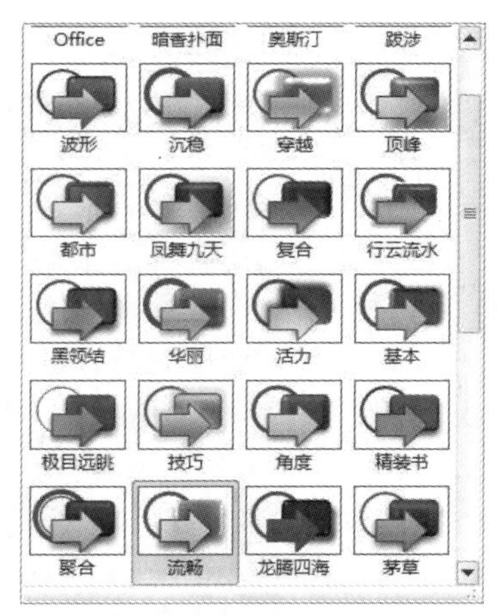

图 7-11　主题“效果”下拉菜单

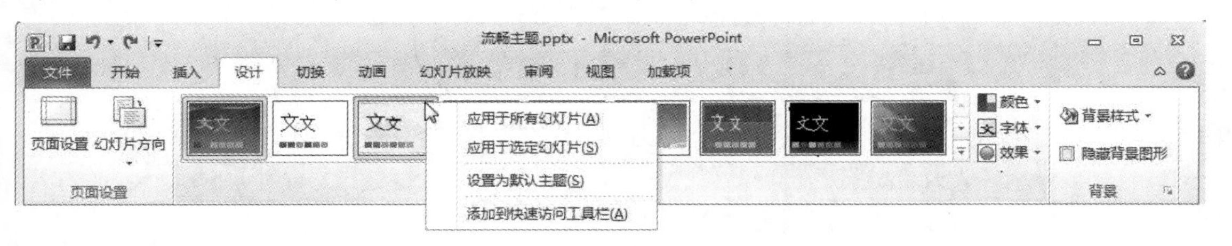

图 7-12　“主题”右键单击快捷菜单

7.2.2　幻灯片的编辑

在“普通视图”下，通过幻灯片缩略图窗格可以方便地插入、复制、删除、移动幻灯片。在“幻灯片浏览视图”下，也可以方便地插入、复制、删除、移动幻灯片。

实例 7.4　利用“幻灯片缩略图”复制、插入、删除幻灯片

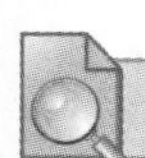

情境描述

在普通视图下，通过幻灯片缩略图窗格，进行幻灯片的复制、移动、删除操作。

任务操作

从教师机获取“产品介绍 .pptx”，完成给定的训练任务。

① 打开“产品介绍 .pptx”文件，切换到普通视图，在左侧的幻灯片缩略图窗格中选中第二张幻灯片，如图 7-13 所示。

② 在幻灯片缩略图窗格中，鼠标单击并拖动第 2 张幻灯片到第 3 张幻灯片，同时按 Ctrl 键，

可以实现幻灯片复制，效果如图 7-14 所示。

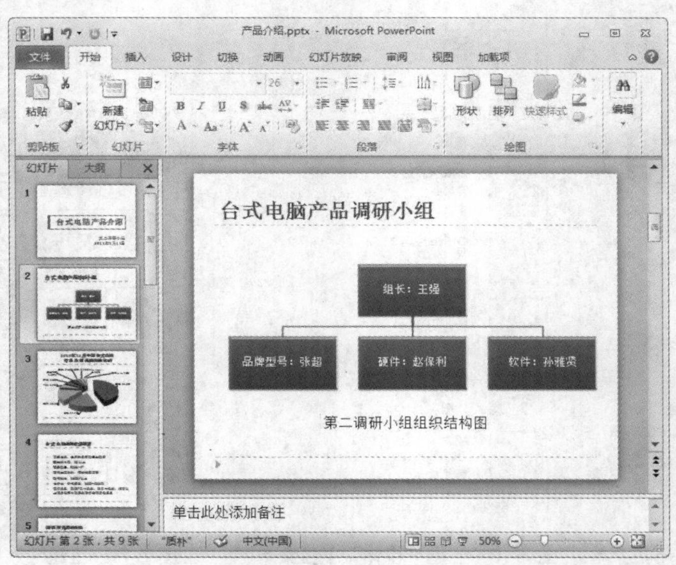

图 7-13 “产品介绍”演示文稿

图 7-14 复制第 2 张幻灯片

③ 利用鼠标拖动，将刚刚复制的第 4 张幻灯片拖动到第 2 张幻灯片之后，实现幻灯片移动，如图 7-15 所示。

④ 用 Delete 键删除当前的第 3 张幻灯片，如图 7-16 所示。也可以使用右键单击快捷菜单中的“删除幻灯片”命令删除选中的幻灯片。

操作技巧

若要选择并删除多张连续的幻灯片，单击要删除的第一张幻灯片，在按住Shift键的同时单击要删除的最后一张幻灯片，右键单击选择的任意幻灯片，然后单击“删除幻灯片”。若要选择并删除多张不连续的幻灯片，请在按住Ctrl键的同时单击要删除的每张幻灯片，右键单击选择的任意幻灯片，然后单击“删除幻灯片”。

图 7-15　移动第 4 张幻灯片

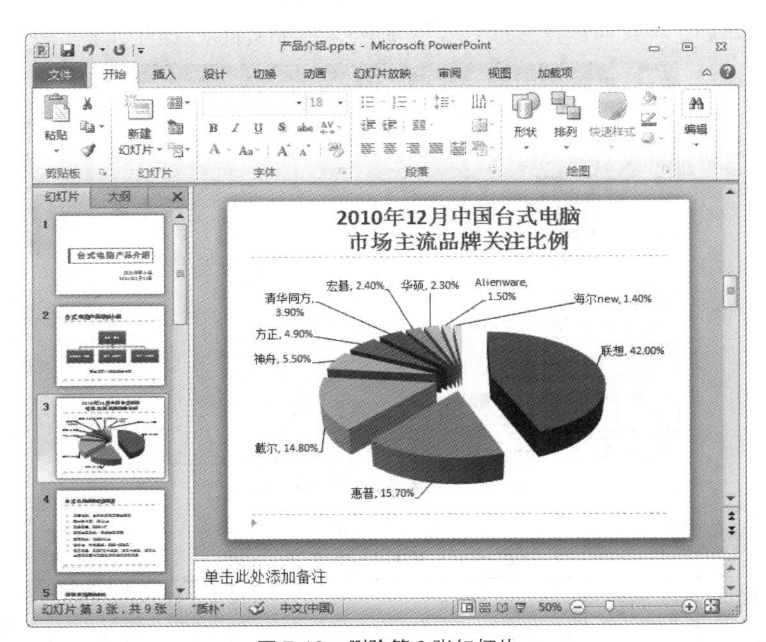

图 7-16　删除第 3 张幻灯片

操作训练　在幻灯片浏览视图下对“产品介绍.pptx”进行幻灯片复制、插入、移动、删除操作。

7.2.3　演示文稿的保存

与使用任何软件程序一样，创建好演示文稿后，最好立即为其命名并加以保存，并在工作中经常保存所做的更改。单击“文件→另存为”命令，弹出“另存为”对话框，如图 7-17 所示。

在左侧窗格中，单击要保存演示文稿的文件夹或其他位置。在“文件名”框中，键入演示文稿的名称，或者不键入文件名而是接受默认文件名，然后单击“保存”按钮。

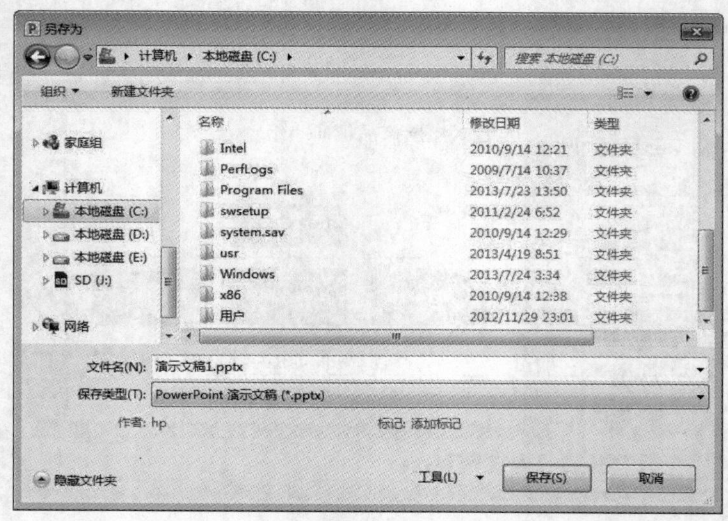

图 7-17 “另存为”对话框

演示文稿可以保存为多种类型，如图 7-18 所示。各种文件类型的用途见表 7-1。

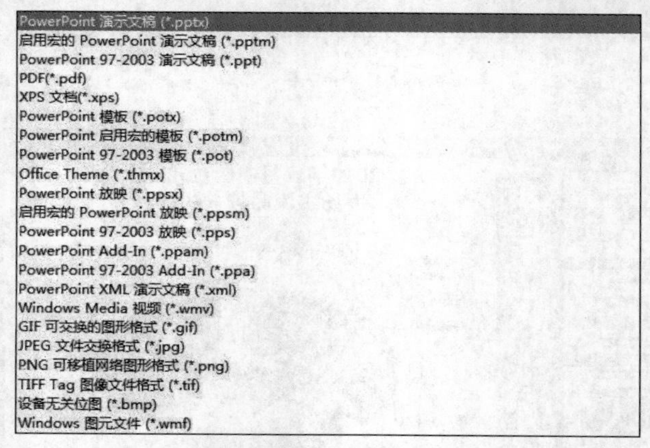

图 7-18 “保存类型”下拉列表

表7-1 PowerPoint 2010支持的文件类型

保存为文件类型	扩展名	用 途
PowerPoint 演示文稿	.pptx	PowerPoint 2010 或 2007 演示文稿，默认情况下为支持 XML 的文件格式
PowerPoint 97-2003 演示文稿	.ppt	可以在早期版本的 PowerPoint（从 97 到 2003）中打开的演示文稿。不能保存到 PowerPoint 95（或更早版本）文件格式
PDF 文档格式	.pdf	由 Adobe Systems 开发的基于 PostScript 的电子文件格式，该格式保留了文档格式并允许共享文件
XPS 文档格式	.xps	一种新的电子文件格式，用于以文档的最终格式交换文档
PowerPoint 设计模板	.potx	可用于对将来的演示文稿进行格式设置的 PowerPoint 2010 或 PowerPoint 2007 演示文稿模板
Office 主题	.thmx	包含颜色主题、字体主题和效果主题的定义的样式表

续表

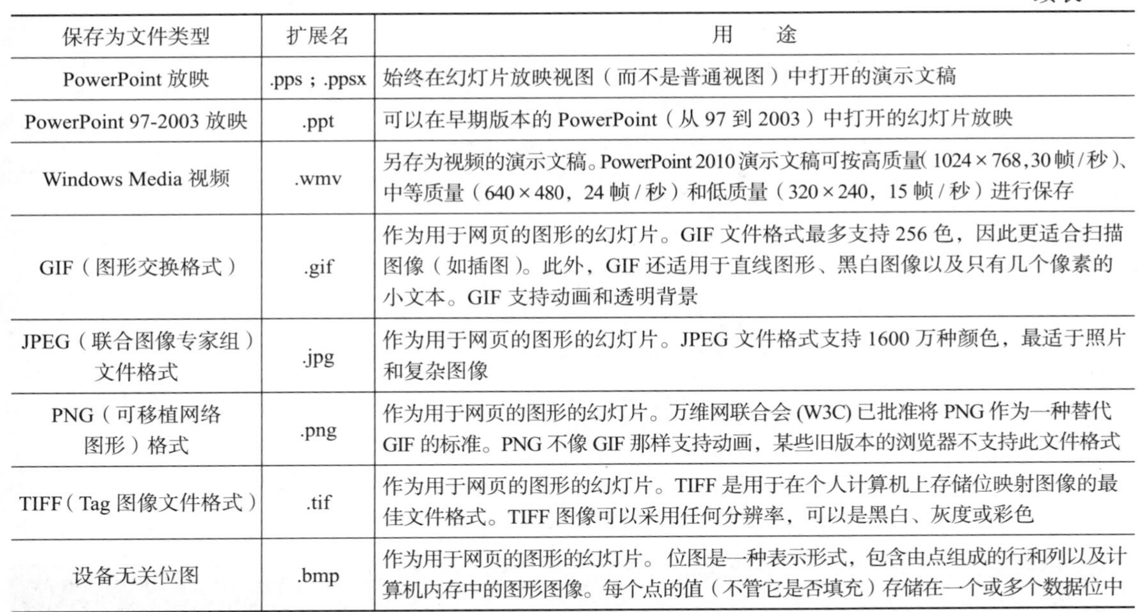

保存为文件类型	扩展名	用　　途
PowerPoint 放映	.pps ; .ppsx	始终在幻灯片放映视图（而不是普通视图）中打开的演示文稿
PowerPoint 97-2003 放映	.ppt	可以在早期版本的 PowerPoint（从 97 到 2003）中打开的幻灯片放映
Windows Media 视频	.wmv	另存为视频的演示文稿。PowerPoint 2010 演示文稿可按高质量(1024×768,30 帧/秒)、中等质量（640×480，24 帧/秒）和低质量（320×240，15 帧/秒）进行保存
GIF（图形交换格式）	.gif	作为用于网页的图形的幻灯片。GIF 文件格式最多支持 256 色，因此更适合扫描图像（如插图）。此外，GIF 还适用于直线图形、黑白图像以及只有几个像素的小文本。GIF 支持动画和透明背景
JPEG（联合图像专家组）文件格式	.jpg	作为用于网页的图形的幻灯片。JPEG 文件格式支持 1600 万种颜色，最适于照片和复杂图像
PNG（可移植网络图形）格式	.png	作为用于网页的图形的幻灯片。万维网联合会 (W3C) 已批准将 PNG 作为一种替代 GIF 的标准。PNG 不像 GIF 那样支持动画，某些旧版本的浏览器不支持此文件格式
TIFF（Tag 图像文件格式）	.tif	作为用于网页的图形的幻灯片。TIFF 是用于在个人计算机上存储位映射图像的最佳文件格式。TIFF 图像可以采用任何分辨率，可以是黑白、灰度或彩色
设备无关位图	.bmp	作为用于网页的图形的幻灯片。位图是一种表示形式，包含由点组成的行和列以及计算机内存中的图形图像。每个点的值（不管它是否填充）存储在一个或多个数据位中

对于只能在 PowerPoint 2010 或 PowerPoint 2007 中打开的演示文稿，在“保存类型”列表中选择“PowerPoint 演示文稿 (*.pptx)”。对于可在 PowerPoint 2010 或早期版本的 PowerPoint 中打开的演示文稿，适合于选择“PowerPoint 97-2003 演示文稿 (*.ppt)”。

操作技巧

（1）可以按Ctrl+S组合键或单击屏幕顶部附近的“保存”，随时快速保存演示文稿。

（2）设置自动保存文稿是一个良好的习惯。选择“文件”选项卡，出现“文件”窗口，如图7-19所示。选择左侧“选项”菜单，弹出PowerPoint“选项”对话框，如图7-20所示。在PowerPoint“选项”对话框中可设置自动保存功能。

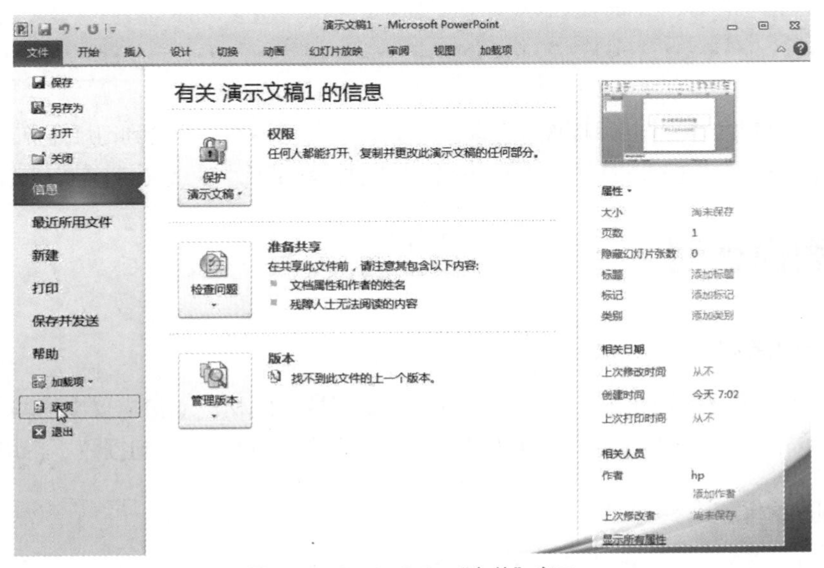

图 7-19　PowerPoint“文件”窗口

图 7-20　PowerPoint“选项”对话框

7.3 多媒体素材处理

◎ 熟练进行图像快速处理

◎ 会进行音频文件编辑

◎ 会对视频文件进行简单编辑

PowerPoint 能够将文本、图形 / 图像、声音、视频和动画等多种媒体整合到幻灯片中，达到生动形象的演讲效果。在制作 PowerPoint 过程中，需要对多媒体素材进行加工处理，以达到美观和突出重点的效果。

7.3.1　图像处理

1. 获取图像素材

图像可以直接来自照相机或扫描仪，但目前很少直接从照相机或扫描仪中读取图像文件，更多的是利用 SD 卡、U 盘等进行图像文件传递。在使用网络图像时，未得到授权不得用于商业用途。

2. 消除图像背景

图像直接拿来使用的效果往往不好，可以通过消除图片的背景，以强调或突出图片的主题，

或消除杂乱的细节。

实例 7.5　利用 PowerPoint 清除图片背景

情境描述

在 PowerPoint 中清除向日葵图片的背景，突出一支向日葵。

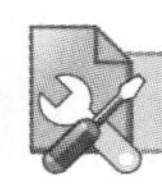

任务操作

从教师机获取“向日葵 .jpg”文件，或从网络图片搜索中获得向日葵图片。

① 新建 PowerPoint 文件,单击“插入→图像→图片”命令,插入“向日葵 .jpg”图片,如图 7-21 所示。

图 7-21　插入图片

② 单击“格式→调整→删除背景”命令，出现如图 7-22 所示的背景消除操作界面，只有向日葵被自动保留下来，其他均作为背景予以消除处理。

③ 若希望保留该向日葵的枝叶，需要使用“格式→优化”命令。使用命令可以增加保留下来图像，通常采用拖动的方法选定区域。使用命令可以删除选中的图像区域。保留和删除标记如图 7-23 所示。单击后得到的删除背景结果如图 7-24 所示。

④ 将文件保存为“删除背景后的效果 .pptx”。

图 7-22　背景消除操作界面

3. 更改图片颜色、透明度或对图片重新着色

可以调整图片的颜色浓度（饱和度）和色调（色温）、对图片重新着色或者更改图片中某个颜色的透明度，也可以将多个颜色效果应用于图片。

图 7-23　保留和删除标记

图 7-24　删除背景效果

实例 7.6　更改图片颜色、透明度或对图片重新着色

情境描述

在 PowerPoint 中对花卉图片进行处理，更改图片颜色、透明度或对图片重新着色。

任务操作

① 新建 PowerPoint 文件，单击“插入→图像→图片”命令，插入图片“粉色花卉原始图片 .jpg”，如图 7-25 所示。

图 7-25　插入花卉原始图片

② 复制第 1 张幻灯片。在第 2 张幻灯片中选中图片，在“图片工具”的“格式”选项卡中，单击“调整→颜色”命令，弹出颜色调整对话框，如图 7-26 所示。

③ 饱和度是颜色的浓度。饱和度越高，图片色彩越鲜艳；饱和度越低，图片越黯淡。单击“颜色饱和度”区饱和度缩略图，可调整为预设的饱和度。若需要微调浓度，单击底部的“图片颜色选项”，弹出“设置图片格式”对话框，如图 7-27 所示，在“图片颜色”窗格中设置饱和度为 60%。

④ 更改图片的色调。复制第 1 张幻灯片到第 3 张幻灯片。在第 3 张幻灯片中选中图片，单击“格式→调整→颜色”命令，在弹出的颜色调整对话框中更改图片色调。若要选择其中一个常用的“色调”调整，单击预设的色调缩略图即可。若需要微调色调，单击底部的“图片颜色选项”，如图 7-28 所示，在“图片颜色”窗格中设置温度为 3700。

图 7-26 设置图片颜色饱和度

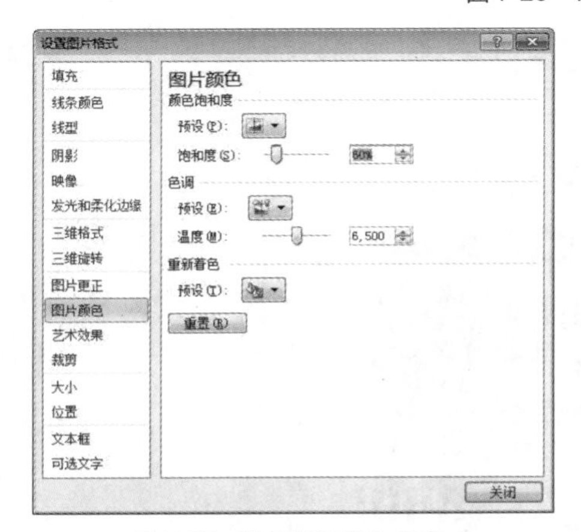

图 7-27 设置饱和度为 60%

图 7-28 设置色温为 3700

当相机未正确测量色温时，图片上会显示色偏，这使得图片看上去偏蓝或偏橙。可以通过提高或降低色温从而增强图片的细节来调整这种状况，并使图片更好看。

⑤ 图片重新着色，可以将一种内置的风格效果（如灰度或褐色色调）快速应用于该图片。复制第 1 张幻灯片到第 4 张幻灯片。对第 4 张幻灯片中图片进行着色处理，单击“格式→调整→颜色”命令，在“颜色调整对话框”中选择“水绿色”预设的重新着色缩略图，如图 7-29 所示。

（1）若要使用更多的颜色，包括主题颜色的变体、“标准”选项卡上的颜色或自定义颜色，请单击“其他变体”，可以使用颜色变体的重新着色效果，如图7–30所示。

（2）若要删除重新着色效果，但保留对图片所做的任何其他更改，请单击第一个效果“不重新着色”。

⑥ 调整图片透明度，可以使图片部分透明（可以穿过图片看到后面的东西）。复制第 1 张幻灯片到第 5 张幻灯片。在第 5 张幻灯片中复制图片，呈层叠状态，对上面的图片进行透明处理，在“颜色调整对话框”中选择“设置透明色”（如图 7-31 所示），然后单击图片或图像中要使之变透明的颜色，出现透明效果如图 7-32 所示。

图 7-29　重新着色为“水绿色”

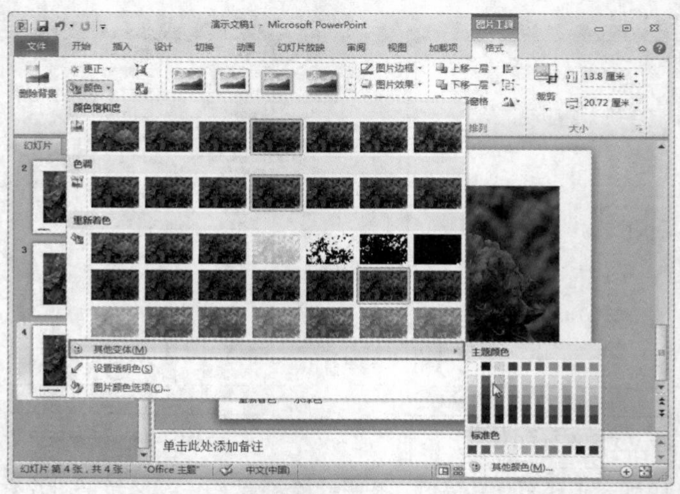

图 7-30　使用颜色变体重新着色

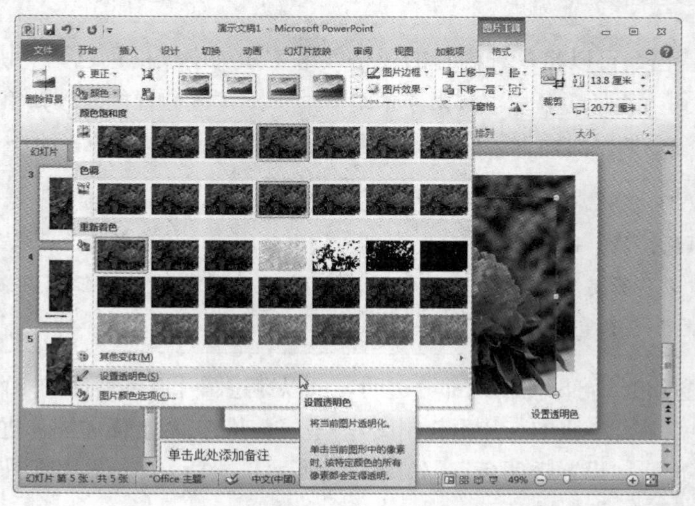

图 7-31　图片设置透明色

图 7-32　透明处理后的效果

操作技巧 若要使整个图像变成透明或半透明的，请将一个形状（如矩形）插入Office文档中，使用所需的图像对该形状进行图片填充，然后更改图片填充的“透明度”设置。

⑦ 将演示文稿保存为“更改图片颜色 .pptx”。

4. 更改图片的亮度、对比度或模糊度

可以调整图片的相对光亮度（亮度）、图片最暗区域与最亮区域间的差别（对比度）以及图片的模糊度，这些调整称为颜色更正（或修正）。通过调整图片亮度，可以使曝光不足或曝光过度图片的细节得以充分表现；通过提高或降低对比度可以更改明暗区域分界的定义；为了增强照片细节，可以锐化图片或柔化图片（模糊度）上的多余斑点。

实例 7.7　更改图片的亮度、对比度或模糊度

情境描述

在 PowerPoint 中对图片的亮度、对比度或模糊度进行调整。

任务操作

① 新建 PowerPoint 文件，删除占位符，插入“植物原始图片 .jpg”，如图 7-33 所示。

② 在“图片工具”栏的“格式”选项卡中，单击“调整→更正”命令，在“亮度和对比度”下，单击所需的缩略图（右下角，亮度 +40%，对比度 +40%），效果如图 7-34 所示。

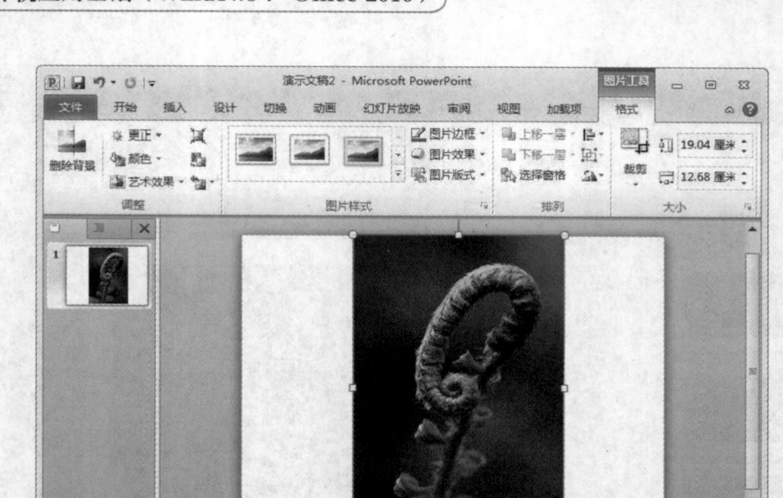

图 7-33　插入植物原始图片

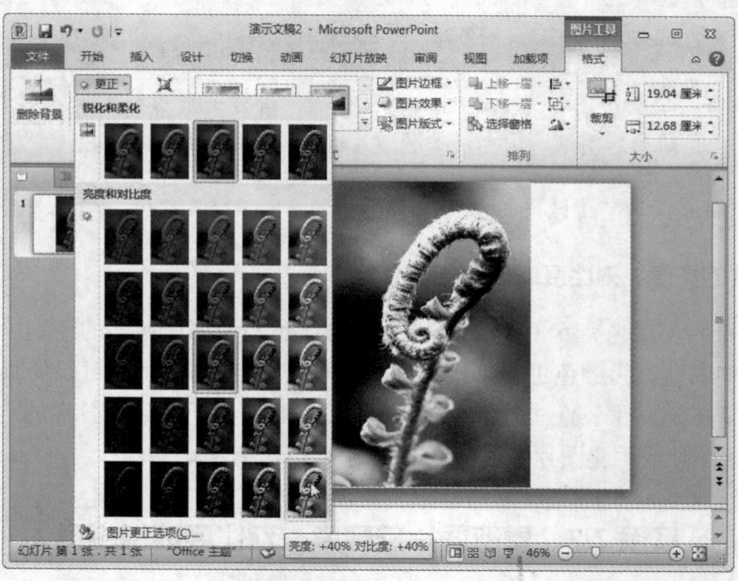

图 7-34　调整亮度和对比度

③ 若要微调亮度值或对比度值，请单击“图片修正选项”，然后在“亮度和对比度”下，移动“对比度”或滑块“亮度”，或在滑块旁边的框中输入一个数值，如图 7-35 所示。

④ 在“图片工具”栏的“格式”选项卡中，单击“调整→更正”命令，在“锐化和柔化”下，单击所需的缩略图（如锐化 50%），如图 7-36 所示。

⑤ 将演示文稿保存为“图片更正效果 .pptx”。

5. 应用图片艺术效果和更改图片效果

PowerPoint 可以将艺术效果应用于图片，以使图片看上去更像草图、绘图或绘画。PowerPoint 还提供了图片样式库，支持用户快速高效添加阴影、发光、映像、柔化边缘、凹凸和三维（3D）

旋转等效果来增强图片的感染力。

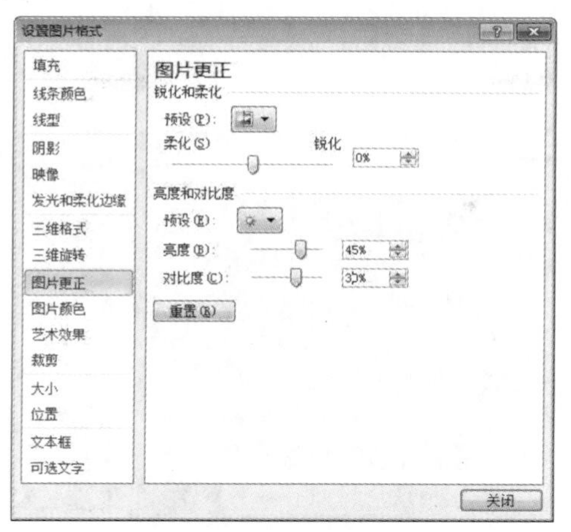

图 7-35　图片更正选项

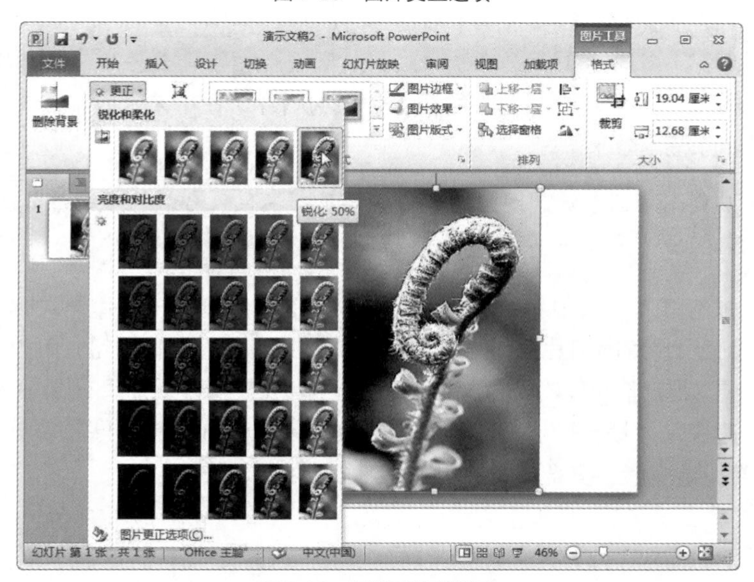

图 7-36　调整图片模糊度

实例 7.8　应用图片艺术效果和更改图片效果

情境描述

在 PowerPoint 中对图片应用艺术效果，使之有绘画、草图等效果。

任务操作

① 新建 PowerPoint 文件，插入“树叶原始图片 .jpg”图片。

② 选中图片，在“图片工具”栏的“格式”选项卡中，单击“调整→艺术效果”，单击所需的艺术效果，如图 7-37 所示。若要微调艺术效果，请单击“艺术效果选项”，如图 7-38 所示。

图 7-37　设置预置艺术效果

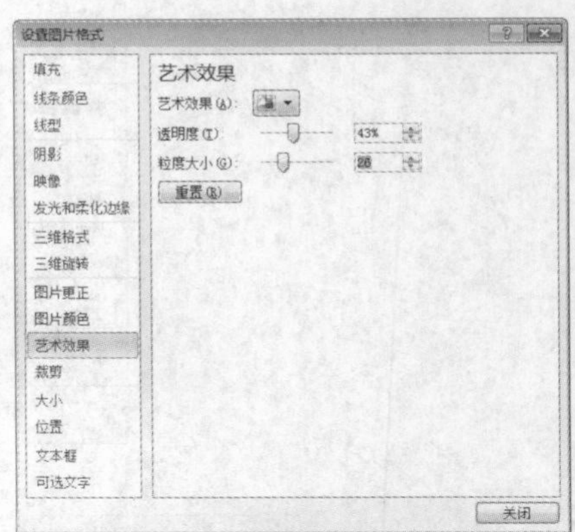

图 7-38　调整图片艺术效果

③ 删除艺术效果。选中具有要删除的艺术效果的图片，在“艺术效果”库中，单击第一个效果“无”，即可删除艺术效果。

操作技巧　若要删除已添加到图片中的所有效果（不仅来自“艺术效果”库，还来自其他库），单击“重设图片”。

④ 复制第1张幻灯片，选中新幻灯片中的图片，单击“格式→图片样式”组中的图片效果缩略图，可以快速应用预置的图片效果。单击右侧“图片边框”下拉按钮，可以修改边框颜色；单击“图片效果”下拉按钮，可以对图片添加“预设”三维效果、“阴影”效果、“影像”变体、“发光”变体、“柔化边缘”、“棱台”和“三维旋转”效果等多种自定义效果。采用“圆形对角”预置图片效果，并增加橄榄色“发光”效果的图片如图7-39所示。

图 7-39　设置图片样式效果

⑤ 复制第 2 张幻灯片，选中新幻灯片中的图片，单击“格式→图片样式→图片版式”，可以将图片应用到最适合的 SmartArt 图形布局（有关内容后续学习）的形状之中，如图 7-40 所示。

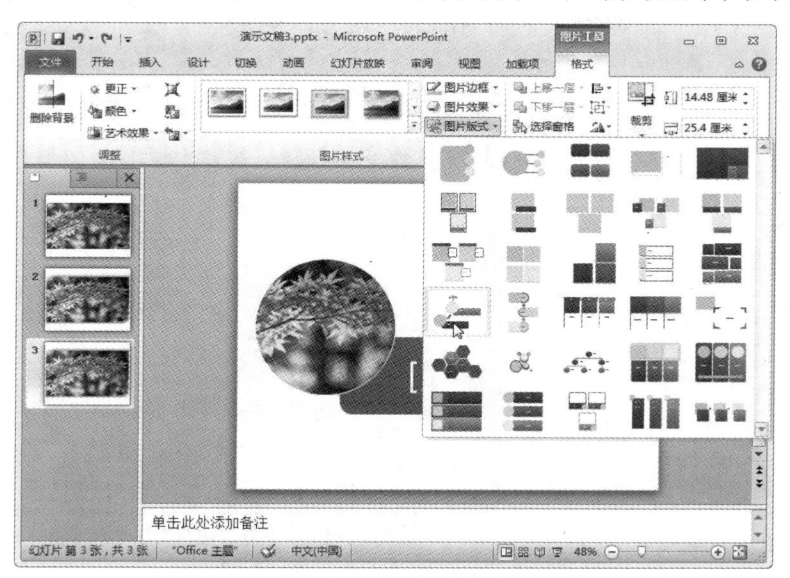

图 7-40　图片转化为 SmartArt 图形

⑥ 演示文稿保存为“图片效果 .pptx”。

7.3.2　音频文件编辑

PowerPoint 可以集成声音。为了突出重点，您可以在演示文稿中添加音频，如音乐、旁白、原声摘要等。

1. 声音录制

PowerPoint 2010 提供了录制声音的功能。在 PowerPoint 中单击“插入→媒体→音频→录制音频”命令，弹出“录音”对话框，如图 7-41 所示。单击红点录音按钮，可以录制声音。系统自动将声音插入演示文稿，如图 7-42 所示。

图 7-41　录制音频

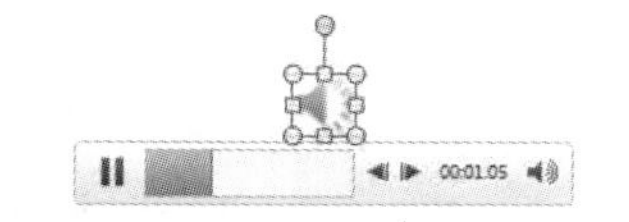

图 7-42　在 PowerPoint 中播放音频

2. 插入剪贴画音频

在 PowerPoint 中单击“插入→媒体→音频→剪贴画音频”命令，PowerPoint 出现“剪贴画”任务窗格，在“结果类型”中选择“音频”媒体类型，下方列举出 PowerPoint 内置的音频剪辑，如图 7-43 所示。选择音频剪辑，单击下拉按钮，在下拉菜单中选择“预览 / 属性”命令，弹出“预览 / 属性”对话框，如图 7-44 所示，可以查看音频剪辑的属性，播放音频剪辑，还可查看其他音频剪辑。

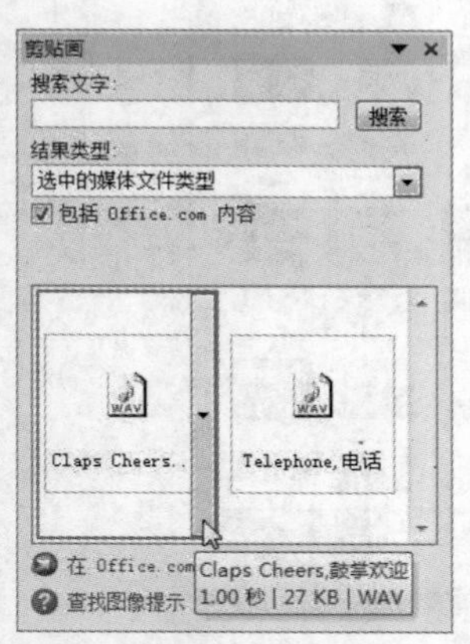

图 7-43　剪贴画任务窗格（音频剪辑）

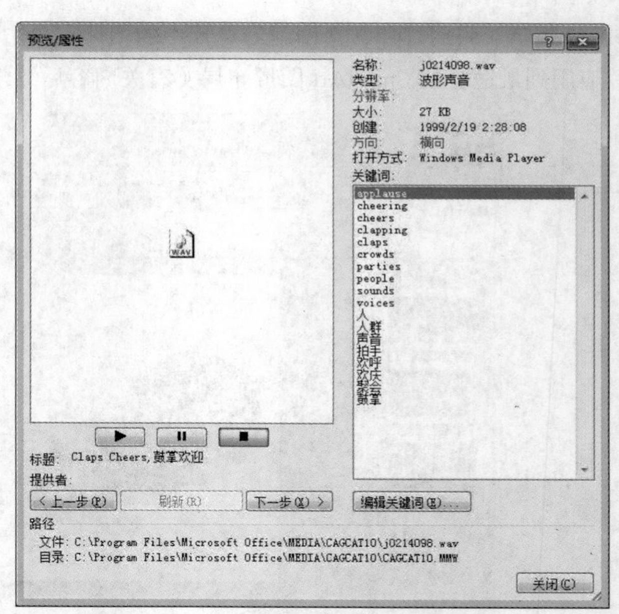

图 7-44　剪贴画音频剪辑属性对话框

3. 插入文件中的音频

在 PowerPoint 中单击"插入→媒体→音频→文件中的音频"命令，弹出"插入音频"文件选择对话框，如图 7-45 所示。

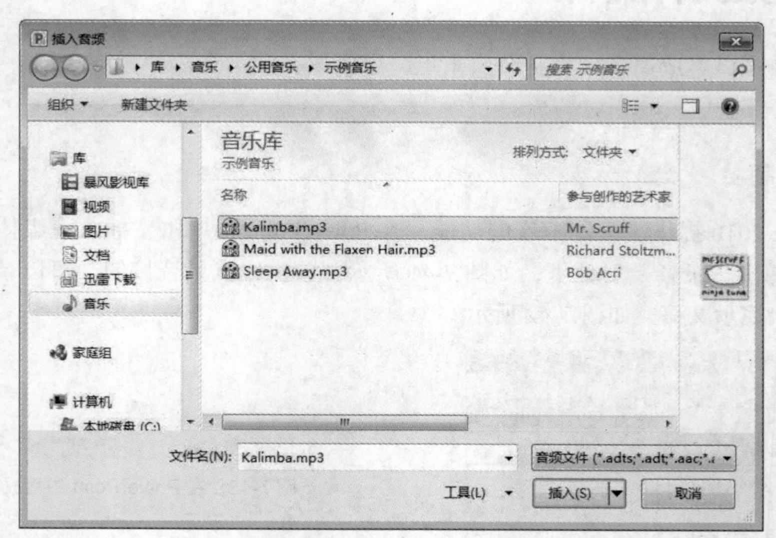

图 7-45　插入音频文件对话框

4. 设置音频剪辑的播放选项

PowerPoint 提供了对音频进行编辑的工具，以控制音频的播放方式。选择插入的音频剪辑 ，在"音频工具下"单击"播放"选项卡，提供了播放预览、添加书签、音频编辑和音频选项组，如图 7-46 所示。

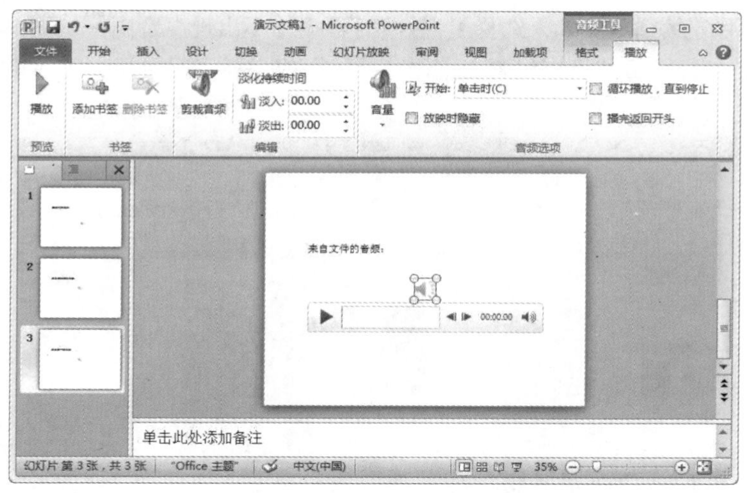

图 7-46 音频播放选项卡

实例 7.9 使用 PowerPoint 音频编辑功能

情境描述

在 PowerPoint 中对音频剪辑进行剪裁，设置淡入淡出，设定播放方式。

任务操作

① 新建 PowerPoint 文件，插入剪贴画音频剪辑“鼓掌欢迎”。

② 选择插入的音频剪辑，选定音频控件进度条的“关注点”（音频播放的特殊位置），单击“播放→书签→添加书签”命令，在此位置添加书签，如图 7-47 所示。音频剪辑可以插入多个书签。在演示文稿放映时，鼠标指向音频图标，出现视频控件，可选择书签位置确定音频播放的起点，单击从书签位置播放音频，如图 7-48 所示。

③ 选择插入的音频剪辑，单击“播放→编辑→剪裁音频”命令，弹出“剪裁音频”对话框如图 7-49 所示。调整开始时间、结束时间游标，单击“确定”按钮可实现对音频的剪裁。

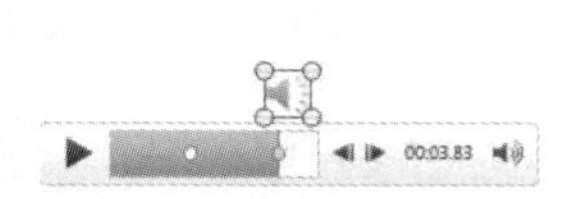

图 7-47 给音频剪辑添加书签

图 7-48 放映时利用书签改变音频播放起点

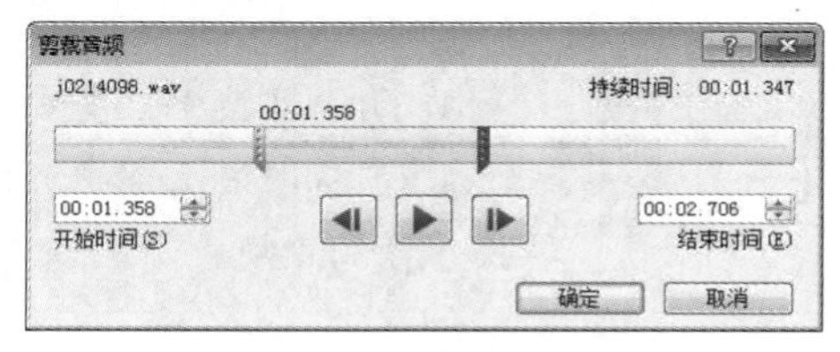

图 7-49 剪裁音频剪辑

④ 选择插入的音频剪辑，在“播放→编辑”组中设置淡化持续时间，例如淡入 1 秒，淡出 2 秒，如图 7-50 所示。播放音频，体会淡入淡出效果（开始时声音缓慢变大，结束时声音逐渐变小）。

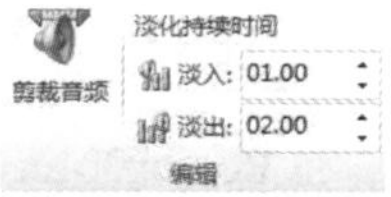

⑤ 选择插入的音频剪辑，在“播放→音频选项”组中设置音量；在“开始”下拉框中设置声音开始播放的方式——自动播放、单击声音图标时

剪裁音频 淡化持续时间 淡入: 01.00 淡出: 02.00 编辑

图 7-50 设置淡入淡出时间

播放，或者跨幻灯片连续播放。如果选择了“放映时隐藏”（不出现声音图标），则不能使用“单击时”开始。对声音的连续播放方式可以设置为“循环播放”或“播完返回开头”，如图7-51所示。

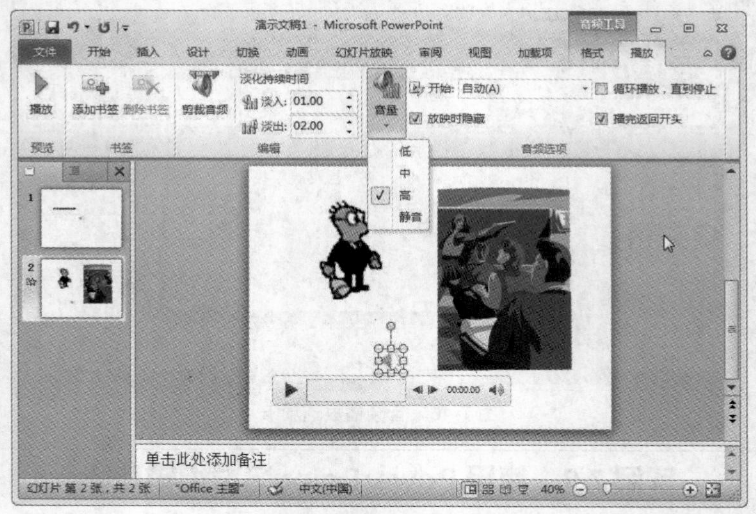

图7-51　音频选项设置

相关知识

PowerPoint兼容的音频文件格式见表7-2。不能播放的音频文件格式，可以通过安装相应的播放器提供支持，也可以使用“格式工厂”等工具进行格式转换后再使用。

表7-2　PowerPoint兼容的音频文件格式

文件格式	扩展名	更多信息
AIFF音频文件	.aiff	音频交换文件格式　这种声音格式最初用于Apple和Silicon Graphics (SGI) 计算机。这些波形文件以8位的非立体声（单声道）格式存储，这种格式不进行压缩，因此会导致文件很大
AU音频文件	.au	UNIX音频　这种文件格式通常用于为UNIX计算机或网站创建声音文件
MIDI文件	.mid或.midi	乐器数字接口　这是用于在乐器、合成器和计算机之间交换音乐信息的标准格式
MP3音频文件	.mp3	MPEG Audio Layer 3　这是一种使用MPEG Audio Layer 3编解码器进行压缩的声音文件
Windows音频文件	.wav	波形格式　这种音频文件格式将声音作为波形存储，这意味着一分钟长的声音所占用的存储空间可能仅为644 KB，也可能高达27 MB
Windows Media Audio文件	.wma	Windows Media Audio　这是一种使用Microsoft Windows Media Audio编解码器进行压缩的声音文件，该编解码器是Microsoft开发的一种数字音频编码方案，用于发布录制的音乐（通常发布到Internet上）

操作训练

（1）上网搜索，查看音频文件有哪些类型。

（2）从网络上下载“格式工厂”软件，对Windows 7自带的声音文件进行格式转换并剪裁音频。

7.3.3　视频文件的简单编辑

1. 插入视频文件

在PowerPoint中单击“插入→媒体→视频→文件中的视频”命令，出现“插入视频文件”对话框，选择Windwos 7自带的视频示例文件“Wildlife.wmv”，如图7-52所示。在插入视频的幻灯片中，选中视频，单击播放按钮，效果如图 7-53 所示。

图 7-52　插入视频文件对话框

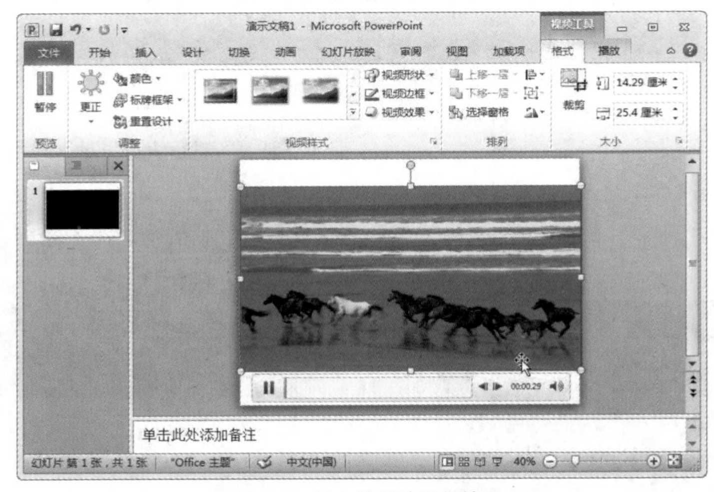

图 7-53　插入并播放视频效果

（1）可以从“剪贴画视频”和“来自网站的视频”插入视频，学生自行练习。

（2）计算机连接互联网，上网搜索在PPT中插入RM电影文件的方法，下载RM格式电影文件，尝试插入并达到能够播放的效果。

2. 为视频添加书签

PowerPoint 提供了对视频进行编辑的工具，与音频编辑类似。选择视频剪辑，在“视频工具”下单击“播放”选项卡，提供了播放预览、添加书签、视频编辑和视频选项组。

视频示例文件“Wildlife.wmv”按时序给出了 7 种动物场景，找到场景转换点，添加书签，效果如图 7-54 所示。在播放过程中，可以参考书签跳选播放起点，如图 7-55 所示。

3. 编辑视频

对视频示例文件“Wildlife.wmv”进行剪裁，仅保留海鸟场景。单击“播放→编辑→剪裁视频”

命令，弹出“剪裁视频”对话框，将开始时间、结束时间游标调整到相应书签处，如图 7-56 所示，单击“确定”按钮可实现对视频的剪裁。可以设置淡化持续时间，例如淡入淡出均为 1 秒，播放视频查看剪裁和淡入淡出配音效果。

图 7-54　为视频添加书签

图 7-55　按书签位置跳转播放起点

图 7-56　为视频添加书签

4. 控制视频播放

对视频设置“视频选项”，选择“全屏播放”，在放映演示文稿时，可以让播放中的视频填充整个幻灯片（屏幕）。视频图像在放大后可能会出现失真，这取决于原始视频文件的分辨率，如果视频出现失真或模糊，则可以撤销全屏选项。

操作技巧

如果将视频设置为全屏显示并自动启动，则可以将视频帧从幻灯片上拖动到灰色区域中，这样在视频全屏播放之前，它将不会显示在幻灯片上或出现短暂的闪烁。

若选中“不播放时隐藏”复选框，在放映演示文稿时，可以先隐藏视频，但应该创建一个自动或触发的动画来启动视频播放。若要在演示期间持续重复播放视频，可以勾选循环播放功能。在演示期间，若要在视频播完后退回到起点，可选中“播完返回开头”复选框。视频选项设置结果如图 7-57 所示。

图 7-57　设置视频选项

计算机连接互联网，安装“格式工厂”，使用格式工厂对视频进行格式转换和剪裁。

7.4 演示文稿修饰

- ◎ 熟练更换幻灯片的版式
- ◎ 会使用和修改幻灯片母版
- ◎ 会设置幻灯片背景、配色方案
- ◎ 会设计制作幻灯片模板*
- ◎ 熟练设置、复制文字格式
- ◎ 熟练插入、编辑剪贴画、艺术字、自选图形等内置对象
- ◎ 会在幻灯片中插入图片、音频、视频等外部对象
- ◎ 会在幻灯片中建立表格与图表
- ◎ 会创建超链接和动作按钮

幻灯片中可以插入文本和多种对象（内容），幻灯片的布局、色彩搭配和风格统一化等，直接影响到幻灯片的播放效果，因此需要提升幻灯片修饰的能力。本节学习更换幻灯片版式，使用幻灯片母版，选择和修改主题。

7.4.1　应用幻灯片版式

幻灯片版式是指幻灯片的标题、文本和内容在幻灯片上的排列方式。幻灯片版式包含要在幻灯片上显示的全部内容的格式设置、位置和占位符。占位符是版式中的容器，可容纳如文本（包括标题和正文文本）、表格、图表、SmartArt 图形、视频、音频、图片及剪贴画等内容。幻灯片版式结构示意图如图 7-58 所示。

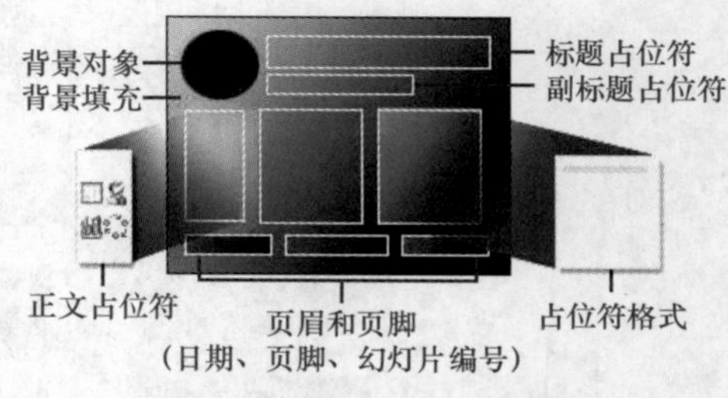

图 7-58　幻灯片的版式结构

新建空白演示文稿，单击“开始→幻灯片→版式”下拉按钮，出现当前主题下的幻灯片版式，如图 7-59 所示。打开空演示文稿时，系统默认自动插入标题幻灯片，使用“标题幻灯片”版式之后再插入的幻灯片为普通幻灯片，默认使用“标题和内容”版式，可以任意改用其他版式。

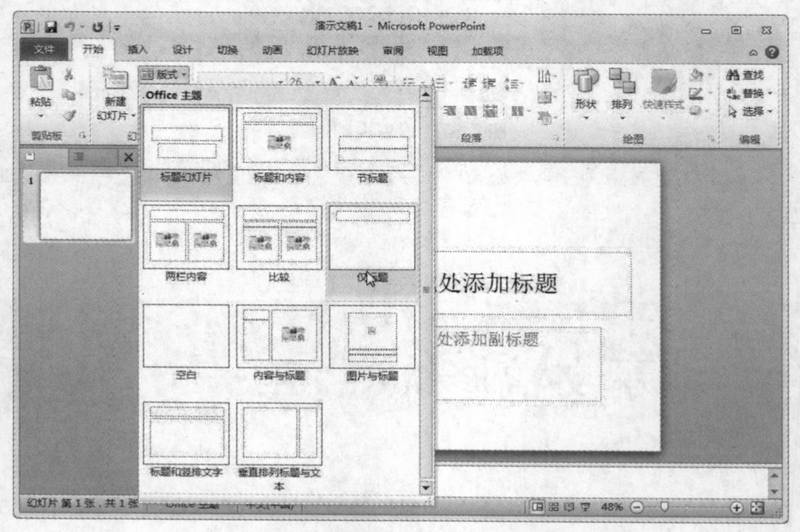

图 7-59　Office 主题下的幻灯片版式

7.4.2　编辑幻灯片母版

幻灯片母版用于存储有关演示文稿的主题和幻灯片版式的信息，包括背景、颜色、字体、效果、占位符大小和位置。每个演示文稿至少包含一个幻灯片母版，每个幻灯片母版有一组幻灯片版式。使用和修改幻灯片母版的目的是对使用该母版或版式的每张幻灯片进行统一的样式更改。

实例 7.10　编辑幻灯片母版

情境描述

新建演示文稿，应用“质朴”主题，在幻灯片母版中修改标题母版和幻灯片母版。

任务操作

① 新建一个演示文稿，默认只有标题幻灯片。

② 在“设计→主题”组中单击“更多”按钮，查看所有可用的文档主题，选择并应用“质朴”主题，效果如图 7-60 所示。

图 7-60　选择并应用“质朴”主题

③ 单击“视图→母版视图→幻灯片母版”命令，进入幻灯片母版界面，左侧窗格中列出“质朴”主题的幻灯片母版及所属幻灯片版式，如图 7-61 所示。

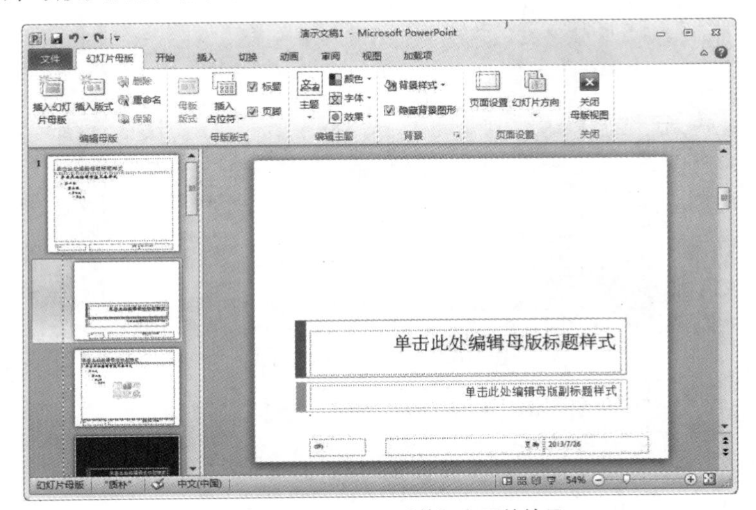

图 7-61　应用内置“质朴”主题的效果

④“幻灯片母版→编辑母版”组支持插入新幻灯片母版、插入新幻灯片版式操作。在“标题和内容”版式下方插入新版式，单击“幻灯片母版→母版版式→插入占位符”下拉按钮，选择插入“内容（竖排）”、“媒体”和“文本”，效果如图 7-62 所示。

操作技巧　占位符的文本格式可以进行编辑，如调整字体、字号、颜色、段落对齐、项目编号等，如图7-63所示。

⑤ 可以修改幻灯片版式。例如修改“标题和内容”版式，单击“幻灯片母版→母版版式→页脚”，可以取消页脚内容。在原页脚位置插入“第一部分”、“第二部分”、“第三部分”的文本框，同时选中这些文本框，单击“格式→形状样式→形状效果”下拉按钮，选择满意的效果。修改效果如图 7-64 所示。

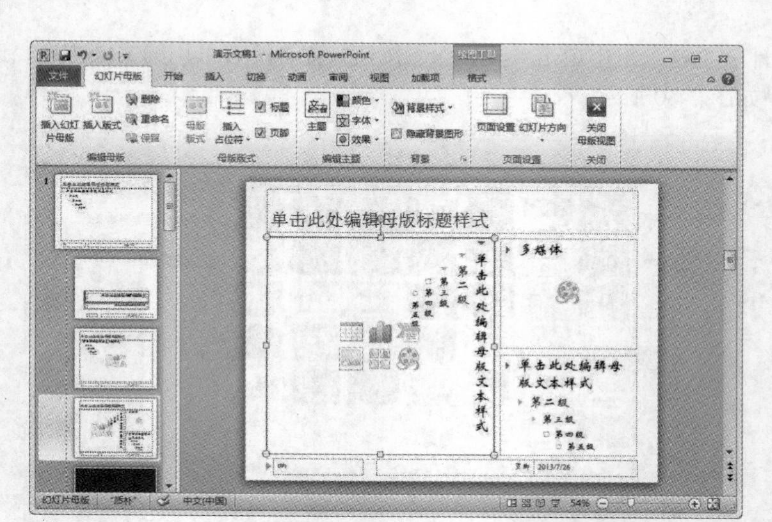

图 7-62 插入新幻灯片版式

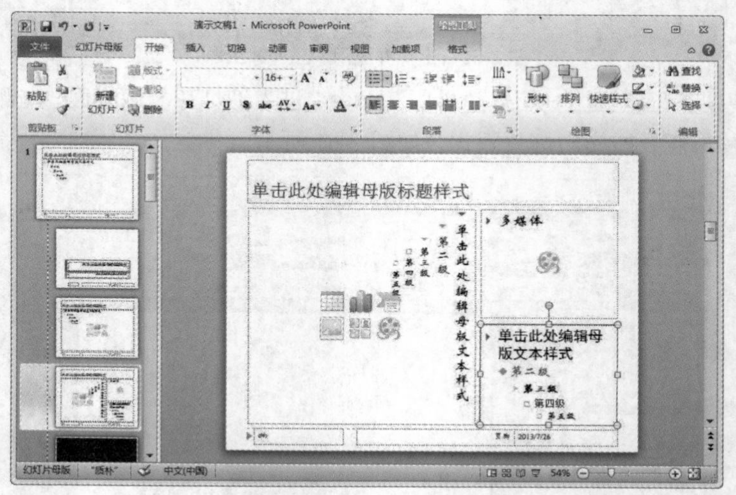

图 7-63 修改占位符的格式

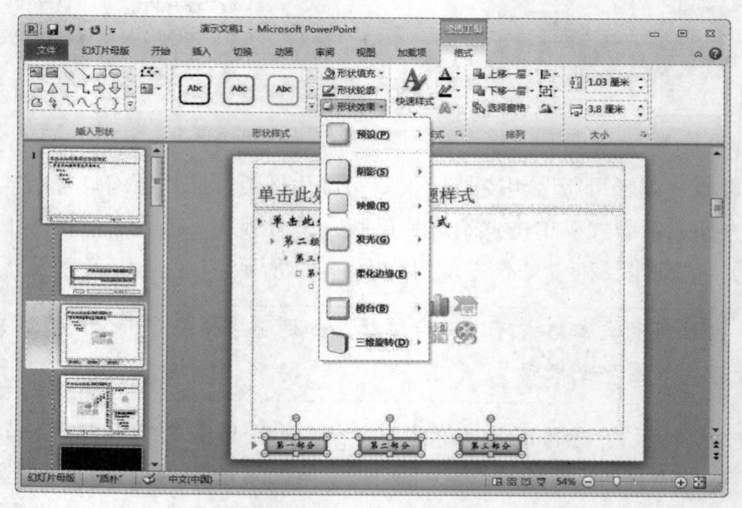

图 7-64 修改幻灯片版式

操作技巧

（1）添加的文本框将在使用该版式的所有幻灯片中出现，实现统一修改风格。

（2）在幻灯片编辑结束后，在幻灯片母版编辑状态下对这些文本框建立超链接，指向本文档中的某幻灯片，可以设置统一的导航。

⑥ 修改幻灯片版式的背景。单击“幻灯片母版→背景→背景样式”下拉按钮，选择满意的背景样式，如图 7-65 所示。

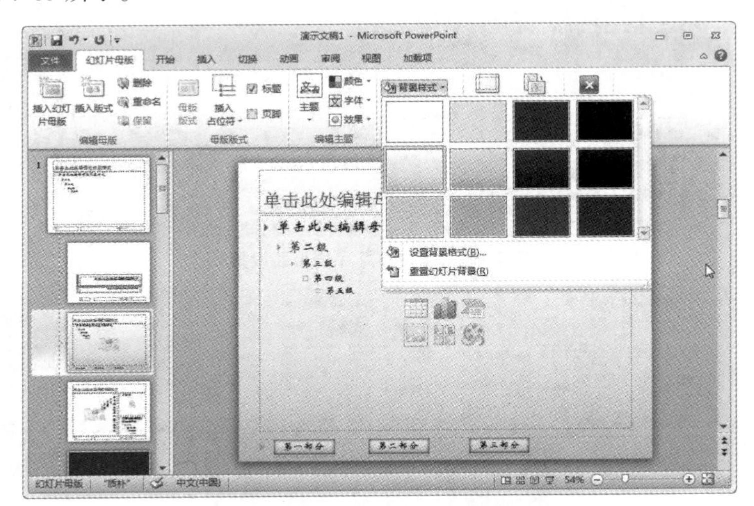

图 7-65　修改幻灯片版式的背景

操作训练

在“背景样式”下，单击“设置背景格式”命令弹出“设置背景格式”对话框来自定义背景样式。

⑦ 在幻灯片母版编辑状态下，也可以更换幻灯片母版的主题风格，或编辑主题的颜色、字体和效果。

操作训练

试着更换主题，修改颜色、字体和效果，观察对幻灯片母版及版式的影响。

⑧ 单击“幻灯片母版→页面设置→页面设置”命令，弹出“页面设置”对话框，可以调整幻灯片大小、幻灯片方向、备注、讲义和大纲的方向，如图 7-66 所示。

⑨ 将文件保存为“幻灯片母版 .pptx”文件。

相关知识

（1）PowerPoint 2010有3种母版：幻灯片母版、讲义母版和备注母版。讲义母版用来设定打印讲义的版式布局。备注母版用来设定备注页视图的风格，如图7-67和图7-68所示。

（2）在母版编辑状态下，单击“插入→文本→幻灯片编号”命令，弹出“页眉和页脚”对话框，如图7-69所示，可以控制是否显示日期和时间及其显示方式，可以控制页眉、页码、页脚是否显示，可以添加页眉、页脚的内容。

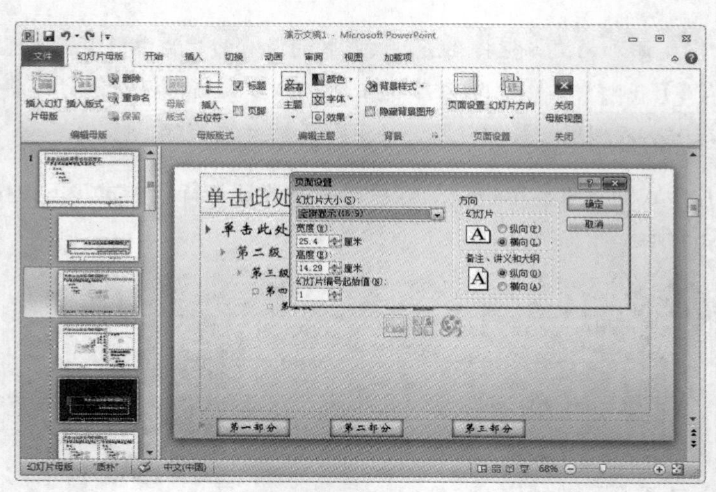

图 7-66　修改幻灯片的页面设置

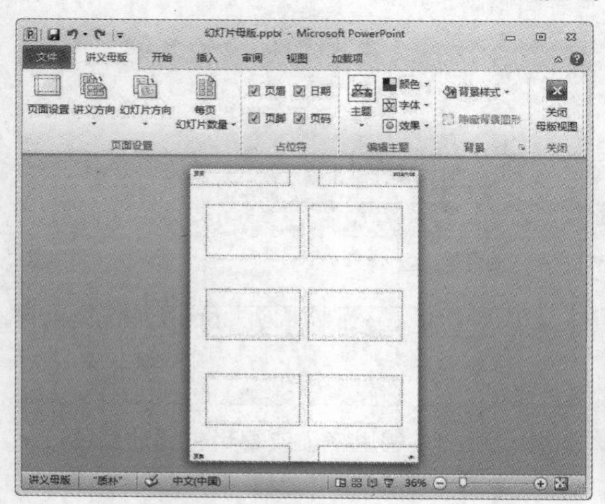

图 7-67　讲义母版

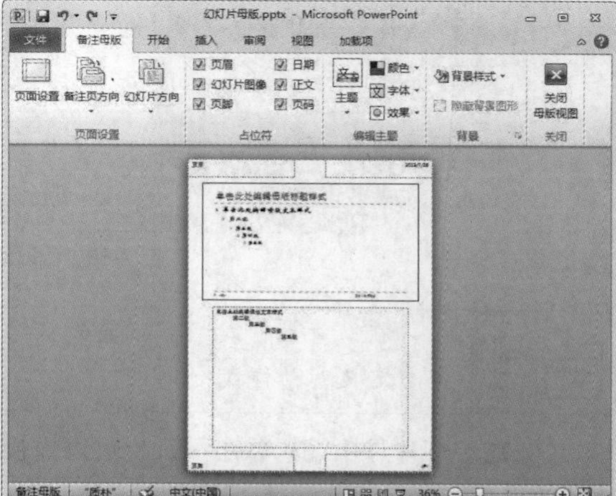

图 7-68　备注母版

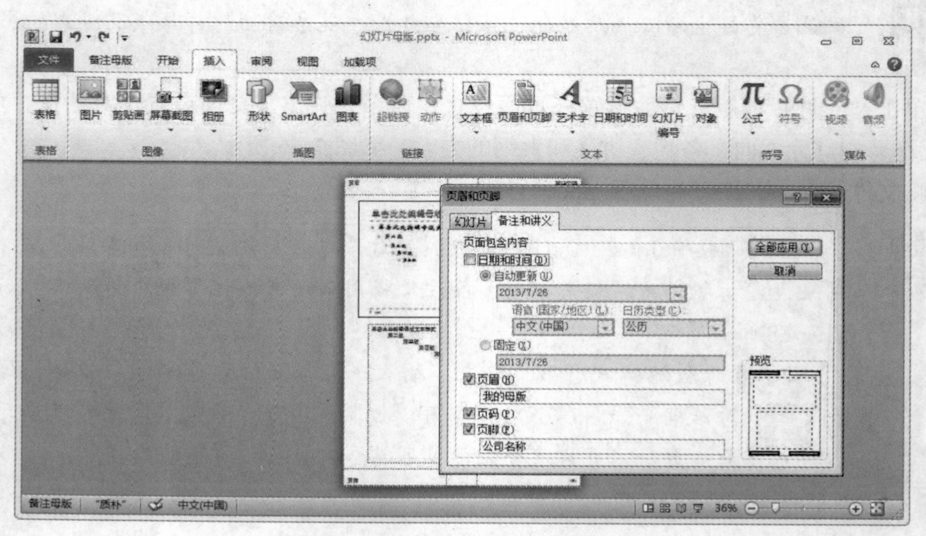

图 7-69　在母版中插入幻灯片编号

7.4.3 高效使用 SmartArt 图形和图表

PowerPoint 2010 提供了丰富的 SmartArt 图形和图表，支持使用者快速、高效地创建具有专业水准的演示文稿。SmartArt 图形是信息和观点的可视表示形式，为文本而设计；图表是数字值或数据的可视图示，为数字而设计。

实例 7.11 插入 SmartArt 图形

情境描述

某机构进行职业教育研究，准备中期汇报，以 SmartArt 图形为主制作演示文稿。

任务操作

从教师机获取“分级制度研究课题汇报 .pdf”，参照制作演示文稿。

① 打开“分级制度研究课题汇报 .pdf”，分析标题幻灯片和普通幻灯片的风格。在第 1 张幻灯片中，复制图片，另存为“标题图片 .jpg”，如图 7-70 所示；在第 2 张幻灯片中复制底部图片，另存为“幻灯片图片 .jpg”。

② 新建空白演示文稿，单击“视图→幻灯片母版”进入母版视图。选择“标题幻灯片”版式，单击“插入→图片”命令，将“标题图片 .jpg”插入标题幻灯片母版，调整大小与幻灯片同宽，并通过该图片的右键菜单，设置“置于底层”，移动主标题和副标题占位符的位置，选中占位符，单击“格式→艺术字样式”设定为白色，结果如图 7-71 所示。

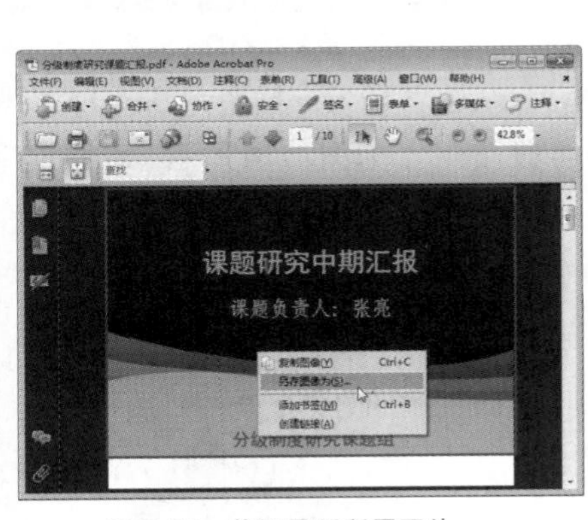

图 7-70 获取母版所用图片

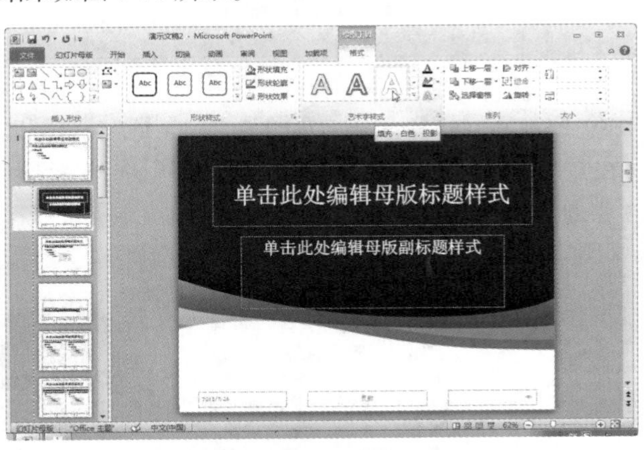

图 7-71 编辑标题幻灯片母版

③ 选择“标题和内容”幻灯片版式，单击“幻灯片母版→母版版式→页脚”删除页脚，添加“幻灯片图片 .jpg”到幻灯片底部并置于底层；单击“插入→插图→形状→文本框”，在图片上方添加透明的文本框，录入文字“分级制度研究课题组”，并设置白色；在幻灯片顶部添加蓝色矩形框，并置于底层；调整标题占位符的位置，处于蓝色矩形框上方居中，缩小字体到 40，设置为黑体白色；调整文本占位符的位置，结果如图 7-72 所示。

④ 退出母版视图，编辑标题幻灯片，效果如图 7-73 所示。

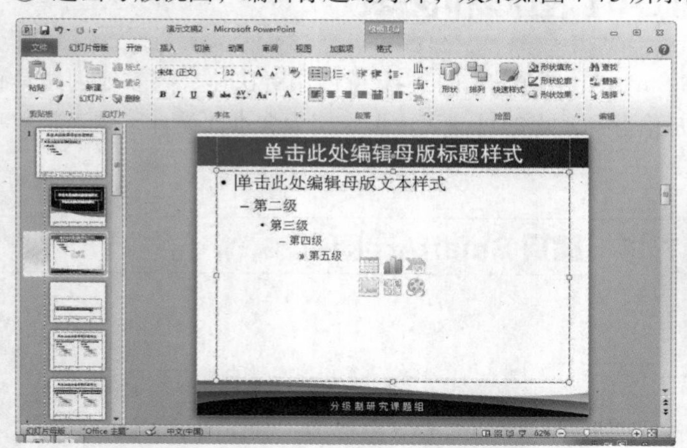

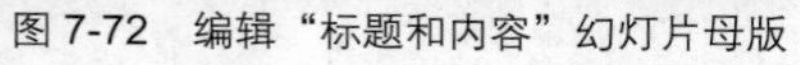
图 7-72 编辑“标题和内容”幻灯片母版

图 7-73 编辑标题幻灯片

⑤ 添加新幻灯片，添加标题为“汇报内容”，单击“插入→插图→ SmartArt”命令，弹出“选择 SmartArt 图形”对话框，选择“垂直列表框”，如图 7-74 所示。添加文字、调整字体大小，第 2 张幻灯片效果如图 7-75 所示。

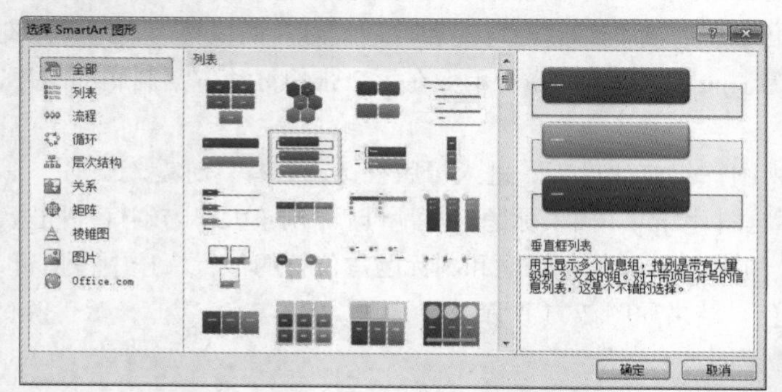

图 7-74 插入垂直列表框

图 7-75 第 2 张幻灯片效果

⑥ 添加新幻灯片，添加标题为“一、研究目标和内容”，单击“插入→插图→ SmartArt”命令，在弹出“选择 SmartArt 图形”对话框中选择“循环→分段循环”，如图 7-76 所示。添加文字，第 3 张幻灯片效果如图 7-77 所示。

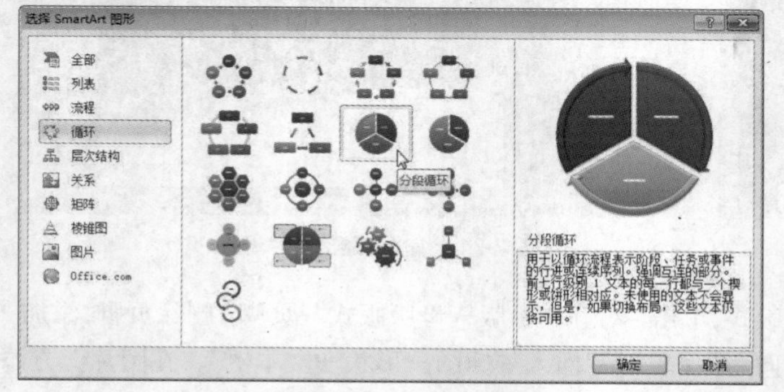

图 7-76 插入分段循环

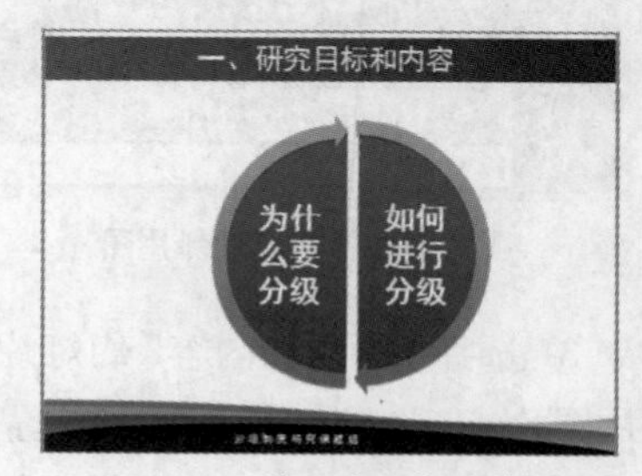

图 7-77 第 3 张幻灯片效果

⑦ 添加新幻灯片，添加标题为“研究内容”，单击“插入→插图→ SmartArt”命令，在弹出“选择 SmartArt 图形”对话框中选择“列表→垂直 V 形列表”，如图 7-78 所示。输入二级栏目的文字，

第 4 张幻灯片效果如图 7-79 所示。

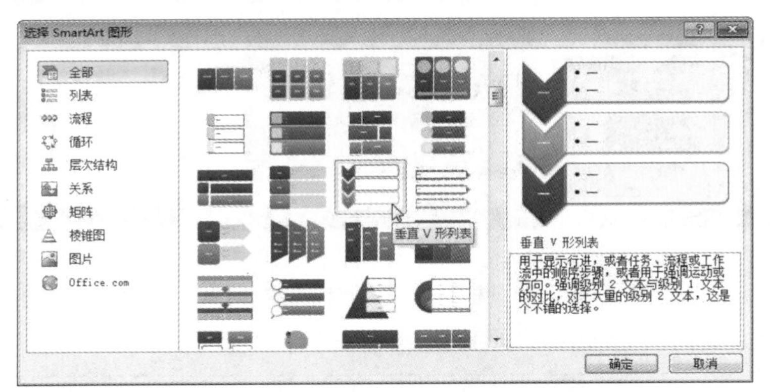

图 7-78　插入垂直 V 形列表

图 7-79　第 4 张幻灯片效果

⑧ 第 5 ～ 10 张幻灯片效果如图 7-80 所示。第 5 张幻灯片使用“流程→连续块状流程”图形，用于显示任务、流程或工作流的顺序步骤；第 6 张幻灯片使用“流程→向上箭头”图形，用于显示任务、流程或工作流中趋势向上的行程或步骤；第 7 张幻灯片使用“列表→垂直图片重点列表”图形，用于显示非有序信息块，小圆形可以添加图片；第 8 张幻灯片使用“列表→水平项目符号列表”图形，用于显示多文字的非顺序或分组信息列表；第 9 张幻灯片使用最常用的“列表→垂直块列表”图形，可用于显示信息组；第 10 张幻灯片使用“流程→基本日程表”图形，用于显示日程表信息。

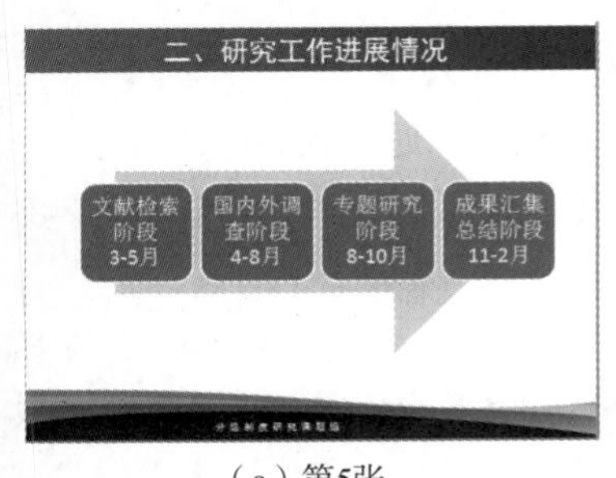

（a）第5张

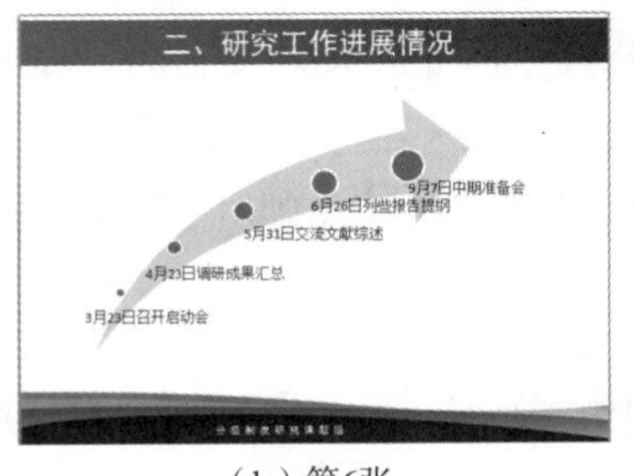
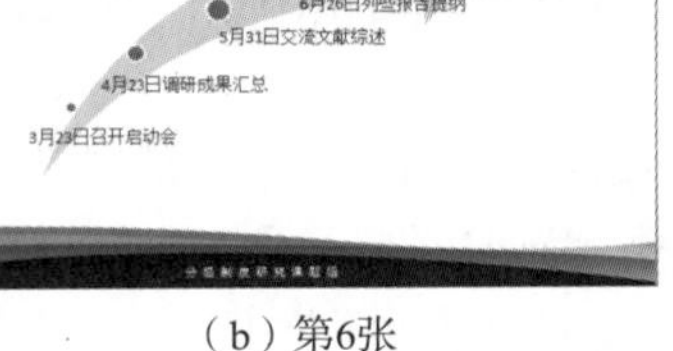

（b）第6张

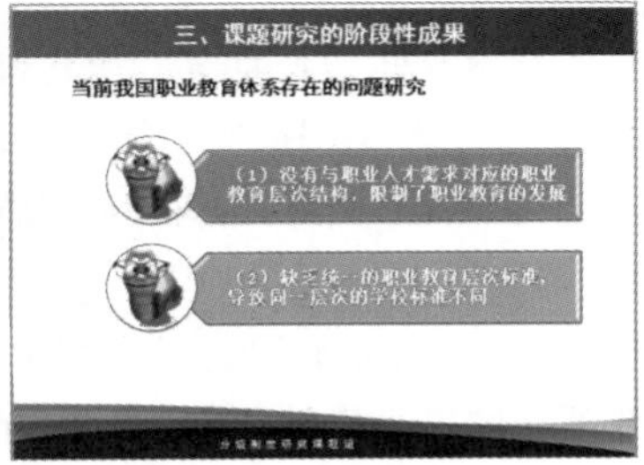

（c）第7张

图 7-80　第 5 ～ 10 张幻灯片效果图

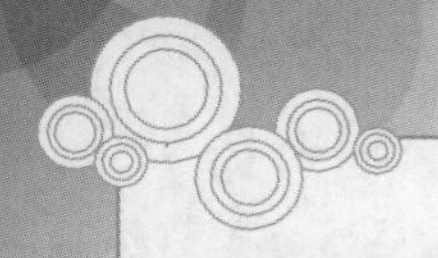

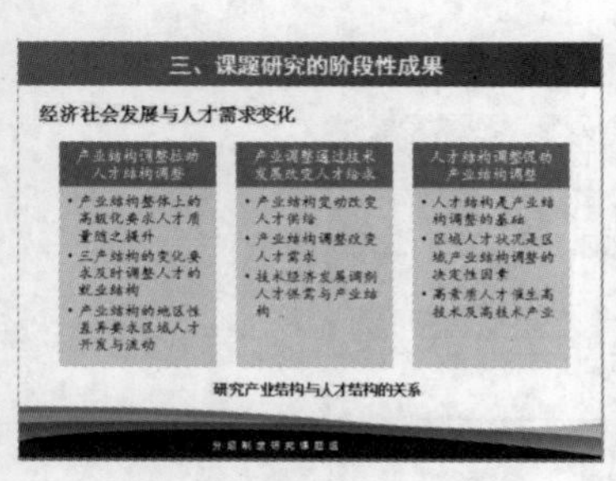

（d）第 8 张

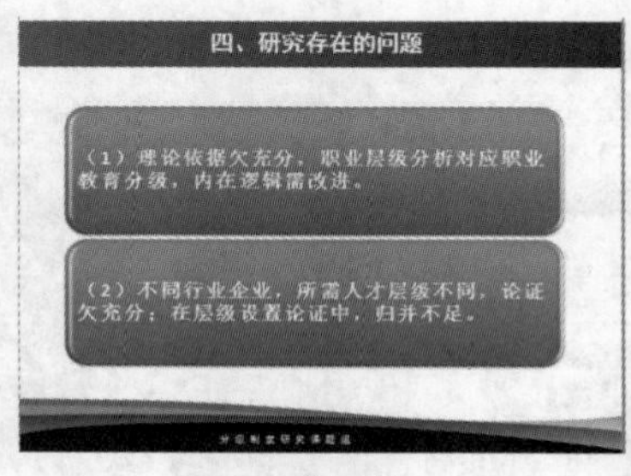

（e）第 9 张

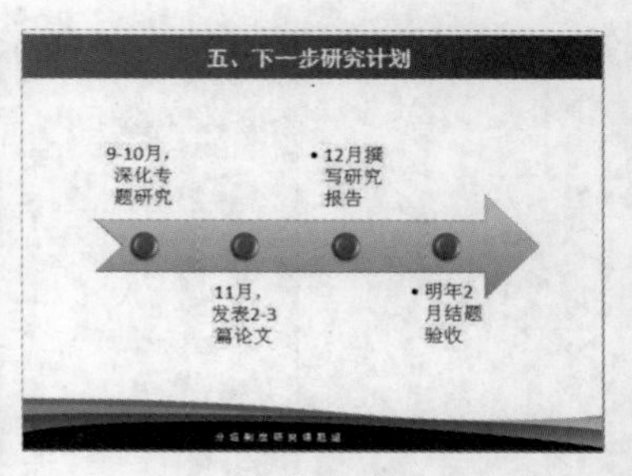

（f）第 10 张

图 7-80 第 5 ～ 10 张幻灯片效果图（续）

⑨ 演示文稿保存为“SmartArt 图形使用 .pptx”。

操作训练

选中SmartArt图形，通过“SmartArt工具”下的“设计”选项卡和“格式”选项卡可以改变SmartArt图形、修改SmartArt样式、改变形状和艺术字样式，快速调整演示文稿的风格。分组进行样式调整，比较和交流调整的成果。

实例 7.12 插入表格和图表

情境描述

以“广州亚运会奖牌统计”为例，在 PPT 中创建两张普通幻灯片，分别制作表格和图表，效果如图 7-81 和图 7-82 所示。

2010年广州亚运会奖牌榜

排名	国家	金	银	铜	总数
1	中国	199	119	98	416
2	韩国	76	65	91	232
3	日本	48	74	94	216
4	伊朗	20	14	25	59
5	哈萨克斯坦	18	23	38	79

图 7-81 建立表格

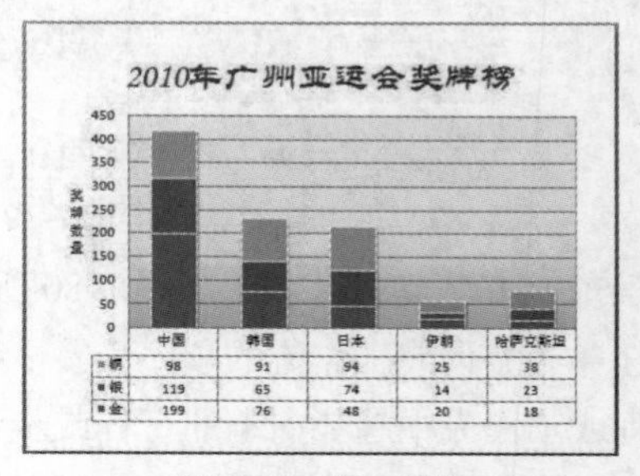

图 7-82 建立图表

任务操作

登录互联网，查看广州亚运会官网：http://sports.people.com.cn/2010gzyyh/。

① 新建空白演示文稿，单击“开始→幻灯片→版式”命令，应用“标题和内容”版式。

② 单击内容占位符中的“插入表格”按钮，弹出“插入表格”对话框，设置 6 行 6 列，如图 7-83 所示。

③ 录入文本和数字，使用“设计→表格样式”组的“其他按钮”，选择“主题样式 1- 强调 1”选项。调整表格的宽度、高度，单击“布局→单元格大小→分布行”命令平均分布各行。选择“设计→绘图边框→笔颜色”命令，设置笔颜色为深色 15%；选中整个表格，单击“设计→表格样式→边框”命令，对所有框线应用笔颜色，达到图 7-81 的效果。

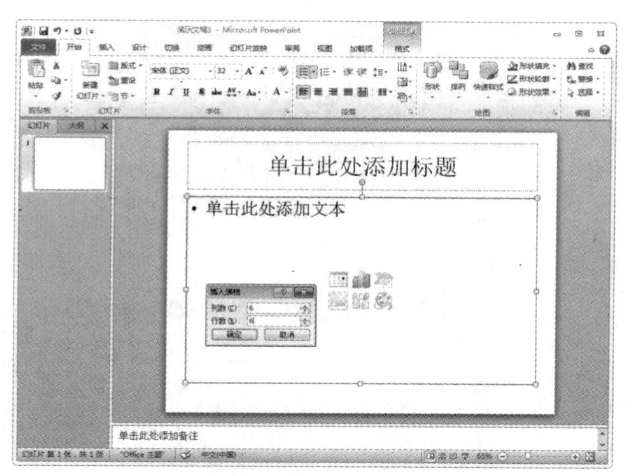

图 7-83 插入表格操作

④ 利用“标题和内容”版式插入新幻灯片，单击“插入图表”按钮，选择“堆积柱形图”，进入图 7-84 所示图表数据源 Excel 数据设置界面。从广州亚运会官网奖牌榜中复制奖牌数据，粘贴到数据表中，调整数据区域字段名称和区域大小。关闭图表数据文件，查看图表效果。

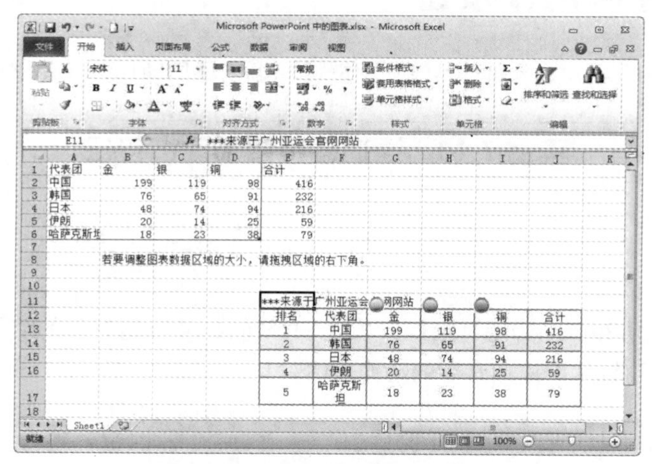

图 7-84 粘贴并构建数据区域范围

⑤ 与 Excel 操作基本相同，通过新出现的“图表工具”栏上各选项卡命令，对图表的布局、设置图表样式、添加坐标轴标题、更改各部分的格式；幻灯片标题文字应用艺术字样式，最终达到如图 7-82 所示的效果。

⑥ 文件保存为“插入表格和图表 .pptx”。

相关知识

（1）在PowerPoint中对表格进行操作，使用“表格工具”动态选项卡，用法与Word基本相同，这里不再赘述。

（2）在PowerPoint幻灯片中插入图表，需要单独设置数据源。选择“设计→数据→选择数据”命令，允许用户在数据表文件中选定数据源范围。如图7-85所示。对图表进行编辑修改与Excel操作基本相同，这里也不再赘述。

（3）通过“图表工具”栏的“格式”选项卡可以快速设置图表的艺术字、形状和所选内容的格式。

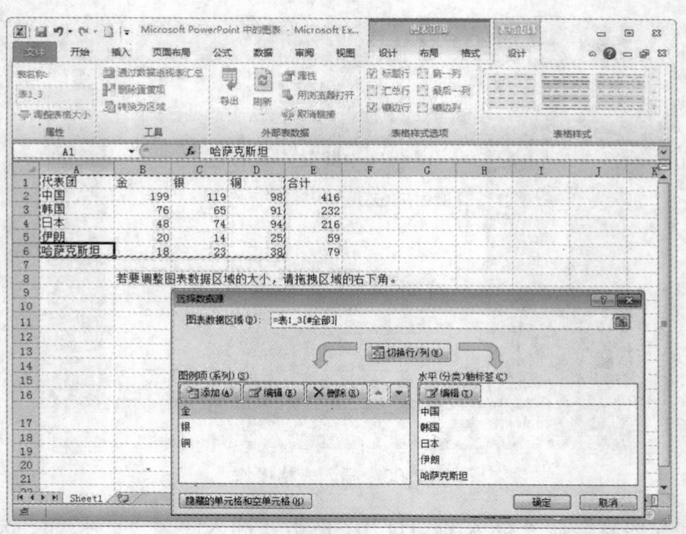

图 7-85　选择图表的数据源

7.4.4　超链接和动作按钮

在 PowerPoint 中可以给文本和对象建立超链接，可以添加动作按钮建立便捷的操作。

实例 7.13　添加超链接和动作按钮

情境描述

针对台式电脑调研和产品介绍，已经开发了一个包含 14 张幻灯片的演示文稿。利用超链接建立统一的导航，在幻灯片中添加必要的动作按钮。

任务操作

从教师机获取“超链接与动作按钮素材 .pptx”演示文稿。

① 打开“超链接与动作按钮素材 .pptx”演示文稿，另存为“超链接与动作按钮 .pptx”。

② 选择“视图→母版视图→幻灯片母版”命令，进入幻灯片母版视图。在幻灯片母版底部通过自选图形添加 6 个“圆角矩形”，并添加文字，利用绘图工具提供的“格式”选项卡命令，调整圆角矩形的形状样式、艺术字样式和排列位置，效果如图 7-86 所示。

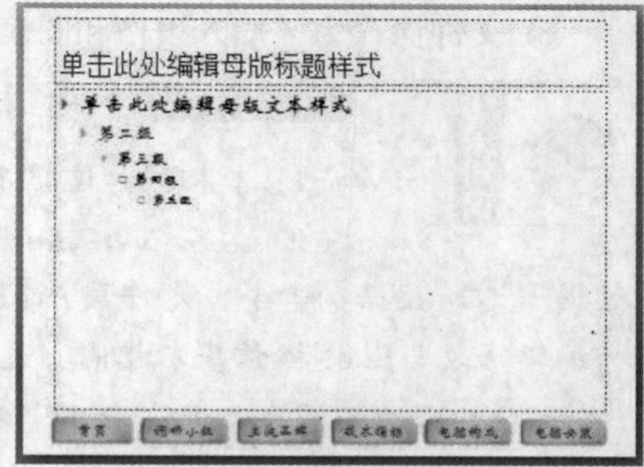

图 7-86　建立导航超链接

③ 为每个“圆角矩形”自选图形建立超链接，分别链接到本文档中的第 1、2、4、6、10、14 幅幻灯片。操作方法为：选中一个自选图形，选择“插入→链接→超链接”命令，弹出“插入超链接”对话框，如图 7-87 所示。在“链接到”中选择“本文档中的位置”，在“请选择文档中的位置”中指定链接到的幻灯片。

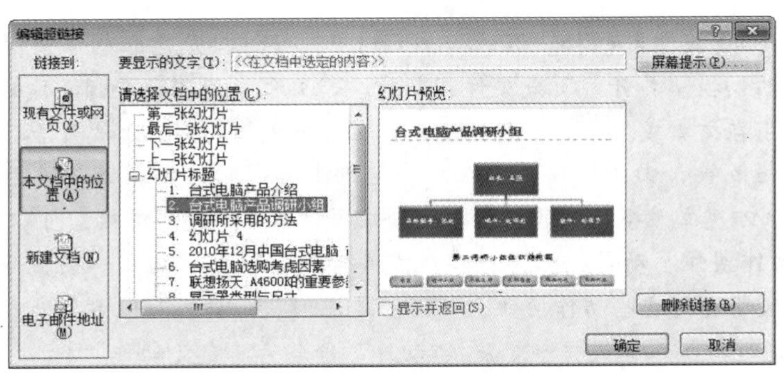

图 7-87 给导航按钮建立超链接

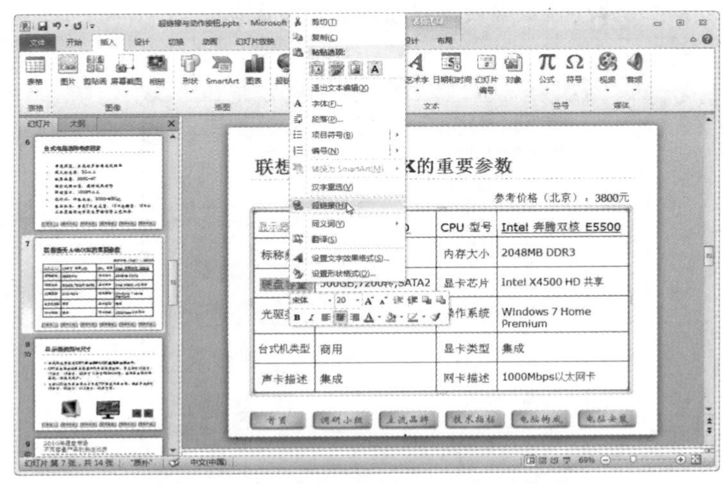

图 7-88 为“硬盘容量”文字建立超链接

④ 退出母版视图，放映幻灯片，单击导航命令，查看超链接效果。若存在问题，返回母版视图，在相应的链接对象上弹出右键快捷菜单，选择编辑超链接或取消超链接。

⑤ 在普通视图下，编辑第 7 张幻灯片，通过右键快捷菜单为“显示器尺寸”和“硬盘容量”的文字建立超链接，分别指向第 8、9 张幻灯片。为“硬盘容量”文字建立超链接操作界面如图 7-88 所示。

⑥ 编辑第 8 张幻灯片，单击“插入→插图→形状→动作按钮”，插入“前进”和“后退”按钮，如图 7-89 所示。插入动作按钮时弹出“动作设置”对话框，如图 7-90 所示。

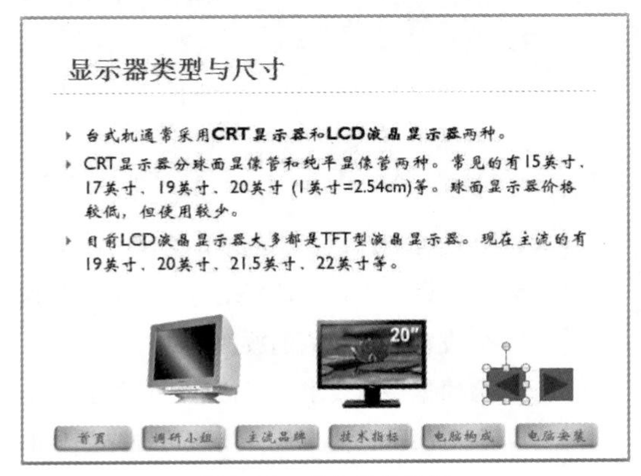

图 7-89 插入动作按钮

相关知识

（1）建立超链接。在PowerPoint中，超链接是建立从一个幻灯片到另一个幻灯片的切换、打开网页或文件、新建演示文稿、发送E-mail操作的连接。超链接可以作用在文本或对象上。超链接只有在演示文稿放映时才被激活。

对文本创建超链接，由于链接产生在文字笔画上，因此单击超链接时，操作经常比较困难。可以在文字上方建立无框透明的矩形框，给矩形框对象创建超链接，可以克服以上缺点。

（2）插入动作按钮。动作按钮是一些现成的按钮，单击“插入→插图→形状”命令弹出列表框，可以在底部看到这些动作按钮，像插入其他形状一样，可以方便地在幻灯片中插入动作按钮。还可以通过“插入→链接→超链接/动作”命令为其定义动作。

动作按钮使用形象的图形符号来实现对幻灯片播放顺序的控制，还可以控制影片或声音的播放，如图7-90所示。动作按钮通常被放置在幻灯片的底部。

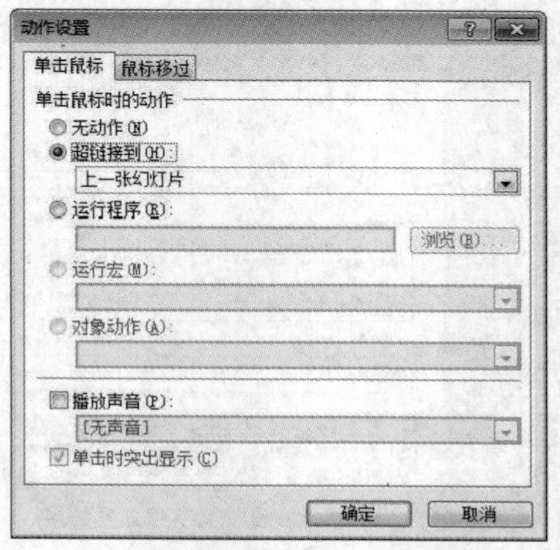

图7-90 “动作设置”对话框

操作训练

给第7张幻灯片的“显示器尺寸”上方设置无框透明矩形框，给矩形框添加超链接，对比超链接的操作效果。

7.5 演示文稿的输出

◎ 会设置幻灯片对象的动画方案

◎ 熟练设置并合理选择幻灯片之间的切换方式*

◎ 会设置演示文稿的放映方式

◎ 会根据播放要求选择播放时鼠标指针的效果、切换幻灯片方式

◎ 会对演示文稿打包，生成可独立播放的演示文稿文件

本节设置幻灯片的自定义动画效果、幻灯片切换动画、设置幻灯片放映方式和排练计时等。

7.5.1 设置幻灯片自定义动画

幻灯片的动画效果可以为幻灯片上的文本和对象赋予动作，或通过将内容移入和移走来最大化幻灯片空间，能够吸引观众的注意力、突出重点，如果使用得当，动画效果给演示文稿放映将带来典雅、趣味和惊奇。

实例 7.14 添加自定义动画效果

情境描述

对台式电脑调研和产品介绍幻灯片添加自定义动画效果。

任务操作

① 打开“超链接与动作按钮 .pptx”演示文稿，另存为“添加动画效果 .pptx”。

② 选中第 1 张幻灯片的标题文本，单击“动画→动画→点选动画样式”或“动画→高级动画→添加动画”命令，设置“淡出”动画，如图 7-91 所示。选中第 1 张幻灯片的副标题文本，在“添加动画”下拉框中选择“更多进入效果”，设置“按第一级段落 - 飞入”动画效果，如图 7-92 所示。

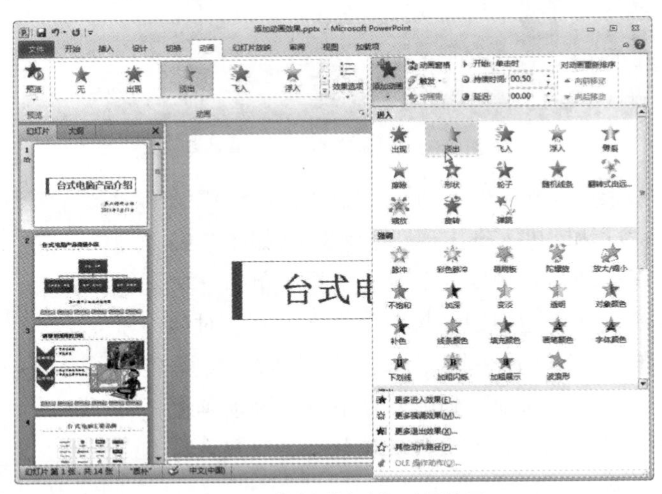

图 7-91　设置“淡出”动画效果

③ 选中第 2 张幻灯片，选中组织结构图，在动画样式中添加“脉冲”动画。单击“动画→高级动画→动画窗格”命令，出现动画窗格，显示出已经定义的动画（编号为 0），如图 7-93 所示。单击动画列表右侧的下拉按钮弹出下拉菜单，可以调整动画的播放时间，例如“从上一项之后开始”。

④ 在“动画窗格”动画列表右侧的下拉按钮弹出的下拉菜单中，选择“计时”命令，修改延迟时间、期间的播放速度、动画重复次数等，如图 7-94 所示。单击“确定”按钮后，可以看到“动画→计时”组中持续时间为 02.00 秒、延迟 00.50 秒，与动画“计时”对话框一致。

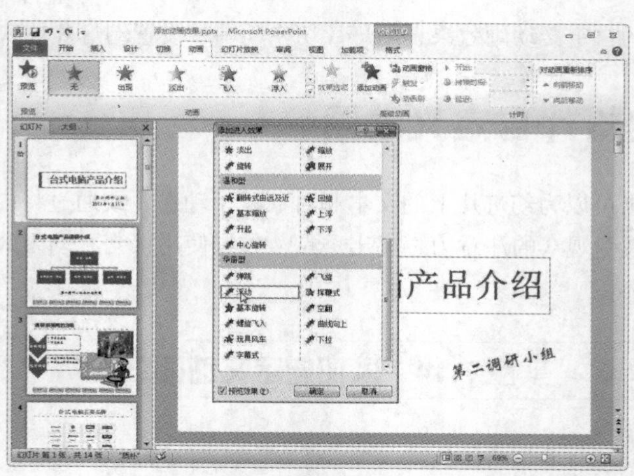

图 7-92　设置“华丽型 - 浮动”动画效果

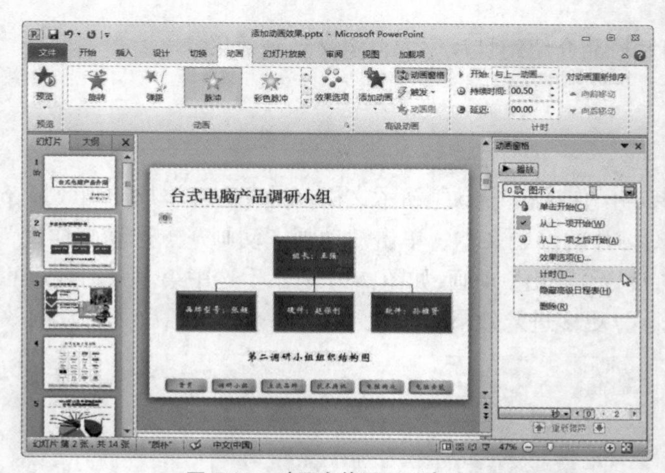

图 7-93　动画窗格显示已有动画

⑤ 通过“动画→高级动画→添加动画”命令，向组织结构图添加“退出→百叶窗”和“进入→出现”动画效果，如图 7-95 所示。单击“动画→高级动画→触发”命令，选择“单击→文本占位符 11（即‘第二调研小组组织结构图’文本框）”，对动画 1 设置触发器，即单击文本框后触发该动画，如图 7-96 所示。通过“重新排序”将“出现”动画已到触发器下方，该动画也受触发器控制，如图 7-97 所示。在幻灯片放映状态，反复查看触发器对动画的控制效果。

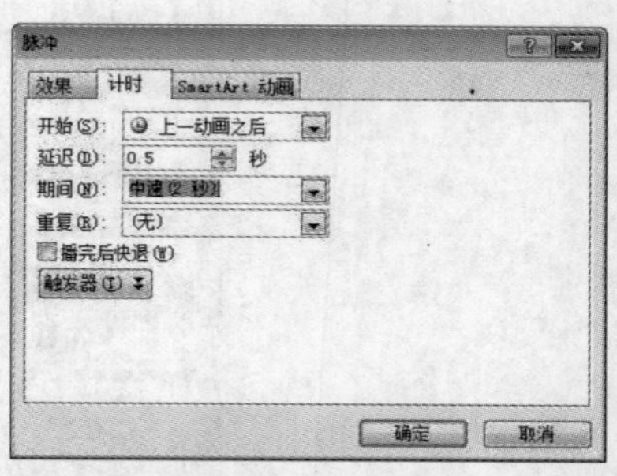

图 7-94　更改“计时”动画效果

相关知识　PowerPoint针对文本、图片、形状、SmartArt图形等对象提供了“进入”“退出”“强调”“动作路径”等4种自定义动画方案。在PowerPoint的“动画→高级动画→添加动画”下拉框里单击“更多强调效果”，可以定义“基本型”“细微型”“温和型”以及“华丽型”4种特色动画效果，这些效果的示例包括使对象缩小或放大、更改颜色或沿着其中心旋转等；单击“更多动作路径”，可以设定根据形状或者直线、曲线的路径来展示对象游走的路径，使用这些效果可以使对象上下移动、左右移动或者沿着星形或圆形图案移动。

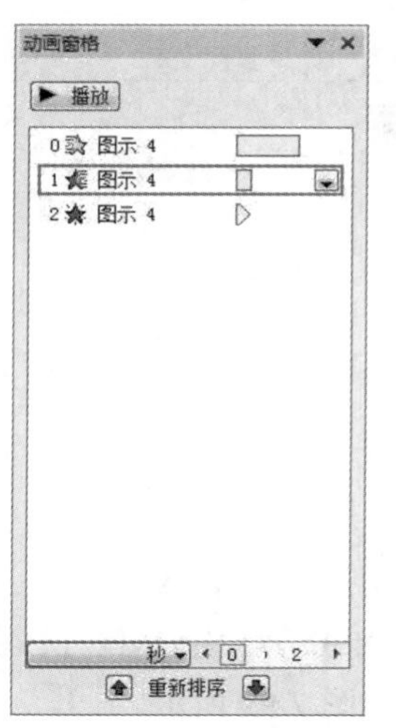

图 7-95 添加退出和进入动画

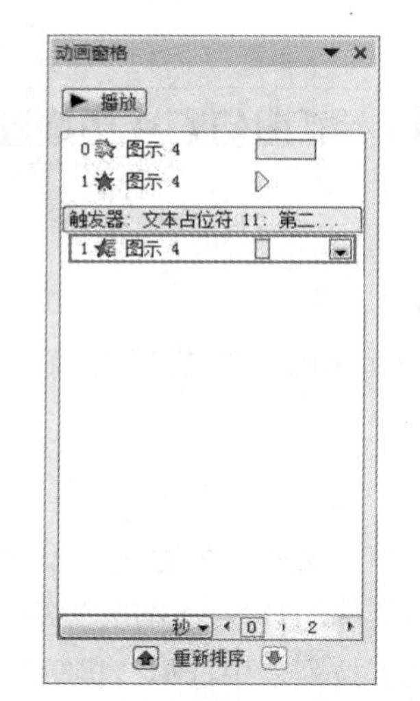

图 7-96 给退出动画设触发器

图 7-97 将进入动画并入触发器

操作训练 触发器的使用能够有效增加演示文稿的互动效果。图7–98为一张英文学习幻灯片，单击英文词组，或发声阅读、或控制握手图片显示和隐藏、或既发声又出现下方横线。

图 7-98 触发器的灵活应用

操作技巧 并非动画越多越好，要突出重点，吸引观众的注意力，切忌滥用动画。

7.5.2 设置幻灯片切换效果

幻灯片切换效果是在“幻灯片放映”视图中从一张幻灯片移到下一张幻灯片时出现的动画效果，您可以控制切换的速度、添加声音，甚至还可以对切换效果的属性进行自定义。

实例 7.15 添加幻灯片切换动画效果

情境描述

对台式电脑调研和产品介绍演示文稿添加幻灯片切换效果。

任务操作

① 打开“添加动画效果 .pptx”演示文稿，另存为“添加幻灯片切换效果 .pptx”。

② 在幻灯片浏览视图下，选中全部幻灯片，单击“切换→切换到此幻灯片”组切换效果的下拉按钮，在弹出幻灯片切换方式下拉列表中选择“棋盘”效果，如图 7-99 所示。

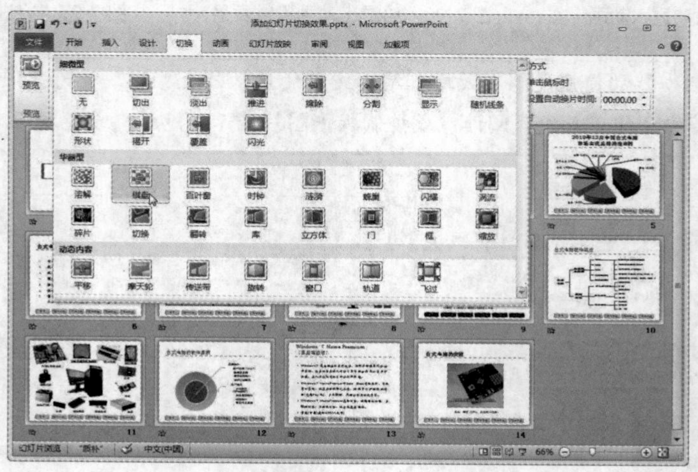

图 7-99 统一设置“棋盘”幻灯片切换效果

③ 选中第 2 张幻灯片，应用“百叶窗”幻灯片切换效果，并单击“切换→切换到此幻灯片→效果选项”，设置“水平”方向；设置“持续时间”为 01.00 秒，播放“捶打”声音，如图 7-100 所示。

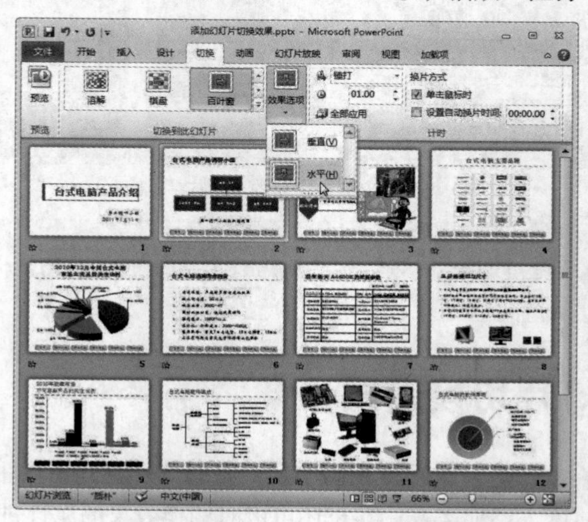

图 7-100 设置第 2 张幻灯片的切换效果

7.5.3 演示文稿放映方式

PowerPoint 提供了多种放映方式，选择“幻灯片放映→设置→设置幻灯片放映”命令，弹出“设置放映方式”对话框，如图 7-101 所示，可以选择放映类型、换片方式，自定义放映的幻灯片、放映选项等。

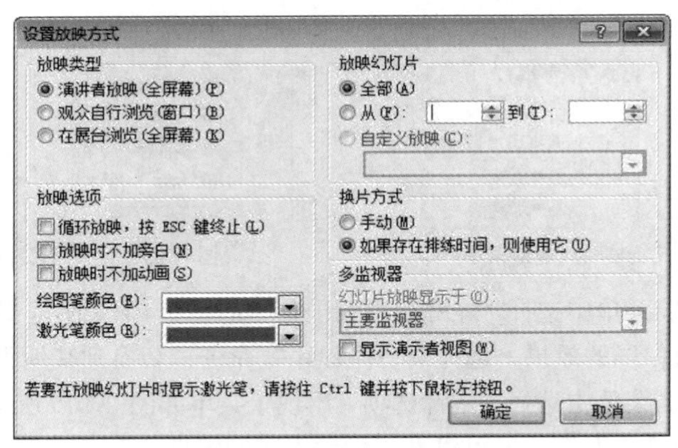

图 7-101 “设置放映方式”对话框

1. 演讲者放映（全屏幕）

选择此选项可在全屏方式下放映演示文稿。这是最常用的放映方式，通常用于演讲者借助演示文稿进行培训、报告或演讲，演讲者具有对放映的完全控制。

实例 7.16 演讲者控制播放时的鼠标指针效果和切换幻灯片方式

情境描述

全屏播放台式电脑调研和产品介绍演示文稿，使用鼠标指针辅助讲解，控制幻灯片切换。

任务操作

① 打开“添加幻灯片切换效果 .pptx”演示文稿。

② 选择“幻灯片放映→开始放映幻灯片→从头开始 / 从当前幻灯片开始”命令，进入演讲者放映（全屏幕）的放映方式。

③ 在放映过程中，单击鼠标右键弹出快捷菜单如图 7-102 所示，选择“下一张”“上一张”命令，控制幻灯片的放映顺序。

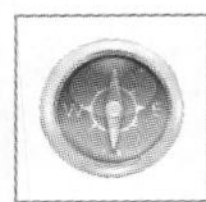

讨论交流 还有哪些方法可以控制幻灯片的放映顺序？

④ 在鼠标右键快捷菜单中选择“定位至幻灯片”，出现所有幻灯片的标题列表，如图 7-103 所示，实现幻灯片漫游，选择指定幻灯片实现幻灯片定位。

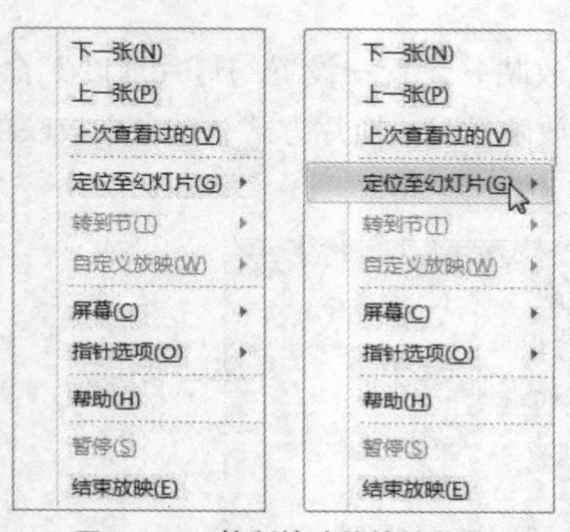

图 7-102　控制放映的快捷菜单

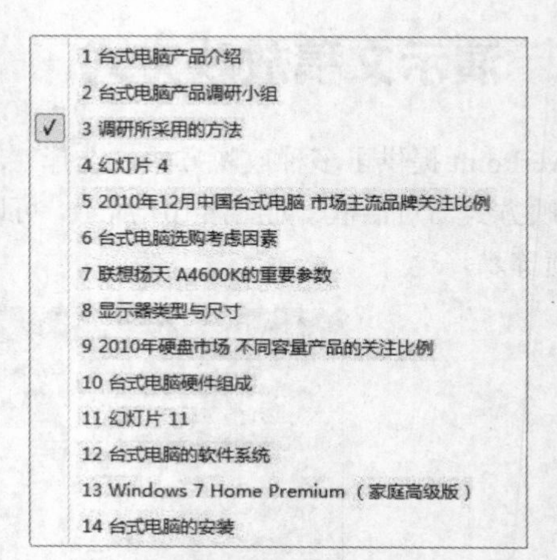

图 7-103　幻灯片定位操作

⑤ 在鼠标右键快捷菜单中选择“屏幕”，出现子菜单如图 7-104 所示。选择“黑屏”或“白屏”命令，查看出现黑屏或白屏的效果。选择“切换程序”命令，切换到其他程序。

⑥ 在鼠标右键快捷菜单中选择“指针选项”出现子菜单如图 7-105 所示，可以选定笔的类型、设定墨迹颜色以及设置放映时箭头的可见性。尝试不同的笔型和颜色，在屏幕上书写板书，使用橡皮擦擦除墨迹。

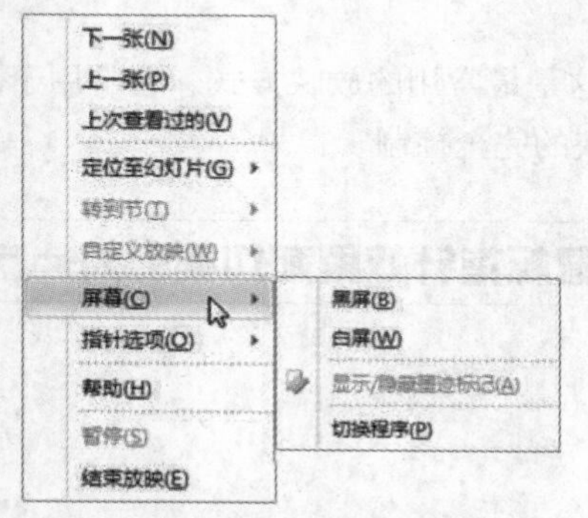

图 7-104　屏幕操作快捷子菜单

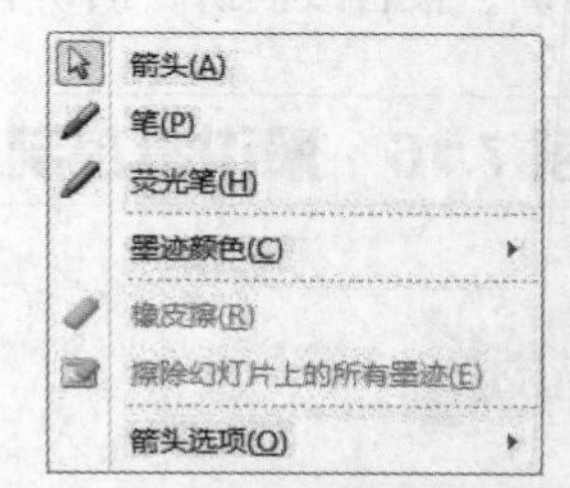

图 7-105　指针选项快捷子菜单

操作技巧　在观看放映过程中，使用“Alt+Tab”组合键也可以方便地实现程序切换。

2. 观众自行浏览（窗口）

选择此选项，则以“阅读视图”的方式查看演示文稿，在放映时可以移动、编辑、复制和打印幻灯片，浏览界面如图 7-106 所示。在此模式中，可以使用滚动条或 Page Up 键和 Page Down 键切换幻灯片。也可以显示 Web 工具栏，打开其他文件。

3. 排练计时和录制旁白

单击“幻灯片放映→设置→排练计时”，可以进入排练计时状态如图 7-107 所示，按放映顺序进行操作，系统自动记下每幅幻灯片和动画放映的时间。

图 7-106　观众自行浏览放映窗口

可以在运行幻灯片放映前录制旁白，或者在幻灯片放映过程中录制旁白，并可以同时录制观众的评语。单击“幻灯片放映→设置→录制幻灯片演示”命令，弹出“录制幻灯片演示”对话框，如图 7-108 所示，设置录制内容。单击“开始录制”，进入录制状态，录制旁白、激光笔使用和排练计时，如图 7-109 所示。

图 7-107　排练计时

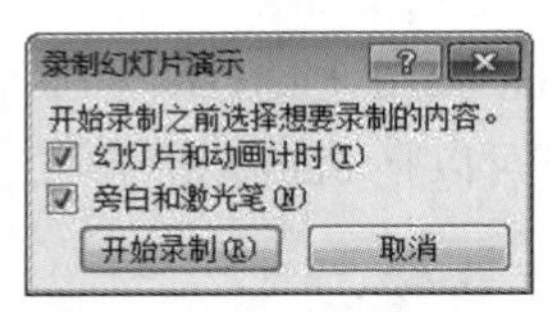

图 7-108　录制幻灯片演示对话框

图 7-109　录制幻灯片演示操作界面

4. 在展台浏览（全屏幕）

在展览会场或会议中，选择此选项可自动运行演示文稿，供观众观看。在展台浏览放映前应预先排练计时。在播放过程中观众可以单击超链接和动作按钮更换幻灯片，但不能更改演示文稿。

5. 演示者视图（带备注）

在多监视器（例如连接投影机）的情况下，在“设置放映方式”对话框中，勾选“演示者视图”后，可以在一台计算机（例如笔记本电脑）上查看演示文稿和演讲者备注，同时让观众在另一台监视器（如投影仪）上查看不带备注的演示文稿。演示者视图如图 7-110 所示。

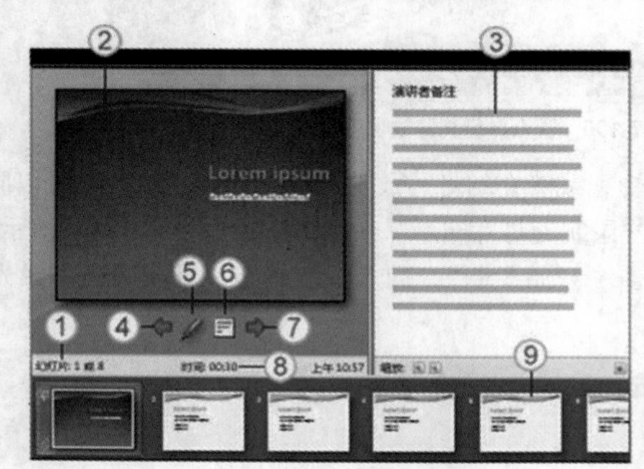

① 幻灯片编号
② 当前向观众显示的幻灯片
③ 演讲者备注，用作演讲的发言稿或提示词
④ 单击转至上一张幻灯片
⑤ 钢笔或荧光笔
⑥ 单击显示一个菜单，使用该菜单可以终止放映、使受众屏幕加亮或变暗或转至特定的幻灯片编号
⑦ 单击转至下一张幻灯片
⑧ 演示文稿的已运行时间，以小时和分钟表示
⑨ 幻灯片缩略图，可以单击缩略图以跳过某一张幻灯片或返回至已经演示的幻灯片

图 7-110 “演示者视图”示意图

7.5.4 发送演示文稿

演示文稿编辑结束后，需要确定以什么方式或设备传送出去，分发给不同的使用者。PowerPoint 2010 支持以电子邮件发送，保存到远程 Web、保存到 SharePoint 等方式传送，传送的文件类型可以是 PDF/XPF 形式、演示视频形式、打包成 CD 形式或创建讲义等，如图 7-111 所示。

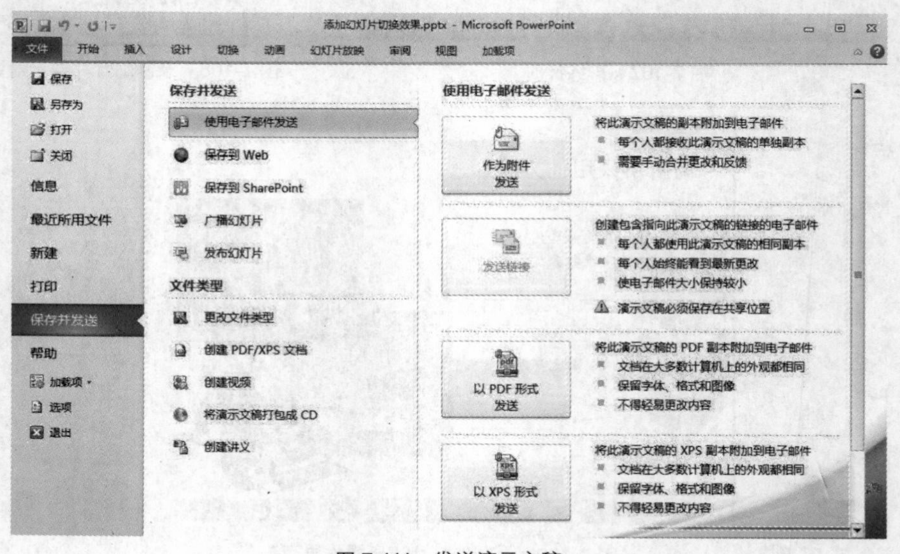

图 7-111 发送演示文稿

1. 在Word中创建PowerPoint讲义

在PowerPoint 2010中可以打印讲义，如图7-112所示。也可以使用Word强大的编辑功能，从PowerPoint向Word创建演示文稿讲义。单击"文件→保存并发送→文件类型→创建讲义"命令，弹出版式设置对话框，如图7-113所示，设置后单击确定，创建讲义如图7-114所示。

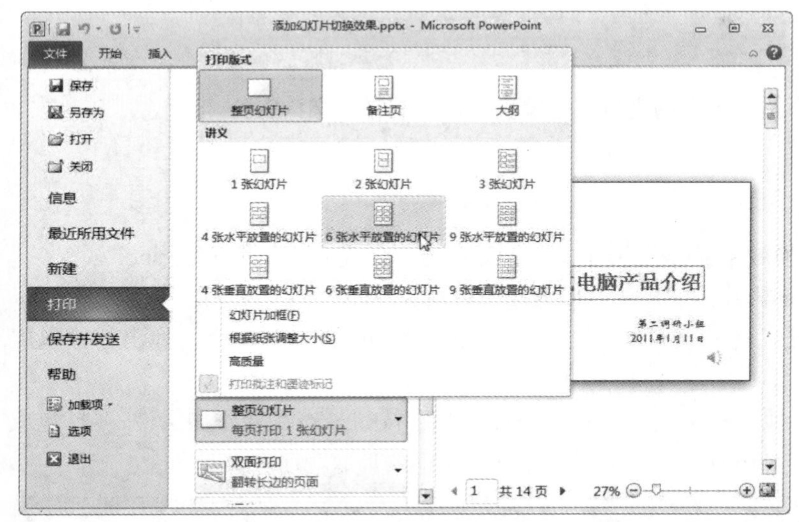

图7-112 在PowerPoint中打印讲义

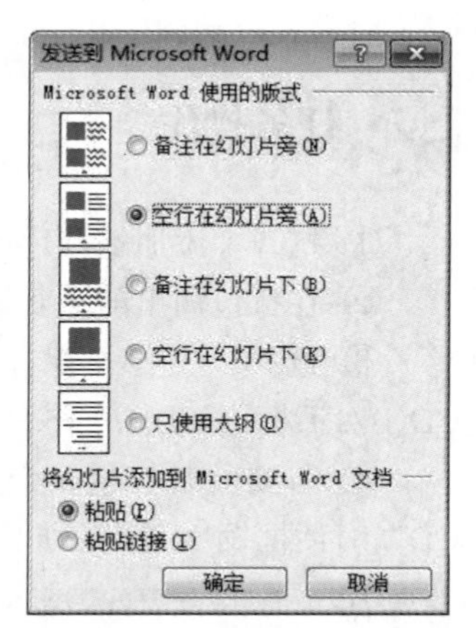

图7-113 设置Word的版式

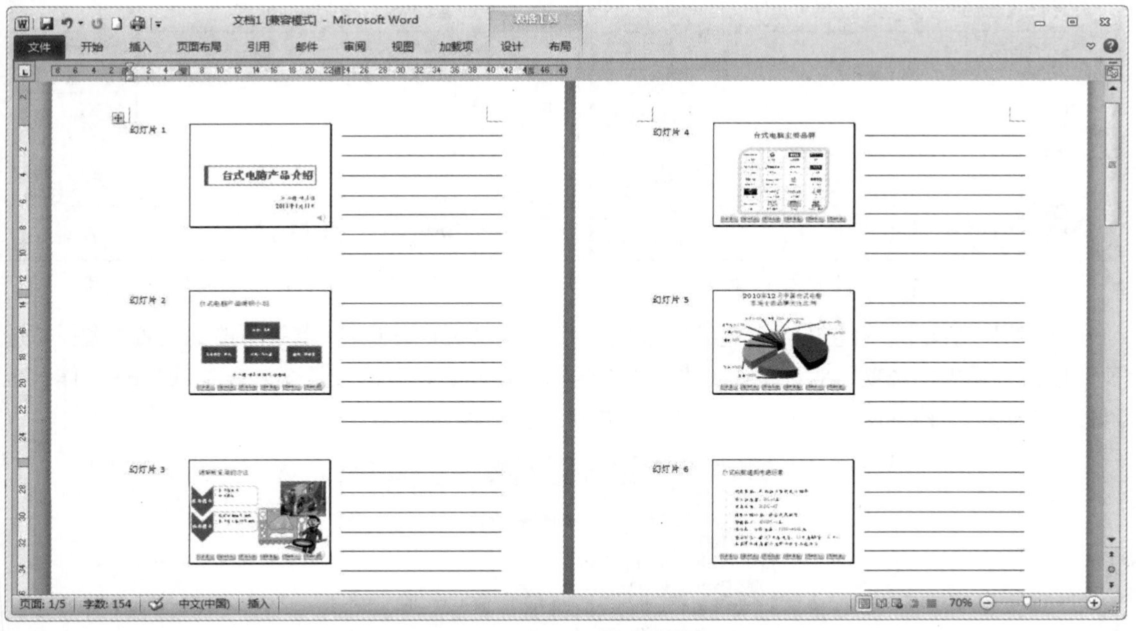

图7-114 在Word中创建讲义

2. 将演示文稿打包成CD

打包演示文稿是保存文件的一种方式，它将演示文稿、链接文件（插入演示文稿中的原始文件或对象）和PowerPoint播放器一并复制到CD或指定文件夹中，可以脱离PowerPoint环境独立运行演示文稿。

实例 7.17 打包演示文稿

情境描述

对台式电脑调研和产品介绍演示文稿进行打包输出，保存到指定文件夹。

任务操作

① 打开“添加幻灯片切换效果.pptx”演示文稿，另存为“台式电脑产品介绍.pptx”。

② 在打包输出前，要保证影片能够播放，即链接的视频文件存在。

③ 选择“文件→保存并发送→文件类型→将演示文稿打包成CD”命令，弹出“打包成CD”对话框，如图7-115所示。

④ 若要同时打包多个其他演示文稿，选择“添加文件”按钮，查找并添加文件，“打包成CD”对话框发生变化，如图7-116所示，可调整多个演示文稿的播放顺序。

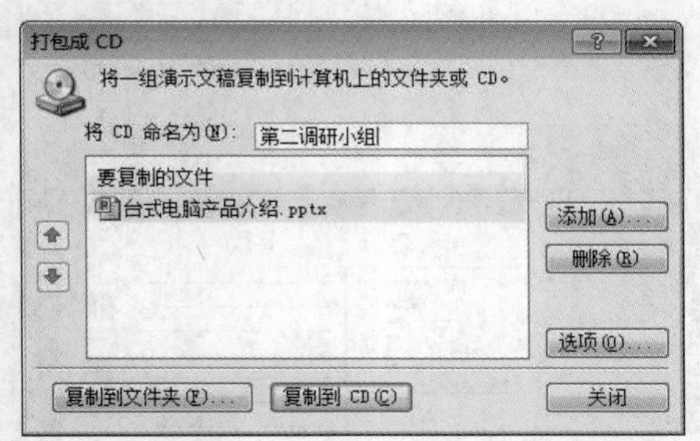

图7-115 “打包成CD”对话框

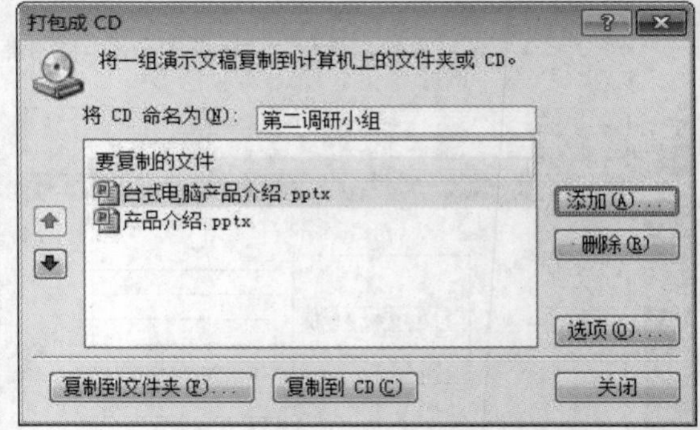

图7-116 添加文件后的“打包成CD”对话框

⑤ 默认情况下，打包的文件包含链接文件和PowerPoint播放器，若要更改此设置，选择“选项”按钮，弹出“选项”对话框，如图7-117所示。在此处可以设置是否包含TrueType字体，也可以设置密码保护PowerPoint文件，选择“确定”按钮返回。

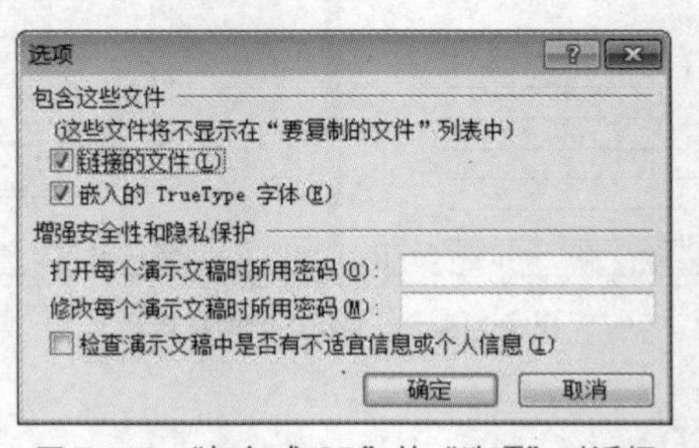

图7-117 “打包成CD”的“选项”对话框

⑥ 选择“复制到CD”按钮，将启动CD刻录，弹出对话框如图7-118所示。若选择“复制到文件夹”选项，需指定文件夹的名称和位置，打包生成的文件将存放到指定文件夹中。

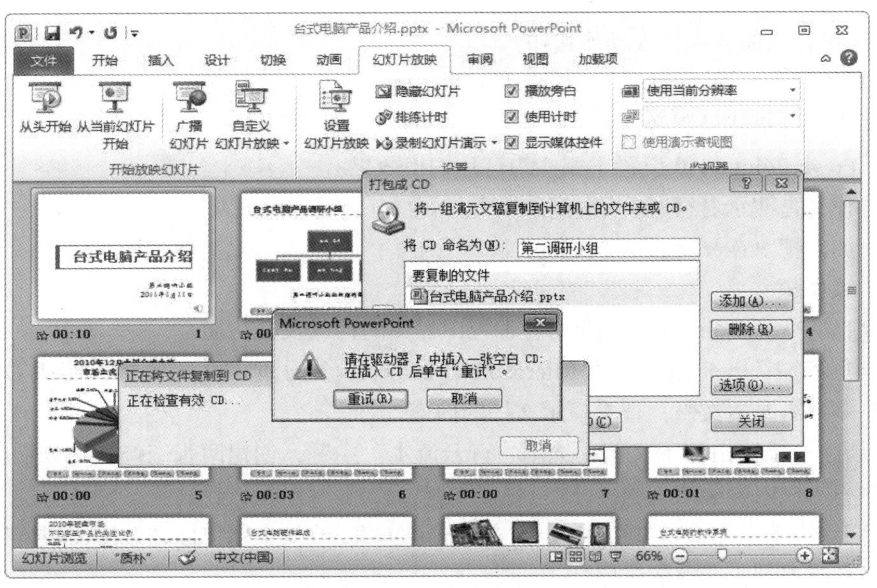

图 7-118 “复制到 CD”的对话框

一、填空题

1. 一个演示文稿就是一个 PowerPoint 文件，PowerPoint 2010 演示文稿的扩展名为 ________。

2. PowerPoint 在普通视图下，包含 3 种窗格，分别为 ________、________ 和 ________。

3. PowerPoint 2010 视图方式按钮中提供了 ________、________ 和 ________ 视图方式切换按钮。

4. 在 PowerPoint 2010 提供了 4 种视图方式显示演示文稿，分别为 ________ 视图、________ 视图、________ 视图和 ________ 视图。

5. PowerPoint 2010 幻灯片版式是指幻灯片的 ________ 在幻灯片上的 ________。

6. 如果已经更改了幻灯片上占位符的位置、大小和 ________，那么可从“开始→幻灯片”命令组中选择 ________ 恢复初始设置。

7. PowerPoint 2010 的主题由 ________、________ 和 ________ 组成。

8. 幻灯片母版用于存储有关演示文稿的 ________ 和幻灯片 ________ 的信息，包括背景、颜色、字体、效果、占位符大小和位置。

二、简答题

1. 在 PowerPoint 2010 普通视图下，幻灯片窗格、备注窗格的作用各是什么？
2. 如何调整主题的配色方案和背景？
3. 如何设计、制作组织结构图？
4. 如何在幻灯片中插入文本、图片和艺术字？
5. 如何在幻灯片中插入公式？
6. 什么是母版？什么是版式？两者有何不同？
7. 什么是 SmartArt 图形？ SmartArt 图形有哪几种？

8. 通过什么命令来插入动作按钮？

9. 如何对文本设置动画效果？简述4类动画方案及其效果。

10. 用语言描述录制旁白？

11. PowerPoint 2010设置了哪些幻灯片切换效果？

12. 什么是演示者视图？

13. 如何把PowerPoint打包成CD？

三、操作题

1. 启动PowerPoint 2010，介绍各种视图界面的构成及其功能。

2. 电脑连接Internet，检索Microsoft Office.com上的演示文稿模板，使用Office.com模板创建一个新演示文稿，查看演示文稿的内容。

3. 新建一个空白演示文稿，选用“行云流水”主题，创建两张幻灯片，分别应用节标题幻灯片和两栏内容版式。

4. 新建一个空白演示文稿，自定义主题配色方案，改变主题字体和效果，选择渐变背景。保存自定义的主题为“我的主题”。

5. 新建一个空白演示文稿，在幻灯片母版界面下修改标题幻灯片版式的风格。标题字体为“华文隶书”，72号字，阴影，居中对齐，深蓝色，放大标题区；副标题字体为“华文新魏”，32号字，居中，蓝色；保存自定义的模板。利用此版式建立一个标题幻灯片。标题输入“我的自定义版式风格”，副标题为“××定义的模板”。

6. 创建一张“空白”版式幻灯片，插入表格，输入课表内容并使用“开始”选项卡命令设置字体、字形、字号、颜色和位置；将“我的课表”演示文稿存入自己的文件夹。

7. 修改上题中建立的幻灯片，使用“羊皮纸”纹理改变背景。

8. 修改第6题中建立的幻灯片，利用“表格样式”、“表格样式选项”、“艺术字样式”、“绘图边框”来修饰表格，得到美观的课表。

9. 对“2010年广州亚运会.pptx”的所有幻灯片母版设置标题、文本占位符的不同的进入动画，放映所有幻灯片，查看设置幻灯片母版动画的效果。

10. 新建演示文稿ys1.pptx，完成以下要求并保存。

（1）新建“标题幻灯片”版式幻灯片，输入主标题“行业信息化”、副标题“精选业界资深人士最新观点”，设置字体、字号为楷体_GB2312，标题72磅，副标题40磅。

（2）将整个演示文稿设置为“龙腾四海”主题，幻灯片切换效果全部设置为“从右推进”，幻灯片中的副标题动画效果设置为“底部飞入”。

11. 新建演示文稿ys2.pptx，完成以下要求并保存。

（1）新建“文本与剪贴画”幻灯片版式，并应用此版式新建幻灯片，输入标题“汽车”，设置字体、字号为楷体_GB2312、40磅，输入文本，插入剪贴画。

（2）给幻灯片中的汽车设置动画效果为“从右侧慢速飞入”，设置声音效果为“推动”。